U0382273

国家社科基金
后期资助项目
GUOJIA SHEKE JIJIN HOUQI ZIZHU XIANGMU

中国海洋生态经济系统协调发展研究

Research on the Coordinated Development of Chinese Marine Eco-Economic System

高乐华 著

中国社会科学出版社

图书在版编目（CIP）数据

中国海洋生态经济系统协调发展研究/高乐华著 . —北京：中国社会科学出版社，2018.4
ISBN 978 - 7 - 5203 - 2369 - 7

Ⅰ.①中… Ⅱ.①高… Ⅲ.①海洋经济学—生态经济学—协调发展—研究—中国 Ⅳ.①P74

中国版本图书馆 CIP 数据核字（2018）第 075609 号

出 版 人 赵剑英
责任编辑 王 曦
责任校对 王纪慧
责任印制 王 超

出 版 中国社会科学出版社
社 址 北京鼓楼西大街甲 158 号
邮 编 100720
网 址 http：//www. csspw. cn
发 行 部 010 - 84083685
门 市 部 010 - 84029450
经 销 新华书店及其他书店

印 刷 北京君升印刷有限公司
装 订 廊坊市广阳区广增装订厂
版 次 2018 年 4 月第 1 版
印 次 2018 年 4 月第 1 次印刷

开 本 710 × 1000 1/16
印 张 27.5
插 页 2
字 数 493 千字
定 价 99.00 元

国家社科基金后期资助项目

出版说明

后期资助项目是国家社科基金设立的一类重要项目，旨在鼓励广大社科研究者潜心治学，支持基础研究多出优秀成果。它是经过严格评审，从接近完成的科研成果中遴选立项的。为扩大后期资助项目的影响，更好地推动学术发展，促进成果转化，全国哲学社会科学规划办公室按照"统一设计、统一标识、统一版式、形成系列"的总体要求，组织出版国家社科基金后期资助项目成果。

全国哲学社会科学规划办公室

摘　要

随着经济社会的快速发展以及科学技术的不断进步，公众对海洋功能的认识逐渐加深，对海洋产品与服务的需求日益增多，海洋经济社会效益节节攀升。在此背景下，党和政府更加重视海洋资源和环境的探查、开发与利用工作，不断调整海洋经济发展政策，并颁布了一系列海洋资源开发与环境保护的法律法规，采取了多种海洋综合管理措施，以确保海洋事业可持续发展的实现。然而，受人类对海洋资源开发与海洋产业发展规模化、持续性推进的冲击，海洋生态系统的运行状况仍在持续恶化，生物多样性继续下降，近岸水域污染与生境破坏愈加严重，海洋自然净化与平衡能力不断衰退，人为因素引起的海洋灾害不断增多，海洋生态、经济与社会非协调发展的苗头逐步显现。

鉴于此，本书立足于系统论、耗散结构论、协同学、可持续发展论、生态经济学、区域经济学的理论与方法，基于海洋生态环境与经济社会发展之间能量、物质、信息、价值等交换关系，依据经济社会系统是导致当前海洋生态系统急剧恶化的根本原因这一观点，将海洋生态系统的反馈机制与海洋经济系统、海洋社会系统的反馈机制联结为一个整体。对海洋生态—经济—社会复合系统（简称海洋生态经济系统）的内涵进行界定，在建立海洋生态经济系统研究理论基础的前提下，定量测算系统发展状态，揭示出三个系统协调度的时空演变规律，模拟并分析沿海 11 个省（市、区）典型非协调状态形成的关键因素与传导机理，进而构建了海洋生态经济系统协调发展的预警模型和预警机制，提炼出中国海洋生态经济系统协调发展可采取的三种基本模式，并给出推进系统协调发展的目标体系、优化机制和方略，以期弥补海洋生态经济协调发展研究的不足，为中国海洋生态、经济、社会实现协调发展做出贡献。

（1）海洋生态经济系统基础理论。对海洋生态经济系统相关概念，包括生态经济系统、生态经济协调、海洋生态经济系统、海洋生态经济系统协调等进行了界定，探讨了海洋生态经济系统的海洋生态、经济和社会三个子系统的功能、地位及构成，运用归纳演绎法对海洋生态经济系统运行的经济目的性、人工干扰性等特征进行了总结，并对耗散结构、协同学、生态经济学等理论基础进行了梳理。

（2）中国海洋生态经济系统结构与功能。首先，依照统计数据对1995年、2003年、2009年、2014年中国海洋生态经济系统三个子系统结构特征及变化趋势进行了实证分析；其次，应用能值模型等定量方法，对中国海洋生态经济系统的能量流、物质流、信息流、价值流进行了衡量和剖析。

（3）中国海洋生态经济系统发展状态及其协调度。首先，运用生态足迹法、承载力模型等，在构建发展状态评价指标体系并计算指标权重的基础上，对沿海11个省（市、区）2000—2014年海洋生态经济系统各子系统及复合系统的发展状态进行了量化辨识；其次，分析了中国海洋生态经济各子系统及复合系统发展状态的时间演变轨迹和空间差异特征；再次，应用交互胁迫论和非线性回归模型，对中国海洋生态经济系统三个子系统的时空动态关系曲线进行拟合，证实了各子系统之间存在的交互胁迫关系；最后，运用耦合模型对各子系统之间时间序列和空间序列的协调度进行测算，判别出11个省（市、区）海洋生态经济系统协调发展的阶段及所属类型。

（4）中国海洋生态经济系统非协调状态形成机理。首先，在（3）测算结果的基础上，归纳并列举了当前11个省（市、区）海洋生态经济系统非协调状态及具体表现；其次，应用结构方程模型，通过提出假设、构建模型、拟合评价、调整修正、结果检验等步骤，对中国海洋生态经济系统典型非协调（海洋生态系统迅速恶化）状态的形成机理进行了定量模拟；最后，运用因果链分析法剖析出非协调状态的主要成因，发现并总结了典型非协调状态形成的关键因素及传导路径，构建出非协调状态形成的结构模型。

（5）中国海洋生态经济系统协调发展预警模型。首先，通过梳理美国、英国、日本、澳大利亚等海洋事务管理先进国家的经验，总结中国在海洋预警工作方面的不足，提出构建全面、综合型海洋生态经济系统预警机制的必要性及可行性；其次，基于专家意见调查，从发展状态评价指标体系中筛选出海洋生态经济系统预警监测指标体系，并以统计分析法、模糊物元法、3δ原理等确立了各预警指标的警戒界限；最后，综合运用SD系统动力学和RBF神经网络，构建出海洋生态经济系统状态预警模型与趋势预警模型，同时进行了实证验证。

（6）中国海洋生态经济系统协调发展预警机制。首先，总结当前中国海洋环境监测系统、海洋灾害预警报系统存在的不足，构建了海洋生态经济系统预警机制的总体框架，确立了预警机制应有的组成结构和运行流程；其次，基于海洋生态经济系统非协调危机预警工作的需要，重新确立了海洋预警机制的组织体系和部门设置；最后，分别针对海洋生态经济系统非协调预警工作流程中的信息监测、决策评判、应急响应环节，构建了预警信息机制、预警决策机制和危机响应机制。

（7）中国海洋生态经济系统协调发展目标与模式。首先，在前文研究结论的基础上，结合相关理论成果和中国沿海 11 个省（市、区）实际，理顺了中国海洋生态经济系统协调发展的基本思路和指导思想，并制定出中国海洋生态经济系统协调发展的总体性、效率性和各子系统分阶段目标体系；其次，探讨了中国海洋生态经济系统结构性、功能性和时空性协调发展的内容；最后，依据实践经验，构建出经济主导型、生态主导型、社会节约型三种中国海洋生态经济系统协调发展可选择的模式，并以 3 个省份数据对三种模式的运行效果进行了预测。

（8）中国海洋生态经济系统协调发展优化机制。首先，针对中国海洋生态经济系统发展现状、协调演变规律和非协调状态形成机理，构建了维系系统协调运行的动力机制、创新机制和保障机制；其次，基于产业调控、市场调控、社会调控和政府调控等视角，进一步提炼出优化中国海洋生态经济系统协调发展的具体操作方式、方法。

目　录

第一章　引言

第一节　问题的提出

一　研究背景

回顾人类开发海洋的历程可以发现，社会公众对海洋的依赖意识越来越强，越来越重视对海洋各类资源的挖掘与利用。海洋作为自然界稳定的有机碳库、基因库、资源库、能源库，不仅向公众提供丰富的原材料和食品，而且对改善地球环境、维持全球生态平衡具有十分重要的作用。2010年全球首次海洋生物普查结果显示，海洋中有100多万种生物种类，至今尚有3/4未被发现，已知鱼类16764种，预计5000多种未被发现[①]，每年海洋可提供的水产品约为 30×10^8 吨，相当于全球耕地所提供食物的1000倍。海水的比热容高达 $3.89 \times 10^3 \mathrm{J} \cdot \mathrm{kg}^{-1} \cdot \mathrm{℃}^{-1}$，远高于陆地，加之其面积占地球表面的71%，使其成为地球吸收与保存太阳能的主要环节，也使海洋成为影响全球气候的重要因子。同时，由于海洋浮游植物的高生产力，海洋吸收的碳比陆地多25倍，比大气多65倍，因此海洋也是调节 CO_2 循环的主要力量。此外，海洋拥有丰富的化学和动力资源，在大陆向海底延伸的大陆架区域以及大洋底部，还蕴藏着极为丰富的矿产资源，这些都可为人类发展提供有效的支持与保障。然而，由于沿海区域是全球资源需求与利用强度相对较高的地区，也是污染物排放最集中的地区，海洋生态系统的脆弱性、复杂性和连通性，使得沿海区域经济社会的发展对海洋生态系统造成的压力与日俱增，尤其是随着公众对海洋生态系统产品与

---

① 参见中国环境生态网，http：//www.eedu.org.cn/Article/Biodiversity/Species/201010/52383. html，2010年10月1日。

服务需求的增加，各种人为活动导致的海洋生态系统提供产品与服务能力下降趋势正在逐步加剧。当前，世界人口剧增、城市规模扩大，许多海岸带已转变为工业或城镇发展用地，红树林、海岸带湿地、海草等面积迅速减少，同时，过度捕捞、毁灭性渔业技术的发展以及污染造成的繁殖生境破坏，已使海洋生态系统尤其是近海生态系统丧失了部分渔业生产能力，海洋原生性生态系统危机深重。海洋既是地球一切生命体存续的基本环境与条件，也是人类进一步发展的重要基础，海洋的可持续开发与利用是关系到人类前途命运的宏伟事业。

就中国而言，拥有 473 万平方公里的蓝色国土[①]，分布有已知海洋生物 20278 种，约占世界海洋生物物种总数的 10%，其中具有捕捞价值的海洋鱼类 2500 余种，可供捕捞生产的渔场面积 281 万平方千米，近海可捕捞量占世界的 5% 左右，已探明海洋固体矿物资源 65 种，总储量约 1.6 亿吨，且油气资源丰富，海洋石油储量约为 241 亿吨，天然气储量超过 10 万亿立方米[②]，各类海洋动力资源也十分丰富。中国共拥有 18000 千米长的大陆海岸线，沿海区域是人口最稠密、经济和社会最发达的地区，自北向南形成了环渤海、长三角、珠三角三大经济圈。自 20 世纪 70 年代末以来，中国越来越重视对海洋资源与环境的开发利用，沿海区域与海洋经济得到了持续快速发展。沿海区域经济总量与海洋经济总量年均增长率长年保持在两位数百分比水平，尤其是进入 21 世纪以来，沿海区域经济与海洋经济更是进入了新的发展阶段。根据《中国统计年鉴》，到 2014 年，中国沿海 11 个省（市、区）的人口占全国人口的比重超过 43%，GDP 占全国比重接近 60%，而沿海 11 个省（市、区）的陆地面积仅占全国国土面积的 13.45%；海洋总产值更是从 1979 年的 64 亿元增长至 2014 年的 6.07 万亿元，对全国 GDP 的贡献率也从 1979 年的 1.58% 上升至 2014 年的 9.54%。沿海区域与海洋经济的发展同样体现在产业结构升级方面。2001 年之前，海洋渔业经济作为海洋第一产业一直高居海洋三产之首，2000 年第一和第二产业产值占海洋经济总产值的 51%，到 2014 年海洋三产比重演变为 5.1:43.9:51，其中，海洋第三产业产值已达 30929.6 亿元。此外，当前日臻完善的海洋高科技也在不断壮大着海洋产业群，如海水淡化技术的开发与完善不断促进海水综合利用业发展；海洋资源探查与开发技

① 参见《473 万平方公里的"蓝色国土"同样需要关注》，人民网，http://politics.people.com.cn/n/2012/0730/c70731-18624710-，2012 年 7 月 30 日。
② 管华诗、王曙光：《海洋管理概论》，中国海洋大学出版社 2003 年版。

术效率的不断提高加快了海洋油气产业及相关产业进程；海洋生物技术的演进推动海洋医药产业迅速兴起。应当说，沿海区域与海洋经济的发展已成为影响中国国民经济整体走势的关键因素，海洋产业结构的升级与高新技术产业的壮大则表明中国海洋经济发展日趋合理，正不断向海洋经济强国迈进。

但从生态环境方面来讲，2014 年沿海 11 个省（市、区）的电力消耗量已占全国电力消耗总量的 53.34%，工业废气排放量占全国工业废气排放总量的 48.58%，工业废水排放量占全国工业废水排放总量的 56.34%，其能源消耗与废弃物排放已对资源生态环境带来了较大压力。同时，据《2014 年中国海洋环境质量公报》显示，受沿海地区废水排放与过度资源开发的影响，近岸海洋生态系统面临的严重生态问题包括生境丧失、环境污染、生物多样性低和生物入侵等，且海洋整体生境近年来呈现愈加恶化态势。2014 年，中国附近海域和主要河口均处于严重污染状态，全海域未达到清洁海域水质标准的面积为 178167 平方公里（春、夏、秋平均值），处于亚健康和不健康状态的海洋生态系统占 81%，全海域全年发生赤潮 56 次，累计面积 7290 平方公里，海岸侵蚀范围与速度在逐渐加大。此外，近海渔业资源整体处于衰退阶段，尤其是渤海作为索饵场和产卵场的功能已基本不复存在，黄海的大黄鱼资源构成趋于小型化，小黄鱼资源近乎绝迹。可见，沿海区域海洋经济社会在迅速发展的同时也给生态资源环境尤其是海洋生态资源环境带来了较大的影响与负面作用，海洋生态环境不断恶化，生态资源日益匮乏，对沿海区域海洋生态、经济、社会的可持续发展造成了巨大威胁。因此，正视中国沿海区域海洋经济社会发展对海洋生态资源环境造成的压力，已成为十分迫切与紧急的课题。

20 世纪 80 年代初，马世骏等在总结以整体、协调、自生、循环为核心的生态系统控制论原理的基础上，提出了经济—社会—生态复合生态系统理论，指出可持续发展的实质是以人为主体的生命与其栖息劳作环境、物质生产环境及社会文化环境之间关系的系统发展①。海洋在本质上也是生态经济社会的复合体，在很大程度上也属于地球生态经济社会大复合系统的一部分，在海洋生态经济社会复合系统中，海洋生态资源子系统是基础，海洋经济产业子系统是主导，海洋社会文化子系统是载体，三者联结成为海洋再生产的自然、经济与社会过程。基于海洋开展的各类生产活动既受自然规律的约束，也受经济与社会体制的限制，即人类创造的海洋经

① 马世骏、王如松：《社会—经济—自然复合系统》，《生态学报》1984 年第 1 期。

济与海洋社会系统对海洋生态系统存在反馈作用。为解决当前海洋经济社会发展对海洋生态系统产生的巨大压力与威胁这一问题，必须将海洋生态系统的反馈机制与海洋经济系统、海洋社会系统的反馈机制联结为一个整体，理顺三者的相互作用关系，明确三者胁迫关系下的演变机理，建立起三者公平、合理、顺畅的运行机制，才能促使三者在相互促进、相互制约、相互协调中向前发展。

二　研究目的

随着经济社会的快速发展以及科学技术的不断进步，公众对海洋功能的认识逐渐加深，对海洋产品与服务的需求日益增多，海洋经济社会效益节节攀升。在此背景下，党和政府更加重视海洋资源和环境的探查、开发与利用工作，不断调整海洋经济发展政策，并颁布了一系列海洋资源开发与环境保护的法律法规，采取了多种海洋综合管理措施，以确保海洋事业可持续发展的实现。然而，受人类对海洋资源开发与海洋产业发展规模化、持续性推进的冲击，海洋生态系统的运行状况仍在持续恶化，人为因素引起的海洋灾害不断增多，生物多样性继续下降，多种渔业资源濒临枯竭，近岸水域污染与生境破坏愈加严重，海洋自然净化与平衡能力不断衰退。

鉴于经济社会对海洋生态系统资源环境需求无止境性与海洋生态系统对资源环境供给有限性之间的矛盾日益尖锐，本书立足于系统论、耗散结构论、协同学、可持续发展论、生态经济学、区域经济学的理论与方法，通过海洋生态环境与经济社会发展之间能量、物质、信息、价值等交换关系，将海洋生态系统的反馈机制与海洋经济系统、海洋社会系统的反馈机制联结为一个整体。对海洋生态—经济—社会复合系统（简称海洋生态经济系统）的内涵进行界定，解析中国海洋生态经济系统的特征、构成和功能，在建立较为完整的海洋生态经济系统研究理论框架的基础上，实现以下目标：

（1）验证海洋生态经济系统各子系统间存在的交互胁迫关系，定量判别中国及各沿海地区海洋生态经济系统协调发展阶段与类型。

首先，以中国海洋生态经济系统基本演变规律为出发点，构建指标体系，运用综合生态足迹、承载力、可持续发展度量的理论与方法，对中国海洋生态经济系统内部生态、经济、社会三个子系统的发展状态进行量化辨识，分析各子系统发展状态的时间嬗变轨迹和空间差异特征；其次，应用交互胁迫论和非线性回归模型，对三个子系统时空动态关系曲线进行拟合，证实海洋生态经济社会各子系统之间存在的交互胁迫关系；最后，应用耦合模型对各子系统之间时间序列和空间序列协调度进行测算，判别中国海洋生态经济系统协调发展的阶段与类型。

（2）探讨中国海洋生态经济系统非协调状态形成的关键因素与传导路径，建立相应的预警体系。

首先，归纳并列举中国当前海洋生态经济系统非协调状态的种类和具体表现，运用因果链分析法剖析其主要成因；其次，运用结构方程（SEM）建立拟合模型，模拟并检验海洋生态经济系统主要非协调状态的形成机理，探究导致海洋生态经济系统主要非协调状态形成的关键因素和基本传导路径；最后，生成海洋生态经济系统协调发展状态的 SD 模拟预警模型和 RBF 趋势预警模型，并设计协调预警的指标体系和警戒界限。

（3）提出海洋生态经济系统协调发展应达到的目标和可选择的模式，针对非协调状态的形成机理构筑协调优化机制。

首先，在设定中国海洋经济系统协调发展目标和内容的前提下，构建海洋生态经济系统协调发展的三种基本模式；其次，根据非协调状态形成机理，构建维系系统协调运行的动力机制、创新和保障机制；最后，基于产业调控、市场调控、社会调控和政府调控等视角，提炼出优化海洋生态经济系统协调发展的具体方案。

通过本书理论架构与实证研究，以期为揭示社会经济发展与海洋生态资源环境恶化存在的必然关系提供方法和证据；为缓和沿海人口激增、海洋经济发展、海洋资源开发与海洋生态资源环境保护的矛盾提供决策支撑；为制定海洋事业发展战略以及海洋生态资源开发与保护政策提供参考；为实现社会经济可持续发展与海洋生态系统稳态运行提供帮助。

三　研究意义

海洋生态经济系统是中国生态经济系统的重要组成部分，海洋生态经济系统的协调运行是支撑中国社会经济可持续发展的重要基础之一。海洋生态经济系统基本研究框架的建立和内部协调关系轨迹、非协调状态形成机理的探讨，以及中国海洋生态经济系统协调发展模式、优化机制的构建，对完善海洋生态经济协调发展研究具有一定的推动作用，对推进海洋经济高效发展、维护海洋生态动态平衡、确保海洋社会安定、实现海洋生态经济社会最佳运行状态具有重要的现实意义。

1. 研究理论意义

首先，已有海洋生态经济研究视角各异、成果较为分散，未能进行较为系统的理论概括、形成全面的海洋生态经济学理论体系。明确海洋生态经济系统的内涵、构成、特征、结构、功能等基本理论问题，能够在一定程度上完善海洋生态经济研究理论框架，促进海洋生态经济及相关研究的系统化、规范化。其次，中国沿海地区社会经济发展与海洋生态环境恶化矛盾逐步显现，建立量化模型证实海洋生态经济系统存在的交互胁迫关系，探析中国海洋生态经济协调运行的时空演变规律，并运用结构模型验证海洋生态经济系统非协调状态的生成机理，找出影响海洋生态经济协调发展的关键因素和作用路径，可以为海洋生态经济研究的发展延伸奠定基础。最后，构建海洋生态经济系统预警机制及协调运行优化机制，探讨海洋生态经济系统协调发展的基本模式和实现方案，能够为海洋生态经济研究提供一些创新视角，增强海洋生态经济研究的科学性和前瞻性。

2. 实践应用价值

首先，中国海洋开发与管理实行的是海洋经济发展与海洋生态环境保护同步走的基本战略，即在保持良好海洋生态资源环境运行状态的基础上，促进海洋经济全面快速发展，揭示海洋生态经济系统存在的交互胁迫关系和协调度时空演变规律，能够为海洋经济发展与资源环境开发提供一些警示作用和决策参考，有助于这一战略更好地实现。其次，由于海洋开发与管理长期受行业管理影响，存在管理对象不清、管理职能交叉、管理领域不全等问题，理清海洋生态经济协调演变规律和非协调状态形成机理，找出影响其协调发展的关键因素和作用路径，能够为改革海洋事业管理内容提供参考，为明确海洋开发与管理中各主体及部门的权利义务提供依据。再次，立足于中国海洋生态经济系统运行现状，构建海洋生态经济系统协调发展预警机制，探索海洋生态经济系统协调发展的目标，确立以协调发展为核心的内容体系，提出协调发展基本模式，可以为各地制定海洋事业发展战略、完善海洋资源环境开发与保护政策提供借鉴。最后，建立海洋生态经济系统协调发展优化机制，从产业、市场、社会、政府等多个角度提出海洋生态经济系统协调发展的具体优化实施方案，能够帮助政府管理部门与各社会利益群体明晰可采取的调控措施和行为方式，减缓海洋经济社会发展对海洋生态造成的巨大压力，从而推进海洋生态经济协调发展进程。

第二节 国内外相关研究综述

一 生态经济协调发展相关研究综述

社会经济与生态的协调发展，是可持续发展的必然要求，对自然生态与社会经济协调关系及其可持续发展的探索是当前世界学术研究领域的热点之一。人口急剧增加、资源过度开采导致的能源危机、资源枯竭、生态恶化等逐渐限制经济的增长，不断出现自然生态与人类社会经济不协调现象。20 世纪 30 年代至 20 世纪中叶，西方发达国家相继出现了环境公害事件，促使公众意识到工业革命给自然与人类带来的灾难。1962 年美国海洋生物学家莱切尔·卡逊（Rachel Carson）出版了《寂静的春天》一书，阐述了人类与海洋、河流、土壤、植物、动物之间的密切联系，介绍了农药对生物的危害①，迎来了新的生态学时代，越来越多的学者开始重新思考传统经济研究的局限性②。20 世纪 60 年代后期，美国经济学家肯尼斯·鲍尔丁（Kenneth Boulding）在《一门科学：生态经济学》一文中提出"生态经济学"概念，并创立了宇宙飞船经济理论，标志着生态经济学作为一门独立学科正式形成③。1971 年，罗马俱乐部出版了《增长的极限》，该长篇报告运用系统动力学方法研究了世界人口增长、工业发展、粮食生产、环境污染和资源消耗对人类发展的影响，认为只有停止人类增长和经济发展才能保证地球的平衡④。1987 年世界环境与发展委员会在《我们共同的未来》中正式提出了"可持续发展"的概念，罗马俱乐部又出版了《超越极限》重新审视消极的"增长极限"观点，并提出了修正模型⑤。1992 年，巴西世界环境与发展大会通过的《里约宣言》进一步阐明了可持续发展的观点与内涵。自此各种探讨生态经济问题及可持续发展的论文著作大量出现，关于生态与社会经济关系的研究迅速展开。

自然生态与社会经济的协调发展理论研究综合性较强，涉及面较广，

---

① ［美］莱切尔·卡逊：《寂静的春天》，吕瑞兰译，科学出版社 1979 年版。
② 李怀政：《生态经济学变迁及其理论演进述评》，《江汉论坛》2007 年第 2 期。
③ 王新前：《绿色发展的经济学——生态经济理论、管理与策略》，西南交通大学出版社1996 年版。
④ 罗马俱乐部：《增长的极限》，李宝恒译，四川人民出版社 1984 年版。
⑤ 赵振华、匡耀求：《珠江三角洲资源环境与可持续发展》，广东科技出版社 2003 年版。

不同专业领域和学科对其研究的切入点不同，得出了不同的观点、建议、模式等。例如：生态学家从生态平衡的角度研究人类行为对自然生态系统的干扰作用，提出人类行为必须被限制在自然生态承载力范围内，才能使人类社会经济持续长久①；地理学的人地关系理论提出区域经济发展与生态环境之间要保持经常性的动态协调关系②；自然哲学家认为环境与资源问题是人类处理人与自然关系、选择发展方向的问题，只有进行人类认识论和实践行为的彻底革命，追求社会整体进步和人与自然的和谐接触才能从根本上解决问题③；经济学家以人类生存保障为出发点研究生态与经济的协调问题，将自然资源与生态环境视为经济发展的外生变量，提出生态资源环境的外部性是导致经济发展过程中自然资源枯竭与生态环境恶化的根源，结果不仅使经济不能持续发展，而且使人类面临空前生存危机④；生态经济学家则将社会经济系统视作生态系统的一部分，强调各系统之间的联系，在对人类经济活动与生态环境之间相互关系和发展规律研究的基础上，提出通过反馈环在生态系统与经济社会系统之间可以实现共同进步，同时认为人类追求的终极目标是在特定经济社会水平与生态条件下实现经济社会平衡与生态平衡有机联系的最佳组合⑤。

在具体代表性研究成果方面，Shafik 和 Sushenjit（1992）⑥、Grossman 和 Alan（1993）⑦、Arrow（1995）⑧、Rothman（1998）⑨ 等在收集分析统计数据的基础上，发现经济发展与资源环境变化之间存在由互竞互斥到互适互补的过程，即在经济增长、产业结构调整和技术水平演进的过程中，

① 来风兵：《艾比湖流域社会经济与自然生态协调发展系统动力学仿真研究》，硕士学位论文，新疆师范大学，2007 年。
② 李坤：《论地理教学中可持续发展观的培养》，硕士学位论文，湖南师范大学，2004 年。
③ 陈本亮：《资源—经济—环境复合系统协调分析》，硕士学位论文，西南交通大学，2000 年。
④ 杨柳青、杨文进：《略论生态经济学与可持续发展经济学的关系》，《生态经济》2002 年第 12 期。
⑤ 王玉芳：《国有林区经济生态社会系统协同发展机理研究》，博士学位论文，东北林业大学，2006 年。
⑥ Shafik Nemat, Sushenjit Bandyopadhyay, "Economic Growth and Environmental Quality: Time – series and Cross – Country Evidence", World Band Policy Research Working Paper No. WPS904, World Bank, Washington, D. C, 1992.
⑦ Gene M. Grossman, Alan B., Krueger. *Environment Impacts of a North American Free Trade Agreement in "The U. S. – Mexico Free Trade Agreement"*, MIT Press, Cambridge, 1993, pp: 13 – 56.
⑧ Arrow K. et al., "Economic Growth, Carrying Capacity, and the Environment", *Science*, Vol. 268, 1995, pp. 520 – 521.
⑨ Rothman D. S., "de Bruyn S. Probing into the Environmental Kuznets Curve Hypothesis", *Ecological Economics*, Vol. 25, No. 2, 1998, pp. 143 – 145.

资源与生态环境问题会由逐步加剧到逐渐减弱直至消失，与经济发展呈现倒 U 形曲线关系，这便是"环境库兹涅茨曲线"，但只有在环境恶化被控制于环境不可逆阈值内，经济发展与环境问题才呈现倒 U 形关系，若环境恶化超越环境不可逆阈值，该倒 U 形关系则不再存在。Keynote Address (1992)[①]、Benites (1996)[②]、Solovjova (1999)[③]、Grimaud (1999)[④] 等从生态环境安全的视角对生态经济系统进行了详细分析，提出当前人类正在遭受严重的生物安全、资源安全、环境安全和生态系统安全的威胁，这些威胁关系到人类的生存与发展。Jeroen C. J. M van den Bergh (2001)[⑤] 等从综合的角度观察了生态经济整合，试图从动态模型观点阐述经济生态可持续发展概念，提出经济系统与生态系统之间的反馈机制与相互作用研究十分重要。John C. Woodwell (1998)[⑥] 运用系统动力生产模型阐明了经济增长与资源消耗之间的反馈作用关系。Cecilia 和 Timothy (1999)[⑦] 则描述了人类基本生活条件与自然资源之间的关系，通过对生态系统提供生命支持资源环境服务的能力及其重建的可能性进行明确描述，界定了相对严格的可持续发展定义，并提出当前大多数的经济发展路径都是不可持续的。Marco 和 Bert (1998)[⑧] 在建立经济—能源—气候多因子动态系统的基础上，从不同的视角观察了经济生态的运行情景。Peter 和 Michael

① Keynot Address, "The Health of the World Lands: A Perspective", 7th International Soil Conservation Conference, Sydney, 1992.

② J. R. Benites, "Land and Water Development Division", *FAO*, Rome, Italy, 1996.

③ N. V. Solovjova, "Synthesis of Ecosystemic and Ecosreeming Modeling in Solving Problems of Ecological Safety", *Ecological Modelling*, Vol. 124, 1999, pp. 1 – 10.

④ Grimaud A., "Pollution Permits and Sustainable Growth in a Schumpeterian Model", *Journal of Environmental Economics and Management*, Vol. 38, 1999, pp. 249 – 266.

⑤ Jeroen C. J., M. van den Bergh. "Ecological Economics: Themes, Approaches, and Differences with Environmental Economics", *Regional Environmental Change*, No. 2, 2001, pp. 13 – 23.

⑥ John C. Woodwell, "A Simulation Model to Illustrate Feedbacks among Resource Consumption, Production, and Facts of Production in Ecological – Economic System", *Ecological Modelling*, Vol. 112, 1998, pp. 227 – 247.

⑦ Cecilia Collados, Timothy P. Duane, "Natural Capital and Quality of Life: A Model for Evaluating the Sustainability of Alternative Regional Development Paths", *Ecological Economics*, Vol. 33, 1999, pp. 441 – 460.

⑧ Marco Janssen, Bert de Vries, "The Battle of Perspectives: a Multi – agent Model with Adaptive Responses to Climate Change", *Ecological Economics*, Vol. 26, 1998, pp. 43 – 65.

(1999)① 运用投入产出模型研究了区域经济、生态发展的可持续性，并着重分析了区域开发或产业等人类活动所引起的环境压力。Bellmann (2000)② 则利用决策支持系统探讨了矿区生态经济景观的重建问题。Steven 等（1997）③ 以南非受外来植物入侵的山地硬叶灌木群落为研究对象，运用情景分析法评价出在不同管理模式下该群落所提供的生态系统服务价值差别，并建立解决本土植物与外来入侵植物冲突的动态模拟生态经济模型，该模型运行结果表明，政府政策与管理决策能够影响生态经济系统演进的可持续性。Amanda 等（2001）④ 构建了美国 Shiawassee 国家野生动植物避难所生态—经济—社会模型，模拟出野生动物避难所土地获取的经济社会可行性及其生态结果。Yeqiao Wang 和 Xinsheng Zhang（2001）⑤ 建立了用以观测芝加哥大都市区内人类活动导致景观演变的动态模拟模型，通过综合经济和人口统计数据拟合出城市土地利用扩张趋势，并预测出城市扩张导致的自然景观变化形态。Jager 和 Janssen（2000）⑥ 重点研究了人类行为在生态经济系统中的地位和作用。Farnsworth 等（1999）⑦ 利用行为形态学原理整合决策、经济和生态模型，在可持续发展前提下以经济和人类为核心评价了生活质量，分析了人类与生态系统之间复杂的相互作用关系。Kaufmann（2001）⑧ 构建了粮食生产与气候变化的相互作用关系模

① Peter Eder, Michael Narodoslawsky, "What Environment Pressure are a Region's Industries Responsible for? A Method of Analysis with Descriptive Indices and Input – output Models", *Ecological Economics*, Vol. 29, 1999, pp. 359 – 374.

② Bellmann K., "Towards to a System Analytical and Modelling Approach for Integration of Ecological, Hydrological, Economical and Social Components of Disturbed Regions", *Landscape and Urban Planning*, Vol. 51, No. 2, 2000, pp. 75 – 87.

③ Steven Higgins, et al, "An Ecological Economic Simulation Model of Mountain Fynbos Ecosystem: Dynamics, Valuation and Management", *Ecological Economics*, Vol. 22, No. 1, 1997, pp. 155 – 169.

④ Amanda A. Mcdonald, Jianguo Liu, et al., "An Socio – Economic – Ecological Simulation Model of Land Acquisition to Expand a National Wildlife Refuge", *Ecological Economics*, Vol. 140, 2001, pp. 99 – 110.

⑤ Yeqiao Wang, Xinsheng Zhang, "A Dynamic Modeling Approach to Simulation Socioeconomic Effects on Landscape Changes", *Ecological Modelling*, Vol. 140, 2001, pp. 141 – 162.

⑥ Jager W., Janssen M. A., et al., "Behavior in Commons Dilemmas: Homo Psychologicus in an Ecological – Economic Model", *Ecological Ecnomics*, Vol. 35, 2000, pp. 357 – 379.

⑦ Farnsworth K. D., Beecham J., Roberts D., "A Behavioral Ecology Approach to Modeling Decision Making in Combined Economic and Ecological System", In: *Ecosystems and Sustainable Development* II. Southampton, UK WIT Press, 1999.

⑧ Kaufmsan R., "The Environment and Economic Well Being", In: Henk Folmer, et al. *Fronties of Environmental Economics*, Edward Elgar Publishing Limited, 2001.

型，详细分析了技术、经济、政策、气候、人口对粮食生产的影响。Robert
等（1997）[1] 则主张经济社会与生态环境协调发展，提出经济增长和技术
发展并非解决协调发展的途径，仅能作为社会发展程度的衡量标准，而生
态环境为人类社会提供了基础框架，社会应当在此框架内采取最有效的理
念与办法管理资源，从而使所有资源得到合理、充分利用。Tisdell
（1999）[2]、Pearce 等（2000）[3] 认为资本存量的不同要素之间可以相互替
代，而人造资本部分替代日益减少的自然资本时，就是弱可持续发展。目
前国际上关于社会经济与生态环境协调发展的理论研究已逐渐从内涵探讨
转向定量化模型研究及相关理论研究。England（2000）[4] 提出了关于生态
资本与人造资本互补的生产函数，并通过假设，得出了经济系统最终进入
稳定状态的结论。Kraev（2002）[5] 在 England 模型的基础上研究了生产资
本的不同存在形式所引起的生态经济系统发展轨迹的不同。Avila – Foucat
等（2009）[6] 以瓦哈卡、墨西哥等地为例，对流域海洋生态经济系统进行
了研究。Yuan 等（2010）[7] 借助投入产出模型，对生态环境演变与经济行
为的关系进行了探索。

在国内，关于人类社会经济活动与生态环境之间相互关系的研究始于
20 世纪 80 年代。1980 年 8 月，经济学家许涤新在一次全国性学术会议上
提出建立生态经济学的倡议，得到了广大学者们的响应。1980 年 11 月，
许涤新在《实现四化与生态经济学》一文中第一次就中国生态经济问题进
行了探讨，此后，以生态经济为核心内容的相关研究开始在中国蓬勃开
展。其中，具有代表性和影响力的研究成果主要有：刘培哲（1987）以

① Robert Costanza, John Cumberland, Herman Daly, Robert Goodland, Richard Norgaard, "*An Introduction to Ecological Economics*", St. Lucie Press, 1997.

② Tisdell C., "*Condition for Sustainable Development: Weak and Strong. In: Dragun A. K., Tisdell C ed. Sustainable Agriculture and Environment*", Cheltenham: Edward Elgar Publishing Ltd., 1999.

③ Pearce D., Barbier E., "*Blueprint for Sustainable Economy*", London: Earthman Publications Ltd., 2000.

④ England R. W., "Natural Capital and the Theory of Economic Growth", *Ecological Economics*, Vol. 34, 2000, pp. 425 – 431.

⑤ Kraev E., "Stocks, Flow and Complementarity: Formalizing a Basic Insight of Ecological Economics", *Ecological Economics*, Vol. 43, 2002, pp. 277 – 286.

⑥ Avila – Foucat V. S., Perrings C., Raffaelli D., "An Ecological – economic Model for Catchment Management: The case of Tonameca, Oaxaca, Mexico", *Ecological Economics*, Vol. 68, 2009, pp. 2224 – 2231.

⑦ Yuan C., Liu S., Xie N., "The Impact on Chinese Econmics Growth and Energy Consumption of the Global Financial Crisis: an input – output analysis", *Energy*, Vol. 35, No. 4, 2010, pp. 1805 – 1812.

"协调发展""良性循环""永续利用"等思想对环境规划、生态平衡进行了研究[1]；陈国阶（1990）开创了中国研究环境承载力和经济环境协调度的先河[2]；杨政等（1991）[3] 应用系统动力学等多种方法构建了新疆人口与可持续的仿真决策模型，得出新疆未来 100 年适应可持续发展要求的一系列人口条件；牛文元（1994）[4] 在总结国外已有可持续发展指标体系的基础上，构建出中国可持续发展度指标体系，采用资源承载力、环境缓冲力、经济生产力、发展稳定性和管理调控力来衡量区域可持续发展能力，并提出中国可持续发展战略目标应当为人口规模零增长、能源资源消耗速率零增长、生态环境退化速率零增长；张庆普等（1995）[5] 提出并探讨了城市生态经济系统的复合 Logistic 发展机制；马传栋（1995）[6] 论述了资源生态经济系统的生态经济阈值的基本内涵，并对资源开发利用与同资源生态经济系统的阈值相协调理论问题进行了探讨；范文涛等（1997）[7] 在对农业生态经济系统的可持续发展进行广泛、深入定量研究的基础上，提出建立稳定而强大的生态农业体系是持续发展工业经济体系的前提和依托；白华等（1999）[8] 定量描述了经济—资源—环境复合系统的静态及动态协调度，引入了行为矩阵概念，并提出基于行为矩阵的静态协调管理法；陈国权（1999）[9] 在论述经济—资源—环境系统内部冲突与协调关系的基础上，提出了可持续发展的具体对策；俞小军（2000）[10] 则就湖北省经济、资源与环境之间协调发展的问题进行了研究；徐玖平（2000）[11] 在总结国内外有关生态经济系统理论与方法和长江上游拟退化生态经济系统实证分析的基础上，提出了长江上游拟退化生态经济系统开发性恢复与重

---

[1]　刘培哲：《环境管理》，中国文化书院 1987 年版。
[2]　转引自《山西省可持续发展战略研究报告》，科学出版社 2004 年版。
[3]　杨政等：《新疆人口发展趋势》，新疆人民出版社 1991 年版。
[4]　牛文元：《持续发展导论》，科学出版社 1994 年版。
[5]　张庆普、胡运权：《城市生态经济系统复合 Logistic 发展机制的探讨》，《哈尔滨工业大学学报》1995 年第 2 期。
[6]　马传栋：《论资源生态经济系统阈值与资源的可持续利用》，《中国人口·资源与环境》1995 年第 4 期。
[7]　范文涛、黎育红：《农业生态经济系统定量优化模型》，《系统工程》1997 年第 5 期。
[8]　白华等：《区域经济—资源—环境复合系统结构及其协调分析》，《系统工程》1999 年第 2 期。
[9]　陈国权：《可持续发展与经济—资源—环境系统分析和协调》，《科学管理研究》1999 年第 2 期。
[10]　俞小军：《湖北省经济—资源—环境协调发展研究》，《运筹与管理》2000 年第 1 期。
[11]　徐玖平：《长江上游拟退化经济生态系统开发性恢复与重建的可持续发展研究》，《世界科技研究与发展》2000 年第 5 期。

建的措施；沈国明（2001）[1] 认为生态经济系统是人类经济系统与自然生态系统相耦合的复合系统，是由诸多技术要素、经济要素、环境要素与生物要素遵循某类生态经济关系而组成的集合体；何有世（2001）[2] 利用系统动力学对镇江市的环境经济系统进行了研究；腾有正（2001）[3] 运用哲学观点对环境经济问题进行了全面的理性分析，并对生态经济系统的基本矛盾及其解决途径给出了自己的见解；侯彦林等（2001）[4] 根据质量守恒定律和有效物质在系统内外部转化关系，建立了社会—经济—自然复合生态系统有效物质平衡模型，并定义了模型的特征参数；魏一鸣等（2002）[5]、姜涛等（2002）[6] 提出可持续发展应当包括经济、社会和生态持续，三个层面相互作用不能分裂，单纯追求经济增长必然将导致生态崩溃，孤立追求生态持续运行也不能遏制全球经济衰退，经济持续是条件，生态持续是基础，社会持续是最终目的；赵景柱等（2003）[7] 认为经济—社会—自然复合生态系统的持续发展评价指标体系应当综合涵盖人的生育年龄、工作年龄以及世代的重叠性，其周期时间应为 30 年左右；高群（2004）[8] 对生态经济系统恢复与重建的基础理论进行系统研究；赵伟等（2005）[9] 根据城市生态经济系统运行规律和系统调控的目标，建立了城市生态经济系统指标体系，并以宁波为实证对象对其生态市建设进行了系统研究；刘友金等（2005）[10] 对区域技术创新生态经济系统失调及其实现平衡的途径进行了探讨；韩凌等（2006）[11] 对经济系统与生态系统进行了

[1] 沈国明：《21 世纪的选择：中国生态经济的可持续发展》，四川人民出版社 2001 年版。
[2] 何有世：《环境经济系统 SD 模型的建立》，《江苏理工大学学报》2001 年第 4 期。
[3] 腾有正：《环境经济问题的哲学思考——生态经济系统的基本矛盾及其解决途径》，《内蒙古环境保护》2001 年第 2 期。
[4] 侯彦林：《社会—经济—自然复合生态系统有效物质（能量、货币）平衡模型的建立及其应用》，《生态学报》2001 年第 12 期。
[5] 魏一鸣等：《北京市人口、资源、环境与经济协调发展的多目标规划模型》，《系统工程理论与实践》2002 年第 2 期。
[6] 姜涛等：《人口—资源—环境—经济系统分析模型体系》，《系统工程理论与实践》2002 年第 12 期。
[7] 赵景柱等：《基于可持续发展综合国力的生态系统服务评价研究——13 个国家生态系统服务价值的测算》，《系统工程理论与实践》2003 年第 1 期。
[8] 高群：《生态—经济系统恢复与重建的基础理论研究》，《地理与地理信息科学》2004 年第 5 期。
[9] 赵伟、杨志峰、牛军峰：《城市生态经济系统模型构建与分析》，《环境科学学报》2005 年第 10 期。
[10] 刘友金、易秋平：《区域技术创新生态经济系统失调及其实现平衡的途径》，《系统工程》2005 年第 10 期。
[11] 韩凌等：《经济系统与生态系统的类比分析》，《中国人口·资源与环境》2006 年第 4 期。

类比分析，论述了两个系统的相同点和差异，指出两个系统的相似性为经济系统向生态系统学习提供了基础，而差异则代表着经济系统的重组方向；杨世琦等（2007）[①] 借助协调度函数分析了区域生态经济系统的协调度，形成了区域生态经济系统评价的基本理论体系；张效莉等（2007）[②] 对经济与生态环境系统协调的超边际进行分析，得出增加外生交易费用是提高经济系统和环境系统效益、实现两系统协调发展的有效途径；许振宇等（2008）[③] 从系统论角度出发，在构建评价指标体系的基础上，剖析了湖南省生态经济系统内部诸要素及其结构特征；周孝明等（2008）[④] 对导致近 50 年来塔里木河流域下游生态系统退化的社会经济因素进行了系统研究；连飞（2008）[⑤] 根据监测预警理论，利用因子分析和 BP 神经网络对经济与环境协调度进行测算和预测，构建了中国经济与环境协调发展预警系统；马向东等（2009）[⑥] 在系统分析水资源约束下生态环境与社会经济复合系统的竞争与合作关系的基础上，以协同学理论为指导，建立了复合系统的有序度模型和复合系统的协同进化模型，并给出了相应计算方法；江红莉等（2010）[⑦] 在分析区域经济与生态环境系统交互关系的基础上，建立了区域经济与生态环境系统协调发展的动态模型，并对江苏省经济与生态环境系统的协调发展进行了研究；张浩（2016）[⑧] 阐述了经济与生态辩证关系，并运用耦合评价模型对经济与生态的互动关系进行了验证；臧正等（2017）[⑨] 基于生态系统服务价值理论，对 2001—2013 年中国大陆人均生态福祉与生态经济效率时空演变格局进行了实证研究，发现中

[①] 杨世琦、杨正礼、高旺盛：《不同协调函数对生态—经济—社会复合系统协调度影响分析》，《中国生态农业学报》2007 年第 2 期。

[②] 张效莉、王成璋、王野：《经济与生态环境系统协调的超边际分析》，《科技进步与对策》2007 年第 1 期。

[③] 许振宇、贺建林、刘望保：《湖南省生态—经济系统耦合发展探析》，《生态学杂志》2008 年第 2 期。

[④] 周孝明等：《近 50 年来塔里木河流域下游生态系统退化社会经济因素分析》，《资源科学》2008 年第 9 期。

[⑤] 连飞：《中国经济与生态环境协调发展预警系统研究——基于因子分析和 BP 神经网络模型》，《经济与管理》2008 年第 12 期。

[⑥] 马向东、孙金华、胡震云：《生态环境与社会经济复合系统的协同进化》，《水科学进展》2009 年第 4 期。

[⑦] 江红莉、何建敏：《区域经济与生态环境系统动态耦合协调发展研究——基于江苏省的数据》，《软科学》2010 年第 3 期。

[⑧] 张浩：《生态与经济互动关系分析对生态经济耦合评价模型的应用》，《生态经济》2016 年第 3 期。

[⑨] 臧正等：《基于公平与效率视角的中国大陆生态福祉及生态—经济效率评价》，《生态学报》2017 年第 7 期。

国省际人均生态福祉极不均衡，生态经济效率离散程度也较高，亟须从公平与效率的视角权衡经济发展与生态保护的矛盾。众多文献的发表，表明国内学者在社会经济与生态环境协调发展研究方面进行了广泛而又深刻的探索与钻研，并取得了一定成果。

二 海洋生态经济协调发展研究综述

生态经济协调理论认为，人类社会经济活动无时无刻不在与生态系统发生关系，且社会经济系统的运行始终建立在生态系统基础上，并与生态系统构成了耦合关系复杂的生态经济复合系统，在该系统中，不断增长的社会经济系统对生态系统资源环境需求的无止境性与相对稳定的生态系统对资源环境供给的局限性构成了连续发展过程中贯穿始终的矛盾，该论断同样适用于海洋生态经济这一特殊复合系统。

20世纪60年代中后期，随着人类对海洋认识的不断加深，人类社会开始了以捕鱼、海运、盐业等为重点的初级海洋产业发展时代，国内外关于海洋生态结构、功能、生物生产力、食物链等自然科学领域的研究不断增多，海洋经济学研究也逐渐萌芽。20世纪90年代，海水养殖的普及、海洋油气资源的大面积开发以及海洋旅游产业等新兴产业的迅速崛起，促使人类进入了现代海洋产业发展时代。然而，随着人类开发海洋资源、发展海洋产业的规模化推进，海洋生态系统运行状况却愈加恶劣，人为因素引起的海洋灾害不断增多，海洋资源枯竭、水域污染与生境破坏日益严重，海洋自然净化能力、平衡能力逐步衰退。鉴于海洋经济增长与海洋生态保护矛盾的日趋尖锐，20世纪90年代后期尤其是进入21世纪，国内外对于海洋生态经济协调发展的研究不断增多。

纵观已有海洋生态经济协调发展研究，国内外学者研究对象涉及沿海国家、沿海城市、海岸带、海岛、滨海、近海、海洋、渔场等众多地理空间区域，研究视角大多从海洋（包括沿海、海岸带、海岛等研究对象）的生态经济可持续发展出发，基于海洋经济需求与海洋生态供给这一根本矛盾，形成了多种海洋生态与经济发展关系模型和可持续发展评价模型，并在海洋生态经济综合协调管理措施上不断创新突破，研究成果日渐丰硕，为海洋实际开发管理工作提供了一定支持。总结研究成果可以发现，国内外关于海洋生态经济协调发展的主体研究逻辑思路为：以海洋的生态经济价值贡献为起点，剖析当前海洋生态经济矛盾和危机，评估海洋生态安全及产生问题的根源，构建海洋生态经济关系模型，进行海洋生态经济可持续发展研究，提出海洋生态经济问题协调、治理或综合管理的办法与措施。所运用的研究方法涵盖：系统分析方法、生态经济学方法、地理学方法、数学模型方法、地理信息系统方法、管理学方法等。由于海洋生态经济协调发展研究起步较晚，各方面研究目前仍处于交叉进行阶段，不存在明显的阶段性特征，因此，按现有研究逻辑和内容划分，本书将该领域的国内外论文研究成果分以下五个方面综述。

1. 海洋生态经济价值和贡献研究

海洋生态经济价值与贡献研究是海洋生态学、海洋经济学以及海洋生态经济协调发展研究乃至人类开发海洋的基础，国外学者关于海洋生态经济价值和贡献的研究已积淀了较为深厚的理论成果，并初步形成了相对成熟的评估体系和方法。如 Robert Costanza（1999）[1] 在构建海洋生态经济价值类别体系的基础上，详细剖析并评估了全球海洋的生态、经济和社会价值，得出全球海洋生态经济价值为 461220 亿美元/年；M. L. Martinez 等（2007）[2] 研究了沿海区域的生态、经济和社会重要性，提出应继续推进海洋生态经济评估工作，以确保沿海实现最有价值的可持续发展；Beaumont 等（2007[3]，2008[4]）识别并定义了海洋生物多样性所能提供的物质与服务，提出该物质和服务的有效利用对海洋生态系统的运转能够起到基础性作用；J. T. Kildow 等（2010）[5] 探讨了衡量海洋对国民经济贡献的重要性，指出由于各国相关定义和方法的差异，以现有资料测量、比较与海洋有关的经济活动价值仍较为困难；Kareiva 等（2011）[6] 探讨了海洋生态服务价值映射出的自然资本。

在海洋生态经济价值和贡献研究方面，国内学者最初主要从理论探讨的角度进行定性分析，近几年许多国内学者开始借鉴国外学者研究成果，并将生态经济学有关生态系统服务功能价值评估的方法（如市场价值法、影子工程法、机会成本法等）引入，形成了诸多定量实证性结论，尤其是

[1] Robert Costanza, Agre R Groot R. , et al. , "The Value of the World's Ecosystem and Natural Capital", *Nature*, Vol. 387, 1999, pp. 253 –260.
[2] M. L. Martinez, A. Intralawan, G. Vazquez, et al. , "The Coasts of Our World: Ecological, Economic and Social Importance", *Ecological Economics*, Vol. 63, 2007, pp. 254 –272.
[3] N. J. Beaumont, M. C. Austen, J. P. Atkins, et al. , "Identification, Definition and Quantification of Goods and Services Provided by Marine Biodiversity: Implications for the Ecosystem Approach", *Marine Pollution Bulletin*, Vol. 54, 2007, pp. 253 –265.
[4] N. J. Beaumont, M. C. Austen, S. C. Mangi, et al. , "Economic Valuation for the Conservation of Marine Biodiversity", *Marine Pollution Bulletin*, Vol. 56, 2008, pp. 386 –396.
[5] J. T. Kildow, A. Mcllgorm, "The Importance of Estimating the Contribution of the Oceans to National Economies", *Marine Policy*, Vol. 34, 2010, pp. 367 –374.
[6] Kareiva P. T. H. , Ricketts T. H. , Daily G. C. , et al. , *Natural Capital: Heory and Practice of Mapping Ecosystem Services*, New York: Oxford University Press, 2011.

随着 2005 年国家海洋局启动"海洋生态系统服务功能及其价值评估"研究计划的实施，国内学者相继在海洋生态系统服务概念界定、经济属性概括、服务类别划分及经济价值实际评估等方面取得了一定突破。如张朝晖等（2006）[①] 从海洋生态系统的组分、生态过程及生物多样性 3 个方面分析了海洋生态系统能够产生和支持的生态系统服务，并将海洋生态系统服务归纳为 15 种类型；高晓路等（2008）[②] 研究了天津市海岸带环境的空间价值差异，并对海岸带产业开发和生态环境保护政策的效果进行了比较，发现天津海岸带工业开发通常以生态环境破坏为代价，而渔业开发则能带来正面综合效益；石洪华等（2008）[③] 以桑沟湾为例对养殖型海洋生态系统的服务功能与价值进行了系统评估，结果表明 2004 年桑沟湾生态系统服务功能的价值为 10.51×10^8 元人民币；卢霞等（2010）[④] 根据 TM 遥感影像及海岸带资源综合调查结果，采用国外学者 Costanza 分类系统和服务单位价值，估算出连云港海岸带生态系统功能总价值为 22.55 亿美元/年；张华等（2010）[⑤] 应用生态经济学方法对辽宁省近海海洋生态系统服务及其价值进行了定量测评，得出 2007 年辽宁近海海洋生态系统服务总价值为 710.35×10^8 元人民币；王丽等（2010）[⑥] 应用条件价值法对罗源湾海洋生物多样性维持服务价值进行了评估，并指出家庭年收入、对生物的了解程度和环保意识是影响生态价值评估的主要因素；赖俊翔等（2013）[⑦] 以 2010 年为评价基准年，采用市场价格法、替代成本法、成果参照法，对广西近海海洋生态系统的 10 个核心服务价值进行了估算；吴欣欣（2014）[⑧] 应用成果参照法对厦门湾和珠江口近海生态系统的外在价值进行了评估；解雪峰等（2015）[⑨] 参照千年生态系统评估分类体系，计算出

① 张朝晖等：《海洋生态系统服务的来源与实现》，《生态学杂志》2006 年第 12 期。

② 高晓路、翟国方：《天津市海岸带环境的空间价值及其政策启示》，《地理科学进展》2008 年第 5 期。

③ 石洪华等：《典型海洋生态系统服务功能及价值评估——以桑沟湾为例》，《海洋环境科学》2008 年第 2 期。

④ 卢霞、谢宏全：《基于 RS 的连云港海岸带生态系统服务价值估算》，《淮海工学院学报》（自然科学版）2010 年第 2 期。

⑤ 张华等：《辽宁近海海洋生态系统服务及其价值测评》，《资源科学》2010 年第 1 期。

⑥ 王丽等：《基于条件价值法评估罗源湾海洋生物多样性维持服务价值》，《地球科学进展》2010 年第 8 期。

⑦ 赖俊翔等：《广西近海海洋生态系统服务功能价值评估》，《广西科学院学报》2013 年第 4 期。

⑧ 吴欣欣：《海洋生态系统外在价值评估：理论解析、方法探讨及案例研究》，硕士学位论文，厦门大学，2014 年。

⑨ 解雪峰等：《乐清湾海洋生态系统服务价值评估》，《应用海洋学学报》2015 年第 4 期。

2013 年乐清湾海洋生态系统服务价值为 30.53 × 10⁸ 元人民币，其中 92.7% 为直接使用价值；肖怡等（2016）[1] 运用条件价值法，通过构建多元线性回归方程，对山东青岛、济南两地居民维持 88 个海洋保护区存在的支付意愿进行调查和估算，得出 88 个海洋保护区服务总价值约为 43.7 亿元人民币。

2. 海洋生态经济问题与危机研究

随着科学技术发展和海洋自然科学研究推进，人类对各类海洋资源、环境的开发利用程度不断提高，新兴海洋产业陆续崛起，然而，面对海洋生态环境日益恶化、自然资源不断枯竭、水域生境持续破坏的现实状况，国外学者普遍认为海洋生态稳定运行与人口急剧上升、消费超常增长的矛盾已接近不可调和的程度，人类必须重新审视人与海洋的关系，改变海洋经济原有粗放式发展模式，以扭转当前全球海洋生态经济可持续发展面临的危机。如 Robert Costanza（1999[2]，2007[3]）认为，人类活动已开始接近海洋的限制，有必要制定海洋可持续利用的共同愿景，同时提出沿海灾害对生态、经济和人类社会造成了巨大损失，其产生原因是多方面的，但目前受人类经济利益盲目驱动的经济体系可能正在破坏人类的可持续福祉；Clausen 等（2008）[4] 从跨国的角度分析了导致全球海洋和淡水鱼生物多样性下降的人口、经济和生态因素，提出海洋和淡水鱼生物多样性正面临前所未有的威胁，由此也导致了全球渔业不可持续发展的危机；J. T. Kildow 等（2010）[5] 认为，当前海洋生态与各产业正面临诸多困难与麻烦，急需对海洋和沿海不同地区采取经济、生态恢复措施；á. Borja 等（2013）[6] 提出在经济危机背景下，更应当重视海洋经济的监测，已有地区针对海洋生态的治理比原有疾病更为糟糕。

国内学者关于海洋生态经济问题与危机的研究主要应用归纳演绎方法，从现有海洋经济效益和生态问题两个角度出发进行研究，涉及内容较

---

[1]　肖怡等：《基于 CVM 的山东海洋保护区生态系统多样性维持服务价值评估》，《生态学报》2016 年第 11 期。

[2]　Robert Costanza, "The Ecological, Economic, and Social Importance of the Oceans", *Ecological Economics*, Vol. 31, 1999, pp. 199 – 213.

[3]　Robert Costanza, Joshua Farley, "Ecological Economics of Coastal Disasters: Introduction to the Special Issue", *Ecological Economics*, Vol 63, 2007, pp. 249 – 253.

[4]　Rebecca Clausen, Richard York, "Global Biodiversity Decline of Marine and Freshwater fish: A cross – national Analysis of Economic, Demographic, and Ecological Influences", *Social Science Research*, Vol. 37, 2008, pp. 1310 – 1320.

[5]　J. T. Kildow, A. Mcllgorm, "The Importance of Estimating the Contribution of the Oceans to National Economies", *Marine Policy*, Vol. 34, 2010, pp. 367 – 374.

[6]　ángel Borja, Mike Elliott, "Marine Monitoring during an Economic Crisis: The Cure is Worse than the Disease", *Marine Pollution Bulletin*, Vol. 68, 2013, pp. 1 – 3.

多、层面较广，但学者们普遍认为中国海洋经济需求无限与生态供给有限的矛盾愈加尖锐，局部沿海区域和海域生态经济危机已十分严峻。如杨金森（1999）① 从海洋荒漠化危险、海洋产业衰退、沿海经济和社会发展受到的威胁、海洋生态环境的突出问题等多个方面系统剖析了中国海洋生态经济系统当前正面临的可持续发展危机；楼东等（2005）② 在分析中国海洋资源现状的基础上，应用灰色系统法对海洋产业进行了关联分析和预测，认为中国海洋产业结构不尽合理、区域发展不平衡、科技贡献率低、海洋灾害影响大，是制约中国海洋生态经济持续稳定发展的重要因素；吴次方等（2005）③ 认为随着经济发展和人口增长，中国沿海城市的生态危机在不断加重，主要表现为大气污染严重、固体废弃物堆积、热岛效应、地面沉降、湿地消失、水资源污染与短缺、近海污染、赤潮频发、海平面上升、生物多样性减少等方面；孙继辉等（2013）④ 着重研究了伴随辽宁海洋经济的崛起，海洋资源消耗加剧、海洋环境污染严重的形势愈加严峻，提出必须确保海洋经济与环境协调发展的理念；杨振姣等（2015）⑤ 指出当前全球海洋生态危机具有跨国性、外溢性、潜伏性和不可逆转性的特点，其与政治危机紧密关联，需要从制度框架、机制和生态政治理念下予以解决。

3. 海洋生态安全评估及机理研究

为深入研究海洋生态恶化的程度与产生的根源，国外学者在主张推进海洋资源环境普及调查的同时，也将海洋生态安全评价与机理作为研究重点，研究成果呈现出细致、深入的特点。如 Garry W. McDonald 等（2004）⑥ 计算并分析了新西兰地区历年的生态足迹；S. G. Bolam 等（2006）⑦ 全面评估了英格兰和威尔士海岸线周围疏浚物处理的海洋生态

---

① 杨金森：《海洋生态经济系统的危机分析》，《海洋开发与管理》1999 年第 4 期。

② 楼东、谷树忠、钟赛香：《中国海洋资源现状及海洋产业发展趋势分析》，《资源科学》2005 年第 5 期。

③ 吴次方、鲍海君、徐保根：《中国沿海城市的生态危机与调控机制》，《中国人口·资源与环境》2005 年第 3 期。

④ 孙继辉、卜令军、方芳：《辽宁沿海经济带海洋环境与经济协调发展问题及对策研究》，《辽宁经济》2013 年第 6 期。

⑤ 杨振姣、孙雪敏、王娟：《生态政治化视域下全球海洋生态危机及其对策研究》，《东南学术》2015 年第 6 期。

⑥ Garry W. McDonald, Murray G., "Patterson. Ecological Footprints and Interdependencies of New Zealand Regions", *Ecological Economics*, Vol. 50, 2004, pp. 49 – 67.

⑦ S. G. Bolam, H. L. Rees, P. Somerfield, et al., "Ecological Consequences of Dredged Material Disposal in the Marine Environment: A Holistic Assessment of Activities Around the England and Wales Coastline", *Marine Pollution Bulletin*, Vol. 52, 2006, pp. 415 – 426.

环境后果；Vassallo 等（2006）① 应用微观泥沙和底栖生物群落评价了亚得里亚海南部沿海地区海洋生态系统的健康性；Angel Borja 等（2008）② 综合回顾了全球河口和沿海生态完整性评价的工具与方法；Val Day 等（2008）③ 应用 GIS 系统和空间分析法，对澳大利亚海域斯潘塞湾的生态分级及空间分布进行了探讨，为澳大利亚海洋管理提供了决策支持；Cabral 等（2012）④ 在构建起河口鱼类评估指标体系的基础上对鱼类过渡水域的海洋生态质量进行了评价；Halpern 等（2012）⑤ 建立了评估全球海洋生态健康与效益的指数体系。

　　由于海洋生态系统的持续衰退，国内学者关于海洋生态安全评估的研究也在不断增多，现有研究大多借鉴生态学、生态经济学的研究方法与模型，但研究成果通常偏重于某沿海地区或海域生态安全的现状评价，缺乏细节性、跟踪性、系统性的研究结论。如杨建强等（2003）⑥ 应用结构功能指标法对莱州湾西部海域海洋生态系统进行健康评价，得出其健康程度一般，部分海域已达较差状态；吴次方等（2005）⑦ 以长江三角洲为例评价了中国沿海城市的生态问题，认为生态危机产生的根源在于人类认识论、科学技术发展、资源产权不明晰和制度缺陷；刘伟玲等（2008）⑧ 利用生态足迹法计算出辽宁省及其沿海 6 市 2003—2005 年的生态足迹均超

① P. Vassallo, M. Fabiano, L. Vezzulli, et al., "Assessing the Health of Coastal Marine Ecosystems: A Holistic Approach Based on Sediment Micro and Meio – benthic Measures", *Ecological Indicators*, Vol. 6, 2006, 525 – 542.

② Angel Borja, Suzanne B. Bricker, Daniel M. Dauer, et al., "Overview of Integrative Tools and Methods in Assessing Ecological Integrity in Estuarine and Coastal Systems Worldwide", *Marine Pollution Bulletin*, Vol. 56, 2008, pp. 1519 – 1537.

③ Day V., Paxinos R., Emmett J., et al., "The Marine Planning Framework for South Australia: A New Ecosystem – based Zoning Policy for Marine Management", *Marine Policy*, Vol. 32, No. 4, 2008, pp. 535 – 543.

④ Cabral H. N., Fonseca V. F., Gamito R et al., "Ecological Quality Assessment of Transitional Waters Based on Fish Assemblages: The Estuarine Fish Assessment Index (EFAI)", *Ecological Indicators*, No. 19, 2012, pp. 144 – 153.

⑤ Halpern B. S., Longo C., Hardy D. et al., "An Index to Assess the Health and Benefits of the Global Ocean", *Nature*, Vol. 488, No. 7413, 2012, pp. 615 – 620.

⑥ 杨建强等：《莱州湾西部海域海洋生态系统健康评价的结构功能指标法》，《海洋通报》2003 年第 5 期。

⑦ 吴次方、鲍海君、徐保根：《中国沿海城市的生态危机与调控机制》，《中国人口·资源与环境》2005 年第 3 期。

⑧ 刘伟玲、朱京海、胡远满：《辽宁省及其沿海区域生态足迹的动态变化》，《生态学杂志》2008 年第 6 期。

过了生态承载力，且生态赤字有逐年增加趋势；王晓红等（2009）[1] 应用 EwE5.1 软件对南海北部大陆架海洋生态系统演变进行了比较分析，发现近 20 年的过度捕捞已导致生态系统和渔业资源逐渐退化；陈斌林等（2009）[2] 在对连云港近岸海域进行生态环境调查和评估的基础上，运用因果链分析法，阐述了社会经济发展对自然环境造成恶劣影响的机理；吝涛等（2009）[3] 通过探讨响应力与生态安全问题因素的作用机制，建立了用以分析海岸带生态安全响应力反馈效果、反馈效率和充分性的定量评估体系，并以厦门为例进行案例分析，发现厦门整体生态安全响应力处在较理想水平；初建松（2012）[4] 在改进四大模块法（生产力、生态系统健康、社会经济与治理）的基础上，研究构建出大海洋生态系管理与评估指标体系；苟露峰等（2015）[5] 从生态、经济和社会安全 3 个方面运用 BP 神经网络模型对 2002—2012 年山东省海洋生态安全演变趋势进行了评价，发现山东省海洋生态安全综合水平呈下降趋势；狄乾斌等（2015）[6] 从社会、经济和自然三个方面构建了海洋生态承载力评价指标体系，基于改进的 AD–AS 模型，计算出 2007—2011 年中国海洋生态系统综合承载力值呈微幅上升态势，为可载状态。

4. 海洋生态经济关系模型与可持续研究

近几年，国外学者越来越多地应用数量模型模拟并分析海洋生态与海洋经济之间的相互作用关系，评价各类海洋生态经济系统可持续发展水平，并初步形成了若干规律性总结及共识，为海洋生态经济协调发展研究的进一步深入奠定了基础。如 Monica Grasso（1998）[7] 分别运用模拟模型和优化动态模型构建了海岸红树林生态系统中森林与渔业生产系统的生态经济模型，探究了两种模型方法在解决红树林资源交叉使用问题时的融合

① 王晓红、李适宇、彭人勇：《南海北部大陆架海洋生态系统演变的 Ecopath 模型比较分析》，《海洋环境科学》2009 年第 3 期。

② 陈斌林等：《连云港近岸海域环境演变与生态修复对策研究》，《海洋科学》2009 年第 6 期。

③ 吝涛、薛雄志、林剑艺：《海岸带安全响应力评估与案例分析》，《海洋环境科学》2009 年第 5 期。

④ 初建松：《大海洋生态系管理与评估指标体系研究》，《中国软科学》2012 年第 7 期。

⑤ 苟露峰、高强、高乐华：《基于 BP 神经网络方法的山东省海洋生态安全评价》，《海洋环境科学》2015 年第 3 期。

⑥ 狄乾斌、韩雨汐、高群：《基于改进的 AD–AS 模型的中国海洋生态综合承载力评估》，《资源与产业》2015 年第 1 期。

⑦ Monica Grasso, "Ecological – economic Model for Optimal Mangrove Trade off between Forestry and Fishery Production: Comparing a Dynamic Optimization and a Simulation Model", *Ecological Modelling*, Vol. 112, 1998, pp. 131 – 150.

和效果；Di Jin 等（2003）[①] 通过合并生态与经济分析模型，开发出了用以研究沿海地带生态经济系统的输入输出模型；Verdesca 等（2006）[②] 从经济系统和生态系统之间能量流通的视角出发，应用有效能分析与经济模型整合的方法，建立起描述生态系统运行状态和其经济价值之间关系的评价指标体系，并应用该评价指标体系对 Sacca di Gorolagoon 海岸带的生态经济系统进行了可持续能力评价；Claire（2007）[③] 深入研究了海洋保护区的生物经济模型，但认为当前学者对海洋保护区的生态经济关系分析结果较为悲观；David Finnoff 等（2008）[④] 构建了连接生态与经济的一般均衡模型，并将其应用于濒危斯特勒海狮的替代品及配额制定，提出应改变所有人口和经济变量以恢复海洋生态系统；Porter Hoagland 等（2008）[⑤] 对全球 64 个海洋生态系统的海洋产业活动、造船和石油开采、经济社会、渔业和水产养殖、海洋旅游业 5 个方面进行了定量判断，得到全球各个海洋生态系统海洋生态运行状态与经济社会发展水平之间的关系曲线，并对 64 个海洋生态系统的海洋产业活动与经济社会发展状态划分了类型；Ian Perry 等（2010）[⑥] 认为海洋生物物理与人类社会之间存在密切的相互依存关系，并由此提出了一个研究海洋系统的生态经济方法和模型；Parravicini 等（2012）[⑦] 运用地理空间建模的方法，阐释了人类开发利用海洋资源与近岸生态系统状态的冲突关系；T. A. Stojanovica 等（2013）[⑧] 通过连接基本假设体系与哲学系统，梳理了多年来海洋生态与经济可持续概念和评价模型的演变。

随着海洋经济增长与海洋生态危机矛盾的日益尖锐，国内学者也开始

① Di Jin, Porter Hoagland, Tracey Morin Dalton, "Linking Economic and Ecological Models for a Marine Ecosystem", *Ecological Economics*, Vol. 46, 2003, pp. 367–385.

② D. Verdesca, M. Federici, L. Torsello, et al., "Exergy–economic Accounting for Sea–coastal Systems: A Novel Approach", *Ecological Modelling*, Vol. 193, 2006, pp. 132–139.

③ Claire W. Armstrong, "A note on the Ecological–economic Modelling of Marine Reserves in Fisheries", *Ecological Economics*, Vol. 62, 2007, pp. 242–250.

④ David Finnoff, John Tschirhart, "Linking Dynamic Economic and Ecological General Equilibrium Models", *Resources and Energy Economics*, Vol. 30, No. 2, 2008, pp. 91–114.

⑤ Poter Hoagland, Jin D., "Accounting for Marine Economic Activities in Large marine Ecosystems", *Ocean and Coastal Management*, Vol. 51, No. 3, 2008, pp. 246–258.

⑥ R. Ian Perry, Manuel Barange, Rosemary E. Ommer, "Global changes in Marine Systems: A Social–Ecological Approach", *Progress in Oceanography*, Vol. 9, 2010, pp. 1–7.

⑦ Parravicini V., Rovere A., Vassallo P. et al., "Understanding Relationships Between Conflicting Human Uses and Coastal Ecosystems Status: A Geospatial Modeling Approach", *Ecological Indicators*, No. 19, 2012, pp. 253–263.

⑧ T. A. Stojanovica, C. J. Q. Farmerb, "The Development of World Oceans & Coasts and Concepts of Sustainability", *Marine Policy*, Vol. 42, 2013, pp. 157–165.

意识到将海洋生态与经济视为统一整体进行研究的必要性，依据海洋生态学、生态经济学、环境经济学等学科，不断延伸海洋生态经济复合系统的内涵，并引入多种计量模型，深入剖析海洋生态与经济的相互作用机制，评价复合系统可持续发展水平，使研究成果不断深入。代表性成果主要有：陈东景等（2006）[①] 基于人文发展指数和生态足迹指数构建了可持续评价指标体系，并对中国海洋渔业资源的开发利用状况进行了实证检验，结果表明1991—2003年中国的渔业资源开发主要以粗放式投入为特征，对海洋生态经济系统造成的压力越来越大；苏伟（2007）[②] 通过对1996—2005年广西沿海北部湾区域水环境系统和经济系统13个指标进行测算，得出泛北部湾经济区广西近岸海域环境与经济发展属于协调类型；李怀宇（2007）[③] 运用非线性动力学理论法对海洋生态系统和海洋经济系统之间的关系进行了研究，并运用DEA法对天津市海洋生态经济可持续发展进行了评价，得出无机氮类污染物为天津地区影响海洋生态经济可持续发展的主要污染物，而天津市海洋生态经济尚有潜力可挖；岳明等（2008）[④] 在建立海岸带生态经济耦合系统模型的基础上，以非线性动力学理论为指导研究了海岸带生态系统与经济系统之间的反馈机制，探讨了海岸带生态环境与经济发展之间的协同演变；王栋（2009）[⑤] 运用能值法对1998—2006年环渤海区域的海洋环境经济系统可持续发展进行了评价研究，发现环渤海区域海洋环境经济系统的可持续发展状况呈现逐年恶化的不良趋势；狄乾斌等（2009）[⑥] 运用复合生态系统场力分析框架对辽宁省海洋经济可持续发展水平、演进特征及其系统耦合模式进行了探讨，结果表明由于海洋经济发展方式的转变和海洋资源环境保护的加强，1997—2005年辽宁省海洋经济可持续发展能力有所增强；黎树式等（2010）[⑦] 介绍了海洋

①　陈东景等：《基于生态足迹和人文发展指数的可持续发展评价——以中国海洋渔业资源利用为例》，《中国软科学》2006年第5期。

②　苏伟：《广西近海环境与经济可持续发展水平及协调性分析》，《海洋环境科学》2007年第6期。

③　李怀宇：《海洋生态经济复合系统非线性动力学研究及可持续发展评价》，硕士学位论文，天津大学，2007年。

④　岳明、李敏强：《海岸带生态经济耦合系统可持续发展研究》，《科学管理研究》2008年第2期。

⑤　王栋：《基于能值分析的区域海洋环境经济系统可持续发展评价研究——以环渤海区域为例》，硕士学位论文，中国海洋大学，2009年。

⑥　狄乾斌、韩增林：《辽宁省海洋经济可持续发展的演进特征及其系统耦合模式》，《经济地理》2009年第5期。

⑦　黎树式、林俊良：《海洋生态经济系统可持续发展研究——以钦州湾为例》，《安徽农业科学》2010年第25期。

生态经济系统的特征，分析了钦州湾海洋生态经济系统的构成及特征，并针对该系统存在的问题提出了可持续发展对策；贾亚君（2012）① 提出应在包容性增长理念下，理清海洋生态系统与海洋经济系统的关系，建立可持续的海洋生态经济系统。陈婉婷（2015）② 基于耦合协调度数理方法和GIS 空间分析法，探讨了福建省海洋生态经济社会复合系统协调发展的时空演变规律，并给出了不协调的原因所在。韩增林等（2017）③ 基于能值模型，对 2013 年中国海洋生态经济系统可持续发展水平进行了测度，发现局部沿海地区由于生态承载力偏低和环境负载率过大已经严重制约区域海洋经济、社会的持续发展。

5. 海洋生态经济协调治理与综合管理研究

进入 21 世纪，西方国家更加关注海洋生态经济协调发展，并逐步将海洋生态经济的综合管理纳入国家日常工作范畴，实践经验的积累为学术研究提供了丰富的资料，使得该领域研究成果不断增多。如 Robert Costanza 等（1999）④ 探讨了海洋生态与海洋经济的重要性及其当前面临的问题，并从经济学角度分析了海洋生态、科学和政策之间的联系，提出了一套海洋可持续管理的核心准则；Bene 等（2001）⑤ 关注了海洋生态经济系统在危险状态下的生存能力，建立了有关海洋可更新资源及其开发利用管理的动态模型；Biliana Cicin – Sain（2005）⑥ 从海洋保护区的角度回顾了沿海和海洋综合管理的理论与实践，认为海洋保护区对海洋综合管理的有效实施意义重大；Josep Lloret 等（2008）⑦ 通过对近 50 年影响地中海沿岸 Cape Creus 区域各类生态要素的人类活动进行调研与分析，提出在该区域设立海洋保护区并不足以维持海洋生物与资源的可持续利用，应将其进

① 贾亚君：《包容性增长视角下实现浙江海洋生态经济可持续发展研究》，《经济研究导刊》2012 年第 7 期。
② 陈婉婷：《福建海洋生态经济社会复合系统协调发展研究》，硕士学位论文，福建师范大学，2015 年。
③ 韩增林等：《基于能值分析的中国海洋生态经济可持续发展评价》，《生态学报》2017 年第 8 期。
④ Robert Costanza, Francisco Andrade, Paula Antunes, et al. , "Ecological Economics and Sustainable Governance of the Oceans", *Ecological Economics*, Vol. 31, 1999, pp. 171 –187.
⑤ Bene C. , Doyen L. , Gabay D. , "A Viability Analysis for a Bio – Economic Model", *Ecological Economics*, Vol. 36, 2001, pp. 385 –396.
⑥ Biliana Cicin – Saina, Stefano Belfiore, "Linking Marine Protected Areas to Integrated Coastal and Ocean Management: A Review of Theory and Practice", *Ocean & Coastal Management*, Vol. 48, 2005, pp. 847 –868.
⑦ J. Lloret, Riera V. , "Evolution of a Mediterranean Coastal Zone: Human Impacts on the Marine Environment of Cape Creus", *Environmental Management*, Vol. 42, No. 6, 2008, pp. 977 –988.

一步与综合海岸带管理规划相配合；Y. C. Chang 等（2008）① 将海岸带系统分为四个子系统：生态子系统、环境子系统、经济社会子系统及管理子系统，在对子系统各类内部要素进行协调性分析的前提下，建立起海岸带综合管理决策系统的动力模型，并应用该模型对垦丁珊瑚礁生态系统的可持续发展进行了评价与分析；Eneko Garmendia 等（2010）② 认为传统自上而下的官僚管理方法并不足以解决海洋自然资源可持续利用的冲突问题，提出应将不同专业知识和价值观进行整合，应用社会多准则评价方法作为海岸带综合管理的决策支持工具，以避免管理过程中的价值冲突和不确定性；R. Cabral（2013）③ 构建出海洋综合危机预警指标，并通过对珊瑚三角区（CT）的实证研究证实了海洋生态、经济、治理三维预警模型在危机防范方面的有效性；D. G. M. Miller 等（2013）④ 进一步强调了监测、控制和专项管理在海洋领域的重要性。

　　海洋生态经济协调治理与海洋综合管理模式创新是近年来国内学者在海洋生态经济协调发展领域的重点研究课题，尤其是许多国内学者将管理信息系统理念与技术引入海洋生态经济协调治理和综合管理研究中，对以往研究成果形成了一定突破。如陶建华（2005）⑤ 介绍了基于生态环境与社会经济可持续发展的海岸带管理模型，并将其应用于渤海湾天津海岸带管理中；叶属峰等（2006）⑥ 通过对长江三角洲区域海洋经济发展及其对海洋生态的依赖性进行深刻剖析，阐述了海洋生态修复建设对长江三角洲区域海洋生态经济持续发展的积极作用；李纯厚等（2006）⑦ 在系统分析中国海水养

① Y. C. Chang, Hong F. W. , Lee M. T. , "A System Dynamic Based DSS for Sustainable Coral Reef Management in Kenting Coastal Zone, Taiwan", *Ecological Modelling*, Vol. 211, No. 1 – 2, 2008, pp. 153 – 168.

② Eneko Garmendia, Gonzalo Gamboa, Javier Franco, et al. , "Social Multi – criteria Evaluation as a Decision Support Tool for Integrated Coastal Zone Management", *Ocean & Coastal Management*, Vol. 53, 2010, pp. 385 – 403.

③ Reniel Cabral, Annabelle Cruz – Trinidad, et al. , "Crisis Sentinel Indicators: Averting a Potential Meltdown in the Coral Triangle", *Marine Policy*, Vol. 39, 2013, pp. 241 – 247.

④ Denzil G. M. Miller, Natasha M. Slicer, et al. , "Monitoring, Control and Surveillance of Protected Areas and Specially Managed Areas in the Marine Domain", *Marine Policy*, Vol. 39, 2013, pp. 64 – 71.

⑤ 陶建华：《海岸带经济与生态协调发展管理模式及其应用》，第十二届中国海岸工程学术讨论会论文集，2005 年。

⑥ 叶属峰、房建孟：《长江三角洲海洋生态建设与区域海洋经济可持续发展》，《海洋环境科学》2006 年第 1 期。

⑦ 李纯厚等：《中国海水养殖环境质量及其生态修复技术研究进展》，《农业环境科学学报》2006 年第 25 期（增刊）。

殖环境质量的基础上，总结了已有的海洋生态修复技术，具体包括物理修复技术、化学修复技术和生物修复技术等；郭嘉良等（2007）[①] 为实现对海洋生态经济健康相关因素监测值的系统化管理，尝试性地构建了海洋生态经济健康管理信息系统；陈豫等（2009）[②] 在分析了数学模型的输入、输出和处理方法的基础上，利用 ASP. NET 技术和 SQL Server 设计开发了一个基于数据库的海洋生态模型管理系统；阳立军等（2009）[③] 在分析海洋生态、环境、资源和经济相互关系的基础上，提出在海洋开发过程中需维持各要素之间的动态平衡，应当实施海洋开发的集成战略；倪一卓等（2010）[④] 以东海海岸带综合管理为例，基于 C#语言和 ADO. NET 技术等构建了东海海岸带管理协议支持工具；戴娟娟等（2014）[⑤] 通过对比世界各沿海国家的综合管理模式，提炼出 5 种针对中国海洋生态经济治理可采取的管理制度模式及改革建议；朱玉贵等（2014）[⑥] 认为面对海洋生物资源枯竭等生态问题，尽管大海洋生态系管理实践存在诸多困难，但其仍是未来海洋管理的发展方向；吴卉君（2015）[⑦] 基于 4R 危机管理理论，剖析了中国海洋危机管理的问题，并给出完善海洋危机管理体系的建议；褚晓琳等（2016）[⑧] 提出可获得的最佳科学信息和预警方法，是实现海洋自然资源可持续利用及海洋生态系统协调完整的重要管理基础和手段。

此外，为解决海洋生态经济发展当前存在的问题，国内外许多学者还从海洋资源产权管理［如贺义雄（2008）[⑨]］、海洋生态补偿制度［如韩秋影等（2007）[⑩]、张继伟等（2010）[⑪]］以及海洋产业升级优化［如 Hance

---

[①] 郭嘉良等：《海洋生态经济健康评价系统研究》，《海洋技术》2007 年第 2 期。

[②] 陈豫、黄冬梅、杨东方：《海洋生态模型管理系统的设计与实现》，《海洋科学》2009 年第 4 期。

[③] 阳立军、俞树彪：《海洋生态环境资源经济的集成战略和可持续发展模式研究》，《海洋开发与管理》2009 年第 10 期。

[④] 倪一卓等：《东海海岸带综合管理的多用户协议支持工具的设计与实现》，《资源科学》2010 年第 4 期。

[⑤] 戴娟娟、吴日升：《国际海洋综合管理模式及其对我国的启示》，《海洋开发与管理》2014 年第 11 期。

[⑥] 朱玉贵、初建松：《大海洋生态系管理的理论与现实反思》，《太平洋学报》2014 年第 8 期。

[⑦] 吴卉君：《基于 4R 理论的我国海洋危机管理研究》，《农村经济与科技》2015 年第 6 期。

[⑧] 褚晓琳、陈勇、田思泉：《基于可获得的最佳科学信息和预警方法的海洋自然资源管理研究》，《太平洋学报》2016 年第 8 期。

[⑨] 贺义雄：《中国海洋资源资产产权及其管理研究》，博士学位论文，中国海洋大学，2008 年。

[⑩] 韩秋影、黄小平、施平：《生态补偿在海洋生态资源管理中的应用》，《生态学杂志》2007 年第 1 期。

[⑪] 张继伟等：《基于环境风险的海洋生态补偿标准研究》，《海洋环境科学》2010 年第 5 期。

D. Smith（2000）[1]，朱坚真、孙鹏（2010）[2]〕等角度进行了研究，研究成果日渐丰硕，为缓解海洋生态经济矛盾提供了借鉴和支持。

纵观国内外对海洋生态与经济的关系研究不难看出，国内外学者都十分重视海洋生态与经济之间的相互影响及其协调发展，深刻认识到现有问题对人类可持续发展的阻碍，从不同角度、不同专业领域研究分析了生态、资源、经济在海洋系统中发展的若干重大课题，并采用各类技术支持手段、多种定量模型、各类评价指标体系等辅助工具使海洋生态经济协调发展研究的内容与方法不断更新与完善，研究领域不断延展，但总体而言，关于海洋生态与经济关系的研究还存在以下不足。

（1）理论体系尚不健全。理论研究成果是客观实践的主观反映，由于现代海洋产业发展起步较晚，现有海洋经济与生态数据统计体系尚不健全，尽管已有海洋地质学、海洋化学、物理海洋学、海洋物理学、海洋生态学、海洋生物学、海洋环境科学、海洋经济学、生态经济学、环境经济学等一系列学科理论支撑，但海洋经济增长与海洋资源消耗、海洋产业发展与海洋环境保护、沿海人口激增与生态容量有限等诸多社会生产力与自然生产力间的矛盾还未在整体上充分展开，海洋生态与经济相互作用关系的本质规律尚未全面暴露，使得该研究领域的诸多基本问题不能达成统一共识，研究成果分布零散，未能进行较为系统的理论概括、形成全面的海洋生态经济学理论研究框架体系。

（2）研究视野不够开阔。在现有海洋生态经济协调发展研究中，尚未重视将社会作为一个独立系统与海洋经济系统、海洋生态系统相结合予以研究，国内外对海洋生态、经济、社会发展的研究绝大多数集中于对海洋经济与海洋生态环境之间的关系进行定性或定量研究，并将其之间的协调关系放于海洋生态经济系统平衡发展的主导地位，对社会因素予以考虑并将其与海洋生态、经济相结合探讨三者之间发展规律和作用机理的研究基本处于空白状态，深入探讨海洋生态、资源、经济、社会之间不协调产生机理以及协调治理原理的研究成果尚未得见，对海洋生态经济复合系统的结构、功能、交互胁迫关系及时空演变规律等基础问题也未全面涉及，这便对经济发展导致海洋生态环境恶化的论断难以给出客观正确的证明与评价，并使海洋生态经济可持续发展、协调治理、危机预警和综合管理的研

①　Hance D. Smith，*"The Industrialization of the World Ocean"*，*Ocean & Coastal Management*，Vol. 43，2000，pp. 11 – 28.

②　朱坚真、孙鹏：《海洋产业演变路径特殊性问题探讨》，《农业经济问题》2010 年第 8 期。

究在深度上存在一定的欠缺。

（3）研究方法缺乏创新。国内外许多生态经济学研究的实证模型或结论都是特定条件下的经验性总结，并不完全适用于海洋这一特殊区域，海洋生态经济复合系统具有相对独立性和完整性，陆域实证模型和结论应用于海洋系统会在某种程度上失效。尤其是现有关于海洋生态经济关系的研究大多数仅局限于定性描述、可持续短期评价等方面，鲜有对海洋生态经济各因素作用路径和海洋生态经济复合系统状态长期的、系统的定量实证研究，更是缺乏针对当前海洋生态经济发展不协调补偿机制、优化机制、预警机制的新型研究理念、思路和方案，现有依据归纳演绎方法所制定的发展战略或对策建议往往浮于表面、流于形式，对相关部门实际工作的指导意义和具体功用不强。

第三节　研究思路与方法

一　研究逻辑框架

海洋生态经济系统协调发展研究涉及系统论、耗散结构论、控制论、协同论、海洋学、生态学、经济学、生态经济学、资源经济学、环境经济学等诸多理论和学科，具有极强的系统性和复杂性，目前国内外学者对海洋生态与社会经济运行规律的方方面面认识尚不统一、不全面，研究理论基础薄弱，方法不完善，与陆域生态经济协调发展研究相比，无论是相关概念界定、理论构建还是方法创新上都存在滞后性，亟须在连续观测、调研、总结的基础上，继续深入研究，努力开拓现有研究视野，更新研究方法，加大研究投入，力争建立起相对独立、完善的研究体系，形成科学、客观、全面的研究成果，为海洋资源开发、海洋经济发展与海洋生态资源环境保护矛盾的解决提供强有力的决策支撑。因此，本书以海洋生态经济系统为研究对象，以系统论、协同学、耗散结构理论、生态经济学、可持续发展理论等为指导，对海洋生态、经济、社会各子系统及其所构成的复合系统进行基础论断，探讨系统内部发展状态演变、协调度所处阶段及非协调状态形成路径与机理，设定海洋生态经济系统非协调预警机制，并给出海洋生态经济系统的协调运行模式、优化机制和实现途径，在一定程度上能够填补目前学术界对海洋生态经济协调发展研究的一些空白，并希冀对海洋生态经济系统实现全面可持续发展有所贡献。具体研究框架如图1-1所示。

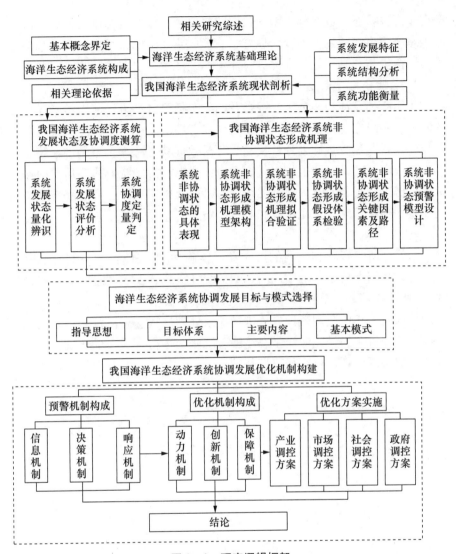

图 1-1　研究逻辑框架

二　所用研究方法

1. 理论构建与实证研究相结合方法

通过对大量文献的认真归纳与梳理，把握当前研究动态与趋势，将主要结论作为研究选题与模型假设的依据，界定海洋生态经济系统内涵与地域范畴，阐释海洋生态经济系统结构、功能与意义，以此构建出海洋生态经济系统的基础研究体系，并在建立海洋生态经济系统发展状态评价模型、非协调状态形成机理模型、状态和趋势预警模型的基础上，对中国海洋生态经济系统的发展演变、现有状态形成路径、因果机理、演变趋势进行实证衡量与辨别，并提出促进海洋生态经济系统协调发展的解决方法。

2. 定性分析与定量计算相结合方法

运用归纳、演绎、分析、综合及抽象概括等定性方法，以学术界公认的原理和实践经验为基础，从事物的内在特性研究海洋生态经济系统演变的规律，并通过收集、处理、检验、分析数据获得海洋生态经济系统各内部子系统之间的交互胁迫作用规律和海洋生态经济系统非协调运行的作用机理，得出有意义、有针对性的结论，进而提出实现海洋生态经济系统协调发展的预警机制、优化机制和对策思路。

3. 实地调研与统计分析相结合方法

为保证研究资料和数据的可靠性、准确性和真实性，采用实地调研、深度访谈、网上搜索、电话询问、购买统计资料、发放调查问卷等多种方法，对中国沿海 11 个省（市、区）及海域相关情况进行调查，并对收集到的数据使用相应数理统计方法进行深入处理，从静态比较和动态演变的角度详细分析，为构建海洋生态经济系统协调运行预警、优化机制、探寻系统内部协调关系优化途径奠定基础。

第二章　海洋生态经济系统基础理论

第一节　基本概念界定

一　生态经济系统

人类活动所涉及的地球表层是众多学科共同研究的对象，从不同角度考察，形成了生物圈、环境圈、生态圈、智能圈、经济圈、文化圈等范畴，与生态经济系统相近的概念则有"经济生态系统""人类生态系统""社会生态系统"等。目前，学术界关于生态经济系统的内涵，大多是从生态系统与经济系统耦合的角度进行界定。一般认为，生态经济系统是经济系统与生态系统相互交织、相互渗透、相互作用而构成的具有一定结构和功能的复合系统，是人类一切活动的载体[①]。在生态经济系统中，自然资源与环境组成其子系统——生态系统的实体，各生产部门则存在于另一子系统——经济系统中，生态系统与经济系统之间有物质、能量和信息的交换，与此同时，还存在着价值流的循环与转换。生态经济系统的运行，实质上是人类有目的地开发利用生态资源与环境的过程，使各生产要素实现合理配置、科学利用的过程[②]。

由于生态系统与经济系统不能自动耦合，必须在人的劳动过程中通过技术中介才能联结为一个整体，20 世纪 80 年代，中国生态学者马世骏等在总结以整体、协调、循环、自生为核心的生态控制论原理的基础上，指出人类社会是一类以人的思想行为为主导、自然环境为依托、资源流动为命脉、社会体制为经络的人工生态系统，由此，提出了经济—社会—生态

---

① 王松霈、迟维韵：《自然资源利用与生态经济系统》，中国环境科学出版社 1992 年版。

② 姜学民、徐志辉：《生态经济学通论》，中国林业出版社 1993 年版。

复合生态系统的概念①。其中，社会子系统以人为中心，以满足人的居住、饮食、就业、交通、娱乐、教育、医疗等需求为目的向经济子系统提供劳力与智力；经济子系统以各类资源为核心，由农业、工业、交通运输、建筑、金融、贸易、信息等产业要素组成，其特征是物质从分散向集中运转、能量由低质到高质聚集、信息自低序向高序积累；生态子系统以物理结构和生物结构为核心，包括动植物、大气、地理、水文、矿产、太阳能等自然要素，其目标是生物与环境的协同共生，并为社会与经济子系统活动提供支撑、容纳、缓冲、净化等服务。

马世骏等所构建的经济—社会—生态复合系统是由区域生态环境（物质供给的源、调节缓冲的库、产品废弃物的汇）、人的栖息劳作环境（生物环境、地理环境、人工智能环境）以及社会文化环境（观念、文化、技术、组织、政治、宗教）相互耦合而成，对以往生态经济系统的概念进行了修正和补充，增加了对社会系统的思考，更符合科学研究的逻辑性和系统性。因此，本书沿用此概念，全文所指的"生态经济系统"即是"经济—社会—生态复合系统"的简称，即经济—社会—生态复合系统是一个具有独立发展特征与功能的复合体，并具有自身活动如能量转换、物质运转、信息传递、价值转移等的内在规律，是能够综合运用各种资源、环境、制度、技术、文化等条件，形成生产合力，产生生态、经济、社会效益的结构单元。

按层次和范围划分，生态经济系统主要有以下几种类型：

（1）地球生态经济系统。由地球表面的生物圈和人类社会、经济复合而成的生态经济系统，是地球表面最大的生态经济系统。许多国际性环境和经济问题的研究，如能源问题、酸雨问题、贸易问题等，要通过深入研究地球生态经济系统才能得到较好的解决。

（2）国家生态经济系统。由一个国家总体的自然生态、社会形态和经济体系复合而成的生态经济系统，是国家范围的生态经济社会统一体。针对该系统问题的研究，主要从国家宏观角度出发，在综合考虑国家社会形态、经济条件、自然生态环境的基础上，研究社会活动、经济运行与自然生态环境的相互关系，揭示国家生态经济系统发展的过程和演变规律，从而制定相关决策体系。

（3）部门生态经济系统。反映的是国民经济中某个产业部门的生态经济社会运行状况及其运动变化的规律，是以产业部门纵向联系为主的生态

---

① 胡荣桂：《环境生态学》，华中科技大学出版社 2010 年版。

经济社会复合体，如农业生态经济系统、工业生态经济系统、矿产生态经济系统等。

（4）区域生态经济系统。以某一自然地理区域、经济区域或行政区域为基础的生态经济社会综合体，重点研究该区域的生态经济社会系统关系、发展状况及其运动变化规律。如黄土高原区域生态经济系统、长三角区域生态经济系统、各省市县乃至自然村生态经济系统等。

（5）庭院生态经济系统。主要指一个农村家庭及其承包土地、饲养家畜（家禽），经由家庭生产、交换、消费等活动所构成的生态经济系统，可看作生态经济系统的最小单元。

二　生态经济协调

生态经济协调，也被称为"生态经济平衡""生态经济协同"，是引申自"生态平衡"的概念。1981 年，中国生态学会在关于生态平衡问题学术讨论会上提出，生态平衡是生态系统在一段时期内结构和功能相对稳定的状态，该状态下系统能量和物质的输入、输出接近均等，在外界干扰时，系统可以通过自我调节机能恢复到原初的稳定形态，然而当外界干扰力度超出生态系统的自我调节机能，而不能恢复到原初稳定形态时，被称为生态失衡或生态平衡遭到破坏。生态平衡状态始终处于动态变化中，维护生态平衡并不仅指保持其原初稳定形态，在人为作用的有益干扰下，能够促使生态系统建立起新的平衡形态，获得更合理的结构、更优良的功能以及更高效的生态效益[①]。由此，可将生态经济协调（平衡或协同）理解为生态经济系统所呈现的生态结构功能、社会结构功能与经济结构功能相统一，相对稳定的动态平衡状态，是系统内各种生态经济社会要素通过协调作用所达到结构有序与功能有效的状态[②]。

生态经济系统的协调，实质上是生态系统有序协调、经济系统有序协调与社会系统有序协调的融合。其中，生态系统为经济系统和社会系统的发展提供各种自然资源和生态环境，促使人类生产出满足自身需求的各类产品，因此生态系统的有序协调是生态经济系统整体协调的基础，经济系统与社会系统必须遵循生态系统的运行规律，合理地同生态系统进行能量、物质、信息等交换活动，以维持一定水平的经济系统与社会系统的有序稳定

---

① 胡笑波：《概述生态平衡与生态经济平衡》，《渔业经济研究》2005 年第 6 期。
② 腾有正：《环境经济问题的哲学思考——生态经济系统的基本矛盾及其解决途径》，《内蒙古环境保护》2001 年第 2 期。

性；同时，经济系统和社会系统向生态系统索取资源并排放废弃物，使生态系统的潜在生产力变为现实生产力，在确保各类产品和服务供需平衡的同时，也为生态系统维持运行提供了智力支持和物质保障，并促进生态系统向着更有利于经济系统和社会系统的方向发展，因此经济系统和社会系统对生态系统存在着导向作用。生态系统、经济系统和社会系统为使其复合系统趋于稳态，必须相互耦合，使复合系统具备生态、经济、社会综合层面上新的有序协调性，促使生态系统的自然运行与经济发展、社会进步的人工导向相协调，且将人工导向控制在生态系统阈值的限度范围内，以推进整个复合系统协调有序地发展，反之则可能导致复合系统的逆向演替①。

为保障社会系统的需求、维持经济系统的发展，必须不断地从生态系统中索取能量和物质，但随着社会系统和经济系统的膨胀，这种索取不断被扩大，在一定的社会、经济发展背景下，生态系统的生态供给阈值是一定的，经济系统和社会系统的需求必然要受到生态系统供给的制约，这种经济社会系统需求无限性与生态系统供给有限性的矛盾，是生态经济系统的基本矛盾，也是当前产生各种生态经济社会问题的根源。一定生态供给的阈值决定了经济发展、社会进步的有限性，参照生态学种群数量的增长定律，社会系统和经济系统起主导作用，即产生正反馈机制，生态系统起基础作用，即产生负反馈机制。生态经济系统基本矛盾产生的深层次原因在于经济系统、社会系统和生态系统的反馈机制不同。经济系统和社会系统的反馈机制属于内在强机制，其基本动力社会需求和经济增长与生态资源环境输入共同构成正反馈环；而生态系统的反馈机制属于内在弱机制，仅是自我维持的被动体②，如图2－1所示。

图2－1　生态经济系统基本反馈模式

资料来源：胡宝清、严志强、廖赤眉：《区域生态经济学理论、方法与实践》，中国环境科学出版社2005年版。

由此，可以假设在某个生态供给阈值下，生态经济系统的运行机制是以反馈调节为核心，正负反馈调节交织演替的S形增长性运行机制。其协

---

①　严立冬：《论生态经济系统灾变及其合理调控》，《生态经济》1996年第4期。
②　王书华：《区域生态经济：理论、方法与案例》，中国发展出版社2008年版。

调发展轨迹有三种，如图 2-2 所示。第 1 种，随着经济系统和社会系统的发展，生态系统表现出衰退的迹象，这种发展轨迹是由于经济系统和社会系统发展的强正反馈机制导致生态系统遭到破坏，自然资源被掠夺，生态环境日益恶化，生态供给能力不断下降，遵循该种发展轨迹的生态经济系统可被称为"掠夺型生态经济系统"，系统内部呈现出不协调形态；第 2 种，经济系统和社会系统的发展保持在生态供给阈值所限定的范围内，尽管生态系统未被破坏，生态供给能力较为稳定，但经济系统与社会系统发展却呈现停滞不前的现象，遵循该种发展轨迹的生态经济系统可被称为"原始型生态经济系统"，系统内部呈现出低效协调形态；第 3 种，是在经济系统和社会系统发展受到生态供给阈值限制后，重新认识并遵循生态、经济、社会各系统之间的作用规律，积极采取技术、经济、社会等协调措施，改变原有经济系统和社会系统增长模式，修复受损生态系统，扩大生态供给阈值，实现生态经济社会进一步发展的一种理想状态，遵循该种发展轨迹的生态经济系统可被称为"协调型生态经济系统"，系统内部呈现出高效协调形态。经济社会发展的长期性和周期性，决定了生态经济系统发展过程的螺旋式上升趋势，即生态经济系统每一次发展都不是在原有基础上的简单重复，而是在经济、社会、生态各系统发展不断分化与整合的过程中呈现出阶段性协调特征。

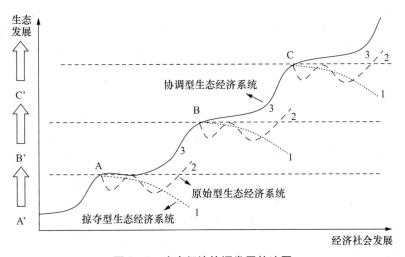

图 2-2　生态经济协调发展轨迹图

注：A、B、C 代表不同阶段的生态经济社会系统相互作用的平衡点，A′、B′、C′代表生态系统生态供给阈值的大小，经济、社会、生态三个系统协调的合力，推动复合系统沿着 A－B－C 方向发展。

资料来源：王书华：《区域生态经济：理论、方法与案例》，中国发展出版社 2008 年版。

三　海洋生态经济系统

结合海洋生态、经济和社会的特征及其相互作用机制，本书将"海洋生态经济系统"定义为：海洋生态经济系统是由海洋生态系统、海洋经济系统与海洋社会系统相互作用、相互交织、相互渗透而构成的具有一定结构和功能的特殊复合系统。在海洋生态经济系统中，海洋生态子系统由海洋自然资源与环境构成，以海洋生物结构和海洋物理结构为核心，包括海洋生物种群、海洋油气资源、海洋矿产资源、海洋能源、海水资源、海洋空间资源等自然要素，其功能是为海洋社会与海洋经济子系统活动提供支撑、容纳、缓冲、净化等服务；海洋经济子系统以各类海洋资源的开发、利用和保护为核心，由海洋生产力和生产关系组成，包括海洋渔业、海洋油气业、海洋矿业、海洋盐业、海洋化工业、海洋工程建筑业、海洋交通运输业、海洋旅游业等产业部门要素，其功能是各类海洋资源物质从分散向集中运转、能量由低效到高效聚集、信息自低序向高序反馈、价值由低质到高质积累；海洋社会子系统以人为核心，以满足人类对各类海洋产品的需求为目的，由依托海洋进行生产或生活的人民及其所创造的具有海洋特性的思想观念、道德精神、文化艺术、教育、科技和法规制度等要素组成，其功能是向海洋经济子系统提供劳力与智力支持。海洋生态经济系统构成及运行方式如图 2 - 3 所示。

海洋生态经济系统是一个具有独特发展特征与功能的复合体，海洋生态子系统与海洋经济子系统、海洋社会子系统之间有能量、物质和信息的交换，也存在着价值流的循环与转换。海洋生态经济系统的运行，实质上是人类有目的地开发利用海洋生态资源与环境的过程，使海洋各生产要素实现合理配置、科学利用的过程。海洋生态经济系统同样可以算作以人的思想行为为主导、自然环境为依托、资源流动为命脉、社会体制为经络的人工生态系统，其在类型上兼有部门生态经济系统（即以海洋产业部门为主体）和区域生态经济系统（即以沿海地带为载体）两种生态经济系统的特征。具体而言，海洋生态经济系统的基本特点包括：

（1）结构复杂性。海洋生态经济系统是非生命系统与生命系统、自然系统与经济、社会系统耦合而成的整体，各子系统内部及复合系统与外部环境之间存在着复杂的非线性相互作用关系，涉及要素较多，组成结构复杂，其物质循环、能量流转、信息传播、价值创造活动丰富。

（2）系统开放性。海洋生态经济系统是一种具有耗散结构的开放系统，有一定的抗干扰能力，一般性干扰或波动会被耗散结构本身所吸收，从

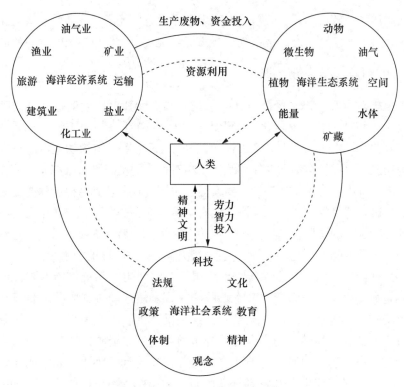

图 2 - 3　海洋生态经济系统构成及运行方式

而使海洋生态经济系统维持相对稳定态势，各子系统之间及其与外部环境之间时刻进行着能量、物质与信息的交换和传递，但当能量、物质、信息流通到一定阈值时，相对稳定状态会被打破，系统将发生新结构代替旧结构的演变，这是海洋生态经济系统产生协调作用的客观条件。

（3）地区差异性。不同区域的海洋生态经济系统，由于地理区位、生态环境、经济基础、社会形态差异较大，具有不同的特色，其发展水平、发展趋势、发展潜力也各不相同，呈现出显著的地域差异特征。

（4）时间连续性。海洋生态经济系统始终处于动态发展中，通常经历起源、发展、繁荣、衰退等阶段，经济社会发展的长期性和周期性，也决定了海洋生态经济系统内部各子系统须不断进行磨合与协调，差异导致竞争、竞争促进资源高效利用，高效促进共生，共生促进系统协调发展，系统的整体演替在渐进中同样呈现 S 形螺旋式上升态势。

（5）目标多元性。海洋生态经济系统的总体目标是在维持并提高生态子系统供给阈值的前提下，生产数量多、质量优、种类全的海洋产品，满足人类生存发展和国民经济日益增长的需要，同时增加相关劳动者收入，不断增强海洋经济效益和社会效益，以实现海洋生态、经济、社会效益最大化的统一，可见，海洋生态经济系统运行承担着实现多元化目标及效益的使命。

四　海洋生态经济协调

根据对海洋生态、经济、社会系统协调发展和可持续运行理念的理解和设想，将"海洋生态经济协调"界定为：海洋生态经济系统各子系统通过相互作用、相互反馈、相互配合后呈现的海洋生态结构功能、海洋经济结构功能与海洋社会结构功能相统一，相对稳定的动态平衡状态，是海洋生态经济系统内各种生态经济社会要素经过协调过程所达到结构有序与功能有效的状态。这里的海洋生态经济协调有两层含义：一方面，海洋生态经济系统各子系统间的协调合作产生了宏观的有序结构；另一方面，海洋生态经济系统各子系统间的相互协调行为是系统整体性、关联性的内在表现。

海洋经济与海洋社会系统需求无限性与海洋生态系统供给有限性的矛盾，是海洋生态经济系统的基本矛盾。在该矛盾运动过程中，随着海洋社会系统和海洋经济系统的协调发展，其正反馈机制不断增强，将更多有用的海洋资源和环境转化为废弃物或排污场，当海洋资源损耗与环境污染累积超过生态系统阈值时，将破坏海洋生态系统的有序协调，如不能妥善处理，便会形成海洋生态经济系统恶性循环，导致系统的逆向演替。可见，与一般生态经济系统相同，海洋生态系统的协调有序是海洋生态经济系统整体协调的基础，且海洋经济系统和海洋社会系统对海洋生态系统存在着导向作用。海洋生态系统有序协调、海洋经济系统有序协调与海洋社会系统有序协调三者间是对立统一的关系，一方面，海洋自然生产力是海洋社会生产力的基础，海洋生态系统中物质与能量的转化效率是海洋经济系统劳动生产率和价值增值率的根基，海洋生态系统的生态供给为海洋经济系统和海洋社会系统实现有序协调提供了可能；另一方面，海洋社会系统与海洋经济系统又对海洋生态系统有影响与调节作用，其人工导向并非被动地去适应生态阈值，而是主动地依托经济体制和社会力量降低、维持、改善或提升生态供给阈值，尤其是随着生产方式的进步，海洋生态系统的有序协调越来越取决于人类干预，而积极的干预必须在良好的经济结构和社会秩序下才能实现。

经过长时间的协调，在特定自然环境与社会条件下，海洋生态经济系统各子系统的有序协调能够达到有机联系的最佳组合，各子系统实现相对稳定的运行状态，其中，海洋生态系统各组成要素之间结构配置合理，生态供给功能得到优化；海洋经济系统在生产、流通、分配、消费等环节达到供需相对均衡，并实现海洋资源物质集中运转、能量高效聚集、信息高序反馈和价值高质积累；海洋社会系统对各类海洋产品的需求能够被满足，并可向海洋经济系统与生态系统提供较高效率的劳力与智力支持。需要说明的是，海洋生态经济系统协调是一种相对状态，并始终处于动态变化中，但各子系统之间的协调作用关系是绝对的。

　　若把海洋经济系统和海洋社会系统视为人工力量正反馈机制主导的系统，把海洋生态系统视为自然力量负反馈机制主导的系统，这两种力量之间的对立统一关系可以有4种组合结果，如图2-4所示。第1种是海洋生态经济系统各子系统均处于非协调状态，即区域A，这是由于人工力量与自然力量对抗，强正反馈机制压过负反馈机制，造成海洋生态经济系统结构严重不合理，导致系统整体功能衰退；第2种是海洋生态系统实现了有序协调，但海洋经济系统、海洋社会系统处于非协调状态，即区域B，这是由于人工力量处于被动地位，未能充分发展并与自然力量有效结合，造成正反馈机制过弱，导致经济产品供需环节不能达到均衡，社会需求不能得到有效满足；第3种是海洋经济系统和海洋社会系统实现了有序协调，但海洋生态系统处于非协调状态，即区域C，这是由于人工力量超越自然力量，正反馈机制与负反馈机制拮抗，导致海洋生态系统遭受较大损害，但尚未危及海洋经济系统和海洋社会系统，若不采取措施予以弥补，必将落为A区域状态；第4种是海洋生态经济系统各子系统均处于协调状态，是海洋生态经济系统的理想协调状态，即区域D，这是由于人工力量与自然力量进行有效结合，正反馈机制与负反馈机制保持平衡，海洋生态经济系统各系统的有序协调得到统一与融合，各子系统通过有机联系完成了最佳组合。努力使海洋生态经济系统由各种非协调状态向协调状态转化，由低层次协调阶段向高层次协调阶段升级，是海洋生态经济系统研究的重要任务之一。图2-4中的箭头表明了海洋生态经济系统由非协调状态向协调状态转化的可能路径。

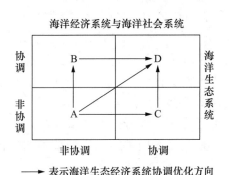

图2-4　海洋生态经济系统人工力量与自然力量作用结果组合

第二节　海洋生态经济系统构成

海洋生态经济系统是一个复杂的动态系统，可将其分为海洋生态子系统、海洋经济子系统和海洋社会子系统，各子系统相互依存、相互制约。其中，海洋生态系统的运行在为海洋经济系统和海洋社会系统提供良好资源基础和生存环境的同时，也制约着海洋经济系统和海洋社会系统的发展，而海洋经济系统和海洋社会系统的发展又为海洋生态系统的运行提供了物质保证和劳力智力支持。确定各子系统的构成、性质及各子系统之间的基本因果关系，明确各子系统在复合系统中的地位、功能及其之间的信息反馈机制，能够为进一步分析海洋生态经济系统各子系统间协调关系及其相互作用演变规律奠定基础。

一　海洋生态子系统

海洋生态系统是生态系统的一种类型，根据海洋特殊的生物类群和地理特征，可以将海洋生态系统界定为：由海洋生物群落（海洋植物、海洋动物、海洋微生物群落）与海洋非生物无机环境通过能量流动和物质循环联结而成的一个相互依存、相互作用并具有自动调节机制的自然有机整体①。海洋生态系统具有一定的生物组分和非生物组分的层次性空间结构，如图 2－5 所示。生产者是海洋生物最基本的组成成分，主要由真光带营浮游生活的单细胞藻类（浮游植物）和浅海区底栖固着植物（海藻等）组成，生产者可直接利用太阳辐射能，并从非生物环境中摄取碳、氮、磷等无机营养物，通过光合作用等，将无机物转换为有机物，将太阳辐射能转换为光化学能储存在有机体中，从而为消费者和人类提供巨大的能量和丰富的物质②。消费者由各种海洋动物构成，是直接或间接依赖于生产者所制造的有机物而生存的异养生物，其中，初级消费者是以生产者为食的浮游动物或底栖动物；次级消费者是以生产者或初级消费者为食的较大型浮游动物或底栖动物；三级消费者是以生产者或消费者为食的大型游泳动物。分解者也被称为还原者，同样属于异养生物，主要包括海洋中的细菌、真菌等微生物，其主要作用是将海洋动植物的有机残体分解还原为

①　王其翔：《黄海海洋生态系统服务评估》，博士学位论文，中国海洋大学，2009 年。
②　沈国英、施并章：《海洋生态学》，科学出版社 2003 年版。

碳、氮、磷、氧等无机物，归还到海洋非生物无机环境中，继续为生产者所利用。非生物组分构成海洋生物的生命支持环境，为海洋生物的生存发展提供了能量和物质等基础条件，具体包括：能量来源，如太阳辐射能等；无机物质，如碳、氮、磷、氧、水等；水文物理条件，如温度、盐度、海流等，还包括海洋生物死亡后被分解者分解的有机碎屑等。

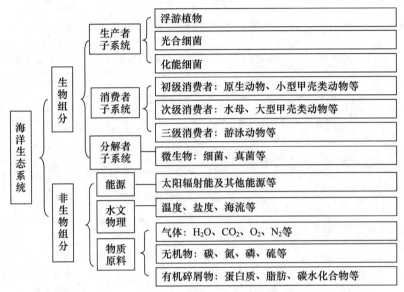

图2-5　海洋生态系统构成

资料来源：傅秀梅、王长云：《海洋生物资源保护与管理》，科学出版社2008年版。

　　海洋生态系统类型多样，按海洋地理标准，可将海洋生态系统划分为内湾生态系统、沿岸生态系统、藻场生态系统、珊瑚礁生态系统、红树林生态系统、沼泽生态系统、外海生态系统、上升流生态系统等，其中，沿岸和内湾生态系统又可进一步划分为海湾生态系统、海岛生态系统、河口生态系统、海岸带生态系统等；按地理空间位置，可将海洋生态系统划分为海岸带生态系统、浅海生态系统、深海生态系统、大洋生态系统等；按经济利用类型，可将海洋生态系统划分为渔业生态系统、盐业生态系统、旅游生态系统等①。

　　海洋一直以来都是人类经济系统和社会系统最重要的自然资源来源之一，海洋自然生态系统除为人类提供初级、次级生产资源和食品外，其在大气气体及气候调节、水循环、物质循环、废弃物处理等方面也扮演着重

①　孙斌、徐质斌：《海洋经济学》，山东教育出版社2004年版。

要角色。随着人类对海洋生态系统认识的逐渐加深，关于海洋生态系统服务的内涵也在不断延伸。根据联合国千年生态系统评估项目（MA）的研究结果，可将海洋生态系统提供的服务归纳为 4 大类 15 项[①]：①支持服务，包括初级生产、物质循环、物种多样性维持、生境提供；②供给服务，包括食品生产、原料供给、基因资料提供；③调节服务，包括气候调节、气体调节、废弃物处理、生物控制、干扰调节；④文化服务，包括休闲娱乐、精神文化、教育科研。各类服务产生途径如图 2-6 所示：

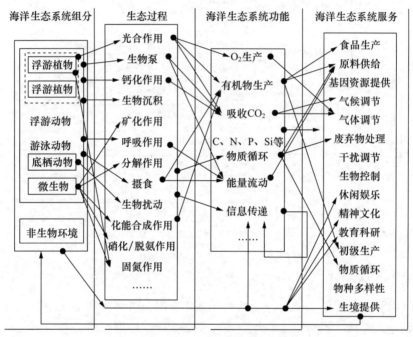

图 2-6　海洋生态系统服务产生途径

资料来源：王其翔、唐学玺：《海洋生态系统服务的产生与实现》，《生态学报》2009 年第 5 期。

　　海洋生态系统服务包括人类已获得和海洋生态系统潜在服务两部分，由海洋生物组分、非生物组分和系统功能产生，以人类作为服务对象，主要通过海洋生态系统本身和海洋生态经济系统来实现[②]。具体而言，气候调节、气体调节、生物控制、干扰调节、初级生产、物质循环、物种多样性维护 7 项服务的实现主要通过海洋生态系统自身的结构与功能来完成，并不需要海洋经济系统或海洋社会系统的参与，该 7 项服务产生的过程即

---

① 张朝晖、吕吉斌、丁德文：《海洋生态系统服务的分类与计量》，《海岸工程》2007 年第 1 期。

② 王其翔：《黄海海洋生态系统服务评估》，博士学位论文，中国海洋大学，2009 年。

是其实现对人类服务的过程。而食品生产、原料供给、基因资料提供、废弃物处理、生境提供、休闲娱乐、精神文化、教育科研 8 项服务则需要海洋经济社会活动的参与才能实现，如食品生产必须有海洋经济系统的渔业产业活动参与；原料供给必须有海洋经济系统的海洋工业生产及其他生产活动参与；基因资料提供必须有海洋经济系统的海洋生物医药及海洋社会系统的基因技术参与；废弃物处理针对的是海洋经济系统生产活动、海洋社会系统生活活动及其他人类活动所产生的各种排海污染物，必须有海洋社会系统的政策法规参与；生境提供必须有海洋经济系统的工程建筑、交通运输等经济活动参与；休闲娱乐必须有海洋旅游经济活动参与；精神文化、教育科研则需要依托海洋社会系统中劳动者的智力创造。这 8 项服务是本书的研究基础与重点。

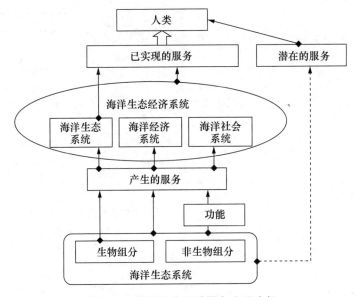

图 2 - 7 海洋生态系统服务实现途径

资料来源：王其翔：《黄海海洋生态系统服务评估》，博士学位论文，中国海洋大学，2009 年。

海洋生态系统提供的服务，经过海洋经济系统或海洋社会系统的参与，便形成了各种海洋资源。所谓海洋资源，是指在海洋生态系统自然力作用下形成并分布于海洋区域内、可供人类开发利用的海洋自然物质和自然条件[①]。海洋资源既形成于海洋生态系统运行过程中，又对人类生产、

———————————

① 陈可文：《中国海洋经济学》，海洋出版社 2003 年版。

生活具有使用价值属性。根据海洋资源的自然属性及海洋经济系统和社会系统对其使用的现状，这里采取学术界普遍认同的"五分法"，将现有可供人类利用的海洋资源划分为海洋生物资源、海洋矿产资源、海洋化学资源、海洋空间资源和海洋能量资源 5 种，详见表 2 - 1：

表 2 - 1　　　　　　　　　　　海洋资源分类

A 海洋生物资源	D21 半岛
A1 海洋植物	D22 岛屿
A11 海洋藻类	D23 群岛
A12 海洋种子植物	D24 岩礁
A13 海洋地衣	D3 海洋水体空间
A2 海洋动物	D31 海洋水面空间
A21 海洋鱼类	D32 海洋水层空间
A22 海洋软体类动物	D4 海底空间
A23 海洋甲壳类动物	D41 陆架海底
A24 海洋哺乳类动物	D42 半深海底
A3 海洋微生物	D43 深海海底
A31 原核微生物	D44 深渊海底
A32 真核微生物	D5 海洋旅游资源
A33 无细胞生物	D51 海洋自然旅游资源
B 海洋矿产资源	D511 海洋地文景观
B1 滨海矿砂	D512 海洋水域风光
B2 海底石油	D513 海洋生物景观
B3 海底天然气	D514 海洋天象与气候景观
B4 海底煤炭	D52 海洋人文旅游资源
B5 大洋多金属结核	D521 海洋遗址遗迹
B6 海底热液矿床	D522 海洋建筑与设施
B7 可燃冰	D523 海洋旅游商品
C 海洋化学资源	D524 海洋人文活动
C1 海水本身	E 海洋能量资源
C2 海水溶解物	E1 海洋潮汐能
D 海洋空间资源	E2 海洋波浪能
D1 海岸带	E3 海流能
D11 海岸	E4 海风能
D12 潮间带	E5 海水温差能
D13 水下岸坡	E6 海水盐度差能
D2 海岛	

资料来源：孙悦民、宁凌：《海洋资源分类体系研究》，《海洋开发与管理》2009 年第 5 期。

二　海洋经济子系统

纵观学术界研究成果，关于"海洋经济"的定义大致经历了海洋经济资源论、海洋经济资源—空间论、海洋经济产业论、海洋经济区域论、海洋经济综合论的演变过程①。其中，海洋经济综合论从资源经济、产业经济和沿海区域经济相结合的角度剖析海洋经济内涵，所形成的定义更具科学性，在此沿用该类定义，即"海洋经济"指在海洋及其空间进行的一切经济性开发活动和直接利用海洋资源进行生产加工，以及为海洋开发、利用、保护、服务而形成的经济，它是人类为了满足社会经济生活的需要，以海洋及其资源为劳动对象，通过一定的劳动投入而获取物质财富的经济活动的总称②。海洋经济以海洋为劳动对象，核心是海洋资源开发活动，海洋资源相对陆地资源而言，泛指海洋生态系统中存在的现在或未来能被人类利用的海洋生物、矿产、化学、空间、能量等一切资源，海洋经济即是对海洋及其空间范围内的所有可利用海洋资源进行开发或再开发的产业活动及投入产出的过程③。

学术界关于"经济系统"的表述基本一致，普遍认为经济系统是通过生产关系系统和生产力系统在特定自然环境和社会制度下进行生产活动的整体④，是具有一定生产结构、流通结构、分配结构、消费结构和所有制结构的人工系统⑤。"海洋经济系统"属于"经济系统"的一个种类，可以将其界定为：海洋经济系统是通过海洋生产力系统和海洋生产关系系统在一定海洋生态环境和社会背景下进行海洋产品生产活动的人工有机整体，海洋生产力系统和海洋生产关系系统通过海洋资源的开发、利用、保护、服务活动所促成的海洋产品的生产、流通、分配及消费环节紧密结合在一起⑥。在该系统中，海洋生产力系统不仅是海洋经济系统发展的基础和原动力，而且是海洋生产关系系统建立的物质保障，其运行涉及海洋生态系统和海洋社会系统中的多种要素，如图2-8所示。

---

① 姜旭朝：《中华人民共和国海洋经济史》，经济科学出版社2008年版。
② 孙斌、徐质斌：《海洋经济学》，山东教育出版社2004年版。
③ 郑贵斌：《海洋经济学理论与海洋经济创新发展》，《海洋开发与管理》2006年第5期。
④ 许涤新：《生态经济学》，浙江人民出版社1987年版。
⑤ 马传栋：《生态经济学》，山东人民出版社1986年版。
⑥ 孙斌、徐质斌：《海洋经济学》，山东教育出版社2004年版。

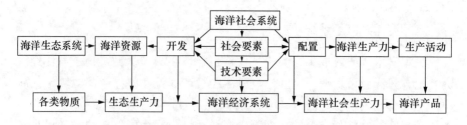

图 2 - 8　海洋生产力系统运行方式

资料来源：陈可文：《中国海洋经济学》，海洋出版社 2003 年版。

　　从历史角度来看，人类社会产生之初便存在对海洋资源和环境的利用，但从经济角度研究这种利用活动的时间较短。20 世纪 60 年代后期，随着海洋产业种类不断增多、规模不断壮大，海洋经济在世界经济系统中的地位愈加重要，海洋经济系统逐步形成。海洋经济系统的产生与发展，一方面是由于第二次世界大战后人类社会系统和经济系统不断扩张，仅依靠陆地自然资源与环境开发利用已很难满足日益增长的需求，世界各国开始将目光投向广阔的海洋，引发了海洋经济系统产生和发展的必要性；另一方面是由于科学技术水平提升，尤其是相关海洋科技不断发展，使人类具有大规模开发利用海洋资源和环境的能力，促进了海洋经济系统产生和发展的可能性。

　　与海洋生态系统不同的是，海洋经济系统除具有能量流动、物质循环和信息反馈功能外，还存在价值创造和积累功能。海洋经济系统的价值创造实体部门即是海洋产业，所谓"海洋产业"，具体指通过开发、利用、保护海洋资源而形成的各类物质生产及服务部门的总称[1]，海洋产业的核心产业包括海洋渔业、海洋化工业、海洋盐业、海洋矿业、海洋油气业、海洋工程建筑业、海洋船舶工业、海洋交通运输业、海水利用业、海洋生物医药业、海洋电力业、海洋旅游业等，是一个仍在不断壮大的产业体系。依照"海洋经济""海洋经济系统"和"海洋产业"的概念，根据《国民经济行业分类（GB/T4754 - 2002）》中各类海洋产业界定，将海洋核心（主要）产业设定为海洋经济系统的主要构成部分（见表 2 - 2），各项产业说明如下：

　　随着海洋经济的成长，各类相关涉海产业不再是陆地经济系统的补充或一部分，已开始构筑相对独立、能够与陆地经济系统相提并论的海洋经济系统，并显现出与陆地经济系统不同的特点。具体体现在以下几个方面：

---

　　① 孙斌、徐质斌：《海洋经济学》，山东教育出版社 2004 年版。

表 2-2　　　　　　　　　海洋经济系统主要产业构成及说明

海洋生态系统的相关服务	主要依托的海洋资源	产业名称	说明
食品生产	海洋生物资源	海洋渔业	包括海水养殖、海洋捕捞、海洋渔业服务及海洋水产品加工等活动
原料供给	海洋矿产资源	海洋油气业	指在海洋中勘探、开采、输送、加工石油和天然气的生产与服务活动
原料供给	海洋矿产资源	海洋矿业	包括海滨砂矿、海滨土砂石、海滨地热与煤矿及深海矿物等的采选活动
原料供给	海洋化学资源	海洋盐业	指利用海水生产以氯化钠为主要成分的盐产品的活动
生境提供	海洋空间资源	海洋船舶工业	指以金属或非金属为主要材料，制造海洋船舶、海上固定及浮动装置的活动，以及对海洋船舶的修理及拆卸活动
原料供给	海洋化学资源、海洋矿产资源	海洋化工业	包括海盐化工、海水化工、海藻化工及海洋石油化工的化工产品生产活动
基因资料提供	海洋生物资源	海洋生物医药业	指以海洋生物为原料或提取有效成分，进行海洋药品与海洋保健品的生产加工及制造活动
生境提供	海洋空间资源	海洋工程建筑业	指用于海洋生产、交通、娱乐、防护等用途的建筑工程施工及其准备活动
原料供给	海洋能量资源	海洋电力业	指在沿海地区利用海洋能、海洋风能进行的电力生产活动
原料供给	海洋化学资源	海水利用业	指对海水的直接利用和海水淡化生产活动，不包括海水化学资源综合利用活动
生境提供	海洋空间资源	海洋交通运输业	指以船舶为主要工具从事海洋运输以及为海洋运输提供服务的活动
休闲娱乐、精神文化、生境提供	海洋空间资源	海洋旅游业	指沿海地区开展的海洋观光游览、休闲娱乐、度假住宿和体育运动等活动

（1）综合性。海洋经济系统是由海洋资源经济、海洋产业经济、海洋区域经济交织而成的综合体，在同一海洋经济区域内，可供开发的海洋资源具有多层次、多组合、多功能的特点，通常可以同时进行海洋渔业、矿产、航运、盐业、旅游等多种产业的生产与经营活动，从而形成了一种立体式、综合性开发格局。

（2）关联性。海洋经济系统各产业之间相互影响、相互制约或相互促进，具有较强的关联性，如发展海洋交通运输业能够带动海洋船舶工业的发展，发展海水制盐业、海洋油气业能够带动海洋化工业的发展，海洋产业的强关联性使海洋经济系统具有带动性强、增长速度快、经济效益高的特点。

（3）科技性。海洋生态系统恶劣的自然条件和层出不穷的灾害，使得人类在开发海洋时必须借助专用的技术和设备，而海洋经济系统发展的每一次飞跃，都可以追溯到某种关键技术的巨大进步，尤其是随着更多的科技成果被引入海洋经济系统，越来越多的新兴海洋产业实现了迅速发展，海洋经济系统发展始终离不开科技力量的支持，因而具有高科技性。

（4）国际性。海洋经济系统与陆地经济系统最大的不同点在于其依托的海洋资源大多在海洋中存在水平或垂直的流动性，尽管国家领海及专属经济区的边界具有明确范围，但许多海洋经济活动仍很难进行专属划界或支配，需要国家或区域之间的协调合作才能完成，因此，海洋经济系统具有陆地经济系统无法比拟的开放性和国际性。

三　海洋社会子系统

人类社会是在人类实践活动基础上生成的不断自我更新的有机体，马克思认为"社会系统"是指社会生活及其关系的总体，是人类社会以生产生活方式为基础的各种社会因素相互联系、相互制约的整体，包括经济关系、政治关系、思想关系、血缘关系、伦理关系等，其内部结构具有秩序性、整体性、层次性、动态性和开放性[1]。社会是由人组成的有机体，人是社会系统的主体，社会系统的存在以人的存在为前提，社会系统的发展以人的全面发展为条件，因此，可以将"社会系统"视作是作为社会主体的人按照特定社会形态组织起来，在从事各类社会活动的过程中，通过生态系统与经济系统之间以及人与人之间的能量、物质、信息、价值流通和转换，实现人类发展的有机组合整体。

学术界一般认为，社会系统的产生与演变是在人的生产、物质的生产、精神的生产和社会关系的生产四种生产相互影响、相互联系、相互作用中进行，且这四种生产本身及其之间的联系随着社会系统的演进而日益丰富和复杂化[2]。由于物质生产是社会系统存在的基础，是社会系统与经

---

① 文峰：《社会系统发展论纲要》，硕士学位论文，云南师范大学，2001 年。

② 马传栋：《生态经济学》，山东人民出版社 1986 年版。

济系统联结最紧密的环节，前文将其界定为经济系统的范畴，因此，本书界定的海洋社会系统主要包括人的生产、精神生产和社会关系生产三方面内容，剔除了对物质生产的考虑。

　　根据对"社会系统"地位与功能的理解，这里将"海洋社会系统"界定为：海洋社会系统是指聚集在一定沿海地域范围内，以从事海洋生产经营活动及相关活动为主或依赖海洋经济产品及生态服务生活的社会群体，依托相应海洋生态环境和经济基础，根据一定的规范和制度组合而成的人工有机整体。具体来讲，海洋社会系统以人为核心，由依托海洋进行生产或生活的人民及其所创造的具有海洋特性的思想观念、道德精神、文化艺术、教育、科技和法规制度等要素组成，它以满足人类对各类海洋产品的需求为目的，主要功能是向海洋经济系统及海洋生态系统提供劳力与智力支持。其运行方式如图 2-9 所示：

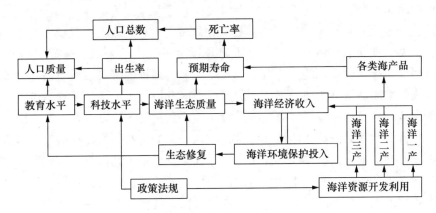

图 2-9　海洋社会系统运行方式

　　与一般意义上的区域社会系统相比，海洋社会系统的存在、运行和发展主要围绕海洋资源的开发、利用、服务、保护进行，且在地域、人口、功能、组织、管理等层面具有明显的特性。

　　（1）地域上的趋海性。尽管一个国家海洋生态系统提供的服务和海洋经济系统生产的产品能够为全国乃至世界人民所共享，但从事海洋相关生产经营活动的人口群体主要分布在沿海区域，且沿海区域的人民对海洋相关产品与服务的依赖性更强，因此，本书所指的海洋社会系统在地理空间范围上，主要集中在一个国家或地区的沿海区域。

　　（2）人口上的双重性。海洋社会系统中的人要么从事海洋相关生产经营活动，要么对海洋经济产品及生态服务有较强的依赖性，但同时这些人又与陆地生态经济系统产生千丝万缕的联系，且始终不能离开陆地生态经济系统进行生存发展，便决定了海洋社会系统的人口构成具有海洋与陆地相结合的双重特点。

（3）功能上的综合性。海洋社会系统的基本功能是为海洋经济系统和海洋生态系统提供劳力与智力支持，以满足海洋社会系统中人长久的生存需求，但除需要满足人的基本生存需求外，海洋社会系统还需要满足其安全、精神、文化等需求，即需要创造出相关的思想、信仰、艺术、科学、法律等精神财富，以实现人的全面发展和海洋社会系统自身的平稳运行。

（4）组织上的复杂性。由于海洋事业遍布于经济、生态与社会的众多行业和领域，其组织范围涉及国家、地方、社区、个人多个层次，并涵盖生产、服务、教育、文化、管理等多种职能，因此，海洋社会系统中社会群体的组织方式具有较高的复杂性，具体组织形态包括各层级的海洋行政机构组织、海洋企业经济组织、涉海民间非营利组织等。

（5）管理上的整体性。海洋社会系统的管理机构在人类社会系统中是一个相对独立的整体，其作用是为海洋社会系统中的人提供规范和制度，以保证海洋社会系统的安定有序以及海洋经济系统的平稳发展、海洋生态系统的健康运行，当前沿海各个国家或地区都设立了或集中或松散的海洋管理体制，在维护海洋生态经济系统整体协调运转方面发挥着重要作用。

就海洋社会系统具体活动而言，首先，人的生产是海洋社会系统存在和发展的前提，人的生产具体是指海洋社会系统中人通过自己生命的生产和他人生命的生产构成维持和延续人类生存的活动，包括依托海洋进行生产生活的人口数量的增加、素质的提高、需要的满足等。在海洋生态经济复合系统中，人的生产的基本功能是为海洋经济系统和海洋生态系统提供劳力与智力支持，但由于海洋生态系统的阈值限制，客观上要求海洋产品生产与人的生产在一定时间空间内保持恰当比例，要求以适度的人的需求为准来调节和控制海洋产品的生产，即海洋社会系统里的人应符合海洋经济系统发展和海洋生态系统改善的要求，其应遵循的生产规律包括：①依托海洋生活的人口数量应与海洋生态供给和海洋经济产品生产的数量相适应；②依托海洋进行生产的人口素质应与海洋经济生产力发展要求相适应；③海洋社会系统的人口空间分布应与海洋生态资源环境以及海洋产业布局相适应。

其次，精神生产是海洋社会系统的主要活动，狭义的精神生产指的是借助于海洋精神生产资料而进行的系统化、理论化的海洋精神产品生产，包括与海洋有关的思想、信仰、艺术、科学、法规等精神生产，而广义的精神生产除了上述精神生产外，还包括不借助海洋精神生产资料，通过海洋社会系统中人的心理、情感、意志、经验等进行的意识生产。海洋社会系统的精神生产具有十分复杂的结构，且随着海洋经济系统的发展而愈加丰富。海洋社会系统精神生产的最初形式是海洋意识的生产，随后才逐渐形成与海洋相关的思想、信仰、艺术、科学、法规等多种精神产物。精神产物是海洋社会系统中人的头脑和心灵活动的结果，其在海洋生态经济系统中发挥着特定的功能与作用，具体表现在：①精神产物能够为海洋经济系统的运行和海洋生态系统的修复改造提供精神保障和智力支持；②精神产物能够为人类认识、利用、改造海洋及更新海洋精神产物提供价值观和方法论，并为协调各种社会关系、理顺海洋社会组织和管理体系提供理论指导；③精神产物能够满足海洋社会系统中人的精神文化需要；④精神产物能够提升海洋社会系统中人的精神境界，促进其综合素质全面发展。

　　最后，作为海洋社会系统主体的人，总会在海洋生态经济复合系统运行中形成这样或那样的相互关系。随着海洋经济系统与海洋社会系统的发展，在海洋经济生产、精神生产和人的生产过程中所形成的各种社会关系也日趋复杂化。具体而言，海洋社会系统中的社会关系可大致分为人与海洋的关系和人与人的关系两类。作为活机体的人，为了从海洋生态系统中获取所需要的生产或生活资料，必须处理人与海洋的关系。而单体人同海洋做斗争，难免势单力薄，为了生存下去，人与人必然结成一定群体关系，从海洋社会系统中人的活动范围来看，可将其分为家庭关系、社区关系、民族关系、国家关系等，从海洋社会系统中人的活动类型来看，又可分为海洋经济关系、伦理关系、道德关系、法律关系等。海洋社会系统中的各种关系体现并作用于海洋生态经济复合系统中人的各类活动中，并使海洋社会系统在时间空间维次呈现出两种不同的状态：①当各种社会关系形成有序协调结构时，海洋社会系统中人的各类活动能够在相对宽松和稳定的环境中进行，这时海洋社会系统便处于相对稳定状态，且可以促进海洋经济系统平稳发展，海洋生态系统健康运行，海洋社会系统中人的生活质量逐步提高；②当各种社会关系失调，甚至呈现尖锐的对抗状态，海洋社会系统的有机整体便被破坏，这时海洋社会系统呈现出动荡局面，严重时将导致海洋经济系统发展停滞，海洋生态系统功能下降，海洋社会系统中人的生活水平不断降低。

第三节　海洋生态经济系统研究理论依据

海洋生态经济系统演变的目的在于促进系统形成一个稳定有序的良性结构，使海洋经济、社会发展与生态维持协调起来，可持续地向更高层次演进。海洋生态经济系统是海洋生态环境、海洋经济和社会中介耦合而成的开放性系统，传统生态学研究的系统更替与平衡以及福利经济学探讨的一般均衡论，均未涉及人类系统与生态系统之间物质、能量、信息等交换关系，属于针对孤立系统的研究范畴，而对海洋生态经济系统这类开放系统的研究，应通过借鉴耗散结构理论、协同学理论、生态经济理论等研究成果来实现，这些理论有助于探究远离平衡状态的开放系统从无序恶化到有序协调的转变规律，从而为海洋生态经济系统的协调演变提供理论与实践支撑。

一　耗散结构理论

耗散结构理论，即非平衡自组织理论，由比利时化学家普利高津（I. Prigogine）于1967年创立，其理论核心观点为：当一个开放系统处于远离平衡态的非线性区域时，若某一参数变化达到一定阈值，系统通过涨落便能从失衡演变为与之前定态结构不同的新平衡状态，且不会由于外界的干扰而消失，该新的有序稳定结构即为耗散结构，其依靠与环境交换能量、物质、信息、价值等或从系统外部引入负熵流来维持生存与发展。耗散结构理论认为，非平衡乃有序之源。

海洋生态经济系统既包括处于自然状态的生态系统，也包括复杂的经济系统和人类社会系统，它们在独立存在并发挥一定功能的同时，又相互制约、彼此依存、共同耦合，使整个生态经济系统呈现典型的耗散结构特征。依据非平衡态热力学关于系统的分类方法，生态经济系统总是以以下三个状态[1]之一存在：

（1）处于"死寂"的平衡状态，也称静止状态。按照熵增加原理，当生态经济系统达到平衡状态时，熵趋于最大值但最终走向无序的混沌状态，形成死的有序结构，可用公式表示为：

---

[1]　江涛：《流域生态经济系统可持续发展机理研究》，博士学位论文，武汉理工大学，2004年。

$$ds = d_j s + d_e s > 0$$

式中，ds 为系统总熵，$d_j s$ 为由于系统内部变化而产生的熵，$d_e s$ 为系统与外界交换的熵流。

（2）近平衡状态，即生态经济系统可以不断地与环境交换能量、物质与信息，并提供有序的负熵流，但不足以打破原有结构的线性关系，涨落总会被系统自身阻尼，总熵基本维持不变，可用公式表示为：

$$ds = d_j s + d_e s = 0$$

（3）远离平衡状态，由于生态经济系统与环境进行着大量能量、物质和信息流通与交换，当系统某一参数变化达到特定阈值时，涨落将迫使发生突变，导致系统产生自组织现象，生态经济系统各子系统将形成一种非线性作用，使复合系统得以以恰当的状态与条件约束相适应，从而衍生新的有序结构，这便是通过涨落达到有序的自组织过程。

由于海洋是具有丰富资源的特殊区域，沿海地区是人口高度集中的区域，在该区域内人类的经济社会活动影响极强，生产力水平较高，且具有良好的开放性，与外界有着较高强度的能量、物质和信息流通与交换，海洋生态经济系统内部各子系统的非线性作用机制使系统整体有着较高的自组织能力，能够随环境变化相应调整自身结构和功能，由此可知，海洋生态经济系统是一种远离平衡态的生态经济系统，耗散特征如下：

（1）海洋生态经济系统是一个复杂的开放系统，在该系统内部及系统与外界之间，存在着能量、物质和信息的交流，只有系统内部提供或外部输入大量的营养品、太阳能、煤、石油、电等能源以及商品，资金、技术、人才等其他资源，海洋生态经济系统才能维持其生存与发展。而海洋生态经济系统生产、生活所需的低熵能量与物质依赖于生态系统（包括海洋生态系统及其他生态系统）的供给，同时剩余的高熵能量和物质又还给生态系统，在该能量和物质循环中，各种物理、化学和生物的过程影响着生态系统的演变。海洋生态经济系统由建立时的不稳定、无序状态，通过内外部能量、物质流通以及内部自组织过程而达到相对稳定、有序状态，同时依靠能量、物质注入及耗散来维持其稳定结构。

（2）海洋生态经济系统多数时间为一个复杂的非协调系统，该系统的非协调性主要指系统中各类要素分布、供给、需求和消费的不均衡性，结构的不均匀性，子系统之间的多重质差异性以及系统能量、物质、信息等输入输出的不相等性。一方面，海洋生态经济系统内各种能量、物质、信息、人才、资金、技术等要素在各子系统之间、各产业之间、各区域之间以及各时期之间的分布、供给、需求、消费等存在着不均衡性；另一方面，海洋生态经济系统是由三个子系统按一定结构耦合而成的功能体，具有明显的层次性、多重质差异性，同时，海洋生态经济系统能量、物质、信息等输入输出一般是非对等的，在不同时期，其输入输出的内容及数量也存在较大差异。此外，海洋生态经济系统的各生态因子也具有周期变化性以及不同时间长度的变化性。

（3）海洋生态经济系统存在着非线性作用机制，该系统中的各个子系统之间、各类要素之间以及系统与外部其他系统之间都通过复杂的非线性作用机制彼此联系、交流与影响，如沿海地带海洋经济增长、社会进步引发的环境污染、资源短缺等一系列生态问题，对海洋经济与社会的可持续发展构成了负反馈形式的非线性约束机制，但海洋经济增长、社会进步又为解决海洋生态问题提供了技术、资金、设备等物质基础，反倒能够促进海洋生态环境的改善以及海洋经济、社会的持续发展。正是海洋生态经济系统存在的正负反馈非线性作用机制，导致了系统演化呈现出起伏不定的复杂轨迹。

（4）海洋生态经济系统内外存在大量随机涨落机制及突变性。涨落现象广泛存在于海洋经济、社会、生态各子系统中，是导致海洋生态经济系统耗散结构形成及演化的内在规律。由于海洋生态经济系统的开放性、非协调性、非线性作用机制以及大量随机涨落机制的作用，系统内外必然产生随机波动，使得系统的实际瞬间状态相对于宏观平均状态发生一定偏离。海洋生态经济系统存在巨涨落、微涨落、外涨落、内涨落、正涨落、负涨落等多种涨落机制，鉴于海洋生态经济系统的非线性作用机制，系统内部任何一个微小的涨落均可能被放大，遍及整个系统，呈现出整体的响应效应，甚至引发突变。

海洋生态经济系统的发展演变是一个不可逆转的非协调进程，该系统无序或混沌程度的微熵变可以用熵（s）和熵在短时间内间隔（dt）的变化即熵变化（ds）表示：

$$ds \geq dQ/T$$

式中，dQ 为海洋生态经济系统与外界能量的交换量，T 为相应 Q 的绝对温度，"$=$"表示可逆过程，"$>$"表示不可逆过程，上式即为热力学第二定律表达式。对于孤立系统 $dQ=0$，$ds \geq 0$，其中 $ds=0$，相应过程可逆，$ds>0$ 相应过程不可逆，熵增加至熵最大或处于死寂平衡状态为止，但对于开放系统，熵可增加也可减少。该定律给出了海洋生态经济系统可逆与不可逆过程的判断依据以及系统演进方向及程度的准则。熵为状态函数，只要状态一定，其熵值也一定，与可逆或不可逆过程无关。假设一定时期内，系统终态熵为 S_n，初态熵为 S_0，则熵变：

$$\Delta S = S_n - S_0$$

引起开放性海洋生态经济系统熵变的机制，一是系统内部物质能量转换与社会生产消费的不可逆过程只能使系统熵增加，即 $\int d_i s > 0$，该过程是一种熵产生的运行机制，产生的熵被称为熵产生，用 $d_i s$ 表示，通常为正熵；二是系统与外界进行能量、物质、信息交换引起的熵变机制，其值为熵输出与熵输入和，称为被熵流，用 $d_e s$ 表示，通常为负熵。则海洋生态经济系统熵变化率为：

$$ds/dt = d_i s/dt + d_e s/dt$$

式中，$d_i s/dt$ 为系统内部熵产生率，总是大于零；$d_e s/dt$ 为外界给系统输入的负熵流，可正可负，若系统维持在稳定态，$ds = 0$，只要 $-d_e s > d_i s > 0$，则：

$$ds = d_i s + d_e s < 0$$

公式表明只要外界向海洋生态经济系统输入的负熵流大于系统内部的熵产生，系统总熵减少，系统便可由相对无序向相对有序协调发展，否则，系统总熵增加，无序状态被放大，便会导致系统运行机制恶性循环或机能退化。海洋生态经济系统耗散结构在演化过程中存在两个相反的演化方向，一是由高级向低级，从复杂到简单，趋向协调；二是当超越某一阈值时，自发形成高度耗散组织结构，自低级到高级，由无序到有序，从简单到复杂，远离协调。海洋生态经济系统的社会化再生产，固然是以获得低熵海洋产品为目标，但往往是以得到高熵废物热为代价，在海洋经济系统与海洋社会系统运行中，无论是生产流通环节，还是使用消费环节，均是致使熵递增的过程，由此可知，为使海洋生态经济系统实现协调发展，从系统外部引入负熵流十分必要。

二　协同学理论

"协同"一词源于古希腊，原意为一起合作、协调，从"协同学"的内涵来看，它是一门研究系统内各子系统相互作用、彼此合作规律的学科，研究目的是促进复杂系统内部各子系统之间、各组成要素之间在运行中同步协调，实现系统宏观上的有序化。20 世纪 70 年代，德国物理学家赫尔曼·哈肯（Harmann Haken）创建协同学，他提出，应具体分析各子系统、各组成要素中能够产生的自组织行为，把握其共有的特性，对其进行统计学和动力学研究，深入探讨非协调开放系统的稳定有序结构特征、关键要素及其演变规律，总结其协同发展机理①。

协同学汲取了一般系统论的基本理念，将研究对象看作由子系统、要素、部分等构成的复合系统，各子系统通过能量、物质、信息、价值的流通相互关联，使整个系统形成新结构并产生整体效应②。协同学是继耗散结构理论之后产生的一门新自组织系统理论，其核心观点为：远离平衡态的复合系统在与外界联系的过程中，由于不同子系统、不同要素之间的非线性作用关系，引起的随机涨落机制自由度将受整体约束机制控制，从而引发系统自组织协同效应③。协同学提倡从整体、统一的视角处理系统各组成子系统之间的作用机制，推进系统宏观层面上的结构吻合与功能协调，它认为复合系统运行并非仅是各子系统运行的叠加，而是由各子系统相互作用、共同调节组织起来的整体运行，各子系统之间存在合作协同效应。

海洋生态经济系统各子系统、各类要素组成结构及其相互作用关系，引导、规定、约束与保证着系统整体的功能、目标、行为与效益，反过来，系统整体也引导、规定、约束着各子系统、各类要素组成结构及其相互作用关系，并为系统运行的功能、目标、行为和效益构建特定的模式。海洋生态经济系统是一个典型的非线性、开放性自组织系统，在时间维度上，海洋生态经济系统的演变总是呈现非均衡状态，并伴随随机涨落现象。而海洋生态经济系统作为一个多层次、多要素、多功能的综合体，其产生与发展必须依赖一定的生态条件和经济社会基础，并受自然规律、经济社会规律的双重约束。海洋生态经济系统由海洋生态、海洋经济、海洋社会三个子系统耦合而成，其中，海洋生态子系统是海洋经济子系统与海洋社会子系统发展的基础，海洋经济子系统和海洋社会子系统是海洋生态子系统的延续，三个子系统在结构、特性、功能、效益等方面既存在联系又有着区别，为使三个子系统耦合而成的复合系统产生良好的协同效应，必须探究三个子系统协调发展的规律和运行机理。海洋生态经济系统在大量内部因素和外部条件的作用下，呈现出自组织结构，并在海洋生态、经济与社会各子系统相互耦合拮抗，不断交换能量、物质、信息的过程中向前发展。海洋生态经济系统的协调发展包含了海洋生态协调、海洋经济协调和海洋社会协调，是海洋生态演变规律、海洋经济发展规律与海洋社会

---

① 郭治安、沈小峰：《协同论》，山西经济出版社1991年版。
② H. 哈肯：《高等协同学》，科学出版社1989年版。
③ 陈明：《协同论与人类社会》，《系统辩证学学报》2005年第4期。

前进规律的辩证统一。基于协同学的理论成果，其对海洋生态经济系统协调发展研究可提供以下指导与借鉴：

（1）海洋生态经济系统是一个受人为因素引导的部门性、区域性系统，为实现可持续发展必须走协调演进的道路。海洋生态经济系统以各类海洋资源为基础，相对独立，其所有的经济社会活动均是围绕海洋资源展开，形成了独特的海洋经济系统与海洋社会系统，若不走协调发展的道路，该部门性、区域性系统将会始终处于非均衡无序状态，产生高熵，增大内耗。根据协同学研究结论，海洋生态经济系统各子系统及其构成要素的"协同"作用，将使系统由非均衡无序状态转为均衡有序状态，使分散的甚至相互矛盾的非协调成分转变为具有合力的、协调一致的整体，从而推动系统在更高阶段发展。

（2）海洋生态经济系统是一个复杂的综合性系统，为实现健康运行必须赋予其运动发展的自组织性。海洋生态经济系统所涵盖的海洋生态、经济、社会子系统又由诸多次级系统构成，如海洋渔业系统、海洋企业系统、海洋人口系统等，均是海洋生态经济系统各子系统隶属的小系统，根据协同学理论，为实现海洋生态经济系统的良性运行，必须尊重具有自主性的随机涨落机制，依托其自身约束和激励机能，实现整个复合系统每个层级的子系统及其构成要素的自组织演变。

（3）在海洋生态经济系统自组织演变、协调发展过程中，应当保持每个子系统与其他子系统及其构成要素之间在时间、空间、结构和功能上的开放性。按照自组织理论和协同学原理，只有开放的海洋生态经济系统才能不断与外界保持物质、能量、信息、价值等交换，才能保证系统由非均衡无序状态向相对均衡有序状态转变，构建出更有利于系统整体运行的结构与功能，促使系统生成的综合效益达到最佳。

（4）海洋生态经济系统作为由生态、经济、社会三个子系统构成的复合系统，必须充分发挥每一个子系统的作用，使整体实现"最佳"。根据协同学理论，海洋生态、经济、社会三个子系统均应当为复合系统的协调发展提供最大序参量和推动力，在明确三个子系统在复合系统中的地位与作用的基础上，充分发挥三个子系统的特性和功能，共同为海洋生态经济系统的高效协调做出各自的贡献。

（5）海洋生态经济系统为更好更快地实现协调发展目标，必须建立起自组织行为与人为组织行为之间的合作机制。海洋生态经济系统实现协调发展的客观必然性中，隐藏着一个必要的前提，那就是必须通过合理、科学的人为调控，为海洋生态、经济、社会协调发展创造出充分发挥自组织

功能的机会与条件。在人为推进海洋生态经济系统协调发展时，应当把握
合适的力度，一方面既促进海洋生态系统的物质、能量等资源实现充分开
发利用，满足海洋经济增长、海洋社会发展的需要；另一方面又应当不突
破海洋生态系统承载力的限制，保证海洋生态系统的动态平衡与持续生产
力。人为组织行为的实质是按照海洋生态经济系统协调发展的要求，强化
针对系统的整体规划与宏观调控，制定出有利于系统整体协调发展的政策
措施，充分发挥理念、科技、制度等人类社会能动性的作用，促进海洋生
态经济系统自组织机能的形成与良性发挥。

三　生态经济学理论

1966 年，美国经济学家肯尼迪·鲍尔丁（Kenneth Boulding）首次提
出"生态经济学"的概念，他通过论述利用市场机制控制人口、调节资源
合理利用、优化消费品分配、治理环境污染等，建立了"生态经济协调理
论"[1]。Costanza（1989）提出，生态经济学是一门全面研究经济系统与生
态系统之间关系的学科，此类关系是当前人类所面对的众多可持续发展问
题的根源[2]。总的来讲，生态经济学是综合生态学、生物物理学、经济学、
系统论、伦理学等诸多学科的思想，针对当前人类经济社会发展所产生的
问题及其对生态系统带来的影响，探讨生态系统与人类经济社会系统如何
统筹才能实现可持续发展的科学[3]。生态经济学的一般研究对象为生态经
济系统及其内部各子系统、各类要素之间的相互作用、相互制约关系的演
变规律。生态经济学继承并拓展了新制度经济学、福利经济学、系统论等
领域的优秀成果，将能量流、物质流、信息流、价值流等原理引入，使针
对人类与自然关系的研究更具现实和科学价值。

生态经济学将其研究对象生态经济系统看作具有内在作用关系的有机
统一体，不但经济社会系统与生态系统的运作进行着密切联系，其内部各
次级系统及其构成要素也发生着交互关系，任何一个环节有了变化，将会
引起其他环节产生连锁反应。生态经济学从整体看待生态、经济与社会的
发展演变，能够避免过去单纯追求经济社会效益而忽视生态效益所导致的
各种损失。研究方法上，生态经济学提倡将基础理论研究、实证检验研究
与战略规划研究结合在一起，在基础理论研究方面，将经济学、生态学与

---

① 罗勇：《区域经济可持续发展》，化学工业出版社 2005 年版。
② Costanza R. , "What is Ecological Economics?", *Ecological Economics*, No. 1, 1989, pp. 1 – 7.
③ 唐建荣：《生态经济学》，化学工业出版社 2005 年版。

技术科学融为一体；在实证检验研究方面，将物理学、能量学、生物学、统计学等融入实践；在战略规划研究方面，则以各类生态系统为基础，与农田、海洋、森林、草原、城镇等社会经济系统相结合，形成了独特的研究视角与方法论体系①。生态经济学作为一门应用性与实践性较强的学科，可在多方面指导海洋生态经济系统的研究，如各地区海洋生态经济系统发展状况的评价、影响可持续发展的非协调成分分析、相应策略的制定等。此外，生态经济学研究的落脚点一般为具有时空特性的区域，由于海洋生态经济系统客观存在着明显的地域差异性，因此应用生态经济学可恰当地针对不同区域海洋生态经济系统的特征进行深入的实证分析与高度的理论概括。生态经济学能够从生态、经济与社会效益的相互关系入手，统筹考虑海洋生态经济系统发展过程中的长远利益与短期利益、全局利益与局部利益，可促进海洋生态经济系统协调发展总体目标达到最优，其研究成果是解决海洋生态恶化问题的有效方法，是确保海洋经济增长的同时保护海洋生态环境、推进海洋社会进步的理论基础，也是制定海洋生态经济系统发展政策措施的科学依据，从而对海洋生态经济系统的协调发展有着重要指导意义。具体表现为：

（1）海洋生态经济系统为实现协调发展必须坚持经济、社会与生态效益的统一性、共生性与相互转化原则。海洋生态经济系统运行的生态效益是经济效益和社会效益的基础，在海洋经济增长、海洋社会进步的过程中，应当着重注意保护海洋生态环境，促进海洋经济、生态与社会彼此协调、相互支撑，方可达到可持续发展的目的，倘若忽视海洋生态环境效益，一味追求海洋经济与海洋社会高速发展，致使海洋生态系统恶化，迟早将受到恶劣的海洋生态的约束，造成三方效益均急剧下降。

（2）对不同的海洋资源应按其生态价值实行不同的开发与保护政策。按照生态价值利用生态资源，是生态经济学在农、牧、林、渔等领域生态资源利用上遵循的基本原则，依据该原则，对能够在较短时期生产出来的可再生类海洋资源，必须在做好生养结合的基础上，实行资源增殖、持续利用；对可循环使用的海洋资源，则应尽可能地充分利用，同时做好保护措施；而对不可再生海洋资源，必须坚持节约开发与循环使用。

（3）为达到海洋生态经济系统协调发展状态必须确保其结构实现最优化。任何系统都具有一定的结构与功能，海洋生态经济系统的结构即是三个子系统及其构成要素之间稳定的内在关系，海洋生态经济系统结构的最

① 刘康、李团胜：《生态规划——理论、方法与应用》，化学工业出版社 2004 年版。

优化即实现合理的海洋经济结构、合理的海洋社会结构与合理的海洋生态结构相统一。合理的海洋经济结构集中表现为它能促使海洋经济系统内能量、物质、信息和价值的有序流通与交换，从而获得最大的海洋经济效益；合理的海洋社会结构体现在它能确保海洋社会系统内人口、科技、文化、制度的恰当配置，从而实现最大的海洋社会效益；合理的海洋生态结构集中体现为它能促使海洋生态系统内的能量、物质、信息的循环运行与流通，生产出较多的有机物质并创造出良好的无机环境，从而提供最优的海洋生态效益。合理的海洋生态经济系统结构能够促使三个子系统施加给彼此的能量、物质、信息等要素在数量、种类上的比例合适、恰当，从而能够一方面保证海洋经济系统、海洋社会系统可以获得足够量的海洋资源，而又不破坏海洋生态系统的海洋后备资源储备与系统的自然调节机制；另一方面则能保证海洋生态资源的再生产能力持续运行，遏制海洋生态系统的破坏与污染。

四　可持续发展理论

一般认为，"经济社会可持续"的概念出现于1972年出版的《生存的蓝图》。在1980年由IUCN、UNEP共同起草的《世界保护战略》中则首次正式提出可持续发展的概念[①]。1987年在世界环境与发展委员会（WCED）发表的《我们共同的未来》中，给出了目前公认的关于可持续发展的定义：既满足当代人的需要，又不对后代人满足其需要的能力构成损害的发展[②]。自此，可持续发展的理念开始对世界各国各地区发展规划、政策、模式等产生影响。

从很大程度上来讲，可持续发展的理念是相对于不可持续发展结果而形成的。在人类发展过程中，曾经历过漫长的农耕渔猎时期，在该时期虽然人类也对生态环境造成了一定破坏，但后果并不严重。然而，自18世纪起，人类逐步进入工业化发展时期，由于科技的迅猛发展，人类征服与改造自然的能力与强度不断增强，所带来的生态后果也愈加深重。尤其是进入20世纪，科技革命在造福人类的同时，也使生态系统运行急剧恶化，不可再生资源日益枯竭、环境污染问题越发严重，持续发展面临极大威胁。可持续发展理念的提出动摇了西方国家工业革命以来扎根于社会关于

---

① 陈德敏：《区域经济增长与可持续发展——人口资源环境经济学探索》，重庆大学出版社2000年版。

② 马传栋：《生态经济学》，山东人民出版社1986年版。

经济能够无限增长的神话，促使长期支配经济社会发展的观念遭受到质疑与批判，使得人们重新对经济社会与生态、人和自然的非协调性进行审视，为人类认识未来生存及发展开辟了新视角。

可持续发展作为一种科学思想，早已成为国际社会公认的发展新思路；作为一种战略措施，已成为 21 世纪人类发展共同的目标；作为一种理性行为，已成为世界各国与地区人民共同恪守的准则。可持续发展之所以成为人类共同遵守的理念、战略与行动，在于其思想本质是强调人与自然和谐共处、协调发展。面对海洋生态急剧恶化态势，中国沿海各地区海洋生态经济系统也必须选择可持续发展战略。作为一种新的发展理念，可持续发展可为海洋生态经济系统协调发展提供以下借鉴：

（1）海洋生态经济系统在实现协调发展的过程中，必须坚持代际平等的原则。在处理海洋生态经济系统运行问题时，应当注意当代人生存发展需要与后代人生存发展需要的先后关系，负起对后代人生存与发展的责任，以不损害后代人满足其需要的能力为根基，给当代人和后代人以同等的选择空间与发展机会。

（2）海洋生态经济系统在实现协调发展的过程中，必须处理好代内公平问题。人类在消耗海洋资源时，应当不因为满足自身需要的行为对他人造成损害，相对发达地区也不能以牺牲其他地区的利益为代价。尽管海洋生态经济系统发展水平存在地区差异，但不能任由该差异不断扩大，必须重视消除地区发展水平绝对的差异，实现海洋生态经济系统协调发展。

（3）海洋生态经济系统在实现协调发展的过程中，必须经由社会道德引导。在对海洋资源进行开发利用时，应充分认识海洋生态系统对海洋经济、社会系统的限制作用，尊重海洋生态系统承载力，在重新树立和统一社会公众道德标准的基础上，根据海洋生态系统的平衡机能和限制条件调节开发力度，同时，恰当调节人类的消费模式与生活方式，减少对海洋资源的无谓需求和浪费，保持海洋生态系统的自然生产力不出现明显下降。

总之，可持续发展作为一种新型发展理念，提醒海洋生态经济系统在考虑发展战略时，必须遵循两条基本原则：一是应当有利于人类创造的海洋经济系统、海洋社会系统可持续运行与发展的原则；二是应当有利于人类海洋经济社会所依赖的海洋生态系统可持续存在与演进的原则。具体而言，第一条原则即是当代人在寻求自身生存及发展空间的同时，必须为后代人留下充足的海洋资源和良好的发展空间，而且应注意消除代内业已存在的地区差异，从而保证所有人都平等地享有海洋生态系统不被污染与破坏、健康安定生活的权利，负起保护所有人满足其生存与发展需要能力的责任，只有如此才能实现海洋生态经济系统的时空协调发展。第二条原则即是当代人在谋求海洋经济社会发展时，必须维护海洋生态平衡，确保海洋生物物种享有其栖息地生态系统不受污染与破坏、持续繁衍和生存的权利，负起保护海洋生态系统不受损害的责任，促进人与海洋协调演进。在1992年于里约热内卢召开的联合国环境与发展大会上，形成了关于人类共同行动的战略性指导文件《21世纪议程》，该文件的核心思想是，目前人类正处于历史抉择的紧要关头，亟须改革经济社会增长方式与现有的政治体系、政策制度，提高世界人民的生活质量，更好地保护、使用与管理自然生态系统，以创造出人类更加繁荣、更为安全的未来。同样，为实现海洋生态、经济、社会的可持续运行，必须携起手来，转变现有海洋经济、社会发展方式，变革政策、方针、措施，保护与管理好海洋生态资源环境，以谋求海洋生态经济系统及人类更深远的发展。

第三章　中国海洋生态经济系统结构与功能

根据第二章关于海洋生态经济系统以及海洋生态子系统、海洋经济子系统、海洋社会子系统的界定，确定中国海洋生态经济系统的地域范围如图 3-1 所示。中国海洋生态子系统指在中国所辖领海海域范围内形成的海洋生态系统，由海洋生物群落与海洋非生物无机环境构成，空间上包括渤海、黄海、东海与南海四个海域。中国海洋经济子系统特指依托海洋资源通过海洋生产力系统和海洋生产关系系统在沿海 11 个省（市、区）内一定海洋生态环境和社会背景下进行海洋产品生产活动的整体，主要涵盖海洋渔业、海洋盐业、海洋化工业、海洋油气业、海洋矿业、海洋船舶工业、海洋工程建筑业、海洋生物医药业、海水利用业、海洋电力业、海洋交通运输业、海洋旅游业等产业，空间上跨越辽宁、河北、天津、山东、江苏、上海、浙江、福建、广东、广西与海南 11 个省（市、区）。中国海洋社会子系统特指在沿海 11 个省（市、区）地域范围内，以从事海洋相关生产经营活动为主或依赖海洋经济产品及生态服务生活的社会群体及其所创

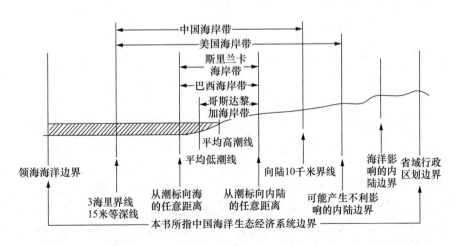

图 3-1　中国海洋生态经济系统边界

造的具有海洋特性的思想观念、道德精神、文化艺术、教育、科技和法规制度等要素。

具体而言，中国四个海域约为 450 万平方千米，如表 3 - 1 所示，其中，渤海是中国内海，由山东半岛与辽东半岛所环抱，面积约 7.7 万平方千米，为峡湾式浅海，由辽东湾、渤海湾与莱州湾组成，平均深度 18 米，沿岸重要港口有营口、葫芦岛、秦皇岛、天津新港等，濒临省市为辽宁、河北、天津与山东；黄海面积约为 38 万平方千米，是全部位于大陆架上的半封闭浅海，平均深度 44 米，沿岸重要港口有大连、旅顺、烟台、威海、青岛、石臼港和连云港，濒临省为辽宁、山东和江苏；东海面积约为 77 万平方千米，西有广阔的大陆架，东为深海槽，是一个较为开阔的浅海，平均深度 370 米，沿岸重要港口有上海、宁波、温州、福州、泉州、厦门等，濒临省市为上海、浙江与福建；南海面积约为 350 万平方千米，是以热带海洋性气候为主的海域，平均深度 1212 米，沿岸重要港口有汕头、深圳、广州、湛江、北海、钦州、防城与海口，濒临省区为广东、广西和海南。

表 3 - 1　　　　　　　中国四大海域范围与面积

海域	起点	迄点	大陆海岸线（千米）	海域面积（万平方千米）
渤海	辽东省半岛南端老铁山角	山东省半岛蓬莱角	2700	7.7
黄海	辽宁省鸭绿江口	江苏省启东角	4000	38
东海	江苏省启东角	福建省诏安铁炉港	5700	77
南海	福建省铁炉港	广西壮族自治区北仑河口	5800	350

资料来源：张宏声：《全国海洋功能区划概要》，海洋出版社 2003 年版。

按照经济区划，通常将沿海 11 个省（市、区）划分为五大经济圈，四大文化区域，如表 3 - 2 所示，或将其划归为三大经济圈，即辽宁、河北、天津与山东属于环渤海经济圈，江苏、上海、浙江属于长三角经济圈，福建、广东、广西和海南属于泛三角经济圈。由于各省（市、区）海洋生态、经济与社会系统各具特点，这里将沿海 11 个省（市、区）的海洋生态经济系统视作中国国家海洋生态经济系统空间范畴的区域组成部分。

表 3-2　　　　　　　　　沿海 11 个省（市、区）濒临海域及所属
经济、文化与行政区域

沿海省（市、区）	濒临海域	所属经济区域	所属文化区域	所属行政区域
辽宁	渤海、黄海	环渤海经济圈	北方文化区域	东北地区
河北	渤海	环渤海经济圈	北方文化区域	华北地区
天津	渤海	环渤海经济圈	北方文化区域	华北地区
山东	渤海、黄海	环渤海经济圈	北方文化区域	华东地区
江苏	黄海	长三角经济圈	江南文化区域	华东地区
上海	东海	长三角经济圈	江南文化区域	华东地区
浙江	东海	长三角经济圈	江南文化区域	华东地区
福建	东海	海峡西岸经济圈	闽台文化区域	华东地区
广东	南海	珠三角经济圈	岭南文化区域	中南地区
广西	南海	北部湾经济圈	岭南文化区域	中南地区
海南	南海	北部湾经济圈	岭南文化区域	中南地区

随着中国海洋社会发展的不断推进，充分利用海洋资源、加快海洋经济发展步伐，已成为中国国民经济的战略重点。但伴随海洋经济子系统的迅速扩张，海洋生态子系统的脆弱性日渐凸显。对海洋生态经济系统的发展结构与功能进行分析，在社会进步、经济发展与生态恶化中寻求海洋生态经济系统运行实际，探求中国海洋生态经济系统发展规律及可持续发展的可能性，对中国海洋生态经济系统协调发展具有重要作用。

第一节　中国海洋生态经济系统结构

一　海洋生态子系统结构

如前所述，海洋生态系统的食品生产、原料供给、基因资料提供、废弃物处理、生境提供、休闲娱乐、精神文化、教育科研 8 项服务必须通过海洋经济系统和海洋社会系统的参与才能实现，由此产生了可供人类利用的多种海洋资源，具体包括海洋生物资源、海洋矿产资源、海水资源、海洋空间资源、海洋能资源等。

中国拥有大陆海岸线 18000 千米，管辖海域面积约 300 万平方千米，南北纵跨热带、亚热带、温带三个气候带，自然条件优越，蕴藏有丰富的

海洋生物、石油天然气、旅游等资源，其中，海洋生物 2 万多种，海洋鱼类 3000 多种，海洋石油储量约 270 亿吨，天然气储量 11 亿立方米，滨海砂矿储量 31 亿吨，海洋再生能源理论蕴藏量 6.3 亿千瓦，深水岸线 400 多千米，深水港址 60 多处，滩涂面积 3.8 万平方千米，浅海面积 12.4 万平方千米①，为海洋经济系统与海洋社会系统发展奠定了坚实的基础。

（一）海洋生态资源

1. 海洋生物资源

中国近海海洋生物物种较为繁多，海洋植物多达万余种，其中藻类 1820 种，海洋动物 1.25 万种，平均生物产量 3020 吨/平方千米。海洋生物种类由南向北递减，南海海洋生物种类最多，渤海海洋生物种类最少，详见表 3-3。海洋生物丰度指数由海岸向外海方向递减；由海底向海面方向垂直递减；海洋生物密度由近岸向远海方向递减。中国近海包括潮间带以及 15 米等深线浅海区是海洋生物种类最多、密度最大海域。渔业资源是中国海洋生物资源的重要组成部分，近海渔业资源量约为 400 多万吨②，占海洋生物资源总量的 12%③。中国近海渔业资源主要分布在渤海、黄海、东海以及南海的各个渔场，近年来受海水污染、过度捕捞等影响，渔业资源衰退严重。1997—2000 年国家专项底托渔网调查结果表明，黄渤海海洋生物仅剩 180 种，东海仅剩 602 种④。

表 3-3   中国近海海洋生物资源分布

海洋生物种类	鱼类	甲壳类	头足类	其他	潮间带平均资源量（吨/平方千米）	合计
黄渤海	289	69	20		渤海：268.3 黄海：198.5	3000 种，其中，浅海滩涂生物 2257 种，重要增养殖生物资源 238 种
东海大陆架	727	124	64			
南海诸岛海域	523	375	78		217.1	
总计	1694	940	92	274	313.6	

资料来源：全国海洋开发规划领导小组：《全国海洋开发规划研究成果选编》，1993 年。

---

① 国家海洋局：《全国海洋经济发展规划纲要》，http://wenku.baidu.com/view/04b76202eff9aef8941e0681.html，2010 年 12 月 27 日。

② 全国海洋开发规划领导小组：《海洋开发现状分析与发展预测研究》，《全国海洋开发规划研究成果选编》，1993 年。

③ "Highlights of a Decade of Discovery"，http://www.coml.org coml@oceanleadershio.org，2010.

④ 陈新军：《中国海洋渔业资源与渔场学》，海洋出版社 2004 年版。

经历了40多年的过度捕捞，中国近海渔业资源严重受损，目前，中国海洋渔业资源开发正处于限制与恢复期。1995年，国家开始实行伏渔期制度，但捕捞量并未得到有效控制，捕捞产量持续攀升，直到1999年，中国海洋渔业捕捞量达到历史峰值，接近1500万吨，超出了近海渔业资源的承载能力。2000年，中国实行的近海捕捞"零增长"战略使捕捞量开始得到有效控制，如表3-4、表3-5所示，2009年中国海洋渔业捕捞量为1178.61万吨，比2003年减少了234.88万吨，2014年则为1280.84万吨，略有抬头趋势，但仍比2003年少132.66万吨。随着生产技术的日益提高，中国海洋渔业养殖产量不断上升，2009年超过捕捞量达到1405.22万吨，2014年继续增加到1812.65万吨，比捕捞量多出41.52%，为缓解海洋渔业资源压力做出了重要贡献。然而，中国近海渔业资源仍在继续衰退，据相关沿海省（市、区）海洋渔业部门统计，2014年渤海渔业资源较以往仍在明显衰退，加之海水污染严重，各类渔业资源难以得到养护及生息，渔获物构成趋向低值化、小型化，传统经济鱼类如黄花鱼、鳀鱼、鲅鱼等进一步减少。可见，中国海洋渔业开发亟待转型，传统海洋生物资源利用面临较大挑战。

随着海洋生物技术的不断提高，中国海洋生物利用领域已有所扩大，且发展前景良好。"十一五""十二五"期间，中国实施了"新型海洋生物制品研究开发"等重大基础研究计划，重点突破生物酶制剂、生物材料以及生物农药等海洋生物制品规模化生产关键技术，获得了一批具有自主知识产权的原创性成果，并构建了中国海洋生物制品创新体系。同时，伴随深海探测技术及设备的不断进步，中国对深海生物物种的认知也在逐步深入，至2014年已完成32个航次的科考任务，在多次调查中得到深海生物资源样品，为深海生物研究与开发奠定了重要基础。

2. 海洋矿产资源

海洋矿产资源主要包括海洋油气资源、滨海砂矿以及天然气水合物等。

海洋油气资源约占全球海洋油气资源总量的45%。中国拥有近海大陆架面积130万平方千米，勘探表明在众多的沉积盆地中蕴含着丰富的油气资源。中国管辖海域共有36个沉积盆地，估计油气总资源量为352.34亿—4903.26亿吨当量，据中国海洋石油总公司对近海10个盆地进行地质类比法资源量预测结果显示，中国全海域石油资源量为275.31亿吨，天然气资源量为10.6万亿立方米，其中，石油经济资源量为96亿—122.84亿吨，

68　中国海洋生态经济系统协调发展研究

单位：吨

表3-4　　　　沿海11个省（市、区）海洋渔业捕捞量

	1995年						2003年						2009年						2014年					
	小计	鱼类	虾蟹类	软体类	藻类	其他	小计	鱼类	虾蟹类	软体类	藻类	其他	小计	鱼类	虾蟹类	软体类	藻类	其他	小计	鱼类	虾蟹类	软体类	藻类	其他
辽宁	911465	477704	—	161533	1076	56813	1479639	812333	299086	225725	—	142495	995312	554477	194008	169859	148	76820	1076005	65389	220601	131293	65	70157
河北	160118	73040	—	23916	—	9239	311128	166949	75533	49798	—	18848	253317	136802	54908	31671	—	29936	239595	135551	52126	31681	—	20237
天津	24067	13155	6642	4168	—	102	41006	17174	6124	17311	—	397	16459	8572	2766	5121	—	—	45548	40797	1186	3543	—	22
山东	1618119	1111641	284464	153425	350	68239	2680831	1786175	419754	371834	2628	100440	2370891	1514489	315117	417738	1777	121770	2297194	1630501	262450	301859	1485	100899
江苏	567078	332633	102824	89162	—	42459	572315	354634	99318	68371	1834	48158	562663	347348	114120	63876	854	36465	547952	296348	158116	64791	1274	27423
上海	161790	133640	18182	6923	—	3045	130773	97824	14446	14370	—	4133	21865	11547	9908	247	—	163	19945	6939	12871	128	—	7
浙江	2470182	1651579	656011	154285	1132	7175	3141511	2041436	732726	314589	608	52152	2666376	1843858	672831	127632	1896	20159	3242724	2111192	937862	162413	2715	28542
福建	1619996	1323546	174976	102419	382	18673	2212006	1670895	310287	170022	3135	57667	1859258	1412312	276208	148496	1122	21120	1975062	1458245	332118	166906	2022	15771
广东	1614186	1363357	147269	66546	3609	33405	1819063	1391858	202804	163304	6200	54897	1415867	987209	227206	146852	10222	44378	1493656	1081692	228515	136527	7323	39599
广西	498192	388003	59505	44779	35	5870	851042	549316	111460	150196	24	40046	662979	399580	113549	115747	—	34103	650599	368131	126522	108089	—	47857
海南	340580	295737	12480	19573	4053	8737	895610	757138	47080	61052	14909	15431	961122	824092	38303	85758	11579	1390	1220091	1024616	63332	121092	9415	1636
全国	9985773	7164035	1462353	826729	10637	253757	14134924	9645732	2318618	1606572	29338	534664	11786109	8040286	2018924	1312997	27598	386304	12808371	8219401	2395699	1228322	24299	352150

注："—"表示无数据，即未生产。

资料来源：《中国渔业统计年鉴》（1996、2004、2010、2015）。

表 3-5 沿海 11 个省（市、区）海洋渔业养殖量

单位：吨

	1995 年						2003 年						2009 年						2014 年					
	小计	鱼类	虾蟹类	软体类	藻类	其他	小计	鱼类	虾蟹类	软体类	藻类	其他	小计	鱼类	虾蟹类	软体类	藻类	其他	小计	鱼类	虾蟹类	软体类	藻类	其他
辽宁	872811	10166	10165	693845	158635	—	1828818	25886	26482	1426398	330441	19611	2143168	40008	25828	1663522	248235	165575	2890525	58684	24930	2327070	351337	128504
河北	50097	824	8934	40313	—	26	178574	10824	14950	152266	—	534	300567	14718	18009	264007	—	3833	491999	8232	22856	448766	—	12145
天津	1778	876	902	—	—	—	8759	823	7104	—	—	832	14067	2142	11925	—	—	—	11627	3657	7970	—	—	—
山东	1665043	10833	18785	1261571	361208	2646	3360712	81269	63902	2612789	533374	69378	3814304	127588	120902	2964656	505713	95445	4799107	160752	135859	3697128	662784	142584
江苏	83790	66	4549	73175	3980	2020	409400	8157	21680	365009	12457	2097	734960	43135	66465	591293	32623	1444	935947	86950	114696	699306	27019	7976
上海	345	—	—	—	—	—	2718	18	2700	—	—	—	—	—	—	—	—	—	—	—	—	—	—	—
浙江	316850	4099	11055	289053	12642	1	918504	43080	88049	748969	37974	432	764565	32242	79527	611602	40273	821	897940	33397	95693	719822	45549	3479
福建	621951	20152	16797	369525	196052	19425	2866726	119226	62474	2266461	414052	4513	2930254	158874	88460	2125848	554313	2759	3794298	281202	163058	2508019	813134	28885
广东	357950	86852	28185	240776	2137	—	1973006	195542	194233	1539414	29923	13894	2346157	279638	335501	1665006	58539	7473	2943981	437924	483659	1941258	74850	6290
广西	147514	7927	10036	129110	75	366	836326	22511	87924	720895	604	4392	822505	26102	168561	625093	—	2749	1090975	43668	249751	794550	—	3006
海南	14773	3162	6106	1731	3774	—	149518	11821	91676	21006	24965	50	181673	43391	101761	19438	16773	310	270082	75201	135291	29592	29903	95
全国	4122902	144957	115859	3099099	738503	24484	12533061	519157	661174	9853207	1383790	115733	14052220	767938	1016939	10530465	1456469	280409	18126481	1189667	1433763	13165511	2004576	332964

注："—"表示无数据，即未生产。

资料来源：《中国渔业统计年鉴》（1996，2004，2010，2015）。

天然气经济资源量为3.8万亿—5.18万亿立方米[1]，见表3-6。

表3-6　　　　　　　中国近海大陆架油气资源量统计

资源类别			渤海湾	北黄海	南黄海	东海	台西	台西南	珠江口	琼东南	莺歌海	北部湾	合计
已发现地质储量	探明储量	油（亿吨）	2.32			0.23			2.58	0.03		0.25	5.81
		气（千亿立方米）	0.27							0.91			1.41
	控制储量	油	0.22			0.31			1.67			0.23	2.12
		气											0.31
	预测储量	油	3.05						0.09	0.02		0.41	3.57
		气	0.13										0.13
潜在资源量		油	2.19		1.61	11.86			9.25	2.23	3.1	0.77	27.95
		气				2.36							5.46
推测资源量		油	32.46	1.41	3.88	41.67	7.29	3.27	54.37	17.75	59.43	15	236.53
		气	2.49		0.8	21.9			12.99	18.03	41.67	1.48	99.34
总资源量		油	40.24	1.41	5.49	53.53	7.29	3.27	67.95	20.03	59.43	16.67	275.31
		气	2.89		0.8	24.8			12.99	18.94	44.77	1.48	106.65
经济资源量		油	19.32	0.34	1.48	24.63	2.15	0.78	29.21	7.43	31.5	6	122.84
		气	1.36		0.21	12.95			6.16	7.17	23.46	0.01	51.81

资料来源：沈文周：《中国近海空间地理》，海洋出版社2006年版。

中国海洋油气资源勘探尚处于初级阶段，80%以上的油气资源有待进一步勘探，现有原油发现率仅为18.5%，天然气发现率仅为9.2%[2]。目前，中国近海的油气开采主要集中在渤海、南海西部、南海东部以及东海四大海区，开采量呈逐年上涨趋势。如图3-2所示，2009年全国海洋石油产量为3698.19万吨，其中62.99%产自渤海，36.75%产自南海，产量最多的省市为广东和天津，2014年全国海洋石油产量则达到4613.95万吨，产量最多的依然为天津和广东；2009年海洋天然气产量为859173万立方米，69.79%产自南海，23.37%产自渤海，产量最多的省市是广东和

---

① 沈文周：《中国近海空间地理》，海洋出版社2006年版。
② 中国海洋石油总公司网站公布数据，2005年8月9日。

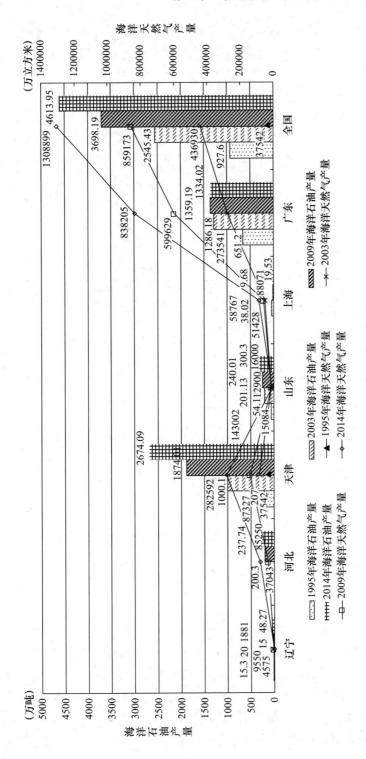

图 3 - 2　中国海洋油气资源开采量

资料来源：《中国海洋统计年鉴》（2000、2004、2010、2015）。

天津，2014 年则达到 1308899 万立方米。2014 年海洋石油与天然气产量分别比 1995 年增长了 3.97 倍和 33.86 倍，在全国油气开采中逐步占据重要地位。

中国大陆海岸线一半以上为砂质海岸，海岸类型多样曲折，由于具有丰富的陆源物质来源和良好的地质地貌条件，在诸多近岸河口浅滩和浅海海域蕴藏着丰富的砂矿资源。据统计，中国已探明具有工业储量的砂矿为 13 种，主要矿产地上百处，各类矿床 195 个，其中大型矿床 48 个，中型矿床 48 个，小型矿床 99 个，矿点 110 个，各类滨海砂矿总储量约 31 亿吨，详见表 3 - 7。滨海砂矿资源主要分布于山东、福建、广东、广西和海南，目前探明储量较多的矿种为石英砂、钛铁矿、锆石等。

表 3 - 7 　　　　　　　　中国滨海砂矿种类、规模及储量统计表

种类	储量	大型（个）	中型（个）	小型（个）	矿点（个）
石英砂	30.6 亿吨	17	15	12	1
磁铁矿	76 万吨	0	2	15	8
钛铁矿	2340 万吨	10	9	19	15
锆石	318 万吨	12	12	26	38
独居石	24 万吨	6	7	10	17
金红石	4 万吨	0	1	2	7
铬铁矿	1.6 万吨	0	0	3	0
锡石	9400 吨	0	0	6	6
磷钇矿	9000 吨	2	2	1	0
褐钇铌矿	104 吨	0	0	1	3
铌铁矿	60 吨	0	0	0	2
砂金	22.6 吨	1	0	4	10
金刚石	144 万克拉	0	0	0	2

资料来源：《中国海洋年鉴》（2004）。

如图 3 - 3 所示，滨海砂矿的开发主要集中在山东、浙江、福建、广东、广西和海南，产量虽然逐年增多，但开发程度不高，集中表现为选矿技术不成熟、开采机械化程度低、矿物综合利用率及回收率不高。目前，全国仅有十余处砂矿矿山，民营采矿点却已达上百处，集约程度非常低，许多地方砂矿开采秩序混乱，给近岸海洋生态环境造成了极大破坏，导致海岸侵蚀现象严重。

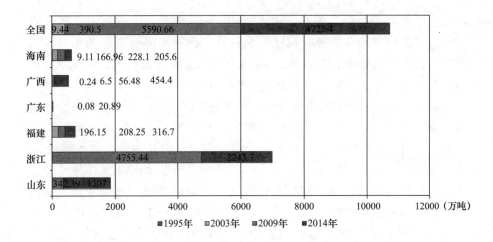

图 3 - 3　中国海洋砂矿资源开采量

资料来源：《中国海洋统计年鉴》（1998、2004、2010、2015）。

天然气水合物又称"可燃冰"，是甲烷与水分子在高压低温条件下结晶而成的固态笼状化合物，是一种新型海洋矿物资源。中国国土资源部于1999 年开始启动天然气水合物海上勘探工作，经过十几年的努力，已在南海 140 平方千米的海域圈定了 11 块矿体，探明储量达 194 亿吨[①]。除海洋油气、滨海砂矿、天然气水合物外，地下卤水也是中国重要的海洋矿产资源，主要分布在环渤海海岸成矿带与黄海沿岸基港湾海岸成矿带，总储量为 57.4 亿立方米[②]，其中，滨海平原拥有 4 个成矿区，即渤海湾沿岸、莱州湾南岸、黄河三角洲、辽东湾，矿区成矿面积大、卤水浓度高，开采力度属山东、河北、辽宁为最大。

3. 海水资源

海洋水体是地球最大的连续矿体，海水资源是中国重要的海洋资源形式。中国毗邻的渤海、黄海、东海和南海总面积约为 473 万平方千米，海水资源极为丰富。海水中约有 80 种化学元素，其中含量较高的有氯、钠、氧、氢、镁、钙、钾、硫。海水资源利用主要有三条途径：一是通过海水淡化技术将海水转化为淡水，直接用于灌溉或饮用；二是海水化学资源提取，即从海水中提取镁、钾、溴等化学元素，还有已发展成熟的传统海盐业；三是海水直接利用，主要包括海水冷却水、海水脱硫、海水软化水、

①　海洋发展战略研究所课题组：《中国海洋发展报告 2011》，海洋出版社 2011 年版。
②　《中国海洋年鉴》（2004），海洋出版社 2005 年版。

海水生活用水等。海水制盐、卤水利用、海水制溴、海水制镁、海水提碘、海水提铀、海水提钾等均在很大程度上弥补了陆地资源的不足。当前，中国海水利用技术体系中部分领域已进入国际先进行列，规模化生产技术基本成熟，诸多新兴产业进入发展初级阶段。

海水淡化是解决中国沿海地区水资源危机的重要途径，近年来，中国海水淡化技术得到了国家相关部门重视，2013 年，已运行海水淡化工厂103 个，主要分布在辽宁、河北、天津、山东、浙江等地，海水淡化能力达 90 万吨/日，淡化水成本为 5—8 元/吨，但整体而言，与世界先进水平相比仍有较大差距。在海水直接利用方面，目前，海水直流冷却技术已广泛应用于沿海电力、石化、化工等高耗水行业，海水循环冷却技术发展也较迅速，2013 年全国利用海水作为冷却水量已达 883 亿吨[1]，是未来的主要发展方向。此外，海水生活用水作为城市替用水主要用于冲洗厕所，对于缓解沿海城市淡水资源紧缺的压力意义较大，发展前景良好（见表 3 - 8）。

表 3 - 8   2008 年沿海 11 个省（市、区）海水资源开发状况

单位：万立方米/年

	总计	海水淡化利用量	海水直接利用量
辽宁	421987	617	421370
河北	120141	108	120033
天津	17758	110	17648
山东	364638	48110	316528
江苏	50000	—	50000
上海	46800	—	46800
浙江	280430	858	279572
广东	575774	575544	230
广西	183037	183000	37
全国	2060565	808347	1252218

资料来源：《中国海洋年鉴》（2009）。

在海水化学资源利用上，目前中国仍集中在海盐提取方面，近年由于围填海和城市化建设，盐田面积有显著下降趋势，由 1995 年的 413021 公顷减少至 2014 年的 402224 公顷，但生产效率有大幅提升，海盐产量由

---

[1]　海洋发展战略研究所课题组：《中国海洋发展报告 2015》，海洋出版社 2015 年版。

1995 年的 1692.5 万吨增加至 2014 年的 3446 万吨，增长了 1.04 倍（见图
3-4）。其他海水化学资源利用，在中华人民共和国成立时仅有溴素和氯
化钾两种产品，产量分别只有 2 万吨和 222 万吨，目前已发展出工业溴、
氯化钾、氯化镁、无水硫酸钠等多种产品，直接提取溴、钾、镁等技术已
突破百吨级甚至万吨级，进入较大规模工程示范阶段，为形成海水化学资
源综合利用产业链打下了坚实基础。

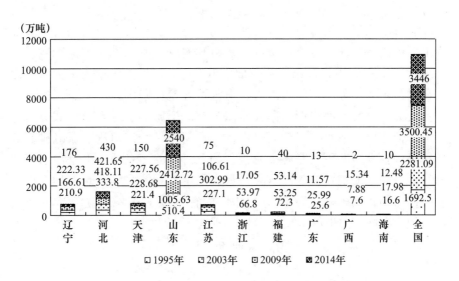

图 3-4　沿海 11 个省（市、区）海盐产量

资料来源：《中国海洋统计年鉴》（1996、2004、2010）。

4. 海洋空间资源

海域、港湾、浅海、滩涂、湿地、海岛资源，除其中存在的海洋生
物、矿产资源以及海水资源外，其本身既是海洋自然资源的载体，也是各
种海洋开发活动的空间，在产业共同发展，经济、社会、资源、环境矛盾
愈加突出的今天，海洋空间价值日益凸显，在中国海洋资源中的地位不断
上升。

截至 2014 年年底，中国沿海 11 个省（市、区）通过颁发海域使用权
证书，共确权海域面积 3029020 公顷。其中，由于海湾处于陆地边缘，不
同海湾可进行不同开发利用取向，如利用普通海湾开辟航道或捕鱼，利用
基岩海湾开发港口，利用油气丰富的海湾建设石油生产基地，利用自然
景观优美的海湾打造滨海旅游区，因此，海湾一直被视为重要的海洋空
间资源形式。中国大陆海岸线（包括海南）18800.51 公里，沿岸拥有

大于 10 平方千米的海湾 150 多个，大于 5 平方千米的海湾 200 多个①，港湾面积以山东、广东、辽宁三省为最大，港湾深水岸线长度 400 多千米，可建中级以上泊位的港址 160 多处，可建万吨级以上泊位港址 40 处左右，资源条件优越。

浅海资源一般指 15 米等深线以内的海域资源，滩涂资源是大潮高潮位与大潮低潮位之间的土地，包括海滩涂、沼泽地及河口滩地三种类型。浅海与滩涂资源作为近海养殖、捕捞、油气开采、港口建设、海上交通运输、海岸工程建设等海洋开发活动的重要场所，其空间利用价值日显突出，中国近岸浅海与滩涂资源以及由其构成的海水可养殖面积数量分布详见表 3－9，可以看出，浅海面积以广东、辽宁、山东为最大，滩涂面积以山东、江苏和福建为最大，海水可养殖面积则以广东、山东、辽宁为最大。近海及海岸湿地同样是海洋空间资源的一种重要形式，可分为沿海低地、浅海水域、潮间带湿地、沿海潟湖、河口湾、珊瑚礁、红树林等多种类型，不仅是各类海洋生物及海鸟的栖息地，也是淡水资源储存地、海陆交汇过渡带、碳存量最大的生态系统之一，对气候变暖起着缓冲器的作用。截至 2014 年，中国尚有近海及海岸湿地 5795.9 千公顷，较之 2000 年的 5935.9 千公顷，损失了 2.36%，以江苏、广东、山东和辽宁为最多，分别占总面积的 18.76%、14.06%、12.57% 和 12.31%。

表 3－9　　　　沿海 11 个省（市、区）主要海洋空间资源一览表

海洋空间资源	确权海域面积（公顷）	海岸线长度（公里）	近海及海岸湿地面积（千公顷）	浅海面积（千公顷）	滩涂面积（千公顷）	港湾面积（千公顷）	海水可养殖面积（千公顷）	港湾及大河河口（个）	宜建中级以上泊位港址/处（个）	海岛（包括冲积岛、大陆岛和海洋岛）
辽宁	1033552	2178	713.2	590.44	92.45	42.95	725.84	20	21	265
河北	113570.9	487	231.9	49.66	61.7	0	111.37	3	6	132
天津	36120.48	153	104.3	10	8.49	0	18.49	1	1	1
山东	736960.8	3024.4	728.5	131.68	173.41	53.12	358.21	18	24	326
江苏	592942.3	953.9	1087.5	7.87	130.96	0.17	139	2	14	17
上海	15581.37	172.31	386.6	0	3.22	0	3.22	1	3	12

---

① 中国海湾志编纂委员会：《中国海湾志》，海洋出版社 1991 年版。

续表

海洋空间资源	确权海域面积（公顷）	海岸线长度（公里）	近海及海岸湿地面积（千公顷）	浅海面积（千公顷）	滩涂面积（千公顷）	港湾面积（千公顷）	海水可养殖面积（千公顷）	港湾及大河河口（个）	宜建中级以上泊位港址/处（个）	海岛（包括冲积岛、大陆岛和海洋岛）
浙江	129461.4	2200	692.5	36.3	57.39	7.77	101.46	14	28	3060
福建	164536.7	3051	575.6	77.39	100.76	6.79	184.94	21	17	1545
广东	147713.9	3368.1	815.1	664	120	51.67	835.67	20	25	760
广西	34882.49	1595	259	6.78	22.09	3.08	31.95	7	8	650
海南	23697.68	1617.8	201.7	48.43	26.09	15	89.52	11	17	233
合计	3029020	18800.51	5795.9	1622.55	796.56	180.55	2599.67	118	164	7001

资料来源：《海域使用管理公报》、《中国海洋发展报告》、《中国统计年鉴》、《中国海岸带和滩涂资源综合调查报告》、《中国近海空间地理》、国家旅游局网站。

海岛按成因可分为大陆岛、冲积岛和海洋岛，中国岛屿众多，大陆岛6484个，主要分布在浙江、福建、广东、广西沿海；冲积岛456个，主要分布在河北、山东、广东沿海；海洋岛61个（不包括台湾）主要分布在海南省沿海。海岛除拥有土地、淡水、生物、森林、矿产等自然资源外，还可作为渔业、工业、旅游业等产业的开发建设基地，以及军事基地、交通和通信中继站等，具有重要的战略意义，开发利用潜力巨大。此外，随着人民生活水平的日益提高，旅游已成为人们现代生活的重要组成部分，旅游市场需求量迅速增长，在国家产业政策支持下，滨海旅游更是国内外游客的重要选择，产业化进程十分迅猛。滨海旅游资源是以滨海自然风光为基础，以历史文化遗址为补充的海洋空间人文利用形式，2014年沿海11个省（市、区）共接待入境游客6056.96万人次，比1995年增加了5.34倍之多，年平均增长率接近78%（见表3-10）。沿海11个省（市、区）重要海洋旅游目的地的核心旅游产品以自然景观静态观光为主，历史遗迹、人文活动、休闲度假等较高层次的旅游产品正逐渐增多，进一步丰富了海洋空间旅游资源的开发利用层次。对已开发的滨海景观资源分析可知，海洋自然旅游资源以浙江省、山东省和辽宁省为最多，而海洋人文旅游资源主要分布在浙江省、江苏省以及河北省。随着国家级度假区、国家级风景名胜区、国家湿地公园、A级以上景区、中国历史文化名城（镇、村）、国家海洋保护区、国家森林公园等优秀旅游区在沿海11个省（市、区）布设日益密集，为海洋旅游业进一步进行市场开拓提供了更加坚实的资源支撑。

同时，伴随围填海工程、海底工程建设的加剧，海上大型综合娱乐设施的修建、跨海大桥的通畅、海底隧道和输油管道的铺设进一步增多了海洋空间资源的数量，也使得海洋空间资源形态和利用方式无形中有明显延伸。

盐田与海水养殖是中国海洋空间资源的传统利用形式，2014年中国盐田与海水养殖面积分别为402.22千公顷和2305.47千公顷，分别比1995年减少了2.61%，增加了2.22倍，海水已养殖面积占海水可养殖面积的88.68%，海水养殖已发展成为中国海洋空间资源的最主要利用形式之一。港口同样是中国海洋空间资源的重要利用途径，到2014年，中国沿海已拥有港口150余个，其中，对外开放一类水运口岸76个，海洋运输船舶12916艘，海洋港口货物运输量达234664万吨，旅客吞吐量10521万人次。在环渤海、长三角、珠三角三大港口群中，珠三角拥有一类水运口岸和海洋运输船舶最多，分别占全部的57.90%和46.45%，但货物及旅客运输能力均以长三角为最强，海洋货物运输量和旅客运输量分别占全部的60.45%和43.16%。在滨海旅游资源利用方面，沿海11个省（市、区）开发利用程度与滨海旅游资源分布状况基本一致，形成了"一带、三圈、多极"的滨海旅游产业空间格局，在沿海地区经济社会发展中发挥着重要作用，尤其是辽宁、天津、江苏、上海、浙江、海南的滨海旅游收入在地区生产总值中的比重均已达到10%以上。2014年，中国沿海地区共接待海外旅游者6056.96万人次，比1995年增长了5.34倍，以广东和上海接待人次最多。

5. 海洋能资源

海洋能是海洋资源的一种重要形式，通常包括潮汐能、潮流能、波浪能、海水盐差能和海水温差能。伴随着科技的进步，海洋能资源形式有所扩大，尤其是海洋生物能源利用技术日臻成熟，使用海藻制氢或制柴油已成为海洋生物能源主要利用方向之一；海上风能也逐渐显现其良好的资源及市场潜力，目前已能为海上油气田、海岛生活生产活动提供电力。据统计，中国近海海洋能理论蕴藏量约15.8亿千瓦[1]，各主要海洋能源储量详见表3-11，同时，可开发海上风能资源约8.83亿千瓦[2]，主要分布在东南沿海地区。

---

① 海洋发展战略研究所课题组：《中国海洋发展报告2015》，海洋出版社2015年版。
② 同上书。

表 3－10 沿海 11 个省（市、区）海洋空间资源利用情况

海洋空间资源利用 年份	海水养殖面积（千公顷）				盐田面积（公顷）				海洋货物运输量（万吨）				海洋旅客运输量（万人次）				接待海外旅游者人数（人次）			
	1995	2003	2009	2014	1995	2003	2009	2014	1995	2003	2009	2014	1995	2003	2009	2014	1995	2003	2009	2014
辽宁	141.41	381.09	630.7	928.50	57174	40500	45146	33664	588	3569	9636	13810	192	542	543	542	147128	500889	1688798	2607019
河北	50.85	77.59	121	122.43	81759	83831	78613	67992	404	1172	1052	4041	—	—	—	4	39327	107476	287568	756129
天津	4.16	5.09	4.3	3.18	36985	36270	32501	26923	229	6208	11256	9749	—	—	1	—	200629	489017	1410244	766326
山东	131.87	358.35	441.4	548.49	106971	117799	212006	200890	1157	4424	9780	9226	693	1115	2043	1539	320528	598396	2126781	3001853
江苏	87.94	156.95	172.8	188.66	90734	72073	70218	53200	432	2475	11795	23725	—	—	18	33	34061	138668	454880	2970955
上海	0.86	0.47	—	—	—	—	—	—	98	23449	36057	44231	15	1038	1415	369	1367850	2447089	5333935	6396150
浙江	50.79	117.41	94.5	88.18	12915	9315	3643	1971	4081	11082	30089	51724	1862	1784	3125	2636	629118	1381558	4732744	3708843
福建	83.32	139.42	133.9	161.42	5878	7197	6029	4116	2091	4953	11970	22186	224	486	1159	1503	837169	1356623	2915820	318896
广东	116.15	216.76	194.8	193.69	11150	11348	10579	8409	3498	10945	16686	39328	1042	1337	1612	2167	5730698	11099389	26075166	33554302
广西	41	62.27	50.7	54.23	4997	2597	3552	1600	279	255	2368	5211	26	44	94	229	5075	32019	138468	2957606
海南	6.93	16.77	15.2	16.69	4458	4168	3687	3459	1525	1951	6663	11433	434	567	908	1499	236571	208371	421039	661427
全国	715.28	1532.15	1859.3	2305.47	413021	385098	465974	402224	14382	70483	147352	234664	4488	6913	10918	10521	9548154	18359495	45585443	60569606

注：“—”表示无数据。

资料来源：历年《中国农业统计年鉴》《中国海洋统计年鉴》《中国交通年鉴》《中国旅游统计年鉴》。

表 3 - 11   中国近岸及近海海域海洋能储量

名称	计算范围	蕴藏量（千瓦）	技术可开发量/年（千瓦）
潮汐能	沿岸港湾内潮汐能（426 个海湾/河口坝区）	19286 万	2283 万
波浪能	沿岸波浪能（55 个代表站）	1600 万	1471 万
	海域波浪能	5.74 亿	5.74 亿
潮流能	沿岸 130 处水道/海岸潮流能	833 万	166 万
盐差能	沿岸河口盐差能（23 条主要入海河口）	1.13 亿	1131 万
温差能	近海及毗邻海域	3.67 亿	2570 万
风能	近海及毗邻海域	8.83 亿	5.7 亿

资料来源：《海洋局 908 通过验收，近海海洋调查成果展示》，http：//www.china.com.cn/info/2012 - 10/26/content_ 26915103.hm，2014 年 10 月 15 日。

伴随能源紧缺以及化石燃料产生温室气体效应问题加剧，探索及利用清洁可再生能源是解决能源危机的必然出路。开发与利用海洋可再生能源，也是解决沿海地区以及海岛能源供应紧张的有效途径。中国总技术可开发的海洋可再生能源装机容量约为 6.47 亿千瓦，海洋能利用的主要形式是潮汐和风能发电，目前，沿海地区运行规模较大的海洋潮汐发电站有 8 个，装机总容量 6070 千瓦，沿海风能发电场 18 个，总发电能力 42.8 万千瓦[1]。但总体而言，中国海洋能资源利用尚处于技术储备阶段，虽然利用潮流能、波浪能发电已付诸实践，海上风电利用也已在技术和示范工程上取得突破性进展，然而由于海洋能资源开发难度大、设备造价昂贵、技术要求高等原因，海洋能大规模开发利用仍是一个有待发展的领域。

（二）海洋生态环境分析

中国沿海经济社会的快速发展给海洋生态环境造成了越来越大的压力，自 20 世纪 70 年代末开始，中国海洋生态环境质量持续恶化，污染事件频频发生，总体表现为：排海污水与污染物数量不断增加，海水、海洋沉积物以及海洋生物质量持续下降，海洋生物多样性面临极大威胁。尤其是 21 世纪以来，中国近岸海域污染程度总体维持高位，海洋生态系统健康状况整体较差，局部海域恶化趋势有所缓和，处于高风险的暂时稳定状态[2]。

1. 海水环境质量现状

20 世纪 70 年代末到 90 年代末，中国污染海域面积持续扩大，自

---

① 海洋发展战略研究所课题组：《中国海洋发展报告 2015》，海洋出版社 2015 年版。
② 海洋发展战略研究所课题组：《中国海洋发展报告 2011》，海洋出版社 2011 年版。

2000 年起，污染海域面积有所减小，但呈波动性不稳定状态，尤其是中度污染和严重污染海域面积居高不下。根据《2014 年中国海洋环境质量公报》，中国全海域未达到清洁水质标准的海域面积为 17.82 万平方公里，比 2001 年增加了 8.38 倍。严重污染的海域主要分布在辽东湾、渤海湾、莱州湾、长江口、杭州湾、浙江沿岸、珠江口等近岸海域以及部分大中城市近海海域。近年来，造成海水环境质量降低的主要污染源为活性磷酸盐、无机氮和石油类。2014 年，渤海、黄海、东海、南海四大海域中度和严重污染海域面积均比 2001 年显著增加，其中，中度污染海域面积总计增加 5950 平方公里，以渤海和黄海增加最多；严重污染海域面积总计增加 17670 平方公里，以东海和渤海增加显著（见表 3 - 12）。近岸海域沉积物质量总体良好，部分海域沉积物受铜、镉、滴滴涕和石油类污染严重；近海及远海海域沉积物质量状况保持较好，个别海域受铜、石油类污染。同时，仍有 25.39% 的入海排污口污染物严重超标，沿海 11 个省（市、区）许多排污口附近海域环境污染情况愈加严重。

表 3－12　　　　　　　　中国各海域海水环境质量状况　　　　单位：平方公里

海域	年份	较清洁海域	轻度污染	中度污染	严重污染	主要污染物
渤海	2001	15610	1300	710	1370	无机氮、活性磷酸盐、铅和汞
	2002	28220	2140	460	1010	无机氮、活性磷酸盐、铅和汞
	2003	15250	3770	850	1470	无机氮、活性磷酸盐和铅
	2004	15900	5410	3030	2310	无机氮、活性磷酸盐和石油类
	2005	8990	6240	2910	1750	无机氮、活性磷酸盐和石油类
	2006	8190	7370	1750	2770	无机氮、活性磷酸盐和石油类
	2007	7260	5540	5380	6120	无机氮、活性磷酸盐和石油类
	2008	7560	5600	5140	3070	无机氮、活性磷酸盐和石油类
	2009	8970	5660	4190	2730	无机氮、活性磷酸盐和石油类
	2010	15740	8670	5100	3220	无机氮、活性磷酸盐和石油类
	2011	14690	8950	3790	4210	无机氮、活性磷酸盐和石油类
	2012	—	—	—	13080	无机氮、活性磷酸盐和石油类
	2013	—	—	—	8490	无机氮、活性磷酸盐和石油类
	2014	21536	6753	3976	5970	无机氮、石油类
黄海	2001	28110	1160	590	1260	无机氮、活性磷酸盐和铅
	2002	27110	560	—	—	无机氮、活性磷酸盐和铅
	2003	14440	5700	3520	3200	无机氮、活性磷酸盐和铅

海域	年份	较清洁海域	轻度污染	中度污染	严重污染	主要污染物
黄海	2004	15600	12900	11310	8080	无机氮和活性磷酸盐
	2005	21880	13870	4040	3150	无机氮和活性磷酸盐
	2006	17300	12060	4840	9230	无机氮、活性磷酸盐和石油类
	2007	9150	12380	3790	2970	无机氮、活性磷酸盐和石油类
	2008	11630	6720	2760	2550	无机氮、石油类和活性磷酸盐
	2009	11250	7930	5160	2150	无机氮、活性磷酸盐和石油类
	2010	15620	8100	6660	6530	无机氮、活性磷酸盐和石油类
	2011	13780	7170	4240	9540	无机氮、活性磷酸盐和石油类
	2012	—	—	—	16530	无机氮、活性磷酸盐和石油类
	2013	—	—	—	3500	无机氮、活性磷酸盐和石油类
	2014	18736	11407	6060	3313	无机氮、活性磷酸盐和石油类
东海	2001	48750	22840	13790	27380	无机氮、活性磷酸盐和铅
	2002	38160	15370	15190	21610	无机氮、活性磷酸盐和铅
	2003	32370	5440	8550	17170	无机氮、活性磷酸盐和铅
	2004	21550	13620	12110	20680	无机氮和活性磷酸盐
	2005	21080	10490	10730	22950	无机氮和活性磷酸盐
	2006	20860	23110	8380	14660	活性磷酸盐、无机氮和石油类
	2007	22430	25780	5500	16970	无机氮、活性磷酸盐和石油类
	2008	34140	9630	6930	15910	无机氮和活性磷酸盐
	2009	30830	9030	8710	19620	无机氮和活性磷酸盐
	2010	32760	11130	9260	30380	无机氮和活性磷酸盐
	2011	15430	10820	9150	27270	无机氮和活性磷酸盐
	2012	—	—	—	33970	无机氮和活性磷酸盐
	2013	—	—	—	24820	无机氮和活性磷酸盐
	2014	21237	10413	10150	36443	无机氮和活性磷酸盐
南海	2001	6970	410	560	2580	无机氮、活性磷酸盐和铅
	2002	17530	1800	2130	3100	无机氮、活性磷酸盐和铅
	2003	18420	7100	1990	2840	无机氮、活性磷酸盐和铅
	2004	12580	8570	4360	990	无机氮和活性磷酸盐
	2005	5850	3460	470	1420	无机氮、活性磷酸盐和石油类
	2006	4670	9600	2470	1710	无机氮、活性磷酸盐和石油类
	2007	12450	3810	2090	3660	无机氮、活性磷酸盐和石油类
	2008	12150	6890	2590	3730	无机氮、活性磷酸盐和石油类

续表

海域	年份	较清洁海域	轻度污染	中度污染	严重污染	主要污染物
南海	2009	19870	2880	2780	5220	无机氮、活性磷酸盐和石油类
	2010	6310	8290	2050	7900	无机氮、活性磷酸盐和石油类
	2011	3940	7370	1160	2780	无机氮、活性磷酸盐和石油类
	2012	—	—	—	4300	无机氮、活性磷酸盐和石油类
	2013	—	—	—	7530	无机氮、活性磷酸盐和石油类
	2014	6383	9840	1413	4533	无机氮、活性磷酸盐和石油类
合计	2001	99440	25710	15650	32590	无机氮、活性磷酸盐和铅
	2002	111020	19870	17780	25720	无机氮、活性磷酸盐和铅
	2003	80480	22010	14910	24680	无机氮、活性磷酸盐和铅
	2004	65630	40500	30810	32060	无机氮和活性磷酸盐
	2005	57800	34060	18150	29270	无机氮、活性磷酸盐和石油类
	2006	51020	52140	17440	28370	无机氮、活性磷酸盐和石油类
	2007	51290	47510	16760	29720	无机氮、活性磷酸盐和石油类
	2008	65480	28840	17420	25260	无机氮、活性磷酸盐和石油类
	2009	70920	25500	20840	29720	无机氮、活性磷酸盐和石油类
	2010	70430	36190	23070	48030	无机氮、活性磷酸盐和石油类
	2011	47840	34310	18340	43800	无机氮、活性磷酸盐和石油类
	2012	—	—	24700	67880	无机氮、活性磷酸盐和石油类
	2013	—	—	15630	44340	无机氮、活性磷酸盐和石油类
	2014	67893	38413	21600	50260	无机氮、活性磷酸盐和石油类

资料来源：历年《中国海洋环境质量公报》。

2. 海洋生态健康状况

中国海洋经济已成为国民经济新的增长点，随着海洋经济社会的快速发展，沿海地区开发海洋资源强度持续增大，对海洋尤其是海岸带及近海生态系统造成了巨大压力。根据国家海洋局开展的近岸海洋生态脆弱区评价结果，中国海岸带高脆弱区已占全国海岸线总长度的4.5%，中脆弱区占32.0%，轻脆弱区占46.7%，非脆弱区仅为16.8%，高脆弱区与中脆弱区主要分布于砂质海岸、淤泥质海岸、红树林海岸等被陆源污染、围填海、海岸侵蚀、外来物种入侵等影响严重区域；近海海域高脆弱区已占受评价区域9.6%，中脆弱区占31.9%，轻脆弱区占40.3%，非脆弱区仅为18.2%，高脆弱区与中脆弱区主要分布在海水养殖区、鱼类产卵场等重要渔业水域，以及海洋自然保护区、海草床、珊瑚礁等敏感生态系统区域。

多年连续监测结果表明，中国近岸生态系统面临的生态问题主要表现在：环境污染愈加严重；生物多样性持续降低；滨海湿地生境改变或丧失；海洋灾害频发；外来物种入侵初显等。

2014 年，中国近岸海域处于健康、亚健康、不健康状态的生态监控区分别占 19%、71%、10%，不健康海洋生态系统比重虽有所下降，但亚健康状态的系统比重近十年来持续攀升。河口、海湾生态系统普遍受到营养盐污染，海洋生物群落结构异常，产卵场功能退化，尤以锦州湾、黄河口、长江口、杭州湾、珠江口等生态监控区的健康状况最为严重，各海洋生态监控区生态状况及存在主要问题见表 3－13，总体而言，中国近岸海域生态系统健康状况恶化趋势仍未得到有效缓解。此外，目前，中国海水增养殖区的生态环境状况能够基本满足其功能需要；海水浴场以及滨海旅游度假区生态环境状况总体良好；海洋倾倒区与海洋油气开发区生态环境质量大致符合功能区环境要求。

表 3－13　　　　　　　2014 年中国典型海洋生态系统健康状况

省 （市、区）	生态 系统 类型	生态监控 区名称	生态监控 区面积 （平方公里）	健康 状况	主要问题
辽宁	河口	双台子河口	3000	亚健康	生态系统海水呈富营养化状态，浮游植物密度高于正常范围，鱼卵仔鱼密度较低，浮游动物密度低于正常范围
	海湾	锦州湾	650	不健康	生境丧失和人为污染，浮游植物密度高于正常范围，鱼卵仔鱼密度较低，栖息地面积缩减严重
河北	河口	滦河口— 北戴河	900	亚健康	生态系统海水呈富营养化状态，浮游植物密度高于正常范围，鱼卵仔鱼密度较低
天津	海湾	渤海湾	3000	亚健康	生境丧失和人为污染，浮游植物密度高于正常范围，鱼卵仔鱼密度较低，浮游动物生物量低于正常范围
山东	河口	黄河口	2600	亚健康	生态系统海水呈富营养化状态，浮游植物密度高于正常范围，鱼卵仔鱼密度较低，大型底栖生物密度低于正常范围
	海湾	莱州湾	3770	亚健康	生境丧失和人为污染，浮游植物密度高于正常范围，鱼卵仔鱼密度较低

省 （市、区）	生态 系统 类型	生态监控 区名称	生态监控 区面积 （平方公里）	健康 状况	主要问题
江苏	滩涂 湿地	苏北浅滩	15400	亚健康	浅滩湿地滩涂围垦速度较快，植被现存量较低，现有滩涂植被面积较上年减少近一半，浮游植物密度和浮游动物生物量高于正常范围
上海	河口	长江口	13668	亚健康	生态系统海水呈富营养化状态，浮游植物密度高于正常范围，鱼卵仔鱼密度较低，大型底栖生物密度高于正常范围，生物量低于正常范围
上海、浙江	海湾	杭州湾	5000	不健康	生境丧失和人为污染，浮游植物密度高于正常范围，鱼卵仔鱼密度较低，栖息地面积缩减严重，海水富营养化严重，大型底栖生物密度和生物量低于正常范围
浙江	海湾	乐清湾	464	亚健康	生境丧失和人为污染，浮游植物密度高于正常范围，鱼卵仔鱼密度较低，大型底栖生物生物量低于正常范围
福建	海湾	闽东沿岸	5063	亚健康	生境丧失和人为污染，浮游植物密度高于正常范围，鱼卵仔鱼密度较低，大型底栖生物密度低于正常范围
广东	河口	珠江口	3980	亚健康	生态系统海水呈富营养化状态，浮游植物密度高于正常范围，鱼卵仔鱼密度较低，浮游动物密度低于正常范围
	海湾	大亚湾	1200	亚健康	生境丧失和人为污染，浮游植物密度高于正常范围，鱼卵仔鱼密度较低，浮游动物密度低于正常范围
	珊瑚礁	雷州半岛西南沿岸	1150	健康	造礁珊瑚盖度有所下降
广西	珊瑚礁	广西北海	120	健康	造礁珊瑚盖度有所下降
	红树林	广西北海	120	健康	山口红树林监测区域互花米草入侵速度较快
	红树林	北仑河口	150	健康	—

续表

省 (市、区)	生态 系统 类型	生态监控 区名称	生态监控 区面积 (平方公里)	健康 状况	主要问题
广西	海草床	广西北海	120	亚健康	海草床仍处于退化状态,与上年相比,海草平均盖度显著下降。
海南	珊瑚礁	海南东海岸	3750	亚健康	造礁珊瑚盖度有所下降,部分区域珊瑚礁白化
	珊瑚礁	西沙珊瑚礁	400	亚健康	造礁珊瑚盖度有所下降,部分区域珊瑚礁白化
	海草床	海南东海岸	3750	健康	海草平均密度明显下降

资料来源:《2014 年中国海洋环境质量公报》。

3. 海洋生态环境灾害

中国管辖海域生态环境灾害主要包括赤潮、海水入侵、海岸侵蚀、溢油、海平面上升等。伴随沿海地区大量工农业废水、养殖业废水和生活污水排放入海,中国近海富营养化日趋严重,导致赤潮频发。根据《2014年中国海洋灾害公报》,2014 年中国共发生赤潮 56 次,累计面积 7290 平方公里,南部海区赤潮发生频次明显高于北部海区,尤以东海最多。由表 3 - 14 可以看出,自 20 世纪 50 年代到 2014 年,中国各海域共发现 1429 次较大规模赤潮,赤潮灾害发生频率呈不稳定波动态势,但发生时间有所延长、面积不断增大,有毒有害赤潮时有发生。从长期来看,中国赤潮高发海域主要有渤海湾、辽东湾河北昌黎—秦皇岛近岸、莱州湾黄河口东南部、江苏海州湾、长江口东南部、浙江近岸、福建厦门近岸、福建三沙湾附近、广东拓林湾、珠江口附近海域,赤潮发生有从局部海域向全部近岸海域扩张趋势。

表 3 - 14　　　　1949 年以来各海域海洋赤潮发生频次比较

海域	1950′s	1960′s	1970′s	1980′s	1990′s	2000 年	2001 年	2002 年	2003 年	2004 年
渤海	1	0	3	2	24	7	20	13	12	12
黄海	0	0	5	7	24	4	8	4	5	13
东海	1	1	2	28	89	11	34	51	86	53
南海	0	0	10	28	113	6	15	11	16	18
合计	2	1	20	65	250	28	77	79	119	96

续表

海域	2005 年	2006 年	2007 年	2008 年	2009 年	2010 年	2011 年	2012 年	2013 年	2014 年
渤海	9	11	7	1	4	7	13	8	13	11
黄海	13	2	5	12	13	9	8	11	2	2
东海	51	63	60	47	43	39	23	38	25	27
南海	9	17	10	8	8	14	11	16	6	16
合计	82	93	82	68	68	69	55	73	46	56

资料来源：邹景忠：《海洋环境科学》，山东教育出版社 2004 年版；历年《中国海洋灾害公报》。

　　近年来，由于海平面上升、海岸采砂、沿岸开采地下水、围填海造地以及海岸工程开发不当导致岸线损失逐年增加，据《中国海洋灾害公报》，中国沿海 11 个省（市、区）海岸侵蚀总长度已达 3708 千米，占大陆岸线总长度的 20.6%，其中砂质海岸侵蚀总长度为 2469 千米，占全部砂质海岸的 53%，淤泥质海岸侵蚀总长度为 1239 千米，占全部淤泥质海岸的 14%，砂质海岸侵蚀严重地区主要为辽宁省营口鲅鱼圈海岸、葫芦岛绥中海岸、河北省秦皇岛海岸、山东省龙口至烟台海岸、福建省闽江口以东海岸、莆田海岸、海南省文昌、南渡江口海岸；淤泥质海岸侵蚀严重地区主要为江苏省连云港至射阳河口沿岸，各岸段侵蚀速度及长度均有增大趋势。同时，由于海平面上升、风暴潮影响以及人类对海岸资源开发不当、海岸工程建筑压实作用导致的地面沉降，引发了中国沿岸海水倒灌、土地盐渍化逐年加重。根据国家海洋局监测结果，近年来中国沿岸海水入侵严重岸段最大入侵宽度已达 20—30 千米，盐渍化面积高达上千平方公里，以渤海、黄海部分滨海平原地区最为突出。

　　由于近年来中国对原油需求量不断增多，海上油田数量以及海洋运输油轮航次、班次有所增加，客观上加大了发生海上溢油污染事故的可能性。1973—2014 年中国沿海共发生船舶溢油事故 3000 多起，平均 4—5 天发生 1 起，溢油总量近 2 万吨[①]，事故高发区集中在油船接卸的港口码头、油轮航线、油气田开发海域、港湾及海岛周围，近海溢油事故呈明显上升趋势，给海洋环境带来了严重污染，导致大批海洋生物窒息而亡。海上油气钻井平台给周边环境造成化学损害的同时，也容易导致海域游泳生物和

① 黄何：《中华人民共和国船舶及其有关作业活动污染海洋环境防治管理规定》，http：//www. moc. gov. cn/zhuzhan/zhengcejiedu/zhengcewer，2011 年 1 月 5 日。

底栖生物的物种种类、生物量显著降低。

此外，海平面上升作为一种缓发性海洋灾害，可引发台风风暴潮灾害频度增多，强度增加，加快近岸海岸侵蚀、海水入侵及土地盐渍化速度。近百年来，全球气候变暖趋势明显，海平面上升速度明显加快，1980—2014 年，中国沿海海平面平均每年上升 3 毫米，总体高于全球平均水平，其中以浙江、海南、江苏、上海、山东上升幅度最大，详见图 3 – 5。

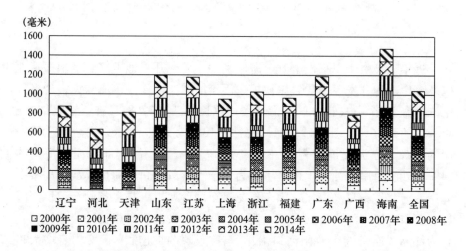

图 3 – 5　沿海 11 个省（市、区）海平面上升趋势

资料来源：历年《中国海平面公报》。

4. 海洋生态环境保护

随着海洋生态系统恶化趋势加剧，中国各级政府相关部门进一步加强了海洋生态环境保护工作，由单纯的污染控制向污染控制与生态建设并重转变，部门间合作机制有所完善，海洋生态损害赔偿机制建设进一步推进，海洋环境保护与生态修复立法得到强化。根据《中国海洋统计年鉴》（2015），2014 年，中国沿海 11 个省（市、区）共完成废水治理项目 973 个，固体废物治理项目 116 个，治理效果有所增强（见表 3 – 15）。同时，海洋自然保护区与海洋特别保护区建设速度明显加快，2014 年，已建立包括国家、省、市、县级在内的涉海自然保护区 147 个，其中国家级海洋自然保护区 32 个，地方级海洋自然保护区 115 个，共覆盖海域面积 48455 平方千米，以海南、辽宁、山东、广东为最大。除海洋自然保护区外，还建立了 24 处海洋特别保护区和 30 处国家级海洋公园，分布在山东省的占绝大

多数。此外，随着《关于进一步加强海洋生态保护与建设工作的若干意见》（2009）、《沿海省份"十二五"碧海行动计划编制纲要》（2009）、《关于建立完善海洋环境保护沟通合作工作机制的框架协议》（2010）、《全国生态保护与建设规划（2013—2020）》（2013）、《海洋生态损害国家损失索赔办法》（2014）等文件的出台或签署，中国海陆兼顾的海洋生态保护机制以及区域海洋环境管理制度得以强化，海洋生态环境保护制度进一步完善。然而，2008年以来陆续获批的沿海开发战略，如《江苏沿海地区发展规划》（2008）、《珠江三角洲地区改革发展规划纲要（2008—2020年）》（2008）、《关于加快培育和发展战略性新兴产业的决定》（2010）、《辽宁省海岸带保护和利用规划》（2013）等，将带来新一轮的海洋开发热潮，给业已脆弱的海洋生态环境增添新的压力。可见，如何处理海洋资源开发与海洋生态保护之间的关系，仍是中国海洋生态环境保护面临的重大课题。

表3-15　沿海11个省（市、区）海洋生态环境保护工作进展情况

	废水治理竣工项目（个）				固体废物治理竣工项目（个）				海洋类型自然保护区面积（平方公里）			
	1995年	2003年	2009年	2014年	1995年	2003年	2009年	2014年	1995年	2003年	2009年	2014年
辽宁	102	105	59	9	15	16	7	5	2579.7	7660	11714.1	9860
河北	140	79	103	36	15	16	0	2	301	490	403.07	344
天津	47	58	41	17	16	10	7	0	211.08	301	359.13	359
山东	226	362	309	77	21	65	47	11	1754.98	3519	3206.43	5755
江苏	181	313	351	186	21	16	19	3	4568	5324.87	3350.76	724
上海	63	93	69	38	7	3	5	1	89	620	982.75	941
浙江	166	416	348	338	18	19	12	26	205.56	1360.82	1345.71	726
福建	154	176	204	54	8	22	16	59	233.67	659	1592.41	1089
广东	268	456	361	168	13	40	34	4	948.97	2247	4340.04	3820
广西	131	145	124	49	37	13	12	5	997.1	460	806.78	110
海南	19	12	7	1	1	0	0	0	785.71	988	1359.59	24727
全国	1497	2215	1976	973	172	220	159	116	12674.77	23629.69	29460.77	48455

资料来源：历年《中国海洋统计年鉴》《中国统计年鉴》。

二 海洋经济子系统结构

(一)海洋经济增长总量

作为海洋资源丰富的海洋大国,1995年以来,中国以提高海洋经济竞争力及现代化水平为核心,不断加快各类海洋产业发展步伐,海洋经济总量得到了快速提升,已成为国民经济新的增长点,促进社会进步的作用日益凸显。2014年,全国海洋经济子系统生产总值达60699.1亿元,比1995年增加了58404.3亿元,增长了25.45倍,年平均增长率高达21.97%,占国内生产总值的比重由1995年的3.77%上升至2014年的9.54%,提高了5.77个百分点,显示出强劲的发展势头。从比较劳动生产率来看,1995—2014年,中国海洋经济子系统的劳动生产率水平始终维持在全国全部产业劳动生产率平均水平的2—3倍,说明海洋经济子系统各海洋产业部门单位劳动力的产值量较大,生产技术水平和知识水平较高。历年中国海洋经济子系统生产总值、占GDP比重及增长速度如图3-6所示。

1949年之后很长一段时期,中国海洋产业格局一直是海洋渔业、海洋盐业与海洋交通运输业三足鼎立,随着海洋资源开发力度的加大,各类新兴海洋产业快速成长,打破了传统海洋产业一统天下的局面,海洋产业多元化发展格局日益凸显。1995—2014年,中国海洋经济子系统中传统海洋产业获得了长足发展,新兴海洋产业迅速崛起,未来海洋产业也在努力开发,海洋产业体系得到了不断完善。相对1995年而言,2014年中国海洋经济子系统主要海洋产业增加值增长了24.09倍,各主要海洋产业部门增加值均呈现不同程度的增长,但各主要海洋产业增加值所占比重却发生了较大变化,如图3-7所示,2014年各主要海洋产业增加值的比重由大到小依次为:海洋旅游业→海洋交通运输业→海洋渔业→海洋工程建筑业→海洋油气业→海洋船舶工业→海洋化工业→海洋生物医药业→海洋电力业→海洋盐业→海洋矿业→海水利用业,新兴产业逐渐代替传统产业在海洋产业中占据较大比重。

(二)海洋产业结构动态

为全面了解沿海各省(市、区)海洋产业结构变动方向及程度,这里选取海洋产业结构变动值指标、海洋产业结构熵数指标和海洋产业Moore结构变化指标对沿海各省(市、区)1995—2014年的海洋三产业结构动态变化进行进一步分析。

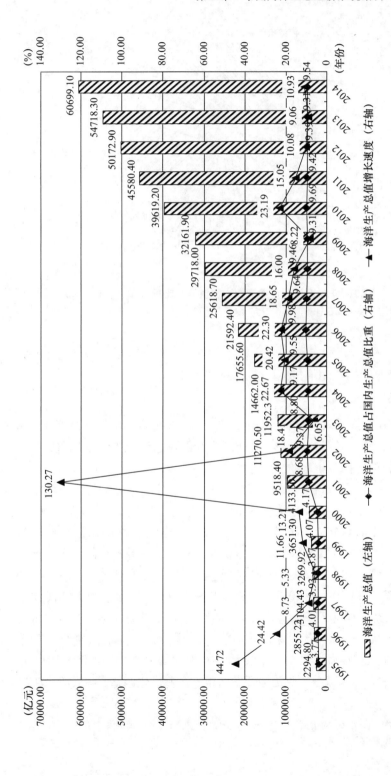

图 3 - 6　海洋经济子系统生产总值及增长速度

资料来源：2004 年之前海洋生产总值来自《基于"三轴图"法的中国海洋产业结构演进分析》，2004 年之后来自《中国海洋统计年鉴》(2015)，历年国内生产总值来自《中国统计年鉴》(2015)。

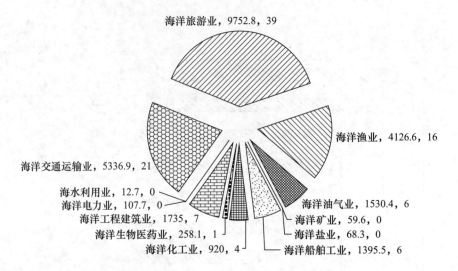

图 3 – 7　2014 年中国主要海洋产业增加值及其比重（单位：亿元，%）

资料来源：《中国海洋统计年鉴》（2015）。

1. 海洋产业结构变动值指标

海洋产业结构变动值指标计算公式①为：

$$C = \sum |W_{it} - W_{i0}|$$

式中，C 为海洋产业结构变动值，W_{it} 为报告期第 i 海洋产业产值在总产值中所占比重，W_{i0} 为基期第 i 海洋产业产值在总产值中所占比重，C 越大，说明海洋产业结构变动幅度越大。

由表 3 – 16 可以看出，1995—2003 年，除辽宁、广西和海南海洋第一产业比重有所增加外，其余省市海洋第一产业比重均显著下降，2003—2009 年，11 个省（市、区）海洋第一产业比重全部呈现大幅度下降趋势，2009—2014 年，除浙江和天津有轻微反弹之外，大多数省市海洋第一产业比重继续下降，海洋第一产业占海洋生产总值比重整体由 1995 年的51. 38% 降至 2014 年的 5. 10%。而在 1995—2003 年除辽宁和上海海洋第二产业所占比重有所下降外，其余 9 个省（市、区）海洋第二产业比重均有所提高，2003—2009 年，除广东海洋第二产业比重略有下降外，其余10 个省（市、区）海洋第二产业比重均实现大幅度提升，2009—2014 年11 个省（市、区）海洋产业结构开始向第三产业优化调整，除天津、江苏

①　韩增林、狄乾斌、刘锴：《辽宁省海洋产业结构分析》，《辽宁师范大学学报》（自然科学版）2007 年第 1 期。

表3-16　中国沿海各省(市、区)三大海洋产业产值比重及产业结构变动值

单位:%

地区	1995年 第一产业	第二产业	第三产业	2003年 第一产业	第二产业	第三产业	2009年 第一产业	第二产业	第三产业	2014年 第一产业	第二产业	第三产业	海洋产业结构变动值 1995—2003年	2003—2009年	2009—2014年	1995—2014年
辽宁	55.54	23.87	20.59	76.82	1.20	21.98	14.50	43.10	42.40	10.70	36.00	53.30	45.35	124.64	21.80	89.68
河北	48.68	17.41	33.91	23.96	46.63	29.40	4.00	54.50	41.40	3.70	49.10	47.20	58.44	39.83	11.50	89.96
天津	5.11	40.19	54.70	1.77	41.01	57.22	0.20	61.60	38.20	0.30	62.10	37.60	6.67	41.19	1.20	43.82
山东	82.56	8.55	8.89	62.21	22.32	15.48	7.00	49.70	43.30	7.00	45.10	47.90	40.71	110.41	9.20	151.12
江苏	71.19	10.81	18.00	42.65	35.25	22.11	6.20	51.60	42.10	5.70	51.80	42.60	57.09	72.79	1.20	131.08
上海	4.49	20.49	75.02	1.58	16.34	82.08	0.10	39.50	60.40	0.10	36.50	63.50	14.12	46.32	6.10	31.92
浙江	76.95	4.07	18.98	34.05	24.43	41.51	7.00	46.00	47.00	7.90	36.90	55.30	98.42	54.11	18.30	150.83
福建	30.49	25.88	43.63	45.05	4.21	50.75	8.50	44.00	47.50	8.00	38.40	53.50	63.80	79.59	12.10	137.80
广东	73.36	0.43	26.20	24.37	46.79	28.84	2.80	44.60	52.60	1.50	45.30	53.20	41.84	47.52	2.60	57.98
广西	64.48	1.35	34.17	89.47	1.49	9.04	21.20	37.70	41.10	17.20	36.60	46.20	34.33	136.55	10.20	112.33
海南				77.15	2.39	20.46	24.50	21.80	53.70	22.30	20.00	57.80	27.43	105.31	8.10	84.46
全国	51.38	15.98	32.64	37.10	25.27	37.63	5.80	46.40	47.80	5.10	43.90	51.00	28.56	62.60	6.40	92.56

资料来源:《中国海洋统计年鉴》(1997、2004、2010)。

和广东海洋第二产业比重继续增加外，其余省（市、区）海洋第二产业比重均有所下降。整体来看，11 个省（市、区）海洋第二产业比重由 1995 年的 15.98% 上升至 2014 年的 43.90%。与第一、第二产业相比，沿海各省（市、区）海洋第三产业比重变化幅度较小，1995—2003 年，河北、广东、广西、海南海洋第三产业比重有所下降，其余 7 省市略有提升，2003—2009 年，天津、上海和福建海洋第三产业比重有所下降，其余省区则呈现一定上升趋势，2009—2014 年，除天津略有下降外，其余 10 个省（市、区）海洋第三产业比重继续上升。1995—2014 年，11 个省（市、区）海洋第三产业比重整体由 32.64% 提高至 51.00%，三产格局由最初的"一三二"演变为"三二一"，产业结构得到了显著优化，产业发展格局日趋合理。但就全国范围来看，仍有相当部分省市结构停留在相对低级阶段，如河北、天津、江苏海洋产业发展仍然以第二产业为主，广东、山东的海洋第二产业和广西、海南的海洋第一产业也仍占据较大比重，不仅无法摆脱对海洋资源的依赖，而且引发了较为严重的生态问题。

从海洋产业结构变动值来看，除河北和浙江外，其余 9 个省（市、区）在 2003—2009 年海洋产业结构变动的幅度均大于 1995—2003 年变动的幅度，但 2009—2014 年 11 个省（市、区）的变动幅度都显著缩小，表明经过几年剧烈的海洋产业结构调整，结构升级劲头有所减弱，海洋产业结构高级化进程进入缓慢演进时期。就整体调整幅度来看，1995—2014 年，全国海洋产业结构变化幅度高达 92.56%，其中，山东、江苏、浙江、福建和广西产业结构变化幅度均超过了 100%，表明这些省区海洋产业结构优化速度较快，显示出强劲的后发优势。而天津、上海和广东海洋产业结构变化幅度远低于全国平均水平，说明其海洋产业结构升级空间较小，调整步伐已然放缓。

2. 海洋产业结构熵数指标

由于历年《中国海洋统计年鉴》统计口径经常发生变化，选取 1995 年、2003 年、2009 年、2014 年统计口径较为一致且占绝对主体地位的六大海洋产业部门，即海洋渔业、海洋油气业、海洋盐业、海洋船舶工业、海洋交通运输业、海洋旅游业为分析对象进行海洋产业结构熵数指标分析。产业结构熵数源自信息理论中干扰度的概念，即将结构比重变化视为产业结构的干扰因素以综合反映海洋产业结构变化的程度。其计算公式[1]为：

---

[1] 吴健鹏：《广东省海洋产业发展的结构分析与策略探讨》，硕士学位论文，暨南大学，2008 年。

$$s_t = \sum_{i=1}^{n} \left[U_{it} \ln(U_{it}) \right]$$

式中，s_t 为第 t 期海洋产业结构熵数值，U_{it} 为第 t 期第 i 主要海洋产业增加值在全部主要海洋产业增加值中所占比重，n 为主要海洋产业部门数。由于 $\sum_{i=1}^{n} U_{it} = 1$，当 U_{it} 均相等时，s_t 有最大值，因此，若中国沿海各省（市、区）各主要海洋产业增加值比重相对均匀，则海洋产业结构熵数值就越大，反之则越小，换言之，s_t 越大，说明海洋产业结构发展形态趋于多元化，各主要海洋产业部门发展较为均衡，反之，s_t 越小，说明海洋产业结构发展形态趋于单一化，各主要海洋产业部门发展程度差距较大。由此，分别计算出 1995 年、2003 年、2009 年和 2014 年中国沿海 11 个省（市、区）六大海洋产业部门的产业结构熵数，如表 3-17 所示。

表 3-17　　　　　沿海各省（市、区）海洋产业结构熵数值

	1995 年	2003 年	2009 年	2014 年
辽宁	1.22	0.71	1.27	1.09
河北	1.25	1.18	1.39	1.22
天津	1.45	1.23	1.25	1.04
山东	0.72	0.91	1.08	1.34
江苏	0.92	0.99	1.23	1.30
上海	1.19	1.02	1.03	0.76
浙江	0.61	1.18	1.26	1.14
福建	0.77	0.96	1.08	1.38
广东	1.48	1.46	1.37	1.25
广西	0.62	0.38	0.46	1.15
海南	0.94	0.57	0.78	1.28
全国	1.38	1.36	1.44	1.37

计算结果显示，2014 年福建、山东、海南和广东的海洋产业结构熵数较大，表明其主要海洋产业结构较为多元化，而上海、天津、辽宁的海洋产业结构熵数较小，说明其主要海洋产业增加值相对集中于某个或某几个产业部门，产业结构较为单一，河北、江苏、浙江和广西的海洋产业结构熵数介于中间，表明其主要海洋产业结构多元化程度较为适中，尚有较大发展空间。从时序变化趋势来看，1995 年、2003 年、2009 年和 2014

年，辽宁、河北、天津海洋产业结构熵数值呈现先下降后上升再下降的趋势，浙江是先升后降，广西、海南则是先降后升，表明这些省（市、区）主要海洋产业多元化发展态势尚不稳定，其中，浙江、广西和海南2014年的海洋产业结构熵数值与1995年相比有所上升，说明其主要海洋产业结构整体在向着多元化方向发展，而辽宁、河北、天津则有所下降；同时，上海和广东的海洋产业结构熵数值在1995年、2003年、2009年、2014年均呈现下降趋势，表明这5个省市主要海洋产业结构多元化程度有所减弱，产业结构略向单一化发展。此外，山东、江苏和福建的海洋产业结构熵数值一直呈现上升态势，表明其主要海洋产业结构日趋多元化，海洋产业发展日渐稳定。

3. 海洋产业 Moore 结构变化指标

产业 Moore 结构变化指标运用空间向量测定法，以向量空间中夹角为基础，将 n 个主要海洋产业的增加值比重运算处理后生成1组 n 维向量，并把两个时期两组向量间的夹角用以表征海洋产业结构变化的程度。其计算公式[①]为：

$$m_{t+1} = \sum_{i=1}^{n}(U_{it} \times U_{it+1}) \Big/ \Big(\sum_{i=1}^{n}U_{it}^2\Big)^{\frac{1}{2}} \times \Big(\sum_{i=1}^{n}U_{it+1}^2\Big)^{\frac{1}{2}}$$

式中，m_{t+1} 表示第 $t+1$ 期海洋产业 Moore 结构变化值，U_{it} 为第 t 期第 i 主要海洋产业增加值在全部主要海洋产业增加值中所占比重，U_{it+1} 为第 $t+1$ 期第 i 主要海洋产业增加值在全部主要海洋产业增加值中所占比重，n 为主要海洋产业部门数。这里 t 取1995年、2003年、2009年和2014年，仍然选取海洋渔业、海洋油气业、海洋盐业、海洋船舶工业、海洋交通运输业、海洋旅游业六大海洋产业为计算部门，对沿海11个省（市、区）海洋产业 Moore 结构变化指标进行计算，结果如表3-18所示。

表3-18　　沿海省（市、区）海洋产业 Moore 结构变化值

	1995—2003年	2003—2009年	2009—2014年	1995—2014年
辽宁	0.94	0.89	0.72	0.51
河北	0.99	0.74	0.88	0.36
天津	0.91	0.87	0.95	0.68
山东	1.00	0.96	0.73	0.54
江苏	0.95	0.91	0.66	0.60

① 孙东琪、朱传耿、周婷：《苏、鲁产业结构比较分析》，《经济地理》2010年第11期。

续表

	1995—2003 年	2003—2009 年	2009—2014 年	1995—2014 年
上海	0.96	0.86	0.98	0.84
浙江	0.92	0.94	0.72	0.29
福建	0.76	0.86	0.78	0.61
广东	0.99	0.96	0.81	0.82
广西	0.97	0.98	0.75	0.76
海南	0.97	0.90	0.69	0.80
全国	0.98	0.90	0.88	0.63

由表 3 - 18 可以看出，1995—2014 年，辽宁、天津、山东、江苏、上海、福建、广东、广西和海南的海洋产业 Moore 结构变化值均在 0.50 以上，尽管这些省（市、区）中一些省区如山东省、江苏省、福建、广西的海洋产业结构调整幅度较大，但主要海洋产业结构仍有进一步改善空间，而天津、上海、广东这类海洋产业结构已较为成熟的省市，其主要海洋产业结构调整速度已明显放缓。同时，河北、浙江的 Moore 结构变化值相对较小，说明其主要海洋产业结构变化较慢，结构调整成效不明显。从时序变化趋势来看，除天津、上海和福建外，其余 9 个省（市、区）2009—2014 年海洋产业 Moore 结构变化值与 1995—2003 年相比均有所下降，表明该 9 个省（市、区）近几年主要海洋产业结构调整速度有所放缓。

（三）海洋经济空间差异

1. 海洋经济规模差异

中国的海洋经济子系统沿海 11 个省（市、区）由于历史演变、资源禀赋、经济基础、社会条件等差异，其海洋经济发展各不相同，呈现出显著的地域分化格局。1995 年海洋经济发展位居全国首位的广东，其主要海洋产业增加值分别是最末三位海南的 18.37 倍、河北的 14.50 倍、广西的 10.38 倍，同时也是位居第二的山东的 1.54 倍；2014 年海洋经济发展位居全国首位的是山东，其主要海洋产业增加值上升至 4835 亿元，分别是最末三位广西的 11.22 倍、海南的 8.96 倍、河北的 4.62 倍，同时是位居第二的广东的 1.01 倍，可见，中国海洋经济发展存在显著的空间差异。

就发展速率来看，1995—2014 年，中国沿海地区主要海洋产业增加值均有不同程度的增长，但各地区增长幅度差异较大，如天津、河北和江苏 2014 年主要海洋产业总产值比 1995 年分别增长了 21.74 倍、18.20 倍和 17.18 倍，而广东和上海 2014 年主要海洋产业总产值仅比 1995 年分别增长了5.03倍和5.18倍。从海洋生产总值占GDP比重来看，2014年海洋生产总值占当地GDP份额较大的有天津、上海、海南、福建，均超过了20%，最高值为天津32%，说明这些省市的海洋经济已在地区经济中占有举足轻重的地位，份额较小的则为河北、江苏和广西，均未超过10%，说明海洋经济尚未成为这些省区经济的重要组成部分。从各省（市、区）主要海洋产业增加值比重来看，1995—2014年，广东、山东、上海、福建、浙江始终在中国海洋经济发展中位居前列，对中国海洋经济发展所做的贡献最大，而河北、广西、海南所占比重相对较小，在中国海洋经济发展中处于末端地位。历年中国沿海各省（市、区）主要海洋产业增加值变动态势，如图3－8所示。

2. 海洋经济差异变动

为进一步探讨中国海洋经济子系统区域差异变动特征，这里引入衡量区域海洋经济绝对差异指数——标准差和区域海洋经济相对差异指数——变异系数，对中国沿海各省（市、区）海洋经济子系统空间差异做进一步动态分析。

用以衡量中国沿海各省（市、区）海洋经济发展绝对差距的标准差计算公式为：

$$S = \sqrt{\frac{\sum_{i=1}^{n} (p_i - \bar{p})^2}{n}}$$

式中，S表示中国沿海各省（市、区）海洋经济发展标准差，p_i为要测量的沿海各省（市、区）海洋经济指标，这里包括主要海洋产业增加值、海洋第一产业增加值、海洋第二产业增加值以及海洋第三产业增加值，$\bar{p}$为p_i的平均值，n为沿海省（市、区）个数。

用以衡量中国沿海各省（市、区）海洋经济发展相对差异的变异系数计算公式为：

$$V = \frac{\sqrt{\frac{\sum_{i=1}^{n} (p_i - \bar{p})^2}{n}}}{\bar{p}}$$

其中，各字母含义与上式同。

从计算结果可以发现，1995—2014年，中国沿海地区主要海洋产业发展的绝对差异在逐步拉大，由最初的217.06上升至1381.81，各类海洋产业发展差异对总的海洋发展差异的拉升作用不尽相同。由图3－9可以看

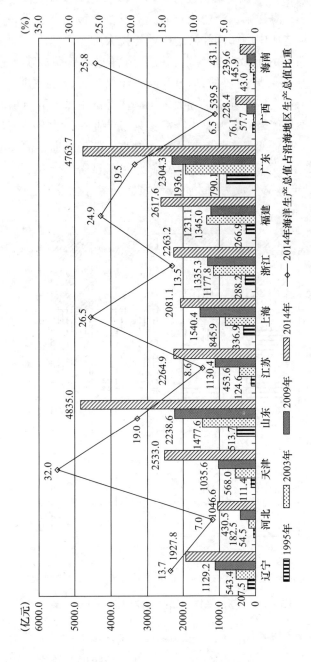

图3-8　中国沿海各省（市、区）主要海洋产业增加增长比较

资料来源：《中国海洋统计年鉴》（1997、2004、2010）。

出，海洋第一产业的绝对差异在不断缩小，这是由于海洋第一产业在沿海各省（市、区）海洋产业中所占比重逐步下降，且地区发展渔业生产力要素差距有所缩小；海洋第二产业绝对差异上升幅度最大，表明海洋第二产业发展不均衡是造成中国海洋经济地区差异拉大的主要原因，而海洋第二产业存在差异则是由于沿海省（市、区）海洋自然资源如矿产禀赋及经济、社会发展基础迥异造成的；2014 年海洋第三产业的绝对差异最大，表明海洋第三产业发展不均衡是导致中国海洋经济地区差异目前较高的最重要原因，其不均衡格局主要是由于海洋第三产业一般为劳动密集型或技术密集型产业，投资回报率与经济贡献率较高，但发展通常需要一定的经济与社会基础，在经济、社会发展水平仍存在显著差异的沿海省（市、区），海洋第三产业必然成为引发海洋经济区域差异化发展的重要动因。

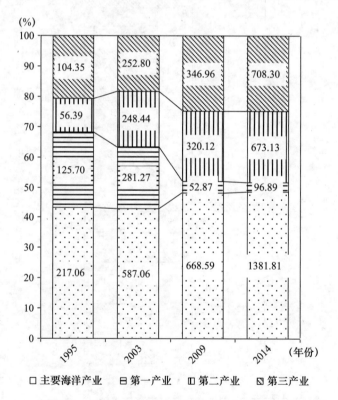

图 3-9   中国海洋产业增加值绝对差异（标准差）

由图 3-10 可以看出，1995—2014 年，中国沿海地区主要海洋产业的相对差异呈现先拉大后缩小的变化轨迹，可以判断出，各省（市、区）主要海洋产业的发展趋势是相对差异不断缩小，即区域海洋经济趋于协调化发展。具体而言，1995—2014 年，海洋第一产业的相对差异下降，说明各省（市、区）传统海洋产业的地位明显降低，第一产业发展的相对差异迅速缩小，产业发展对自然资源禀赋的依赖逐步转向科技、人力等流动要素；海洋第二产业的相对差异变动更为明显，表明在科学技术、区域合作等动力作用下，原本不均衡的海洋第二产业区域发展得到了较大程度的改善；海洋第三产业的相对差异同样显著缩小，但在三产中变异系数分值最高，表明各省（市、区）海洋第三产业的相对差异是造成海洋经济区域分异居高不下的主要原因。

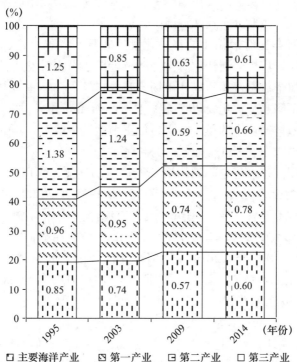

图 3 –10 中国海洋产业增加值相对差异（变异系数）

从以上分析可以得出，尽管中国海洋经济发展的区域相对差异已呈现缩小趋势，但由于自然资源禀赋、历史发展沿革、经济社会基础以及生产技术水平、劳动经验等因素的刚性作用，使得沿海各省（市、区）海洋经济发展相对差异缩小的程度远不及绝对差异拉大的程度，导致海洋经济发展的地域分化格局依然显著，且在短期内难以熨平。

3. 海洋经济空间格局

海洋经济空间格局是在一定发展时期和条件下各区域各海洋产业进行

空间分布与组合的结果①。1995—2014 年，中国海洋经济子系统各产业空间布局开始由单核模式向多核模式演变。如表 3 – 19 所示，由于海洋渔业受自然条件及渔业资源指向作用较大，山东在全国海洋渔业中的地位始终较高，占全国的 1/4 左右，次之为广东、福建；同样，海洋油气业只分布在海洋油气资源丰富的广东、天津、山东等地，空间集中度极高，仅广东和天津就占据了全国海洋油气业的 90% 以上；海洋盐业仍以山东为最，且由于国家宏观调控及对盐田的重新规划，海盐生产的集中化程度不断提高，2014 年山东由占据全国半壁江山继续增加至 3/4 左右；海洋船舶工业生产不仅需要天然深水码头作为船坞，还需要大量船舶制造原料及高素质劳动力的投入，主要分布在江沪浙闽及辽宁等省市，原以上海为最，后被福建赶超；海洋交通运输业的集中化程度较低，各省（市、区）均有分布，但以上海、广东、浙江等海洋经济及港口建设相对发达省市为最；海洋旅游业受海洋旅游资源布局和市场分布影响较大，空间集中度较高，近年也有明显下降趋势，主要以广东、上海、浙江三省市领先。整体而言，广东在主要海洋产业中的单一核心地位正悄然发生改变，其所占比重不断下降，甚至被山东、浙江等后起之秀超越。

为使中国海洋经济空间结构演变轨迹更加凸显，应用 SPSS 快速聚类中迭代和聚类命令（即 K – means 法），将 1995 年、2003 年、2009 年、2014 年沿海 11 个省（市、区）六大主要海洋产业部门按增加值大小划分为三级，详见图 3 – 11。受自然资源和生产条件指向，与 1995 年相比，2003 年、2009 年、2014 年中国海洋渔业的空间格局未发生显著改变，始终以山东为核心，以辽宁、浙江、福建和广东为次级地区，仅在 2014 年广东被江苏替代；同样，海洋油气业地域结构也未发生明显变动，始终以广东和天津为两大核心；而海洋盐业始终以山东为核心，辽宁（2009 年除外）、河北、天津、江苏为次级地区，但由于产业聚集化发展，2014 年山东占据 75.08% 的产业份额，次级地区仅剩河北，能够看出，中国传统海洋三产业地理结构基本固定，并呈现单核式空间布局。

1995 年，海洋船舶工业主要分布在上海、辽宁和广东三省市，2003 年，山东、江苏和浙江的造船厂开始具有一定规模，到 2009 年，海洋船舶工业发展为以上海为核心，辽宁、江苏和浙江为次级地区的空间格局，

① 郭腾云、徐勇、马国霞：《区域经济空间结构理论与方法的回顾》，《地理科学进展》2009 年第 1 期。

表 3 - 19　　沿海各省（市、区）主要海洋产业产值位序及比重变化

产业部门	1995 年 第一位 省（市、区）	比重（%）	1995 年 第二位 省（市、区）	比重（%）	2003 年 第一位 省（市、区）	比重（%）	2003 年 第二位 省（市、区）	比重（%）	2009 年 第一位 省（市、区）	比重（%）	2009 年 第二位 省（市、区）	比重（%）	2014 年 第一位 省（市、区）	比重（%）	2014 年 第二位 省（市、区）	比重（%）
海洋渔业	山东	29.35	广东	16.67	山东	28.37	福建	18.70	山东	28.10	广东	18.10	山东	25.55	福建	15.46
海洋油气业	广东	81.00	天津	14.72	广东	56.45	天津	32.74	广东	55.05	天津	37.96	天津	57.96	广东	28.91
海洋盐业	山东	35.83	河北	15.95	山东	54.38	江苏	13.17	山东	59.50	河北	11.29	山东	75.08	河北	10.90
海洋船舶工业	上海	35.44	辽宁	22.69	上海	26.14	浙江	24.14	上海	26.89	辽宁	19.47	福建	30.98	浙江	24.92
海洋交通运输业	上海	31.22	广东	26.84	福建	30.38	上海	27.52	上海	39.78	浙江	12.60	浙江	22.04	上海	18.85
海洋旅游业	广东	50.26	上海	23.15	广东	45.82	上海	23.47	上海	27.39	广东	24.30	浙江	22.55	上海	17.04
合计	广东	28.08	山东	18.27	广东	19.41	福建	18.72	广东	20.44	上海	18.05	浙江	19.59	山东	13.32

2014年继续演变为由山东、浙江和福建为三大核心，江苏为次级地区的空间格局，说明船舶工业出现了从核心地区向次级地区扩散后，又在主要次级地区集中的趋势，鲁浙闽逐渐成为海洋船舶工业中心。1995年，海洋交通运输业以上海和广东为核心，辽宁、天津、山东为次级地区，空间布局较为松散，而到2014年，形成了以上海、浙江和广东为核心，以江苏和福建为次级地区的区域连片式发展格局，产业布局日渐成熟。1995年，海洋旅游业仅广东、上海发展较好，但随着旅游需求的飞速增长，中国海洋旅游进入跨越式发展阶段，到2014年海洋旅游业已形成以上海和浙江为核心，辽宁、天津、山东、福建、广东为次级地区的多核式海洋旅游产业带，空间格局优势突出。总体而言，在政府引导和市场诱导下，主要海洋产业为寻求新发展机遇，避免聚集不经济，逐步由核心地区向其他地区扩散，山东、上海和浙江已成为继广东之后新的海洋经济中心，天津凭借海洋油气业和海洋旅游业等的发展逐渐成为新的海洋经济次级地区，中国海洋经济中心体系正在逐步完善。

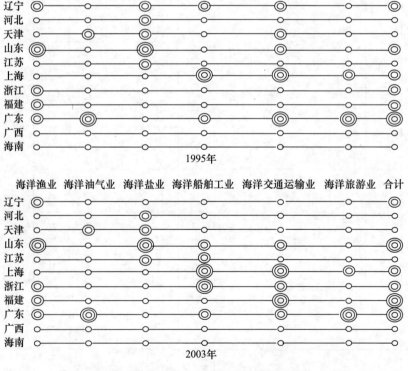

图3-11　沿海省（市、区）海洋产业发展空间格局演变

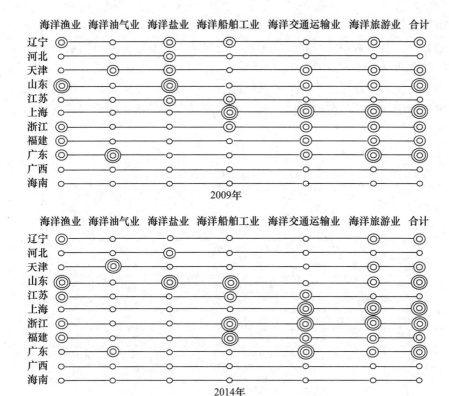

图 3-11　沿海省（市、区）海洋产业发展空间格局演变（续）

三　海洋社会子系统结构

（一）海洋人口结构

随着沿海地区经济的高速发展，人口趋海移动早已成为普遍现象，中国沿海 11 个省（市、区）的人口增长均表现出这一特点。如表 3-20 所示，1995 年，沿海地区总人口为 48348 万人，占全国总人口的 39.92%，2014 年，沿海地区总人口达 59162 万人，占全国总人口的 43.25%。1995—2014 年，中国沿海地区人口增长幅度为 22.37%，比全国人口增长幅度高出 9.44 个百分点，人口密度由 375 人/平方公里发展至 464 人/平方公里，人口承载压力不断增大。同时，随着工业化与现代化进程的加快，沿海地区城镇化程度也在不断提升，2014 年沿海地区城镇化水平为 47.91%，比 1995 年提高了 21.64 个百分点，高于全国平均水平 11.28 个百分点，以上海最高。沿海地区人口快速集聚与城镇化高速发展使海洋生态子系统资源环境承受着巨大压力，水体污染、大气污染、垃圾污染、城市热岛效应、生物多样性下降、近海生态系统退化等一系列生态问题越来越突出。但从人口受教育程度来看，沿海地区大专以上人口比重已由 1995 年的 2.06% 上升至 2014 年的 10.64%，人口素质大幅度提升，人口结构不断优化，为海洋经济社会子系统的发展以及海洋生态子系统改善提供着更好的精神保障与智力支持，也为促进海洋生态经济系统协调发展奠定了基础。

表 3 - 20　　　　　　　沿海 11 个省（市、区）社会人口状况

	总人口（万人）				人口密度（百人/平方公里）			
	1995 年	2003 年	2009 年	2014 年	1995 年	2003 年	2009 年	2014 年
辽宁	4092	4210	4319	4391	2.76	2.84	2.92	3.02
河北	6437	6769	7034	7384	3.43	3.61	3.75	3.95
天津	942	1011	1228	1517	8.01	8.6	10.44	13.07
山东	8705	9125	9470	9789	5.54	5.81	6.03	6.38
江苏	7066	7406	7725	7960	6.89	7.22	7.53	7.88
上海	1415	1711	1921	2426	22.32	26.98	30.29	38.47
浙江	4319	4680	5180	5508	4.24	4.6	5.09	5.40
福建	3237	3488	3627	3806	2.67	2.87	2.99	3.12
广东	6868	7954	9638	10724	3.82	4.42	5.36	6.06
广西	4543	4857	4856	4754	1.92	2.05	2.05	2.01
海南	724	811	864	903	2.05	2.29	2.44	2.66
合计	48348	52022	55862	59162	3.75	4.04	4.34	4.64

	城镇化水平（%）				文化程度（%）（大专以上人口比重）			
	1995 年	2003 年	2009 年	2014 年	1995 年	2003 年	2009 年	2014 年
辽宁	44.51	47.2	50.38	51.57	3.83	8.97	11.82	15.53
河北	17.12	26.68	31.28	32.76	1.29	6.6	5.62	6.83
天津	56.78	59.37	60.9	63.34	4.91	10.86	17.01	20.38
山东	24.94	31.11	37.54	43.96	1.3	5.49	6.01	8.59
江苏	24.87	39.4	49.94	60.14	2.81	4.96	7.76	12.53
上海	70.83	77.61	88.25	90.32	10.3	16.67	23.66	24.10
浙江	18.37	25.43	30.4	32.52	1.51	6.17	10.04	13.40
福建	18.66	29.7	33.96	34.26	1.45	4.66	9.8	10.03
广东	29.98	47.67	52.09	54.32	1.25	5.07	6.87	8.13
广西	16.55	18.31	18.62	26.15	0.74	4.52	4.1	6.81
海南	23.5	27.25	38.66	37.65	1.79	5.78	6.88	6.97
合计	26.27	39.07	44.73	47.91	2.06	6.18	8.15	10.64

资料来源：历年《中国统计年鉴》《中国人口统计年鉴》。

海洋资源开发为沿海地区劳动力就业创造了广阔的空间,由图 3 - 12 可以看出,1995—2014 年,沿海 11 个省(市、区)涉海就业人员由 392.59 万人增加至 3533.5 万人,增加了 8 倍左右,占沿海就业人员比重由 1.52% 上升至 10.89%。说明,一方面,中国海洋人才存量不断增加,海洋人力资源资本持续增长;另一方面,沿海地区劳动力对海洋的依赖性逐渐增强。随着海洋事业的发展,海洋教育投入不断加大,大专以上海洋专业毕业生已由 1995 年的 2000 多人增加至 2009 年的 40000 多人,增加了 20 倍左右,为海洋资源开发与海洋经济增长奠定了坚实的人力资本基础。

(二) 社会收入消费

随着海洋经济持续发展,招商引资力度加大,海洋产业生产规模不断扩大,中国海洋社会总体收入水平也有所提高,如表 3 - 21 所示,2014 年中国沿海地区社会城镇居民人均可支配收入达 31777.94 元,分别比 1995 年、2003 年、2009 年增加了 5.20 倍、2.24 倍和 0.63 倍。同时,中国沿海省(市、区)作为一个巨大的消费品市场,不仅实际发生的购买力已在 3 万亿元之上,而且未来消费品市场需求潜力巨大。经过多年积累,沿海 11 个省(市、区)大部分城镇居民大宗购买能力已进入 1 万—10 万元阶段,少数居民更是进入 10 万—50 万元阶段,农村居民大部分也早已进入 1000 元至 1 万元阶段。2014 年,沿海 11 个省(市、区)人均消费总额为 22146.46 元,分别比 1995 年、2003 年、2009 年增加了 4.25 倍、2.00 倍和 0.62 倍,八大类消费支出均呈现大幅度增长态势,其中,20 年间食品消费增长 2.11 倍、衣着消费增长 2.31 倍、家庭设备用品服务增长 2.29 倍、医疗保健增加 10.92 倍、交通通信增加 12.64 倍、娱乐教育文化服务增加 5.16 倍、居住增加 16.50 倍、其他商品和服务增加 2.21 倍,成为带动海洋经济社会发展的基本动力。2014 年,沿海 11 个省(市、区)恩格尔系数降至 30.55,分别比 1995 年、2003 年、2009 年下降了 21.05 个、7.84 个、6.45 个百分点,居民消费模式由温饱型向小康型转变,消费定位逐步向中高档倾斜,但这种消费方式的转变,却是以不断消耗海洋生态子系统的自然资源、破坏人与自然和谐共处为代价。

(三) 城市空间结构

中国沿海地区城市密集,城镇化进程迅速,城镇等级相对齐全,且呈综合型发展趋势,已具有良好的规模优势。自 20 世纪 80 年代中国开放 14 个沿海港口城市以来,又相继设立了经济技术开发区、沿海经济开放区、高新技术产业开发区、保税区等,形成了沿海地区全方位、多层次对外开放格局,成为引进国内外资金、技术、人才的热点地区。中国沿海地区是

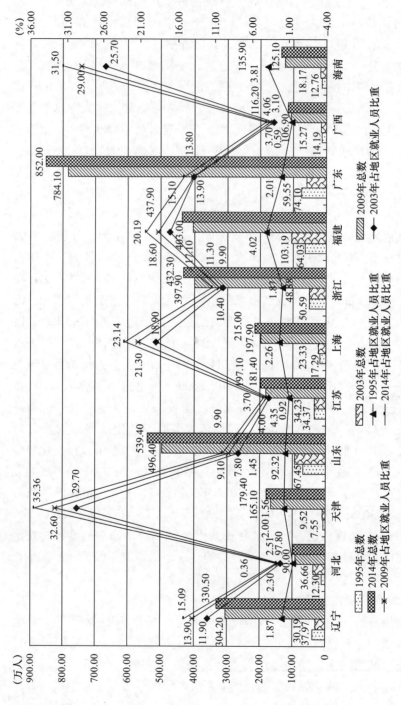

图3-12 沿海11个省（市、区）涉海就业人员数量及比重

资料来源：历年《中国海洋统计年鉴》。

表 3-21　　　　沿海 11 个省（市、区）城镇居民收入及消费情况

	城镇居民人均可支配收入（元）				人均消费总额（元）				恩格尔系数（%）			
	1995 年	2003 年	2009 年	2014 年	1995 年	2003 年	2009 年	2014 年	1995 年	2003 年	2009 年	2014 年
辽宁	3706.51	7240.58	15761.38	29081.7	3113.39	6077.92	12324.6	20519.6	51.88	39.4	37.98	28.35
河北	3921.35	7239.06	14718.25	24141.3	3161.99	5439.77	9678.75	16203.8	45.34	35.16	33.59	26.17
天津	4929.53	10312.91	21402.01	31506	4064.1	7867.53	14801.4	24289.6	52.09	37.67	36.51	33.22
山东	4264.08	8399.91	17811.04	29221.9	3285.5	6069.35	12012.7	18322.6	45.18	33.8	32.92	28.92
江苏	4634.42	9262.46	20551.72	34346.3	3772.28	6708.58	13153	23476.3	51.89	38.26	36.29	28.52
上海	7191.77	14867.49	28837.78	48841.4	5868.11	11040.34	20992.4	35182.4	53.17	37.16	34.99	26.83
浙江	6221.36	13179.53	24610.81	40392.7	5263.41	9712.89	16683.5	27241.7	47.05	36.64	33.59	28.28
福建	4506.99	9999.54	19576.83	30722.4	3848.11	7356.26	13450.6	22204.1	62.73	42.21	39.67	33.19
广东	7438.7	12380.43	21574.72	32148.1	6253.68	9636.27	16857.5	23611.7	48.02	37.19	36.93	33.25
广西	4791.87	7785.04	15451.48	24669	4045.83	5763.5	10352.4	15045.4	50.95	40.01	39.89	35.19
海南	4770.41	7259.25	13750.85	24486.5	3760.29	5502.42	10086.7	17513.8	59.28	44.76	44.69	38.00
全国	4282.95	8472.2	17174.65	28843.9	3537.57	6510.94	12264.6	19968.1	49.92	37.12	36.5	30.05

资料来源：历年《中国统计年鉴》。

典型的城市密集带，如表 3-22 所示，2014 年沿海 11 个省（市、区）共拥有地级市以上沿海城市 54 个，占全国城市总数的近 1/5，与 238 个县级市（区）共同构成了环渤海、长三角和珠三角三大城市带，其中以珠三角沿海城市与沿海地带最多，占沿海 11 个省（市、区）全部的 47.95%，环渤海次之，占沿海 11 个省（市、区）全部的 29.45%。

（四）科技发展水平

近年来，伴随海洋战略地位的不断提高，海洋科技发展在中国逐步受到重视，海洋科技发展已成为国家科技发展的战略重点之一。1996 年相关部门联合制定了《"九五"和 2010 年全国科技兴海实施纲要》，开始实行以推动海洋产业技术进步为目标的"科技兴海"计划。进入 21 世纪，为加快海洋科技发展，推进国家海洋科技创新体系建设，支撑海洋经济快速发展，中国分别于 2006 年、2011 年制定了《国家"十一五"海洋科学和技术发展规划纲要》《国家"十二五"海洋科学和技术发展规划纲要》，规划的顺利实施使得近年来中国海洋科技工作取得了丰硕成果，海洋科技高层次人才数量不断增加，海洋技术创新在诸多战略性领域取得了重大进

表 3 - 22　　　　　　沿海 11 个省（市、区）城市空间布局　　　　单位：个

	1995 年		2003 年		2009 年		2014 年	
	沿海城市	沿海地带	沿海城市	沿海地带	沿海城市	沿海地带	沿海城市	沿海地带
辽宁	6	12	6	22	6	22	6	22
河北	3	8	3	11	3	11	3	11
天津	1	3	1	3	1	1	1	1
山东	7	20	7	36	7	37	7	35
江苏	3	12	3	17	3	15	3	15
上海	1	6	1	6	1	5	1	5
浙江	7	24	7	37	7	35	7	35
福建	5	20	6	33	6	34	6	34
广东	15	20	14	56	14	56	14	55
广西	3	1	3	8	3	8	3	8
海南	2	11	3	13	3	13	3	17
全国	53	137	53	242	53	237	54	238

资料来源：历年《中国海洋统计年鉴》。

展。尤其是随着"中国近海海洋综合调查和评价"（"908 专项"）、国家重点基础研究发展计划（"973 计划"）、国家高技术研究发展计划（"863计划"）、海洋公益性行业科研专项等海洋项目的稳步推进，海洋科技水平显著提高。如表 3 - 23 所示，2014 年，中国沿海 11 个省（市、区）共拥有海洋科研机构 161 个，分别比 1995 年、2003 年、2009 年增加 54.81%、56.31%、3.21%；海洋科研从业人员 24895 人，分别比 1995 年、2003年、2009 年增多 54.47%、1.01 倍和 22.10%；完成海洋科研课题 9676项，分别比 1995 年、2003 年、2009 年增长 2.83 倍、1.96 倍和 31.15%，海洋科技创新能力显著提高，海洋科技资源实现进一步优化配置，逐步成为引领海洋事业发展的重要力量。

（五）海洋管理能力

海洋管理是国家为维护海洋管辖权，保护海洋环境与资源，组织各种海洋开发活动所进行的指导、协调、监督、干预、限制等活动。进入 21世纪，沿海国家与地区都面临维护海洋权益及安全、完善海洋法律法规等重要任务。党的十六大、十七大明确提出了实施海洋开发、发展海洋产业的战略部署，为顺应海洋事业加速发展的形势，相关部门进一步增强了海

表 3 - 23　　　　　　　沿海 11 个省（市、区）海洋科技发展情况

省（市、区）	海洋科研机构数（个）				海洋科研从业人员（人）				海洋科研机构科技课题（项）			
	1995 年	2003 年	2009 年	2014 年	1995 年	2003 年	2009 年	2014 年	1995 年	2003 年	2009 年	2014 年
辽宁	14	13	17	22	927	816	1813	2246	100	81	242	391
河北	2	2	5	5	486	76	542	547	26	14	57	90
天津	10	10	15	14	2907	2408	2491	2772	223	234	526	751
山东	17	17	22	21	3438	2753	3466	3922	512	704	1254	1633
江苏	8	7	12	11	1609	1285	2902	3161	572	905	1434	2202
上海	11	10	15	15	2836	1967	3399	3866	412	409	1040	1131
浙江	14	14	18	20	1199	882	1410	1914	255	224	536	619
福建	10	10	12	14	857	691	1051	1156	164	276	620	608
广东	16	17	28	25	1708	1365	2690	3835	230	373	1519	2140
广西	2	2	9	11	149	99	433	1199	30	37	100	101
海南	0	1	3	3	0	31	192	277	0	10	50	10
合计	104	103	156	161	16116	12373	20389	24895	2524	3267	7378	9676

资料来源：历年《中国海洋统计年鉴》。

洋行政管理力度，制定了一系列法律法规、政策规划等进行宏观指导和监督管理，并逐步建立健全了海洋管理综合协调机制，海洋管理与公益服务水平迈上新台阶。随着海洋调查研究以及海洋资源开发规模的持续扩大，海洋管理体制在国家、地方、部门与行业不断演化，目前形成了以海洋、海事、渔政、环保、公安边防、海关为主的分散型海洋管理体系，在海洋行政系统内形成了国家—海区垂直管理与国家—地方分级管理相结合的海洋管理综合协调体制，如图 3 - 13 所示。

中国海洋分级管理包括海洋综合管理和行业管理，在各自垂直系统均依附于行政管理层次。目前，中国沿海 11 个省（市、区）均建立了厅局级海洋行政管理机构，54 个地市、139 个县市都设有海洋局，并先后成立了 3 个海区总队、11 个沿海省市海监总队、88 个地市海监支队、200 多个县市海监大队，在海滨设有观测台站 1321 个，海洋管理工作在重点领域不断突出计划性，并建立了海洋领域标准体系，不断向海洋管理制度化、标准化、科学化迈进，在海域使用管理、海洋资源环境保护、海洋防灾减灾、海洋科技推动等方面成绩显著。同时，近年来中国进一步增强了海洋法制建设，仅 2009 年沿海 11 个省（市、区）就出台涉海政策法规 265 项，是 1995 年的 44.17 倍，2003 年的 3.15 倍（见表 3 - 24）。尤其是

《海洋环境保护法》(1982)、《中国海洋政策》(1999)、《中国 21 世纪海洋政策》(2001)、《全国海洋功能区划》(2002)、《海域使用管理法》(2002)、《全国海洋经济发展规划纲要》(2003)、《中国海洋生物多样性保护管理条例》(2003)、《海岛保护法》(2010)、《航道法》(2014)、《海洋生态损害国家损失索赔办法》(2014)、《全国海洋观测网规划（2014—2020)》(2014)、《国家级海洋保护区规范化建设与管理指南》(2014) 等一系列重要法律、法规、规划等的生效，使中国海洋管理各项制度不断健全与完善，为维持日常各类海洋活动秩序、可持续利用海洋资源奠定了坚实的基础。

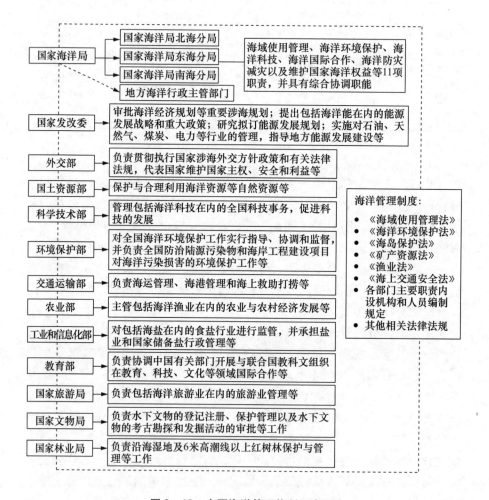

图 3 - 13　中国海洋管理体制示意图

资料来源：海洋发展战略研究所课题组：《中国海洋发展报告 2011》，海洋出版社 2011 年版。

表3-24　　　　　　　　沿海11个省（市、区）海洋管理实践

	海滨观测台站（个）				出台涉海政策法规（项）			
	1995年	2003年	2009年	2014年	1995年	2003年	2009年	2014年
辽宁	45	62	62	165	0	6	14	26
河北	28	46	33	34	2	4	9	9
天津	24	32	12	26	1	9	15	13
山东	70	79	93	153	0	6	53	44
江苏	30	90	63	90	1	3	20	27
上海	50	93	90	149	0	8	12	43
浙江	71	89	94	140	0	17	23	62
福建	56	79	86	216	0	14	70	140
广东	97	184	173	212	1	7	22	61
广西	12	23	21	43	0	5	19	36
海南	20	49	40	93	1	5	8	22
全国	503	826	767	1321	6	84	265	483

资料来源：历年《中国海洋统计年鉴》；万律数据库（Westlaw）。

第二节　海洋生态经济系统特征

海洋生态经济系统是人类开发海洋资源活动、干预海洋生态系统自然运行的结果，具有不同于海洋生态系统以及陆地生态经济系统的一些基本特性，可概括为如下几点：

一　经济目的性

海洋自然生态系统的产生与发展无任何经济目的性，尽管其始终向着顶级群落方向演变，但并非为满足人类的需要而更新演替。海域内原有的自然生态系统不能满足人类对各类海产品及海洋服务的需要，劳动者为满足日益增长的物质与文化需要，进行海洋资源开发利用以及海洋生态环境改造活动具有明显的经济目的性，如开发一片海域进行人工养殖，不是为了与自然过程作对，而是利用自然规律获取更多用以维持生存的水产品。可见，鲜明的经济目的性是人类利用与改造海洋自然生态系统的原动力，海洋生态经济系统的产生与发展，实质上依托于人类为满足自身各种需要对海洋生态系统进行逐步深入的开发与改造活动，其运行的根本目的是为人类需要所服务。当今中国已不再拥有纯粹的海洋自然生态系统，全部海域几乎都已被看作经济资源而成为劳动者的生产资料。

二　人工干扰性

海洋生态系统与海洋经济系统、海洋社会系统都具有一定的自我调节能力，但其调节方式恰好相反，海洋生态系统的自我调节方式主要通过生物与生物、生物与环境之间的斗争所引起的自然选择来进行，而海洋经济与社会系统不仅依靠对海洋资源的人工选择来维持，而且依靠调整海洋自然条件来实现。人类为使海洋生态系统更好地满足生存与发展需要，必须对海洋生态系统进行改造，而建立起来的海洋经济系统、海洋社会系统，也必须依赖人类不间断的生产劳动来维持运行。英国生物学家赫胥黎认为，人为行为和状态在任何时候与地方只有对自然行为与状态的对立影响不断进行抵抗与改善，才能得以维持①。如同耕地栽培植物，人类需要的各种海洋产品只有在海洋里获得各种条件才能产生与存在下去，其中一些海洋产品必须像温室里的植物那样得到人类的精心管理，才能培养出来。可见，中国海洋生态经济系统的运行也必须注意防止或抑制普遍的生态过程尤其是海洋自然灾害的敌对影响；换句话讲，中国海洋生态经济系统作为人类在自然环境中所创造出来的人为系统，必须通过人来维持、改良并依靠人来照料。所以，离开海洋经济系统与海洋社会系统中人的生产劳动，中国海洋生态经济系统将回到海洋生态系统的自然形态，海洋生态经济系统也就不复存在。

三　系统可塑性

海洋自然生态系统本身不具备可塑性，只有逆向演替与正向演替两种发展轨迹，除非气候或地质条件发生巨变，海洋自然生态系统不会脱离原有运行轨道。海洋生态经济系统的可塑性是指人类通过有目的、有计划的经济或社会行为可将一种海洋生态经济系统形态改变为另一种海洋生态经济系统形态的特性。如人们可将一片海域改造为水产养殖基地或海上人工建筑，可以将海湾打造为船舶停靠港口，使之创造出更多经济价值，但这种可塑性必须在条件许可的情况下才能实现。如果在水产养殖基地过多使用抗生素等化学制剂，造成大面积海域环境污染，很可能事与愿违，导致水产品产量与质量下降。海洋生态经济系统的可塑性不仅是有条件、有限制的，而且通常受市场需求与产品价格的左右。如一片海域被用于水产养殖还是滨海观光，除受资源条件的制约外，还受制于市场机制的导向作用。此外，自然生态资源或环境条件的显著改变也能够引起海洋生态经济系统的重新塑造，如由于海水入侵和土壤盐渍化，

---

① 赫胥黎：《进化论与伦理学》，科学出版社1973年版。

辽宁、山东大片海岸带已变为荒蛮之地。但是，海洋社会系统的控制能力以及海洋经济系统的适应能力越强，由自然力量引发的重新塑造将越少。

四　系统开放性

海洋生态经济系统是一个开放的复合系统，有一定质量与数量的能量、物质输入与输出，与系统外界发生着能量转换与物质流通的联系。输入海洋生态经济系统的能量不仅有太阳能、潮汐能等自然能源，而且有人力、畜力以及经由人类转化利用的核能、化学能、水能、风能等经济性能源，不只有中国沿海海域投入的物质原料循环，而且有人工合成的化合物质循环，以及人类从系统外界引入的物质循环。在所有能源、物质要素输入中，人类智能输入最为独特，人类通过认识、总结与利用自然、经济、社会客观规律，重新组织与改造海洋生态经济系统结构，促使海洋生态经济系统功能不断完善与升级。同时，人类从海洋生态经济系统中获取大量的食物、能源、材料及其他产品或服务，再以废弃物的形式将其归还于海洋生态经济系统，但归还的形式、空间与时间差异导致原有物质循环不一定可以维持，致使有些物质脱离原循环轨道。因此，必须不断与系统外界联系，用系统外的物质弥补中国海洋生态经济系统输出的物质损耗来维持海洋生态经济系统的物质流通与循环。此外，中国海洋生态经济系统的开放性还表现为沿海11个省（市、区）不同海洋生态经济系统之间的相互联系、作用及影响。

五　海域差异性

海洋生态经济系统的差异性是指由于地理尤其是海域空间环境条件的不同而产生的海洋生态经济系统类型的地域性。如渤海与黄海、东海和南海相比，较为封闭，海水交换率低，纳污能力有限，尽管素有"鱼仓"的美誉，但近年来由于海域环境污染严重，渔业资源已趋于衰竭，而由于该海域的生态极度脆弱，其沿岸海洋经济系统与社会系统的发展较之其他沿海省（市、区）相对落后，海洋生态经济系统属于欠发达型。中国海洋生态经济系统除具有海域差异外，还具有时间连续性。纵观中国沿海省（市、区），有的已有几千年历史，有的仅有几百年历史，但不管这些省（市、区）的历史有多长，每个省（市、区）的海洋生态经济系统发展都是历史上海洋生态系统、经济系统与社会系统共同演进的结果，因此，同每一个自然生态系统需通过生态演替过程使系统结构与功能趋于完善以实现系统动态平衡一样，中国海洋生态经济系统也需经由一定时间的生态、经济与社会综合发展与进化，才能使系统结构与功能逐步完善。这便要求国家及沿海省（市、区）针对海洋的规划、开发、建设、利用及管理活动尊重海洋生态经济系统循时发展的连续性规律，对已形成的有利于发挥系统各种生态、经济与社会功能的因素加以保护，对有利于完善其生态、经济与社会功能的机构、设施等加以建设，以为海洋生态经济系统进一步协调发展创造必要条件。

六　生产制约性

海洋生态系统除非发生逆向演替，将遵循群落演替的规律不断向高级化发展，生物类型越来越多，生物量越来越大。海洋生态经济系统则不同，除非经济需要驱使，生物类型一般不作太大变动。海洋生态经济系统内生物的发展变化主要体现在其数量随海洋经济系统生产力的提高而增加。当海洋经济系统生产力水平较低时，人们只能进行鱼类捕捞，即依靠自然力的恩赐获得微薄的海洋产品。随着海洋经济系统生产力水平的不断提高，人们投入海洋产品生产的能量与物质不断增多，海域生物生长环境也有所改变，各类海洋产品产量持续提升，海洋生态经济系统的发展水平相应提高。可见，海洋经济系统的生产力水平制约着海洋生态经济系统的整体发展水平。但该特性也是相对并有条件的，当盲目的海洋资源开发愈演愈烈，海洋经济系统生产力水平越高，开发行为造成的危害就越大，致使海洋生态系统不断恶化甚至完全崩溃，进而导致海洋生态经济系统退化甚至消失。因此，这里海洋生态经济系统的生产制约性不仅是指海洋经济系统的人工生产力限制性，而且包括海洋生态系统的自然生产力有限性。

第三节　中国海洋生态经济系统功能衡量

生态经济系统具有能量转化、物质循环、信息传递、价值转移的功效，因此通常把能量流、物质流、信息流、价值流作为生态经济系统的功能[①]。这里将从这四个方面分析中国海洋生态经济系统的功能。

一　海洋生态经济系统的能量流

由于海洋生态经济系统的产生与发展始终离不开陆地生态经济系统的支持与引导，本书在分析海洋生态经济系统能值流时，将中国沿海地区陆地生态系统考虑在内，在探究陆地与海洋生态系统能量流交互影响的自然

---

① 鲁明中、王沅、张彭年等：《生态经济学概论》，新疆科技卫生出版社 1992 年版。

过程的基础上，对中国海洋生态经济系统的能量流功能和过程进行动态研究。

20世纪80年代末，美国生态学家 H. T. Odum 在能量生态学、系统生态学与生态经济学基础上创立的能值分析理论与方法，以太阳能值为统一度量标准，通过能值转换率将生态经济系统中各类生态流（包括能量流、货币流、物质流、人口流）统一换算为能值，将人类经济社会系统与自然生态系统统一联系起来，从成本效益角度为各种资源与劳动投入与产出的统一衡量及评价提供了客观的尺度及平台[1]，大大地促进了各层次生态系统及生态经济系统能量研究和可持续评估的进展。由此，基于生态经济系统，运用能值分析理论与方法的最新成果，对1995年、2009年、2014年中国沿海11个省（市、区）海洋能值流动动态进行分析和可持续评价。

（一）能值流图与指标体系

本书采用的海洋生态经济系统能值流量分析模型的构建思路，主要参考 Odum[2] 与蓝盛芳提出的能量系统图的研究成果。首先，结合海洋生态经济系统的基本构成和特性，构建出中国海洋生态经济系统能值流图，如图3-14所示。

对海洋生态经济系统中的生态子系统而言，海洋生态系统与陆地生态系统是不可分割的组成部分。根据输入到生态经济界面和海洋社会子系统、经济子系统的能值要素种类，一类可归结为纯粹的生态能值要素，如风、雨等，即需要通过生态经济界面中一定生产与转换过程才能被海洋经济子系统和海洋社会子系统所利用；另一类则是资源能值要素，如矿产、动植物等，一般可为海洋经济子系统和海洋社会子系统直接利用。由图3-14可以看出，生态经济界面在海洋经济子系统、海洋社会子系统能值要素和系统外能值要素投入的作用下，将生态子系统输入的各类生态、资源能值要素转化为经济能值要素，并向自身海洋生态经济系统和系统外输出。海洋经济子系统和海洋社会子系统则在生态经济界面的经济能值和系统外生态经济能值要素投入的基础上，通过自身生产、消费等组织活动，向生态经济界面提供能值要素反馈，海洋经济子系统和海洋社会子系统产生的废弃物能值仍排放回生态子系统中。其中，海洋经济子系统中各主要核心产业能量流动如图3-15所示。

① 蓝盛芳、钦佩、陆宏芳：《生态经济系统能值分析》，化学工业出版社2002年版。

② Odum H. T. , *Environmental Accounting Energy and Environmental Decision Making*, New York: John Wiley & Sons Inc. , 1996.

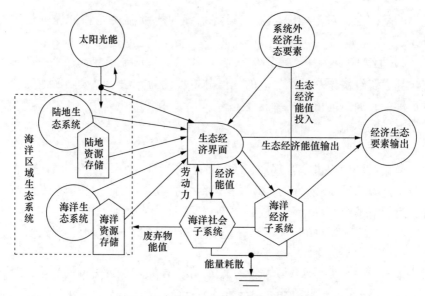

图 3 – 14   海洋生态经济系统能值流图

资料来源：王栋：《基于能值分析的区域海洋环境经济系统可持续发展评价研究——以环渤海区域为例》，硕士学位论文，中国海洋大学，2009 年。

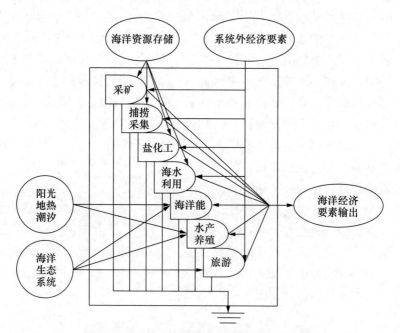

图 3 – 15   海洋生态经济生产能值分析模型

资料来源：王栋：《基于能值分析的区域海洋环境经济系统可持续发展评价研究——以环渤海区域为例》，硕士学位论文，中国海洋大学，2009 年。

其次，根据海洋生态经济系统能值流图，参照能值分析理论和方法，构建出中国海洋生态经济系统能值流量指标，如表 3 - 25 所示。依照海洋生态经济系统的运行特征，选取可更新资源、自产可更新资源、不可更新资源消耗、货币流与废物流五种能值流量指标反映其能值流动情况。

表 3 - 25　　　　　　　　海洋生态经济系统能值流量指标

可更新资源投入（R）	太阳能（陆地）、太阳能（海洋）、风能（陆地）、风能（海洋）、雨水化学能、雨水势能、波浪能、地球旋转能
自产可更新资源（R1）	粮食、蔬菜、水果、茶叶、林产品、棉花、油料、肉类、禽蛋类、奶类、蜂蜜、水产品
不可更新资源消耗（N）	土壤流失、表土层净损失、原煤、天然气、汽油、柴油、燃料油、水泥、氮肥、磷肥、钾肥、复合肥、农膜、农药、钢材、电能
货币流	GDP、进口商品与服务、出口商品与服务、国际旅游收入、外商直接投资
废物流（W）	废固、废水

注：由于太阳能、风能、雨水化学能和雨水势能均为同源能值投入，这里取其最大项。

采用原始数据主要来自《中国城市统计年鉴 1996》《中国统计年鉴 1996》《中国统计年鉴 1997》《中国农村统计年鉴 1997》《新中国五十年农业统计资料》《中国奶业年鉴 2007》《中国能源统计年鉴 2009》《中国统计年鉴 2010》《中国区域经济统计年鉴 2010》《中国环境统计年鉴 2010》《中国近海空间地理》《中国农村统计年鉴 2010》《中国统计摘要 2010》《中国能源统计年鉴 2010》《中国旅游统计年鉴 2010》《中国社会统计年鉴 2015》《中国统计摘要 2015》《中国农村统计年鉴 2015》《中国能源统计年鉴 2015》《中国旅游统计年鉴 2015》《中国城市统计年鉴 2015》。原始数据为物质量（t）、货币量（MYM）或能量（J），其所用能量折算系数、能值转换率和计算公式参照相关文献[1][2][3]。

根据 Odum 创立的基本能值指标以及国内外学者新增设的能值指标，

---

[1]　胡晓辉：《沿海港湾城市生态经济系统能值分析及可持续性评估——以厦门市为例》，硕士学位论文，福建师范大学，2009 年。

[2]　王栋：《基于能值分析的区域海洋环境经济系统可持续发展评价研究——以环渤海区域为例》，硕士学位论文，中国海洋大学，2009 年。

[3]　杜鹏、徐中民：《甘肃生态经济系统的能值分析及其可持续性评估》，《地球科学进展》2006 年第 9 期。

在对可持续发展理论解析的基础上，依据海洋生态经济系统的运行方式和能量流动机理，构建出中国海洋生态经济系统可持续发展评价指标体系，共计 5 个层面 23 个指标，其表达式及指标含义见表 3 - 26。

表 3 - 26　　　　海洋生态经济系统能值可持续发展评价指标体系

指标名称	数学表达式	指标意义	指标说明
能值来源结构指标			
能值自给率 ESR（%）	$(R+N)/U$	衡量海洋生态经济系统资源禀赋与环境支持力	ESR 越高，表明系统发展自给能力越强，其自身资源相对丰富
购买能值比率	F/U	衡量海洋生态经济系统对外界资源的依赖程度	值越高，表明系统对外界资源的依赖程度越高
可更新能值比率（%）	R/U	衡量海洋生态经济系统自然资源环境潜力	值越高，表明系统的自然资源环境潜力越大
经济子系统指标			
能值货币比值 EMR	U/GDP	反映海洋生态经济系统技术进步与经济现代化程度	EMR 越高，表明每单位经济活动所消耗的能值越高，生产过程中自然资源所占比重越大；反之，EMR 越小，表明该系统资源开发程度越高
能值交换率 EER	F/Y	反映海洋生态经济系统对外界贸易的能值得失	能值交换率大于 1 说明系统在贸易中获得了较多的财富利益
能值投资率 EIR	$F/(R+N)$	反映海洋生态经济系统经济发展与资源环境压力的和谐程度	EIR 越高，表明外界投入的能值越大，系统经济发展程度越高，但生态系统面临的压力也越大
净能值产出率 NEYR	$(R+N+F)/F$	反映海洋生态经济系统经济发展的效率	NEYR 越高，表明系统获得一定经济能值投入的同时，生产出的产品能值也越高，即系统生产运行效率越高
电力能值比 FER	$Elec/U$	反映海洋生态经济系统现代化与工业化水平	FER 越高，表明系统内生活水平越高，开发程度越大
生态子系统指标			
环境负荷率 ELR	$(F+N)/R$	衡量海洋生态经济系统经济活动对资源环境产生的压力	ELR 越高，表明系统能值利用强度越高，且生态系统承受了经济系统的较大压力
能值废弃率 EWR	W/R	衡量海洋生态经济系统的循环能力	EWR 越高，表明系统利用资源的效率越低

续表

指标名称	数学表达式	指标意义	指标说明
废弃物能值比 EEW	W/U	衡量海洋生态经济系统排放废弃物对环境造成的压力	EEW 越高，表明废弃物对环境造成的压力越大
不可更新资源能值比 ENR	N/U	衡量海洋生态经济系统资源消耗的集约程度	ENR 越高，表明系统资源消耗的集约程度越高，不可更新资源压力越大
社会子系统指标			
人均能值用量 EUPP（sej）	U/P	反映海洋生态经济系统中人口生活水平及质量	EUPP 越大，表明系统中人口生活水平越高
能值密度 ED（sej/m²）	U/Area	反映海洋生态经济系统发展强度与密集程度	ED 越大，表明系统越发达
人口承载下限（人）	（R/U）×P	反映海洋生态经济系统当前生活标准可更新资源所能承载的人口数量	值越高，表明系统所能承载的人口下限越大
人口承载上限（人）	8（R/U）×P	反映海洋生态经济系统当前生活标准下可更新资源和进口资源所能承载的人口数量	值越高，表明系统所能承载的人口上限越大
人均电力用量（sej）	Elec/P	反映海洋生态经济系统社会发展程度	值越高，表明社会发展程度越好
人均燃料用量（sej）	Fuel/P	反映海洋生态经济系统对化石能源的依赖程度	值越高，表明社会对不可再生能源依赖程度越高
可持续发展综合评价指标			
可持续发展能值指标 ESI	NEYR/ELR	衡量海洋生态经济系统可持续发展能力	ESI < 1 为发达地区，是高消费驱动的生态经济系统；1 < ESI < 10 为发展中地区，富有活力和发展潜力；ESI > 10 为不发达地区，表明系统对资源开发利用程度不足
可持续发展性能值指标 EISD	NEYR×EER/（ELR + EWR）	衡量贸易条件下海洋生态经济系统可持续发展能力	EISD 越高，说明在单位环境压力下的社会经济效益越高，系统的可持续发展性能越好

续表

指标名称	数学表达式	指标意义	指标说明
健康能值指数 IEUEHI	$(NEYR \times EER \times ED \times FER) / (ELR \times EMR \times EWR)$	衡量海洋生态经济系统三个子系统综合健康情况	IEUEHI 越高，说明系统越健康
生态效率能值指数 UEI	$(1 - ENR)^2 \times (1 - EEW)^2 \times NEYR$	衡量海洋生态经济系统经济发展与废弃物处理的综合生态经济效率	UEI 越高，说明系统单位环境压力下的社会经济效益越高
净能值获得率 NEGR	$(F + R - Y) / U$	衡量海洋生态经济系统成长的内在机制和动力水平	NEGR 越高，表明系统内在动力和可持续发展潜在机制越好

注：F 为系统外输入能值，Y 为系统输出能值，U 为总能值用量，P 为常住人口数，Area 代表地区面积，Fuel 为燃料能值总用量，Elec 为电力能值总用量。

（二）海洋生态经济系统能值综合动态分析

从生态经济系统角度出发，计算出 1995 年、2009 年、2014 年海洋社会经济发展的主要能值流量，详见表 3 - 27、表 3 - 28、表 3 - 29。由表 3 - 27 和表 3 - 29 可以看出沿海 11 个省（市、区）海洋生态经济系统在无偿的可更新能值投入量保持稳定的情况下，不可更新资源能值投入 20 年间增加了 3.19 倍，可更新能值比率由 78.96% 下降至 46.19%，生态子系统压力持续增大。同时，当地和国内提供的能值与进口商品和服务、外商投资共同构成了海洋生态经济系统发展的基本资源与能量支撑，尽管受全球性经济危机和国内经济发展重心转移影响，系统外能值投入总量仍然呈现急剧上升趋势，20 年间增加了 11.05 倍，从能值来源结构来看，除浙江、福建外，其余 9 个省（市、区）能值自给率均呈显著下降态势，而购买能值比率不断上升，2014 年比 1995 年提高了 5.92 倍，表明中国海洋外向型经济的特征在增强，对系统外生态经济能值的依赖性不断提高，且仍有较大上升空间。就总能值用量而言，除河北以外，其余沿海 10 个省（市、区）均呈上升趋势，2014 年海洋生态经济系统总能值用量为 1995 年的 1.74 倍，生态经济系统内人类活动的能值消耗随着经济和社会的发展在不断增加。

1. 生态子系统能值动态分析

2014 年，中国海洋生态经济系统环境负荷率 ELR 为 1.51，比 1995 年的 0.29 增加了约 4.2 倍，11 个省（市、区）的 ELR 均有大幅度提高，表明

表 3－27

1995 年中国海洋生态经济系统主要能值流汇总表

主要能值流	辽宁	河北	天津	山东	江苏	上海	浙江	福建	广东	广西	海南	总计
可更新能值 R（sej）	8.87E+23	3.49E+24	7.14E+22	7.84E+23	6.12E+23	3.82E+22	5.38E+23	1.26E+24	1.06E+24	9.11E+23	7.82E+22	7.98E+24
自产可更新能值 R_t（sej）	1.25E+23	1.97E+23	2.13E+22	3.57E+23	1.92E+23	2.98E+22	9.09E+22	7.54E+22	1.32E+23	8.89E+22	1.39E+22	1.32E+24
不可更新资源能值 N（sej）	2.47E+23	2.82E+23	6.33E+22	3.33E+23	2.84E+23	1.22E+23	1.73E+23	8.33E+22	2.77E+23	9.63E+22	1.05E+22	1.97E+24
进口能值 F（sej）	1.68E+22	4.27E+21	1.43E+22	2.18E+22	3.03E+22	3.85E+22	1.34E+22	2.80E+22	1.51E+23	5.56E+21	6.76E+21	3.31E+23
出口能值 Y（sej）	1.20E+22	4.18E+22	5.93E+21	1.19E+22	1.43E+22	1.89E+22	1.12E+22	1.15E+22	8.26E+22	2.48E+21	1.35E+21	1.76E+23
总能值用量 U（sej）	1.14E+24	3.78E+23	1.43E+23	1.13E+24	9.12E+23	1.80E+23	7.13E+23	1.36E+24	1.41E+24	1.01E+24	9.41E+22	1.01E+25
电力能值 Elec（sej）	3.56E+22	3.45E+22	1.02E+22	4.24E+22	3.92E+22	2.31E+22	2.52E+22	1.50E+22	4.51E+22	1.26E+22	1.83E+21	2.85E+23
燃料能值 Fuel（sej）	1.43E+23	1.51E+23	3.96E+22	1.49E+23	1.29E+23	6.53E+22	6.82E+22	2.87E+22	1.05E+23	3.32E+22	3.99E+21	9.16E+23
废物能值 W（sej）	9.33E+22	8.09E+22	8.92E+21	6.10E+22	4.32E+22	2.45E+22	1.86E+22	1.25E+22	2.98E+22	2.40E+22	1.75E+21	3.98E+23
人口 P（万人）	4092	6437	942	8705	7066	1415	4319	3237	6868	4543	724	48348
地区生产总值 GDP（MYM）	2.33E+12	2.38E+12	7.68E+11	4.18E+12	4.30E+12	2.06E+12	2.94E+12	1.80E+12	4.49E+12	1.34E+12	3.04E+11	2.69E+13
区域面积 Area（平方公里）	146719	183159	11920	130544	100517	6341	90475	101011	179638	71188	12649	1034161

表 3 - 28

2009 年中国海洋生态经济系统主要能值流汇总表

主要能值流	辽宁	河北	天津	山东	江苏	上海	浙江	福建	广东	广西	海南	总计
可更新能值 R (sej)	8.86E+23	2.28E+24	7.12E+22	9.35E+23	6.18E+23	3.78E+22	5.99E+23	1.56E+24	1.06E+24	2.46E+24	2.11E+23	8.71E+24
自产可更新能值 R_t (sej)	2.76E+23	4.55E+22	4.52E+22	5.36E+23	2.48E+23	2.24E+22	1.19E+23	1.19E+23	1.97E+23	1.44E+23	3.53E+22	2.20E+24
不可更新资源能值 N (sej)	5.39E+23	1.04E+24	2.01E+23	1.12E+24	9.86E+23	2.44E+23	6.38E+23	3.28E+23	7.63E+23	3.03E+23	4.62E+22	6.20E+24
进口能值 F (sej)	1.18E+23	4.47E+22	1.11E+23	1.73E+23	4.26E+23	3.79E+23	1.71E+23	8.70E+22	7.06E+23	1.98E+22	1.17E+22	2.25E+24
出口能值 Y (sej)	4.88E+22	2.29E+22	4.36E+22	1.16E+23	2.91E+23	2.07E+23	1.94E+23	7.78E+22	5.24E+23	1.22E+22	1.91E+21	1.54E+24
总能值用量 U (sej)	1.49E+24	3.34E+24	3.39E+23	2.11E+24	1.74E+24	4.53E+23	1.21E+24	1.89E+24	2.00E+24	2.77E+24	2.67E+23	1.56E+25
电力能值 Elec (sej)	8.52E+22	1.34E+23	3.15E+22	1.68E+23	1.90E+23	6.60E+22	1.41E+23	6.50E+22	2.07E+23	4.90E+22	7.66E+21	1.14E+24
燃料能值 Fuel (sej)	2.51E+23	3.63E+23	7.22E+22	5.16E+22	3.20E+23	1.18E+23	3.20E+23	1.16E+23	2.91E+23	8.47E+22	1.66E+22	2.37E+24
废物能值 W (sej)	2.31E+23	2.90E+23	2.32E+22	2.00E+23	1.29E+23	4.45E+22	7.22E+22	9.19E+22	1.06E+23	8.39E+22	4.85E+21	1.28E+24
人口 P (万人)	4319	7034	1228	9470	7725	1921	5180	3627	9638	4856	864	55862
地区生产总值 GDP (MYM)	1.04E+13	1.18E+13	5.14E+12	2.32E+13	2.35E+13	1.03E+13	1.57E+13	8.36E+12	2.70E+13	5.30E+12	1.13E+12	1.42E+14
区域面积 Area (平方公里)	148000	187693	11760	157126	102600	6341	101800	121400	179813	236661	35354	1288548

表 3 - 29　2014 年中国海洋生态经济系统主要能值流汇总表

主要能值流	辽宁	河北	天津	山东	江苏	上海	浙江	福建	广东	广西	海南	总计
可更新能值 R（sej）	8.86E+23	1.10E+24	7.12E+22	9.35E+23	6.18E+23	3.78E+22	5.99E+23	1.84E+24	1.06E+24	3.15E+24	2.09E+23	8.12E+24
自产可更新能值 R_t（sej）	3.16E+23	5.02E+23	4.74E+22	6.00E+23	2.74E+23	2.22E+22	1.26E+23	1.39E+23	2.19E+23	1.74E+23	4.42E+22	2.46E+24
不可更新资源能值 N（sej）	6.88E+23	1.32E+24	3.04E+23	1.42E+24	1.39E+24	2.62E+23	7.92E+23	4.80E+23	1.02E+24	4.85E+23	9.02E+22	8.26E+24
进口能值 F（sej）	2.05E+23	7.93E+22	2.58E+22	3.95E+23	6.33E+23	7.01E+23	2.60E+23	1.90E+23	1.19E+24	4.76E+22	3.07E+23	3.99E+24
出口能值 Y（sej）	8.58E+22	5.21E+22	7.68E+22	2.11E+22	4.99E+23	3.07E+23	3.99E+23	1.66E+23	9.43E+23	3.55E+22	6.45E+21	2.78E+24
总能值用量 U（sej）	1.69E+24	2.45E+24	5.56E+23	2.54E+24	2.14E+24	6.94E+23	1.25E+24	2.35E+24	2.32E+24	3.65E+23	3.24E+23	1.76E+25
电力能值 Elec（sej）	1.17E+23	1.90E+23	4.72E+23	2.42E+23	2.87E+23	7.84E+23	2.01E+23	1.06E+23	3.00E+23	7.48E+22	1.44E+22	1.66E+24
燃料能值 Fuel（sej）	3.05E+23	4.19E+23	9.06E+23	6.36E+23	4.21E+23	1.23E+23	2.47E+23	1.46E+23	3.30E+23	1.10E+23	2.82E+23	2.86E+24
废物能值 W（sej）	3.76E+23	5.39E+23	2.72E+22	2.67E+23	1.73E+23	3.88E+22	8.56E+22	7.62E+22	1.28E+23	1.11E+23	9.50E+21	1.83E+24
人口 P（万人）	4391	7384	1517	9789	7960	2426	5508	3806	10724	4754	903	59162
地区生产总值 GDP（MYM）	1.76E+13	1.81E+13	9.66E+12	3.65E+13	4.00E+13	1.45E+13	2.47E+13	1.48E+13	4.17E+13	9.63E+12	2.15E+12	2.29E+14
区域面积 Area（平方公里）	148000	187693	11760	157126	102600	6341	101800	121400	179813	236661	35354	1288548

海洋社会子系统与经济子系统的发展对生态子系统产生的压力越来越大，尤其是上海市 ELR 高达 25.44，已处于高负荷状态。同时，海洋生态经济系统的能值废弃率 EWR 由 1995 年的 0.05 攀升至 2014 年的 0.23，废弃物能值比 EEW 由 1995 年的 0.04 增加至 2014 年的 0.10，说明系统对资源的利用效率仍较低，废弃物对海洋生态环境造成的压力呈显著增大趋势。1995—2014 年，除上海外，其余 10 个省（市、区）不可更新资源能值比 ENR 均有所增长，11 个省（市、区）整体由 0.20 上升至 0.47，表明海洋生态经济系统的资源消耗水平不断提高，不可更新资源压力仍在持续增加。生态子系统各能值指标变化及地区对比情况见图 3 – 16。

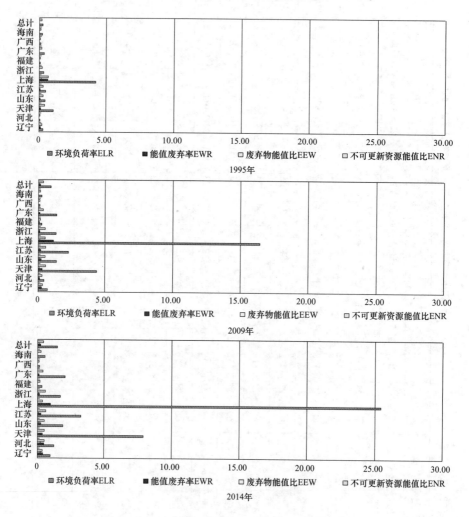

图 3 – 16   中国海洋生态子系统能值指标比较图

2. 经济子系统能值动态分析

中国海洋生态经济系统 1995 年与 2014 年能值货币比值 EMR 分别为 3.75E + 11sej/MYM，7.67E + 10sej/MYM，电力能值比 FER 由 0.03 上升至 0.09，表明资源内开发程度有所提高，经济子系统发展程度逐步提升，经济水平增长较快。从地区差异来看，上海 EMR 始终最低，FER 始终较高，说明其经济产出水平一直领先于其他省（市、区）。就能值交换率 EER 而言，1995 年沿海 11 个省（市、区）EER 均大于 1，表明海洋生态经济系统在对外贸易中获得了较多的能值利益；2014 年，11 个省（市、区）EER 整体由 1.88 下降至 1.43，以江苏、浙江、福建、广东、广西、海南下降最为明显，表明其在国际贸易中的地位略有下降，对外部资源依赖有所降低。就能值投资率 EIR 而言，11 个省（市、区）的 EIR 均实现了较快增长，整体由 1995 年的 0.03 上升至 2014 年的 0.24，表明系统外界对中国海洋生态经济系统投入的能值有所增加。由净能值产出率 NEYR 可以看出，11 个省（市、区）均急剧下降，整体由 1995 年的 31.06 下降至 5.11，表明大部分地区海洋生态经济系统的物质生产和能源利用效率下降显著，现有生产方式对海洋生态经济系统协调发展要求的不适应性逐步显现，经济活动的综合竞争力有所减弱，对资源环境的依赖和造成的压力没有减轻迹象，反而持续增大。经济子系统各能值指标变化及地区对比情况见图 3 - 17。

3. 社会子系统能值动态分析

与 1995 年相比，除河北外，2014 年其余 10 个省（市、区）的人均能值用量 EUPP 均有所增加，11 个省（市、区）整体由 2.09E + 16sej 上升至 2.97E + 16sej，上升了 42.22%，表明中国海洋社会子系统内大部分地区人均受益福利在逐步增长，生活质量得到了显著改善。同时，除河北外，其余 10 个省（市、区）能值密度 ED 均保持了良好增长势头，11 个省（市、区）整体由 9.77E + 12sej/m² 提升至 1.36E + 13sej/m²，提高了近 40 个百分点，说明中国海洋社会子系统大部分地区单位面积内人类活动强度在不断增强，社会子系统实现了长足发展，生态经济系统日趋发达。此外，从人均电力用量和人均燃料用量来看，2014 年分别为 2.80E + 15sej，4.83E + 15sej，分别是 1995 年的 4.75 倍和 2.55 倍，反映出海洋生态经济系统现代化水平也有大幅度提升。然而，与 1995 年相比，除广西外，2014 年中国海洋生态经济系统所能承载的人口下限和上限均有所降低，分别减少了 10850.87 万人和 86806.97 万人，且 2014 年海洋社会子系统常住人口已超人口承载力下限的 116.51%，比 1995 年增加了近 90 个百分点，

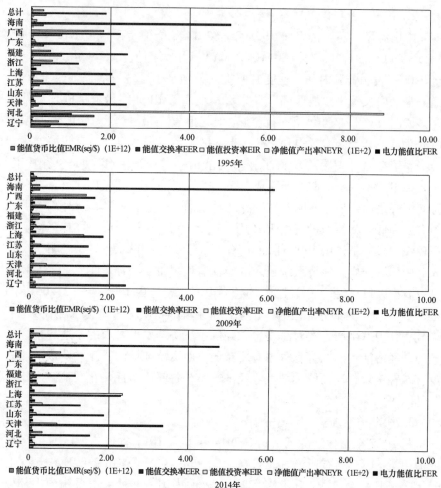

图 3 - 17　中国海洋经济子系统能值指标比较图

达到人口承载力上限的 27% ，比 1995 年增加了 11 个百分点，人口超载趋势愈加严重。社会子系统各能值指标变化及地区对比情况见图 3 - 18。

（三）海洋生态经济系统能值可持续性综合评价

由图 3 - 19 可以看出，1995—2014 年，中国沿海 11 个省（市、区）可持续发展能力指标 ESI 和新可持续发展能力指标 EISD 具有相似的动态变化规律，11 个省（市、区）均呈现显著下降趋势，ESI 整体由 107.63 下降至 3.39，EISD 由 172.07 下降至 4.22，且各年就数值来看，地区差异十分巨大，ESI、EISD 处于最后一位的上海，1995 年和 2014 年分别为 1.23、2.17 和 0.06、0.12，与 1995 年处于第一位的河北 10804.58、8604.07 和 2014 年处于第一位的广西 456.67、506.46 可持续发展能力有

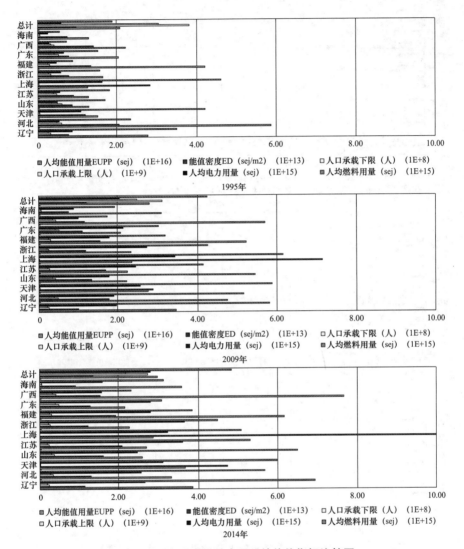

图 3 – 18　中国海洋社会子系统能值指标比较图

着天壤之别，表明中国海洋生态经济系统在运行过程中，通常一味追求经济效益和社会效益，以生态效益损失为代价换取短暂发展，导致海洋生态经济系统可持续发展性能急剧下降，尤其是经济越发达地区，系统可持续发展性能越差，环境破坏与生态功能丧失越严重。

从海洋生态经济系统健康能值指数 IEUEHI 来看，11 个省（市、区）的海洋生态经济系统健康状况均由强转弱，2014 年上海、天津、江苏的系统健康状况分列倒数第一、第二、第三位。同时，除上海略有回升外，其余 10 个省（市、区）的生态效率能值指数 UEI 也有所下降，11 个省

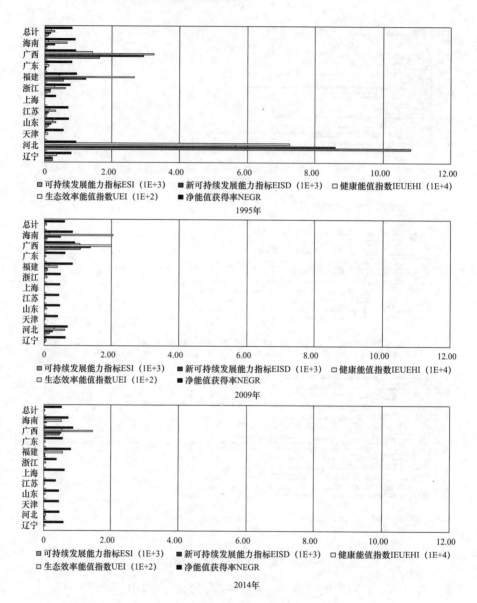

图 3-19　中国海洋生态经济系统可持续发展能值指标比较图

（市、区）整体由 1995 年的 18.57 下降至 2009 年的 1.15，降低了 15.10
倍，表明中国沿海大部分地区海洋经济、社会与生态子系统的结合度越来
越差，经济效益、社会效益与生态效益同步提高愈加困难。此外，净能值
获得率 NEGR 也由 1995 年的 0.80 下降至 2009 年的 0.53，显示出中国海
洋生态经济系统的内在驱动力和可持续发展潜力也已呈现减弱趋势。

二　海洋生态经济系统的物质流

在地球系统的生物化学循环中，碳、氮、磷、硫等元素的循环在海洋生态经济系统表现得尤为强烈，国内外相关研究表明，在过去 300 年里，人类活动对生态系统的扰动在地域上主要表现为沿海地区，主要扰动行为有四种：①化石能源的使用所释放的氮、硫、碳等；②含有大量无机氮、无机磷化肥的使用；③土地利用过程中所导致的碳释放、有机物质转移等；④大量含有有机氮、有机磷、有机碳的废水排放等[①]。下面就海洋生态经济系统中一些基本营养元素，如碳、氮、磷等的循环过程分别进行描述。

（一）碳循环

碳是构成海洋生态经济系统内生物体的主要元素，在生命世界里具有特殊地位。据估计全球碳贮存量约为 27×10^{16} 吨，但大多数是以碳酸盐的形式被固结在岩石圈中或石油等化石燃料中。一般认为，海洋生态子系统从大气中吸收的 CO_2 比释放到大气中的 CO_2 多，海洋中的浮游植物将海水中的 CO_2 固定转化为糖类，通过海洋食物链转移，动植物的呼吸作用又将 CO_2 释放到大气中，同时有一部分未被利用的各级碳产品暂时离开循环，构成大量非生命颗粒有机碳向海底沉降。海洋生态经济系统的无机碳循环，主要表现为系统无机碳库与大气之间的 CO_2 交换，无机碳循环与有机碳循环则通过各种生物活动，如呼吸作用、光合作用、动物排泄、生物腐烂等紧密联系在一起。海洋生态经济系统主要碳输入为：地下水、地表径流、岩溶地表降水溶解的碳酸盐类、随深海上升流而来的无机碳酸盐类；主要碳输出为：汇入海洋的表层水体和海洋沉积物。海洋生态经济系统碳循环模型如图 3 - 20 所示。

有关研究表明，近年来海洋生态经济系统陆地输入的有机碳通量和海洋沉积物中的碳含量有逐渐升高趋势，但海洋生态经济系统净产量，即碳总产量和有机碳矿化量的差值却呈下降趋势[②]。有学者认为这主要是由于河流输入大量增加所致[③]，而碳等营养元素在近海区域的富集趋势已经导致大量异养生物群体逐渐向自养生物转化，且海洋生态经济系统超常发展

① 钦佩、左平、何祯祥：《海滨系统生态学》，化学工业出版社 2004 年版。

② Leah M. B. Ver，Fred T. M.，Abraham L.，"Carbon Cycle in the Coastal Zone：Effects of Global Perturbations and Change in the Past Three Centuries"，*Chemical Geology*，No. 159，1999，pp. 283 - 304.

③ Smith S. V.，Hollibaugh J. T.，"Coastal Metabolism and the Oceanic Organic Carbon Balance"，*Rev. Geophys*，No. 31，1993，pp. 75 - 89.

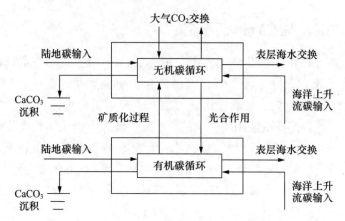

图 3 – 20   海洋生态经济系统碳循环模型

资料来源：Mackenzie W.S.，Adams A.E.，*A Color Atlas of Rocks and Minerals in Thin Section*，New York：John Wiley & Sons Inc.，1998。

造成的温室气体浓度增加也强化了气候变暖趋势，对海平面、生物繁衍、人类活动等方面均产生重大影响。

（二）氮循环

氮是海洋生态经济系统中各类氨基酸、蛋白质及核酸的重要组成成分，是构成生命体的重要元素。氮主要以气体的形式存在于大气中，总量约 38×10^6 亿吨。氮是非活泼的化学元素，一般很难与其他物质化合，气体氮也不能直接为植物所利用，必须通过固氮作用将氮与氧结合成为亚硝酸盐或硝酸盐，或与氢结合为氨，才能为大部分生物体所利用，进入海洋生态经济系统，参与蛋白质的合成。动植物死亡后体内的有机态氮经微生物的分解作用，又会转化为无机态氮，形成硝酸盐重新为生物体所利用，继续循环，或者经过反硝化作用生成 N_2，返回到大气中。海洋生态经济系统中硝酸盐的另一个循环途径是从陆地土壤中淋溶，进入河流、湖泊，最后汇入海洋。氮元素在向海洋迁移过程中，也会有部分发生沉积，暂时离开循环。海洋生态经济系统氮循环模型如图 3 –21 所示。

当前由于人类活动的过度干预，中国沿海地区每年各类海洋产业的固氮量已超出生态子系统的容量范围，海洋生态经济系统的氮循环及其平衡受到了严重威胁。据统计，中国沿海省（市、区）每年固定的氮超出返回大气的氮几十万吨，这部分氮分布在土壤、地下水、湖泊、河流中，最终汇入大海，使水体出现富营养化，引发赤潮。还有大量大气中被固定的氮不能以相应数量的分子氮返回大气，而形成氮氧化合物进入大气，造成沿海地区大气污染，严重时引发光化学烟雾。

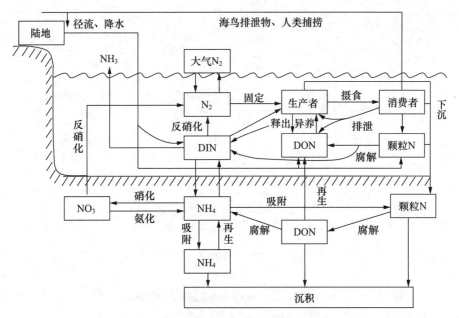

图 3 - 21　海洋生态经济系统氮循环模型

注：DIN 为溶解无机氮；DON 为溶解有机氮。

资料来源：Valiela I. Marine, *Ecological Processes*, New York：Springer - Verlag Inc., 1984。

（三）磷循环

磷是海洋生态经济系统内生物体不可或缺的营养成分，为生物体的各类新陈代谢所需要，也是核酸、细胞膜、骨髓等的重要组成部分。磷作为植物三大营养要素之一，在海洋生态经济系统中与氮一样，是促成浮游植物过度生长的关键元素。磷的存在形态主要有岩石态和熔盐态两种，其循环起点始于岩石或沉积物的风化、侵蚀或人类开采，终于海中沉积。岩石或沉积物中的磷被释放出来形成可溶解性磷酸盐被植物吸收，合成原生质，经由食物链在海洋生态经济系统中循环，最后经过动物排泄物和动植物残体分解，重新回到生态子系统，再被植物吸收，而一部分可溶解磷酸盐也随江河流入海洋，并沉积海底，沉积物中的部分无机磷酸盐，又会被上升流卷到海洋表层为植物重新利用。海洋生态经济系统磷循环模型如图3 - 22 所示。

20 世纪以来，由于大量含磷农药、化肥、清洁剂、工业制剂的使用，导致中国海洋生态经济系统中磷含量剧增，海洋水体溶解无机磷迅速上升，不仅加剧了水体富营养化程度，而且使海洋生态经济系统内磷循环的形式更加复杂化。同时，在海洋生态经济系统中，浮游植物吸收无机磷的

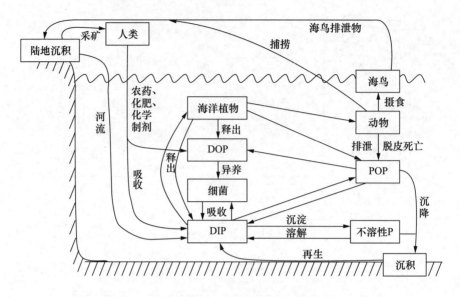

图 3 - 22　海洋生态经济系统磷循环模型

注：DIP 为溶解无机磷；DOP 为溶解有机磷；POP 为颗粒磷。

资料来源：Valiela I. Marine, *Ecological Processes*, New York：Springer - Verlag Inc.，1984。

速率较快，浮游植物被浮游动物与食腐屑者取食，死亡后的动植物沉入海底，其体内大部分磷将以钙盐的形式长期沉积下来，离开循环，使陆地生态经济系统磷的损失越来越大，据估计，目前全球的磷蕴藏量只能维持100 年左右，参与循环的磷正在逐渐减少，将会成为全部生物生命活动的限制因子。

（四）硫循环

硫是海洋生态经济系统内植物生长不可或缺的元素，是氨基酸和蛋白质的基本组成成分。硫的存在形式主要有单质硫、亚硫酸盐、硫酸盐三种，硫的循环兼有沉积循环和气体循环的双重特性。岩石圈沉积物中的硫经过分解作用和风化作用被释放，以盐溶液的形式进入海洋，溶解态的硫被植物吸收利用，转化为氨基酸的成分，并通过食物链为海洋生态经济系统内的各级动物利用，最后随着动物排泄物和动植物残体的腐烂、分解，硫被释放出来，重新回到海洋中被植物所利用。另一部分硫则以 H_2S 或 SO_2 的气态形式进入大气参与循环，硫进入大气的途径主要有火山爆发、化石燃料燃烧、海面挥发及分解过程释放气体等，硫若以 H_2S 的形态进入大气，很快便被氧化成 SO_2 溶于水后生成硫酸盐，随降水回到海洋。循环过程中部分硫会沉积于海底，再次进入岩石圈。海洋生态经济系统硫循环模型如图 3 - 23 所示。

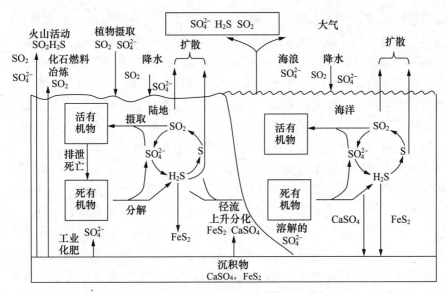

图 3 – 23　海洋生态经济系统硫循环模型

资料来源：Ehrlich P. R. ，Roughgarden J. ，*The science of ecology*，New York：Macmillan NY，1987。

在生物地球化学循环中，硫元素的循环在海洋经济系统中表现尤为强烈，且在过去几十年，人类活动对海洋生态经济系统硫循环的影响越来越大，尤其随着矿石燃料更加密集的使用，进入大气的 SO_2 逐年增加，给中国沿海地区造成了严重的大气污染，并在一些省（市、区）引发酸雨，对人体健康和城市形象产生了较大危害。

整体而言，尽管科学界还不十分明确各类元素营养盐通量变化对中国海洋生态子系统及海洋生态经济系统影响的范围及幅度究竟有多大，但各类营养盐输入量的增加趋势意味着中国海洋生态经济系统营养盐通量可能持续升高，将极有可能改变海洋浮游植物种群结构及数量，并诱发底层水缺氧现象，首先对海洋生态子系统造成严重破坏，进而影响海洋经济子系统和海洋社会子系统的健康运行。尤其是目前因营养盐通量增加而导致的海域富营养化已成为中国沿海省（市、区）面临的重大生态问题，造成了巨大的经济损失，并已构成对海域生物地球化学循环的威胁，因此，关注并解决主要营养元素的物质循环通量变化给海洋生态经济系统带来的影响已十分紧迫。

三　海洋生态经济系统的信息流

信息是与能量、物质密切相关的事物的属性、联系及表现的特征，是生态经济系统各主体之间相互作用、相互联系的一种特殊表现形式①。在海洋生态经济系统的各组成要素及系统本身存在着大量的信息，且以物质与能量为载体，通过物质流、能量流和价值流的转换实现信息的获取、贮存、加工、转化和传递，促成海洋生态经济系统信息流动的过程。海洋生态经济系统内的信息流可分为人工信息流与自然信息流两类。其中，海洋生态经济系统的自然信息流，构成系统内生态子系统各要素间信息流通的过程，这种信息流主要发生在各类环境要素之间、各类生物之间以及各类环境要素与生物的相互运动之间。其一，早在生物出现之前，海洋生态子系统的无机物之间、无机物和环境之间便存在交流和交互作用，伴随物质演化所留下的印记或痕迹便是信息流通的表现，只是无机界信息传递、交换、存贮的形式较为简单，各类生物包括人类出现后，这种信息流仍然存在；其二，在海洋生态经济系统内，各类生物通过食物链发生物质交换和能量流动，同时伴随着自然信息的流动；其三，在生物与环境的相互影响、相互作用、相互适应过程中，也存在一定形式自然信息的传递与交换。海洋生态经济系统的人工信息流是指从生态子系统、经济子系统、社会子系统以及系统外界获取、加工、存贮、传递、使用信息的复杂运动。其一，海洋生态经济系统中的人工信息流表现为社会子系统在认识生态子系统时，对各类资源、环境信息的勘探、存贮、加工、传递的全过程；其二，人工信息流还包括经济子系统在开发与利用生态子系统中某种资源、环境时，进行相关次要资源、环境信息的监测、收集、筛选、加工、存贮、使用及传递的过程；其三，人工信息流还包括社会子系统和经济子系统中，各种劳动力信息、人才信息、物价信息、资金信息、汇率信息、产品信息、金融信息、贸易信息、市场信息、科技信息的收集、加工、筛选、存贮、传递和使用过程。

就信息传递途径而言，在海洋生态经济系统中，信息除沿食物链伴随能量流、物质流和价值流传递外，还借助电话、信函、期刊、报纸、书籍、广播、电视、电脑、互联网等工具传播，这样便形成了纵横交错的信息流网络，为社会子系统中的人进行评价、调控、优化以及生产经营决策提供服务。现代海洋生态经济系统中几乎所有的生产经营决策都以信息为基础，拥有信息量越多，使用越合理，决策的准确性和正确性越大，海洋生态经济系统自身所能发挥的性能便越强。此外，海洋生态经济系统既有外界输入的信息，也向外界输出信息，信息输入输出量、渠道流通能力、

---

① 马传栋：《论资源生态经济系统的功能》，《济宁师专学报》1995 年第 4 期。

信息利用率等均直接反映了海洋生态经济系统的功能状态。但当前，中国海洋社会子系统往往仅重视人工信息的流量、流速及其使用，对自然信息的关注较少且使用不当，而海洋生态经济系统内各类关于生态环境、资源变化的物理信息、化学信息、行为信息等的收集、加工、筛选、存贮、传递和使用，对维持系统健康运行、最大限度发挥系统性能具有极其重要的作用，必须加以重视。

四　海洋生态经济系统的价值流

海洋生态经济系统在一定程度上来说是人类社会劳动的产物，因此，在海洋生态经济系统运转过程中必然伴随货币的流动和价值的增长，从而形成系统价值流。海洋生态子系统、海洋经济子系统和海洋社会子系统是通过人类劳动结合成海洋经济—生态—社会复合系统的有机整体，人类开发利用生态资源环境的劳动一般可分为抽象劳动和具体劳动两大类，抽象劳动能够创造价值，具体劳动则能够创造使用价值。由于使用价值在商品经济社会流通时促成并继续海洋生态经济系统的能流和物流，该过程中必然产生价值流动，且价值在生产与流动各环节的逐级递增规律与能量逐级递减规律是海洋生态经济系统运行的两个基本功能定律。

海洋生态经济系统的价值流动是在纵横交错的价值流网络上进行的，具体而言，海洋生态经济系统的价值流动可分为三个阶段：①价值流投入阶段，由于海洋生态经济系统是海洋社会子系统中的人通过投入活劳动以及物化劳动来开发和利用各种海洋资源而形成的系统，而人需要按照经济规律、生态规律和社会规则来开发并利用各种海洋资源，必须投入一定资本作为第一推动力来购买必要的劳动资料、支付劳动力报酬并使活劳动和物化劳动实现有机结合，才能实现对某类海洋资源的采掘和综合利用，这便促成了海洋生态经济系统的价值投入过程；②价值流物化阶段，海洋社会子系统的人通过各种合乎目的或特殊的劳动，运用一定的技术手段和技能，消耗着活劳动及物化劳动，将劳动物化在各类海洋资源的开发、利用以及产品生产过程中，在创造新使用价值的同时，不仅把所消耗的生产资料的价值转化到各类海洋产品价值中，而且抽象劳动所创造的新价值也使价值流进一步增大，且在该增值过程中不但包含一定时间内系统全部产品经济价值的数量，也包括人类活动改变海洋生态子系统状况所导致的生态价值改变的数量；③价值流实现阶段，伴随海洋社会子系统的人在开发和利用海洋资源时所产生的各种使用价值在海洋经济子系统的商品流通过程中得以交换，海洋生态经济系统内的价值流进入实现阶段。换言之，中国海洋生态经济系统价值流是伴随使用价值的流动而实现的，而使用价值流实质上是某种对人具有特殊用途的能量与物质的融合体的流通，即各种特殊能量流和物质流的总称，只有实现能量流、物质流的合理流动，才能使海洋生态经济系统的价值流得以合理的增值与流动，也只有促使海洋生态经济系统的能量流、物质流、信息流和价值流协调运行，才有利于建设一个结构合理、功能高效的海洋生态经济系统。

第四章 中国海洋生态经济系统
发展状态及其协调度

第一节 中国海洋生态经济系统发展状态量化辨识

生态经济系统模型方法研究将社会的、经济的、生态的以及生物物理的系统整合在可持续发展框架中，考察各系统之间的相互作用和反馈关系，采用先进的计算机建模、遥感等技术，结合多种计量经济模型和生态模型，用以模拟、评价、预测、优化生态经济系统，其衡量与应用范围从全球生命支持系统的可持续性、整个系统的管理、自然环境系统服务功能的使用到区域生态经济系统的评价、某类生态系统的优化不等。诸多方法的形成和模型的建立为准确科学地研究各尺度范围生态经济系统、合理理解及解决生态经济系统的复杂性、动态性与冲突性问题提供了重要工具，目前应用相对成熟的生态经济系统方法与模型主要有：生态足迹法、生态系统服务功能经济价值评价法、承载力模型、系统耦合模型、可持续发展度量法、熵值法、投入产出法、系统动力学等。其中，用于衡量生态经济系统发展状态及各子系统协调度的方法及模型主要有生态足迹法、承载力模型、耦合模型和可持续发展度量法。

生态足迹（Ecological Footprint）是一种衡量人类对自然资源利用程度以及自然为人类提供生命支持服务功能的方法，表示在现有技术条件下特定单位（一个人、城市、国家或全球）人口需要具备多少生物生产性的土地和水域，来生产这些人口所需的生物资源和吸纳所衍生的废物[1]。生态

---

① 王雪梅、张志强、熊永兰：《国际生态足迹研究态势的文献计量分析》，《地球科学进展》2007年第8期。

足迹最早由加拿大生态经济学家 William E. Rees 于 1992 年提出①，后由其学生 M. Wackernagel 于 1996 年完善②。国内学术界 1999 年引入生态足迹的概念，目前对生态足迹理论的研究尚处于起步阶段，但其计算方法与模型在实证研究中已得到较为广泛的应用。

承载力是环境经济学研究的一个重要范畴，它是衡量生态环境质量状况和生态环境容量抗人类生产生活活动干扰能力的重要指标。1921 年人类生态学学者 Park 和 Burgess③ 提出承载力是某一特定环境条件下（主要指营养物质、生存空间、阳光等生态因子组合）某类个体存在数量的最高极限。1953 年 Odum④ 在《生态学原理》中运用对数增长方程赋予了承载力概念较精确的数学内涵。20 世纪 70 年代后，随着人口、经济与资源、环境矛盾问题的日益突出，关于人口承载力、资源承载力、环境承载力、生态承载力等的研究逐渐增多。对于各类承载力的量化，国内外学者提出了许多直观的定量评价方法及模型，如自然植被净第一性生产力测算法⑤⑥、供需平衡法⑦⑧、状态空间法⑨⑩、模型预估法⑪⑫等。

耦合概念源于物理学，后被生物学、地球科学、经济学等学科领域引用。任继周（1999）⑬ 将系统耦合定义为两个或两个以上性质相近的生态系统具有相互亲和的趋势，当条件成熟时可结合为一个新的高级的结构功

① Rees W. E. , "Ecological Footprints and Appropriated Carrying Capacity: What Urban Economics Leaves out?", *Environment and Urbanization*, Vol. 4, No. 2, 1992, pp. 121 – 130.
② Wackernagel M. , Rees W. , *Our Ecological Footprint: Reducing Human Impact on the Earth*, Philadelphia: New Society Publishers, 1996.
③ Park, Burgess, *An Introduction to the Science of Sociology*, Chicago, 1921.
④ Odum E. P. , *Fundamentals of Ecology*, Philadephia: Press of W B. Saunders, 1953.
⑤ 王宗明、梁银丽：《植被净第一性生产力模型研究进展》，《干旱地区农业研究》2002 年第 2 期。
⑥ 许联芳、杨勋林、王克林等：《生态承载力研究进展》，《生态环境》2006 年第 5 期。
⑦ 王中根、夏军：《区域生态环境承载力的量化方法研究》，《长江职工大学学报》1999 年第 4 期。
⑧ 陈端吕、董明辉、彭保发：《生态承载力研究综述》，《湖南文理学院学报》2005 年第 5 期。
⑨ 余丹林、毛汉英、高群：《状态空间衡量区域承载状况初探——以环渤海地区为例》，《地理研究》2003 年第 2 期。
⑩ 徐盈之、韩颜超：《基于状态空间法的福建省各市环境承载力比较分析》，2009 年第 8 期。
⑪ Slesser M. , *Enhancement of Carrying Capacity Option ECCO*, London: The Resource Use Institute, 1990.
⑫ 王建华、汪东、顾定法等：《基于 SD 模型的干旱区城市水资源承载力预测研究》，《地理学与国土研究》1999 年第 2 期。
⑬ 任继周：《系统耦合在大农业中的战略意义》，《科学》（上海）1999 年第 6 期。

能体，且系统耦合会导致系统进化。近几年关于生态经济系统耦合关系及耦合机制的研究越来越多，尤其是区域生态经济系统是社会、经济、环境、资源因素相互作用的复杂系统，也是社会系统、经济系统与生态系统耦合的结果，针对其耦合模型的开发与应用有不断增多趋势，该领域的代表学者有 Costanza 等（1993）[①]、Alexey 等（1999）[②]、Roelof 等（2001）[③]、冯兆东等（2000）[④]、方创琳（2002）[⑤]、左其亭等（2002）[⑥]、乔标等（2005）[⑦]、梁红梅等（2008）[⑧]、王继军等（2009）[⑨]、罗桥顺等（2010）[⑩]，等等。

可持续发展度量在实践中正越来越多地被确认为一种有效评价指数和工具，在表征国家、地区、城市在社会、经济、技术和环境进步的可持续程度方面具有良好效果，通常可将错综复杂的系统信息定量化、简单化。目前可持续发展评价指标体系及方法日渐成熟，其评价范围从全球、国家到区域、城市不等，评价对象从社会、经济、科技到能源、资源、环境、生态不同。针对生态经济系统的可持续评价，从体系框架上可分为自然科学框架和经济学框架[⑪]。其中，自然科学领域学者进行可持续度量常用的方法主要有目标分解法、系统分解法、综合归纳法等，经典的模型和指标

① Costanza R. , Lisa Wainge, Carl Folke, et al. , "Modeling Complex Ecological Economic System", *Bioscience*, Vol. 43, 1993, pp. 545 – 555.

② Alexey Voinov, Robert Costanza R. , Lisa Wainge, et al. , "Paluxent Landscape Model: Integrated Ecological Economic Modeling of a Watershed", *Environment Modeling and Software*, 1999, pp. 473 – 491.

③ Roelof M. Boumans, Villa F. , Costanza R. , et al. , "Non – spatial Calibration of a General Unit Model for Ecosystem Simulations", *Ecological Modeling*, Vol. 146, 2001, pp. 17 – 32.

④ 冯兆东、董晓峰：《中国西北生态—经济耦合资源环境信息系统的研制》，《地球信息科学》2000 年第 3 期。

⑤ 方创琳：《黑河流域生态经济带分异协调规律与耦合发展模式》，《生态学报》2002 年第 5 期。

⑥ 左其亭、夏军：《陆面水量—水质—生态耦合系统模型研究》，《水利学报》2002 年第 2 期。

⑦ 乔标、方创琳：《城市化与生态环境协调发展的动态耦合模型及其在干旱区的应用》，《生态学报》2005 年第 11 期。

⑧ 梁红梅、刘卫东等：《土地利用效益的耦合模型及其应用》，《浙江大学学报》（农业与生命科学版）2008 年第 2 期。

⑨ 王继军、姜志德、连坡等：《70 年来陕西省纸坊沟流域农业生态经济系统耦合态势》，《生态学报》2009 年第 9 期。

⑩ 罗桥顺、党红、张智光：《哈密地区生态经济系统耦合度变化及原因分析》，《水土保持研究》2010 年第 3 期。

⑪ 曹斌、林剑艺、崔胜辉：《可持续发展评价指标体系研究综述》，《环境科学与技术》2010 年第 3 期。

体系主要有 1993 年经济合作与发展组织提出的压力—状态—响应模型（PSR）[①]、1997 年联合国环境规划署和美国非政府组织提出的社会—经济—环境三系统模型[②]、2000 年联合国统计局依据 *Agenda*21 创建的气候—固体污染物—经济—机构可持续指标体系[③]、2001 年联合国可持续发展委员会建立的社会—经济—环境—制度可持续发展指标体系[④]等；经济学领域学者开展可持续度量则通常是在主流经济学理论的基础上，核算各指标的货币综合价值[⑤]，目前建立起的独特指标体系主要有真实进步指数、真实储蓄指数、可持续经济福利指数、新国家财富指标体系等[⑥]，常用方法有绿色 GDP 核算[⑦]、自然资源损耗货币价值核算以及界定强可持续与弱可持续[⑧]等。

　　由于问题认识的差异及解决问题的出发点不同，上述各类生态经济系统发展状态及协调度评价方法中各类指标与计算模型的归属设置也不相同，本章将在第二、第三节充分认识海洋生态经济系统本质、特性、现状及各子系统作用关系的基础上，综合生态足迹法、承载力模型和可持续发展度量法，构建海洋生态经济系统发展状态评价指标体系，对中国海洋生态经济系统各子系统及复合系统发展状态进行量化辨识，分析中国海洋生态经济各子系统及复合系统发展状态的时间嬗变轨迹和空间差异特征；而后，应用交互胁迫论和非线性回归模型对中国海洋生态经济系统三个子系统的时空动态关系曲线进行拟合，证实各子系统之间的交互胁迫关系；最后，应用耦合模型对各子系统之间时间序列和空间序列的协调度进行测算，以判别中国沿海 11 个省（市、区）海洋生态经济系统协调发展的阶段及类型。

---

① 杨凌、元方、李国平：《可持续发展指标体系综述》，《决策参考》2007 年第 5 期。

② Global Reporting Initiative（GRI），The Global Reporting Initiative—Sustainability Reporting Guidelines，Boston，2006.

③ 刘培哲：《可持续发展理论与中国 21 世纪议程》，气象出版社 2001 年版。

④ Commission on Sustainable Development，*Indicators of Sustainable Development*：*Guidelines and Methodologies*，New York，2001.

⑤ 侯元兆：《中国的绿色 GDP 核算研究：未来的方向和策略》，《世界林业研究》2006 年第 6 期。

⑥ 谢洪礼：《关于可持续发展指标体系的述评（二）——国外可持续发展指标体系研究的简要介绍》，《统计研究》1999 年第 1 期。

⑦ 修瑞雪、吴刚、曾晓安等：《绿色 GDP 核算指标的研究进展》，《生态学杂志》2007 年第 7 期。

⑧ 孙陶生、王晋斌：《论可持续发展的经济学与生态学整合路径——从弱可持续发展到强可持续发展的必然选择》，《经济经纬》2001 年第 5 期。

一　海洋生态经济系统发展状态评价指标体系

基于海洋生态经济系统的基本内涵及其系统的复杂性，构建海洋生态经济系统发展状态评价指标体系应遵循如下原则：

（1）全面性与重要性相结合原则。海洋生态经济系统属于复合系统，从理论上讲，评价指标体系应能够全面反映海洋生态经济系统发展状态的各个方面，但由于系统涉及因子众多，且每个因子的贡献程度及作用方式有差别，若指标设置过多、过难，将给评价工作带来一定困难，因此需要找出能够表征海洋生态经济系统发展状态的主导因素，遵循全面性与重要性相结合原则，挑选出既能反映海洋生态经济系统综合发展状态又能突出其特性的指标，有取有舍，主次分明，以构建出科学合理的指标体系。

（2）规范性与实用性相结合原则。中国沿海地区空间尺度大，海洋生态经济系统发展影响因素多种多样，为保证评价结果的科学性、准确性和统一性，所选取的指标应当含义明确、测算方法准确、计算过程规范，且评价过程中所采用的数据、参数应具有合法性、权威性，竭力避免评价工作受到人为操控；同时，指标应易于被学者及使用者所理解和接受，指标数据应便于收集、易于量化，具有较好的可操作性和可比较性。

（3）系统性与层次性相结合原则。海洋生态经济系统中各项因子的变化将联系并影响其他因子的变化，构建评价指标体系要统筹考虑系统各类功能，反映复合系统的各个层面、主要特征及其相互关系，覆盖全面但又不重复，同时，具体组织各项评价指标时，必须依据一定逻辑规则使最终建立起的指标体系具有良好的顺序和结构层次，而非简单的排列组合或并行并列。

（4）科学性与前瞻性相结合原则。在正确理解海洋生态经济系统科学内涵的基础上，综合运用多学科理论，立足现有资料，选取能够客观、真实反映其发展状态的评价指标，同时，由于海洋生态经济系统时刻处于动态变化中，随着时间的推移，经济社会的进一步推进，系统的发展内涵将发生变化，其发展状态评价指标体系及标准在不同时期应有不同的反映，因此，还应坚持以超前的意识、发展的眼光进行指标体系构建。

海洋生态经济系统具有结构性、功能性及效益性，其系统结构的优劣决定系统功能的大小，进而决定系统效益的高低，因此，海洋生态经济系统发展状态评价应从系统结构状况入手，通过对三个子系统结构的合理性及各自运行状况的分析，揭示系统整体的运行态势。同时，由于海洋生态经济系统各子系统之间、系统与外界环境之间不断进行着能量、物质、信息以及价值的输入输出，而这些输入输出的效果所决定的运行效率是系统功能的主要体现，因此还应对各子系统主要因子的投入产出效率及所产生的效益进行评价。海洋生态经济系统是以人为主体，以经济、社会系统为核心，以生态系统为基础的多功能复合系统，其结构要素有生态子系统、经济子系统和社会子系统，据此，这里从生态、经济、社会三个方面分别考虑制定海洋生态经济系统发展状态的表征指标体系。

1. 海洋生态子系统指标

海洋生态子系统是海洋生态经济系统发展的基础，这里从海洋生态条件、海洋生态压力和海洋生态响应三个方面衡量海洋生态子系统运行状况。海洋生态条件主要采用生物多样性、严重污染海域面积比重、人均海水产品产量、海水浴场健康指数、年均赤潮发生次数 5 项指标来表示海洋生态的状况，直接反映海洋生态子系统对海洋生态经济系统发展的支撑能力；海洋生态压力指标分为两组，一组考虑了人为因素对海洋生态环境造成的影响，人为因素是导致海洋生态恶化的主要元凶，选取的指标包括可养殖面积利用率、单位面积工业废水排放量、单位面积工业固体废物产生量、单位海域疏浚物倾倒量；另一组则考虑了自然因素对海洋生态环境产生的威胁，包括海平面上升、年均单位岸线灾害损失两项指标；海洋生态响应指标主要用以衡量人类保护与治理海洋生态环境的情况，其中，海洋自然保护区面积比重与环保投入占 GDP 比重两项指标表示人类为改善海洋生态环境所做出的努力，近岸海洋生态系统健康状况则用以反映海洋生态环境改善的结果。

2. 海洋经济子系统指标

海洋经济子系统推动着海洋生态经济系统的发展演化，是海洋生态经济系统的核心部分。海洋经济子系统发展状态评价指标包括经济规模、经济结构和经济活力 3 个状态层。其中，海洋经济规模选取人均海洋生产总值、海洋生产总值占 GDP 比重、海域利用效率、人均固定资产投资 4 项指标，用以反映海洋经济发展的总体水平与集约度，间接衡量海洋经济子系统在开发海洋资源过程中对生态子系统造成的压力；海洋经济结构由海洋第三产业比重、海洋第二产业比重和海洋产业多元化程度 3 项指标表示，由于海洋第二产业的高耗能、高污染性，这里将其设为制约海洋经济健康发展的负向指标，海洋第三产业比重和海洋产业多元化程度则从正向衡量海洋经济发展的质量及结构的优劣；海洋经济活力主要采用相对劳动生产率、海洋产业竞争优势指数和海洋产业区位商来衡量海洋经济发展效率、竞争力以及增长潜力，直接反映海洋经济子系统可持续发展能力。

3. 海洋社会子系统指标

海洋社会子系统发展是海洋生态经济系统运转的根本目的，海洋社会子系统中人口的增加会给海洋生态子系统带来压力，但人主观能动性的发挥也将促进科技水平、管理能力以及海洋经济子系统的发展，从而为海洋生态子系统的修复与完善提供条件。这里以人口为出发点，选取海洋社会人口、生活质量、科技水平、管理能力 4 个状态层来衡量海洋社会子系统的发展状况。海洋社会人口包括人口密度、城镇化水平、受教育程度和涉海就业人员比重 4 项指标，其中人口密度表示沿海地区人口聚集程度，城镇化水平与受教育程度反映海洋社会人口素质，涉海就业人员比重衡量海洋社会人口对海洋的依赖程度；海洋社会生活质量选取城镇居民人均可支配收入、城镇居民人均消费总额、人均用电量、恩格尔系数 4 项指标，用以表示沿海地区人们生活质量与消费水平；海洋科技水平选取海洋科技研究人员比重、海洋科技创新能力、海洋科研机构密度和海洋科研课题承担能力 4 项指标，直接衡量海洋科学技术研发能力及对海洋资源环境开发与保护的支持力；海洋管理能力主要采用单位岸线海滨观测台站密度、年均出台政策文件、确权海域面积比重 3 项指标来反映人类对海洋生态经济系统的重视程度、管理力度与宏观调控水平。

由此，确定海洋生态经济系统发展状态评价指标体系共分系统层 3 个，状态层 10 个，基础指标 39 项，各指标层、计算说明及主要数据来源如表 4 -1 所示。

表 4 -1　　　　海洋生态经济系统发展状态评价指标体系及说明

系统层	状态层	基础指标层	单位	说明	数据主要来源
生态子系统	生态条件	生物多样性	—	海洋生态监控区底栖生物多样性平均值	《中国海洋环境质量公报》
		严重污染海域面积比重	%	中度污染以上海域占未达到清洁海域面积比重	《中国海洋环境质量公报》
		人均海水产品产量	千克/人	海水产品产量与地区总人口数之比	《中国农业年鉴》《中国统计年鉴》
		海水浴场健康指数	—	海水浴场健康指数平均值	《中国海洋发展报告》
		年均赤潮发生次数	次	相应海域赤潮发生次数	《中国海洋灾害公报》《中国海洋环境质量公报》

续表

系统层	状态层	基础指标层	单位	说明	数据主要来源
生态子系统	生态压力	可养殖面积利用率	%	海水养殖面积占海水可养殖面积比重	《中国海洋统计年鉴》
		单位面积工业废水排放量	万吨/平方千米	单位土地面积排放工业废水量	《中国统计年鉴》
		单位面积工业固体废物产生量	万吨/平方千米	单位土地面积产生工业固体废物量	《中国统计年鉴》
		单位海域疏浚物倾倒量	万立方米/平方千米	单位确权海域面积内疏浚物海洋倾倒量	《中国海洋环境质量公报》《海域使用管理公报》
		海平面上升	毫米	相应海域比常年平均海平面高的距离	《中国海平面公报》
		年均单位岸线灾害损失	百万元/千米	单位海岸线海洋灾害直接经济损失	《中国海洋灾害公报》
	生态响应	海洋自然保护区面积比重	%	海洋自然保护区面积占国土面积比重	《中国环境统计年鉴》《中国海洋统计年鉴》
		环保投入占GDP比重	%	环境污染治理投资总额占地区国内生产总值比重	《中国统计年鉴》《中国环境统计年鉴》
		近岸海洋生态系统健康状况	—	生态监控区近岸海洋生态系统健康状况	《中国海洋环境质量公报》
经济子系统	经济规模	人均海洋生产总值	万元/人	海洋生产总值与地区总人口数之比	《中国海洋经济发展综述》《中国海洋统计年鉴》《中国统计年鉴》
		海洋生产总值占GDP比重	%	海洋生产总值与地区国内生产总值之比	《中国海洋经济发展综述》《中国海洋统计年鉴》《中国统计年鉴》
		海域利用效率	亿元/平方千米	单位确权海域面积内海洋生产总值	《中国海洋经济发展综述》《中国海洋统计年鉴》《海域使用管理公报》
		人均固定资产投资	万元/人	固定资产投资总额与总人口数之比	《中国统计年鉴》

系统层	状态层	基础指标层	单位	说明	数据主要来源
经济子系统	经济结构	海洋第三产业比重	%	海洋第三产业占全部海洋生产总值比重	《中国海洋统计年鉴》
		海洋第二产业比重	%	海洋第二产业占全部海洋生产总值比重	《中国海洋统计年鉴》
		海洋产业多元化程度	—	海洋产业结构熵数值	《中国海洋统计年鉴》
	经济活力	相对劳动生产率	—	海洋产业劳动生产率与全部产业劳动生产率之比	《中国海洋统计年鉴》《中国统计年鉴》
		海洋产业竞争优势指数	%	海洋产业劳动生产率与海洋产业资本产出率的乘积	《中国海洋统计年鉴》《中国统计年鉴》
		海洋产业区位商	—	地区海洋生产总值占全部地区比重与地区国内生产总值占全部地区比重之比	《中国海洋统计年鉴》《中国统计年鉴》
社会子系统	社会人口	人口密度	百人/平方千米	单位土地面积承载人口数	《中国统计年鉴》
		城镇化水平	%	非农业人口占总人口比重	《中国人口统计年鉴》
		受教育程度	%	大专以上人口比重	《中国统计年鉴》《中国教育统计年鉴》
		涉海就业人员比重	%	涉海就业人员数占全社会就业人员总数比重	《中国海洋统计年鉴》
	生活质量	城镇居民人均可支配收入	元	城镇居民家庭人均可用于最终消费支出和其他非义务性支出以及储蓄的总和	《中国统计年鉴》
		城镇居民人均消费总额	元	城镇居民个人和家庭用于生活消费以及集体用于个人消费的全部支出	《中国统计年鉴》
		人均用电量	万千瓦时/人	电力消费量与总人口数之比	《中国统计年鉴》
		恩格尔系数	%	食品支出总额占个人消费支出总额比重	《中国统计年鉴》

续表

系统层	状态层	基础指标层	单位	说明	数据主要来源
社会子系统	科技水平	海洋科技研究人员比重	%	海洋科技从业人员占涉海就业人员比重	《中国海洋统计年鉴》《中国统计年鉴》
		海洋科技创新能力	%	海洋专业研究生占高等教育海洋专业在校生比重	《中国海洋统计年鉴》
		海洋科研机构密度	个/万平方千米	单位面积内海洋科研机构数	《中国海洋统计年鉴》
		海洋科研课题承担能力	项/个	海洋科研机构平均承担科研课题数	《中国海洋统计年鉴》
	管理能力	单位岸线海滨观测台站密度	个/百千米	海滨观测台站与大陆海岸线长度之比	《中国海洋统计年鉴》
		年均出台政策文件	项	海洋管理出台的宪法法律、行政法规、司法解释、部委规章、地方法规、政党及组织文件、行业规范、国际条约等	万律数据库（Westlaw）
		确权海域面积比重	%	当年确权海域面积占该地区全部已确权海域面积比重	《海域使用管理公报》

二 海洋生态经济系统发展状态评价指标权重

指标权重计算方法可分为主观赋权法与客观赋权法两类。所谓主观赋权法，即人为地凭借经验确定指标权重，多采取综合咨询评分进行确定，如层次分析法、综合指数法、功效系数法、因素成对比较法等；客观赋权法则依据评价对象各指标实际数据，按照某类计算准则得出各评价指标权重，如主成分分析、因子分析、变异系数法、熵值法、灰色关联法等。客观赋权法能够减少主观因素影响，得到客观而有说服力的权重结果，主观赋权法能够依据实际情况，灵活地做出切合实际的权重判断，因此，两者的结合将有助于得到更加准确、更加实用的结果。这里选取层次分析法

（AHP）1 种主观赋权法，多目标决策权系数与熵值法 2 种客观赋权法，共同确定海洋生态经济系统发展状态评价指标体系的权重。3 种方法计算步骤分别如下：

1. 层次分析法（AHP）

首先，采用德尔菲法对各层评价指标权重进行调查，向海洋生态与海洋经济领域专家 10 人发放专家调查表，收集专家对各项指标的打分。

其次，将打分取平均值，通过引入合适标度（见表 4 - 2），根据各项指标平均值的相对大小给出重要性判断，并用数值将指标相对重要性表示出来，写出各层次指标的判断矩阵。

表 4 - 2　　　　　　　　　　判断矩阵标度及其含义

标度	含义
1	表示两个因素相比，具有同样重要性
3	表示两个因素相比，一个因素比另一个因素稍微重要
5	表示两个因素相比，一个因素比另一个因素明显重要
7	表示两个因素相比，一个因素比另一个因素强烈重要
9	表示两个因素相比，一个因素比另一个因素极端重要

再次，运用层次分析法的和积法[1]计算判断矩阵，其计算公式为（将判断矩阵每一列正规化）：

$$\overline{a}_{ij} = \frac{a_{ij}}{\sum\limits_{k=1}^{n} a_{kj}}; i,j = 1,2,\cdots,n$$

将每列经正规化后的判断矩阵按行相加：

$$\overline{w}_i^1 = \sum_{j=1}^{n} \overline{a}_{ij}; i = 1,2,\cdots,n$$

对向量 $\overline{w}_i^1 = [\overline{w}_1^1, \overline{w}_2^1, \cdots, \overline{w}_n^1]^T$ 作正规化处理：

$$w^1 = \frac{\overline{w}_i^1}{\sum\limits_{i=1}^{n} \overline{w}_i^1}; i = 1,2,\cdots,n$$

得到 $w_i^1 = [w_1^1, w_2^1, \cdots, w_n^1]^T$，判断矩阵的特征向量即为层次分析法确定的海洋生态经济系统发展状态各评价指标权重。

---

[1]　赵焕臣、许树柏：《层次分析法——一种简易的新决策方法》，科学出版社 1986 年版。

复次，计算判断矩阵最大特征根：

$$\lambda_{\max} = \sum_{i=1}^{n} \frac{(Aw)_i^1}{nw_i^1}$$

式中 $(Aw)_i^1$ 表示向量 Aw 的第 i 个元素。

最后，对判断矩阵进行一致性检验：$CI = \dfrac{\lambda_{\max} - n}{n-1}$

在此引入判断矩阵的平均随机一致性指标 RI 值，测量所构建的各层次指标判断矩阵是否具有满意一致性，如表 4 - 3 所示：

表 4 - 3　　　　　　　层次分析法 1—9 阶判断矩阵 RI 值

1	2	3	4	5	6	7	8	9
0.00	0.00	0.58	0.90	1.12	1.24	1.32	1.41	1.45

计算随机一致性比率 CR，当 $CR = \dfrac{CI}{RI} < 0.10$ 时，即认为构建的判断矩阵具有满意的一致性，否则就需要重新调整判断矩阵。由此，计算得到海洋生态经济系统发展状态评价指标体系的基础指标权重 w_i^1。依据此法，再得到状态层及系统层指标权重，分别记为 β_m^1、α_l^1。

2. 多目标决策权系数

根据 2000—2014 年 11 个沿海省（市、区）海洋生态经济系统发展状态评价指标体系基础指标层的实际值计算结果，运用无限方案多目标决策方法确定有限方案多目标决策权系数的客观赋权法[①]，对 3 个系统层、10 个状态层的 39 项基础指标进行权重计算。步骤如下：

首先，假设 2000—2014 年中国海洋生态经济系统发展状态评价集为 $B = \{B_1, B_2, \cdots, B_{15}\}$，39 项基础指标集为 $I = \{I_1, I_2, \cdots, I_{39}\}$，$j$ 年发展状态评价 B_j 对指标 I_i 的实际值记为 x_{ij}（$i = 1, 2, \cdots, 39$；$j = 1, 2, \cdots, 15$），矩阵 $X = (x_{ij})_{39 \times 15}$ 表示 B 评价集对指标集 I 的"实际值矩阵"。

其次，进行标准化处理。对于海洋生态经济系统发展状态评价指标体系内的正向基础指标，即实际值越大越好的"效益型"指标，令：

$$z_{ij} = \frac{x_{ij} - x_i^{\min}}{x_i^{\max} - x_i^{\min}}, \quad i = 1, 2, \cdots, 39, \quad j = 1, 2, \cdots, 15$$

其中，$x_i^{\min}$ 和 $x_i^{\max}$ 分别为 I_i 指标的最小值和最大值。

---

① 王应明、傅国伟：《运用无限方案多目标决策方法进行有限方案多目标决策》，《控制与决策》1993 年第 1 期。

对于海洋生态经济系统发展状态评价指标体系内的负向基础指标，即实际值越小越好的"成本型"指标，则令：

$$z_{ij} = \frac{x_i^{max} - x_{ij}}{x_i^{max} - x_i^{min}}, \quad i = 1, 2, \cdots, 39, \quad j = 1, 2, \cdots, 15$$

记规范化后的矩阵为 $Z = (z_{ij})_{39 \times 15}$。

最后，进行权重计算。设指标间的权重向量为 $u_i^2 = (u_1, u_2, \cdots, u_{39})^T$，则得到海洋生态经济系统发展状态基础评价指标权重 $u_i^2 = \sum_{j=1}^{15} z_{ij} \Big/ \sum_{i=1}^{39} \Big(\sum_{j=1}^{15} z_{ij} \Big)$。对 39 项基础指标权重 $u_i^2 (i = 1, 2, \cdots, 39)$，按所在状态层进行加权，而后根据各基础指标权重所占比例重新分配权重，得到调整后的指标权重 $w_i^2 (i = 1, 2, \cdots, 39)$，以此类推，分别得到状态层与系统层各指标权重 β_m^2，α_l^2。

3. 熵值法

"熵"最早是热力学提出的概念，后被美国科学家 Shannon 引入信息论。在信息系统中，熵是对系统无序程度的度量，也可以用作度量已知数据所包含的有效信息量并确定权重。熵值法是依照各不同方案（各年或各地区）之间指标数据的差异程度来确定指标权重的一种方法。当某项评价指标各年各地区实际值相差较大时，熵值较小，表明该评价指标提供的有效信息量较大，其权重也相应较大；反之，当某项评价指标各年各地区实际值相差较小时，熵值较大，表明该评价指标提供的信息量较小，其权重也相应较小。当某项评价指标各年各地区实际值完全相同时，熵值达到最大，表明该评价指标无有效信息，可从评价指标体系中删除[1]。使用熵值法确定评价指标权重，主要有 4 个步骤：

首先，进行原始数据标准化。根据 2000—2014 年 11 个沿海省（市、区）海洋生态经济系统发展状态评价指标体系基础指标层的实际值计算结果，设 39 项基础指标 15 年评价实际值的原始数据矩阵为 $X = (x_{ij})_{39 \times 15}$，对其进行无量纲化处理。假设评价指标 I_i 的理想值为 x_i^*，对于正向指标来讲，x_i^* 越大越好，记为 x_{imax}^*；对于负向指标来讲，x_i^* 越小越好，记为 x_{imin}^*，定义 x'_{ij} 为 x_{ij} 对 x_i^* 的接近度。

对于正向指标而言，$x'_{ij} = \dfrac{x_{ij}}{x_{imax}^*}, \quad i = 1, 2, \cdots, 39; \quad j = 1, 2, \cdots, 15$

---

① 陆添超、康凯：《熵值法和层次分析法在权重确定中的应用》，《电脑编程技巧与维护》2009 年第 22 期。

对于负向指标而言，$x'_{ij} = \dfrac{x^*_{imin}}{x_{ij}}$，$i = 1, 2, \cdots, 39$；$j = 1, 2, \cdots, 15$

同时，定义原始数据的标准矩阵为 $Y = \{y_{ij}\}_{39 \times 15}$，其中：

$$y_{ij} = \dfrac{x'_{ij}}{\sum\limits_{j=1}^{12} x'_{ij}}, i = 1,2,\cdots,39; j = 1,2,\cdots,15$$

则 $0 \leqslant y_{ij} \leqslant 1$。

其次，进行信息熵 e_i 计算。第 I_i 项指标的信息熵 e_i 计算公式为：

$$e_i = -K \sum_{j=1}^{15} y_{ij} \ln y_{ij}, i = 1,2,\cdots,39; j = 1,2,\cdots,15$$

其中，$K = \dfrac{1}{\ln 15}$，（$K > 0$，15 为样本数），则 $0 \leqslant e_i \leqslant 1$。

再次，计算信息效用值 d_i。信息熵 e_i 可以用来度量第 I_i 项指标的信息效用值，当信息完全无序时，$e_i = 1$，此时 I_i 的信息对整体评价的效用值为 0。所以第 I_i 项指标的信息效用价值 d_i 取决于该指标的信息熵 e_i 与 1 之间的差值，则有：

$$d_i = 1 - e_i, i = 1, 2, \cdots, 39$$

最后，定义评价指标的权重。利用熵值法对评价指标体系中各基础指标的权重进行估算，其本质是通过该指标信息的价值系数来计算，价值系数越高，对评价结果的贡献也就越大，因此其权重也就越大。第 I_i 项基础指标权重的熵值法计算公式为：

$$v_i^3 = \dfrac{d_i}{\sum\limits_{i=1}^{39} d_i}, i = 1,2,\cdots,39$$

对 39 项基础指标权重 v_i^3（$i = 1, 2, \cdots, 39$），按所在状态层进行加权，而后根据各基础指标权重所占比例重新分配权重，得到调整后的指标权重 w_i^3（$i = 1, 2, \cdots, 39$），以此类推，分别得到状态层与系统层各指标权重 β_m^3，α_l^3。

将以上 3 种方法所得各层次指标权重进行算数平均运算，计算公式为：

基础指标层：$w_i = (w_i^1 + w_i^2 + w_i^3)/3$，$i = 1, 2, \cdots, 39$

状态层：$\beta_m = (\beta_m^1 + \beta_m^2 + \beta_m^3)/3$，$m = 1, 2, \cdots, 10$

系统层：$\alpha_l = (\alpha_l^1 + \alpha_l^2 + \alpha_l^3)/3$，$l = 1, 2, \cdots, 3$

即得到海洋生态经济系统发展状态各层次评价指标的综合权重，详见表 4-4。

表4-4　海洋生态经济系统发展状态评价指标权重计算结果

系统层	AHP法权重	客观赋权法权重	熵值法权重	综合权重	状态层	AHP法权重	客观赋权法权重	熵值法权重	综合权重	基础指标层	AHP法权重	客观赋权法权重	熵值法权重	综合权重
生态子系统	0.57	0.35	0.24	0.39	生态条件	0.32	0.32	0.28	0.31	生物多样性	0.24	0.20	0.04	0.16
										严重污染海域面积比重	0.49	0.20	0.09	0.26
										人均海水产品产量	0.16	0.25	0.01	0.14
										海水浴场健康指数	0.08	0.16	0.00	0.08
					生态压力	0.03	0.45	0.60	0.36	年均赤潮发生次数	0.04	0.19	0.86	0.36
										可养殖面积利用率	0.06	0.17	0.04	0.09
										单位面积工业废水排放量	0.15	0.13	0.04	0.11
										单位面积工业固体废物产生量	0.29	0.18	0.20	0.22
										单位海域疏浚物倾倒量	0.29	0.18	0.14	0.20
										海平面上升	0.15	0.12	0.09	0.12
					生态响应	0.64	0.23	0.11	0.33	年均单位岸线灾害损失	0.06	0.23	0.49	0.26
										海岸自然保护区面积比重	0.14	0.37	0.82	0.45
										环保投入占 GDP 比重	0.29	0.33	0.07	0.23
										近岸海洋生态系统健康状况	0.57	0.30	0.11	0.32
经济子系统	0.29	0.27	0.42	0.33	经济规模	0.66	0.35	0.76	0.59	人均海洋生产总值	0.16	0.23	0.32	0.24
										海洋生产总值占 GDP 比重	0.47	0.35	0.05	0.29
										海域利用效率	0.28	0.23	0.35	0.28
										人均固定资产投资	0.10	0.19	0.28	0.19

续表

系统层	AHP法权重	客观赋权法权重	熵值法权重	综合权重	状态层	AHP法权重	客观赋权法权重	熵值法权重	综合权重	基础指标层	AHP法权重	客观赋权法权重	熵值法权重	综合权重
经济子系统	0.29	0.27	0.42	0.33	经济结构	0.08	0.33	0.14	0.18	海洋第三产业比重	0.28	0.37	0.10	0.25
										海洋第二产业比重	0.07	0.29	0.90	0.42
										海洋产业多元化程度	0.64	0.34	0.00	0.33
					经济活力	0.26	0.32	0.11	0.23	比较劳动生产率	0.09	0.37	0.15	0.20
										海洋产业竞争优势指数	0.70	0.29	0.84	0.61
										海洋产业区位商	0.21	0.35	0.01	0.19
社会子系统	0.14	0.37	0.33	0.28	社会人口	0.20	0.30	0.07	0.19	人口密度	0.53	0.20	0.01	0.25
										城镇化水平	0.20	0.26	0.11	0.19
										受教育程度	0.20	0.26	0.76	0.41
										涉海就业人员比重	0.06	0.28	0.12	0.15
					生活质量	0.53	0.26	0.25	0.35	城镇就业人均可支配收入	0.30	0.21	0.35	0.29
										城镇居民人均消费总额	0.52	0.22	0.28	0.34
										人均用电量	0.12	0.25	0.36	0.24
										恩格尔系数	0.05	0.31	0.00	0.12
					科技水平	0.20	0.23	0.14	0.19	海洋科技研究人员比重	0.56	0.26	0.13	0.32
										海洋科技创新能力	0.07	0.35	0.46	0.29
										海洋科研机构密度	0.26	0.14	0.15	0.18
										海洋科研课题承担能力	0.11	0.24	0.26	0.20
					管理能力	0.06	0.21	0.53	0.27	单位岸线海滨观测台站密度	0.26	0.41	0.05	0.24
										年均出台政策文件	0.66	0.22	0.80	0.56
										确权海域面积比重	0.08	0.37	0.14	0.20

三 海洋生态经济系统发展状态评价模型

指标实际值无量纲化即是将所有指标根据原始数据计算出的实际值都转化为区间 [0, 1] 的数值。海洋生态经济系统发展状态评价指标分为两种类型：指标实际值越大越好的正向指标与指标实际值小越好的负向指标，对不同类型指标需采用不同的无量纲化方法。

$$r_{ij} = \begin{cases} \dfrac{x_{ij} - x_i^{\min}}{x_i^{\max} - x_i^{\min}}, & \text{正向指标} \\[2ex] \dfrac{x_i^{\max} - x_{ij}}{x_i^{\max} - x_i^{\min}}, & \text{负向指标} \end{cases}$$

式中，x_{ij} 为第 i 个指标的实际计算值，$x_i^{\max}$、$x_i^{\min}$ 分别为第 i 个指标 2000—2014 年 11 沿海个省（市、区）中的最大值和最小值。以各指标的标准值作为评定值，记作 r_{ij}。根据公式 $D = \sum\limits_{l=1}^{q} \alpha_l \sum\limits_{m=1}^{p} \beta_m \sum\limits_{i=1}^{n} w_i r_{ij}$ 计算中国 11 个沿海省（市、区）海洋生态经济系统发展状态综合评价值，式中 D 为某一沿海省市或 11 个省（市、区）合计的海洋生态经济系统发展状态综合评价值，α_l 为第 l 子系统指标体系的权重，β_m 为第 m 状态层指标体系的权重，w_i 为第 l 子系统第 m 状态层中第 i 项基础指标的权重，r_{ij} 为第 l 子系统第 m 状态层中第 i 项基础指标第 j 年的评定值，q、p、n 分别为子系统指标体系数、第 l 子系统状态层数和第 l 子系统第 m 状态层中基础指标数，由此计算得出沿海 11 个省（市、区）及沿海 11 个省（市、区）合计各状态层评价值、海洋生态子系统评价值、海洋经济子系统评价值、海洋社会子系统评价值以及海洋生态经济系统发展状态综合评价值。

海洋生态经济系统发展状态各状态层、各子系统以及综合评价值将在 [0，1] 向量产生，因此，这里确定海洋生态经济系统发展状态评价标准，分为优异、良好、一般、差四个等级，详见表4－5。

表4－5　　　　　　　海洋生态经济系统发展状态评价标准

评定系数	<0.3	0.3—0.55	0.55—0.8	>0.8
评价标准	差	一般	良好	优异

第二节　中国海洋生态经济系统发展状态评价

海洋生态经济系统的运行发展受其构成要素、组合方式、系统功能以及外部环境等影响，该复合系统在海洋生态演变、海洋经济发展、海洋社会进步的过程中，伴随着人口增加、资源开发、经济增长、科技进步以及生态破坏与修复，经历了漫长的演化过程，系统内部各要素之间形成了密不可分、相互依存的发展关系。评述海洋生态经济系统及各子系统的发展状态，能够明确其各自演变轨迹，客观全面地反映沿海 11 个省（市、区）海洋生态经济系统运行效果及存在的问题，从而为海洋生态经济系统协调关系研究及优化机制构建奠定基础。

一　海洋生态经济系统发展状态的时间演变

20 世纪 90 年代中期始，中国海洋资源开发逐步升温并保持快速推进势头，海洋经济子系统与海洋社会子系统渐渐萌芽。进入 21 世纪，国务院发布了《全国海洋经济发展规划纲要》，正式提出建设"海洋强国"的战略目标，海洋经济子系统与海洋社会子系统发展步伐有所加快，海洋生态子系统所承受的资源环境压力也与日俱增。伴随海洋资源开发的规模化推进，尤其是高投入、高消耗、高排放的海洋第二产业的迅速崛起，在海洋经济子系统与海洋社会子系统实现飞速发展的同时，沿海地区海洋生态环境却每况愈下。

如图 4－1 所示，2000—2014 年，中国海洋经济子系统评价值由 0.19 上升至 0.35，平均每年上升 5.94 个百分点，系统等级由最初的"差"提升为"一般"，实现了较快增长；同时，海洋社会子系统评价值由 0.10 上升至 0.45，平均每年上升 24.71 个百分点，系统等级也由最初的"差"提升至"一般"，发展势头良好。但由于中国海洋经济子系统与社会子系统是以高强度使用海洋资源环境为基础，以消耗大量不可更新资源为代价而发展起来的，虽然短时期内两子系统实现了较快增长，但从长远来看，已经孕育出海洋生态子系统全面恶化的潜在危机。2000—2014 年，中国海洋生态子系统评价值由 0.65 下降至 0.50，平均每年下降 1.60 个百分点，系统等级由最初的"良好"降为"一般"，不可持续发展的苗头已然显现。总体来看，由于海洋生态子系统的制约，尽管在海洋经济子系统与海洋社会子系统的带动下，中国海洋生态经济系统综合评价值由 2000 年的

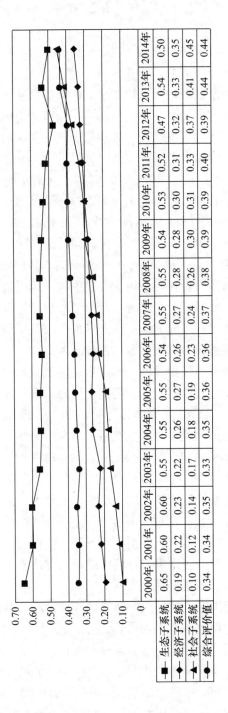

	2000年	2001年	2002年	2003年	2004年	2005年	2006年	2007年	2008年	2009年	2010年	2011年	2012年	2013年	2014年
生态子系统	0.65	0.60	0.60	0.55	0.55	0.55	0.54	0.55	0.55	0.54	0.53	0.52	0.47	0.54	0.50
经济子系统	0.19	0.22	0.23	0.22	0.26	0.27	0.26	0.27	0.28	0.28	0.30	0.31	0.32	0.33	0.35
社会子系统	0.10	0.12	0.14	0.17	0.18	0.19	0.23	0.24	0.26	0.30	0.31	0.33	0.37	0.41	0.45
综合评价值	0.34	0.34	0.35	0.33	0.35	0.36	0.36	0.37	0.38	0.39	0.39	0.40	0.39	0.44	0.44

图 4 - 1　2000—2014 年中国海洋生态经济系统各子系统及综合评价值

0.34 上升至2014 年的0.44，平均每年提升2.00 个百分点，但发展速度相
对缓慢，发展前景堪忧。

1. 海洋生态子系统发展状态演变趋势

随着海洋资源的大规模开发，中国海洋生态子系统运行状况在15 年
内发生了较大变化。由于沿海地区人口激增、产业集聚度攀升、资源消耗
增大，加之科学技术相对落后，节约、环保意识淡薄等原因，造成中国海
洋多种渔业资源濒临枯竭、海域污染持续加重，人为引起的海洋灾害逐年
增多，近海海洋生境破坏愈加严重。如图 4 - 2 所示，中国海洋生态条件
评价值由 2000 年的 0.69 下降至 2014 年的 0.49，从最初的"良好"等级
下滑为"一般"等级，尤其以海洋生物多样性、严重污染海域面积比重、
年均赤潮发生次数 3 项指标变化幅度最大，分别由 55.80 下降至 35、
22.43% 上升至40.33% 、28 次增加至 56 次。同时，海洋生态压力评价值
15 年来也呈现减小趋势，由 2000 年的 0.90 下降为 2014 年的 0.79，表明
海洋生态子系统面临的压力仍在逐步增大，其中，人为因素引起的可养殖
面积利用率上升和单位面积工业固体废物产生量增加是导致海洋生态压力
增大的主要原因，自然因素引起的海平面上升加快以及年均单位岸线灾害
损失增多是造成海洋生态压力增大的另一部分原因。

尽管中国沿海各地区为保护及修复海洋生态环境，相继启动了多项海
洋生态保护建设工程和综合治理工程，特别是以海洋自然保护区为重点的
生态保护工程的大面积建设，有效增强了对红树林、珊瑚礁、海湾、海
岛、入海河口、滨海湿地等脆弱海洋生态系统的保护力度，使海洋生态环
境恶化状况得到一定程度的改善，但海洋生态环境恶化趋势并未扭转。
2000—2014 年，中国海洋生态响应评价值从 0.32 下降至 0.19，其主要原
因是中国近岸海洋生态系统健康状况恶化趋势未能得到缓解，污染压力居
高不下，生境丧失愈加突出，同时，环保投入占 GDP 的比重也未能随着
经济规模的扩大实现大幅度提升，甚至有所下降，使得受损海洋生态系统
修复工作困难重重，劣变的海洋生态环境不能得到有效遏制。

2. 海洋经济子系统发展状态演变趋势

近年来，中国沿海地区不断加大海洋资源开发力度，加快优势资源转
换步伐，加大产业结构调整幅度，海洋经济子系统发展取得了显著成效，
海洋生产总值不断增长，海洋产业结构进一步优化，环境友好型海洋产业
比重不断上升，新兴海洋产业蓬勃发展。由图 4 - 3 可以看出，海洋经济
规模评价值由 2000 年的 0.06 迅速上升至 2014 年的 0.31，各项指标均呈
现明显上升态势，其中，人均海洋生产总值由 0.08 万元上升至 1.03 万元，

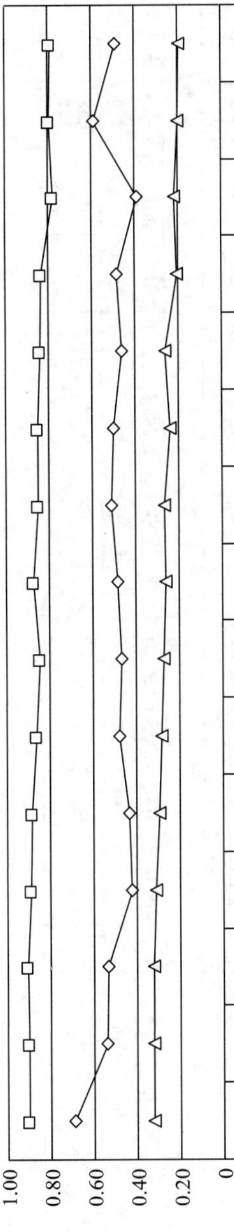

	2000年	2001年	2002年	2003年	2004年	2005年	2006年	2007年	2008年	2009年	2010年	2011年	2012年	2013年	2014年
◇ 生态条件	0.69	0.54	0.54	0.42	0.43	0.48	0.47	0.48	0.51	0.50	0.46	0.48	0.39	0.59	0.49
□ 生态压力	0.90	0.90	0.90	0.89	0.88	0.86	0.84	0.87	0.85	0.85	0.84	0.83	0.78	0.80	0.79
△ 生态响应	0.32	0.32	0.32	0.31	0.29	0.29	0.27	0.26	0.26	0.24	0.26	0.20	0.22	0.20	0.19

图4-2 2000—2014年中国海洋生态子系统各状态层评价值

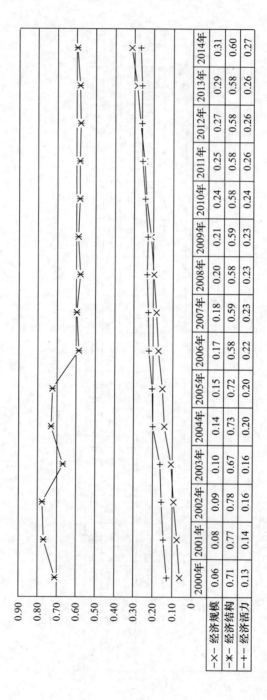

	2000年	2001年	2002年	2003年	2004年	2005年	2006年	2007年	2008年	2009年	2010年	2011年	2012年	2013年	2014年
—×— 经济规模	0.06	0.08	0.09	0.10	0.14	0.15	0.17	0.18	0.20	0.21	0.24	0.25	0.27	0.29	0.31
—*— 经济结构	0.71	0.77	0.78	0.67	0.73	0.72	0.58	0.59	0.58	0.59	0.58	0.58	0.58	0.58	0.60
—+— 经济活力	0.13	0.14	0.16	0.16	0.20	0.20	0.22	0.23	0.23	0.23	0.24	0.26	0.26	0.26	0.27

图 4 – 3　2000—2014 年中国海洋经济子系统各状态层评价值

海洋生产总值占 GDP 比重由 7.48% 增长至 16.27%，海域利用效率则从
0.14 亿元/平方公里上升到 2.00 亿元/平方公里，人均固定资产投资从
0.35 万元攀升至 4.02 万元，说明中国海洋经济规模化发展势头良好。同
时，海洋经济相对劳动生产率、海洋产业竞争优势指数、海洋产业区位商
分别由 0.98 上升至 1.49、6.49 上升至 26.92、1.07 上升至 1.10，表明中
国海洋产业生产效率不断提升，产业聚集度有所增强，产业竞争力持续提
高，海洋经济发展充满活力。遗憾的是，中国海洋经济结构稳定性波动仍
较大，海洋经济结构评价值甚至呈现下降趋势，由 2000 年的 0.71 下降到
2014 年的 0.60，表明尽管海洋第三产业比重不断上升，且海洋产业多元
化程度有所增强，但由于 10 年来海洋第二产业比重始终居高不下且保持
稳定上升态势，尤其是海洋第三产业增长速度明显慢于第二产业增长速
度，使得中国海洋经济依然无法摆脱对海洋资源的高度依赖，海洋产业结
构调整成效尚不能实现有效发挥，产业结构优化仍有较大空间。

　　3. 海洋社会子系统发展状态演变趋势

　　中国沿海 11 个省（市、区）包括 54 座沿海城市、238 个沿海地带，
区位条件优良，城镇人口比例大，整体人口素质高，科技水平领先，社会
发展基础牢固，属于中国社会相对发达地区。随着海洋经济子系统的不断
发展，沿海地区科技水平继续提升，基础设施建设进一步增强，人民生活
质量逐步改善，各项社会事业显著进步，海洋社会子系统各状态层评价值
均呈现明显上升态势。如图 4 - 4 所示，海洋社会人口评价值由 2000 年的
0.12 上升至 2014 年的 0.31，由"差"等级上升至"一般"，其中城镇化
与受教育程度有明显改善，分别从 34.07% 上升至 47.91%，从 3.27% 上
升至 11.37%，人口质量显著提高，为海洋经济与社会子系统发展提供了
有力支持，且涉海就业人员比重由 7.60% 提高到 10.89%，表明沿海地区
人口对海洋的依赖程度不断增强。同时，海洋社会人口生活质量也实现了
较大幅度提升，评价值整体由 0.12 发展为 0.60，其中，城镇居民人均可
支配收入由 7439.40 元上升至 28843.90 元，人均消费总额从 5786.33 元增
长至 19968.10 元，人均用电量由 0.14 万千瓦增加到 0.49 万千瓦，恩格尔
系数从 40.71% 下降至 33.89%，社会发展进一步推进。在海洋科技水平
方面，评价值由 2000 年的 0.15 上升到 2014 年的 0.25，其中，除海洋科
技研究人员比重略有上升外，海洋科技创新能力、海洋科研机构密度以及
海洋科研课题承担能力均有显著上升，且基本与海洋经济增长保持同步。
在海洋事务管理能力方面，评价值由 2000 年的 0.03 快速上升到 2014 年
的 0.52，表明中国沿海地区调控海洋生态经济系统运行的主观能动性逐步

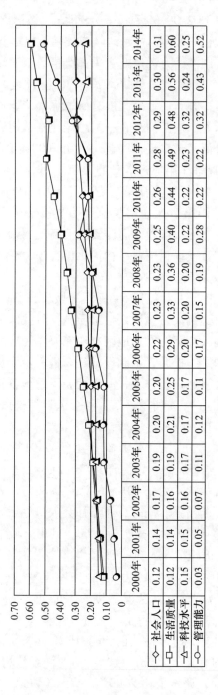

图 4 - 4 2000—2014 年中国海洋社会子系统各状态层评价值

	2000年	2001年	2002年	2003年	2004年	2005年	2006年	2007年	2008年	2009年	2010年	2011年	2012年	2013年	2014年
社会人口	0.12	0.14	0.17	0.19	0.20	0.20	0.22	0.23	0.23	0.25	0.26	0.28	0.29	0.30	0.31
生活质量	0.12	0.14	0.16	0.19	0.21	0.25	0.29	0.33	0.36	0.40	0.44	0.49	0.48	0.56	0.60
科技水平	0.15	0.15	0.16	0.17	0.17	0.17	0.20	0.20	0.20	0.22	0.22	0.23	0.32	0.24	0.25
管理能力	0.03	0.05	0.07	0.11	0.12	0.11	0.17	0.15	0.19	0.28	0.22	0.22	0.32	0.43	0.52

增强，尤其反映在年度出台的政策法规方面，由 2000 年的 15 项增加至 2014 年的 483 项，显示出海洋社会子系统的适应能力与控制能力正在加速提升。

二　海洋生态经济系统发展状态的空间差异

沿海 11 个省（市、区）由于资源禀赋、生态条件、经济基础、社会沿革等差异，其海洋生态经济系统及各子系统发展演变各不相同，呈现出明显的地域分化格局。为更清晰地看出沿海 11 个省（市、区）各自的海洋生态经济系统发展状态，明确中国海洋生态经济系统空间演变差异，这里将对沿海 11 个省（市、区）进行对比研究，并对 11 个省（市、区）空间状态进行评判。

由图 4-5 可以看出，2000—2014 年，沿海 11 个省（市、区）海洋生态经济系统综合评价值全部呈现上升态势，表明沿海各省（市、区）海洋生态经济系统均有不同程度发展，但除上海于 2006 年上升至"良好"等级外，其余 10 个省（市、区）10 年间始终处于"一般"等级。由综合评价值变化曲线可以看出，经过十多年的发展上海与天津已逐步成长为中国海洋生态经济系统两个增长极核，2000—2014 年综合评价值分别由 0.39 上升至 0.63，由 0.40 上升至 0.55，明显领先于沿海地区其余 9 个省（市、区），显现出对生产要素的聚集态势；其余 9 个省（市、区），辽宁、山东、江苏、浙江、福建、广东和海南的海洋生态经济系统演变趋势较为相近，2000—2014 年其综合评价值分别由 0.35 上升至 0.43，由 0.35 上升至 0.45，由 0.32 上升至 0.46，由 0.32 上升至 0.42，由 0.34 上升至 0.50，由 0.35 上升至 0.45，由 0.34 上升至 0.44，稳中有升，并处于 11 个省（市、区）的中间地位；而河北与广西尽管综合评价值有所增长，分别由 0.32 上升至 0.37 及 0.32 上升至 0.36，但增长幅度较小，始终处于 11 个省（市、区）末端地位，表明其海洋生态经济系统综合运行状态相对较差，尚处于初级阶段，亟待发展。

1. 海洋生态子系统发展状态空间差异

由图 4-6 可知，就海洋生态子系统发展状态演变趋势而言，除上海外，其余 10 个省（市、区）均呈现不同程度的恶化，上海则呈现先下降后上升又下降的趋势，海洋生态子系统评价值先由 2000 年的 0.53 下降至 2005 年的 0.43，后又上升至 2009 年的 0.55，又下降至 2014 年的 0.48。这主要是由于自 2005 年开始，上海海洋生态响应逐渐强烈，海洋自然保护区面积比重与环保投入不断增高，对海洋生态保护与修复起到了积极的

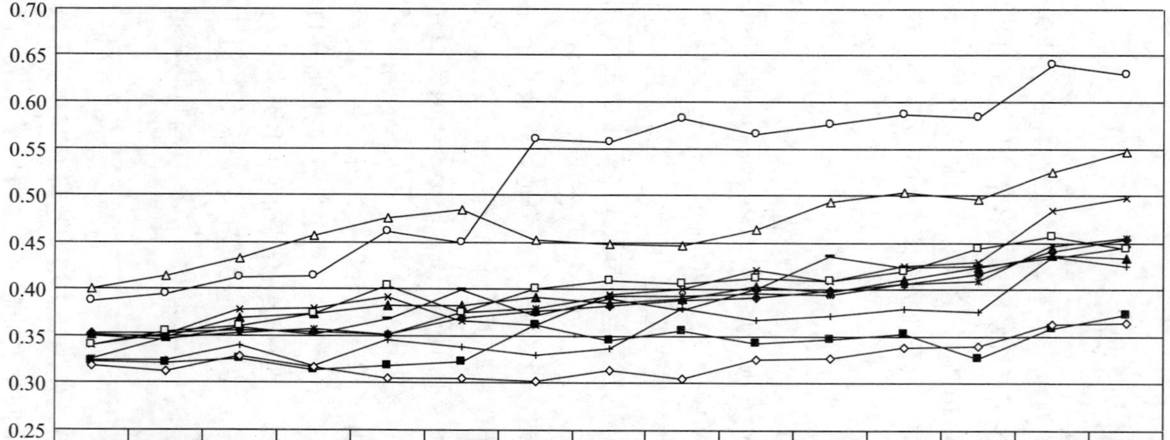

图 4-5 2000—2014 年沿海海 11 个省（市、区）海洋生态经济系统综合评价值

	2000年	2001年	2002年	2003年	2004年	2005年	2006年	2007年	2008年	2009年	2010年	2011年	2012年	2013年	2014年
辽宁	0.35	0.35	0.37	0.37	0.38	0.38	0.39	0.38	0.39	0.40	0.40	0.41	0.42	0.44	0.43
河北	0.32	0.32	0.32	0.31	0.32	0.32	0.36	0.35	0.36	0.34	0.35	0.35	0.33	0.36	0.37
天津	0.40	0.41	0.43	0.46	0.48	0.48	0.45	0.45	0.45	0.46	0.49	0.50	0.50	0.53	0.55
山东	0.35	0.35	0.35	0.35	0.35	0.37	0.38	0.38	0.39	0.39	0.40	0.40	0.42	0.44	0.45
江苏	0.32	0.35	0.35	0.36	0.35	0.37	0.38	0.39	0.39	0.40	0.39	0.40	0.41	0.45	0.46
上海	0.39	0.39	0.41	0.41	0.46	0.45	0.56	0.56	0.58	0.57	0.58	0.59	0.58	0.64	0.63
浙江	0.32	0.32	0.34	0.32	0.35	0.34	0.33	0.34	0.38	0.37	0.37	0.38	0.38	0.43	0.42
福建	0.34	0.35	0.38	0.38	0.39	0.37	0.36	0.39	0.40	0.42	0.41	0.42	0.43	0.48	0.50
广东	0.35	0.35	0.36	0.35	0.37	0.40	0.37	0.39	0.38	0.40	0.43	0.42	0.42	0.43	0.45
广西	0.32	0.31	0.33	0.32	0.30	0.30	0.30	0.31	0.30	0.33	0.33	0.34	0.34	0.36	0.36
海南	0.34	0.35	0.36	0.37	0.40	0.37	0.40	0.41	0.41	0.41	0.41	0.42	0.44	0.46	0.44

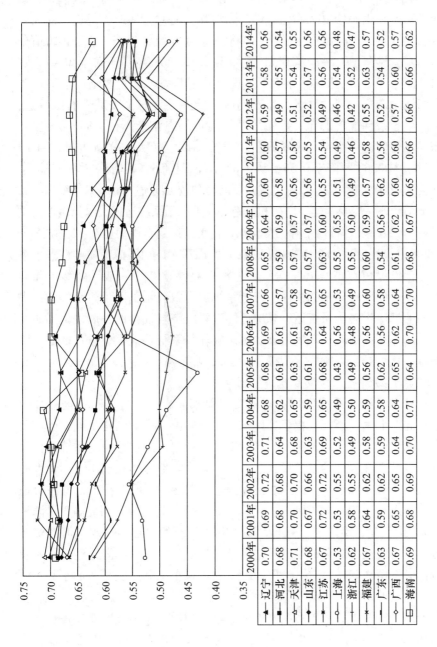

	2000年	2001年	2002年	2003年	2004年	2005年	2006年	2007年	2008年	2009年	2010年	2011年	2012年	2013年	2014年
辽宁	0.70	0.69	0.72	0.71	0.68	0.68	0.69	0.66	0.65	0.64	0.60	0.60	0.59	0.58	0.56
河北	0.68	0.68	0.68	0.64	0.62	0.61	0.61	0.57	0.59	0.59	0.58	0.57	0.49	0.55	0.54
天津	0.71	0.70	0.70	0.68	0.65	0.63	0.61	0.58	0.57	0.57	0.56	0.56	0.51	0.54	0.55
山东	0.68	0.67	0.66	0.63	0.59	0.61	0.59	0.57	0.57	0.57	0.56	0.55	0.52	0.57	0.56
江苏	0.67	0.72	0.72	0.69	0.65	0.68	0.64	0.65	0.63	0.60	0.55	0.54	0.49	0.56	0.56
上海	0.53	0.53	0.55	0.52	0.49	0.43	0.56	0.53	0.55	0.55	0.51	0.49	0.46	0.54	0.48
浙江	0.62	0.58	0.55	0.49	0.50	0.49	0.48	0.49	0.55	0.50	0.49	0.46	0.42	0.52	0.47
福建	0.67	0.64	0.62	0.58	0.59	0.56	0.56	0.60	0.60	0.59	0.57	0.58	0.55	0.63	0.57
广东	0.63	0.59	0.62	0.59	0.58	0.62	0.56	0.58	0.54	0.56	0.62	0.56	0.52	0.54	0.52
广西	0.67	0.65	0.65	0.64	0.64	0.65	0.62	0.64	0.61	0.62	0.60	0.60	0.57	0.60	0.57
海南	0.69	0.68	0.69	0.70	0.71	0.64	0.70	0.70	0.68	0.67	0.65	0.66	0.66	0.66	0.62

图4－6　2000—2014年沿海11个省（市、区）海洋生态子系统评价值

作用，产生了一定正面效应，然而，15 年间上海生态子系统评价值始终
位于 11 个省（市、区）末端，表明其生态子系统健康状况依然很差，效
果尚不稳定，生态修复工作仍需进一步加强。同时，河北、天津、浙江与
广东的海洋生态恶化程度也较高，2000—2014 年海洋生态子系统评价值分
别从 0.68 下降至 0.54，从 0.71 下降至 0.55，从 0.62 下降至 0.47，从
0.63 下降至 0.52，且在部分年份呈现不稳定状态，这主要是由于该三省
一市海洋生态压力持续增大，生态响应不能弥补生态损失甚至有所后退，
导致了生态条件显著恶化，生态子系统运行状态日渐不佳。同时，辽宁、
山东、江苏的海洋生态子系统评价值下降幅度也较大，分别从 0.70 下降
至 0.56，从 0.68 下降至 0.56，从 0.67 下降至 0.56，表明该三省海洋经济
与社会发展对海洋生态子系统造成的负面影响较为明显，生态子系统运行状
况堪忧。此外，尽管福建、广西和海南海洋生态子系统运行状况仍然停留在
"良好"等级，且评价值下降幅度较小，但可持续运行能力也在不断减弱。

2000—2014 年，辽宁、山东、江苏、福建、广西、海南海洋生态子系
统运行仍然停留在"良好"等级，上海一直停留在"一般"等级，而河
北、天津、浙江和广东的海洋生态子系统运行状况均下降了一个等级，表
明它们的海洋生态子系统运行状况已随海洋经济与社会的发展发生了明显
变化，海洋资源损耗、环境污染、生态破坏与系统功能丧失愈加严重，亟
须通过强化海洋生态响应等积极手段予以调节。

2. 海洋经济子系统发展状态空间差异

从海洋经济子系统发展状态演变趋势来看，一些省（市、区）如天
津、河北、上海、浙江、福建、广东、广西等由于产业结构优化，生产要
素输入调整以及部分年份劳动生产效率的不稳定，海洋经济子系统评价值
呈现了先升后降再升的复杂增长态势，其余沿海地区则呈现出不同程度的
平稳上涨态势，如辽宁、山东、海南等。由图 4-7 可以看出，就评价值
相对大小而言，2000—2014 年，上海始终处于领先地位，明显高于沿海地
区其余 10 个省（市、区），而天津自 2004 年开始也逐步显现其海洋资源
优势，成为继上海之后的第二海洋经济极核，上海、天津海洋经济子系统
评价值分别由 0.28 增长至 0.70，由 0.18 增长至 0.60，充分表明了其海洋
经济领头羊的地位。其余 9 个省区中，辽宁、山东、江苏、浙江、福建、
广东和海南的海洋经济子系统发展地位较为相近，2000—2014 年评价值分
别由 0.15 上升至 0.32，由 0.17 上升至 0.38，由 0.09 上升至 0.32，由
0.16 上升至 0.34，由 0.19 上升至 0.44，由 0.21 上升至 0.39，由 0.18 上

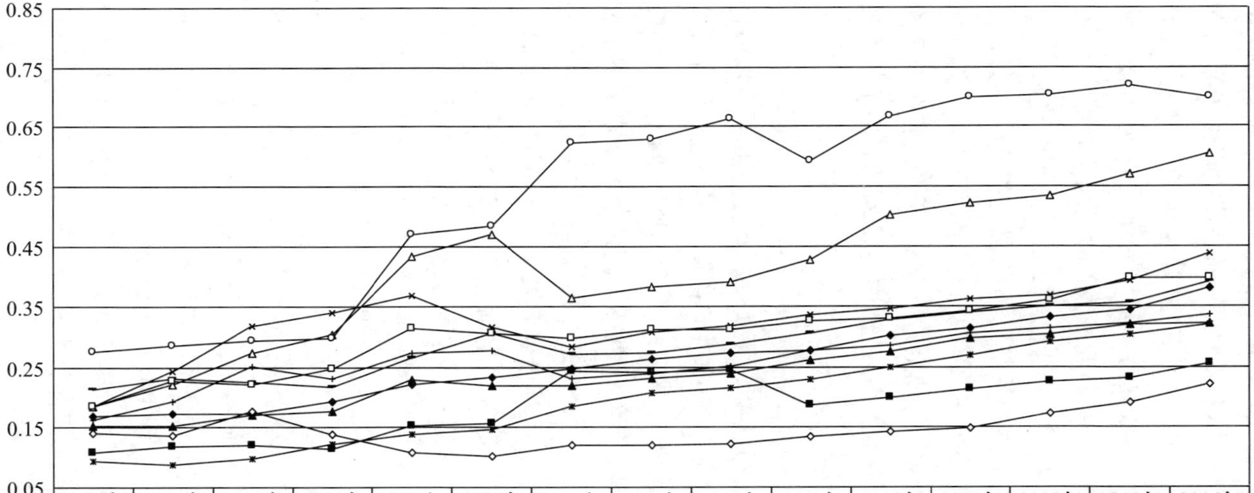

	2000年	2001年	2002年	2003年	2004年	2005年	2006年	2007年	2008年	2009年	2010年	2011年	2012年	2013年	2014年
辽宁	0.15	0.15	0.17	0.18	0.23	0.22	0.22	0.23	0.24	0.26	0.27	0.30	0.30	0.32	0.32
河北	0.11	0.12	0.12	0.11	0.15	0.16	0.24	0.24	0.25	0.19	0.20	0.21	0.23	0.23	0.25
天津	0.18	0.22	0.27	0.30	0.43	0.47	0.36	0.38	0.39	0.43	0.50	0.52	0.53	0.57	0.60
山东	0.17	0.17	0.17	0.19	0.22	0.23	0.25	0.26	0.27	0.28	0.30	0.31	0.33	0.35	0.38
江苏	0.09	0.09	0.10	0.12	0.14	0.15	0.19	0.21	0.21	0.23	0.25	0.27	0.29	0.30	0.32
上海	0.28	0.28	0.29	0.30	0.47	0.48	0.62	0.63	0.66	0.59	0.67	0.70	0.70	0.72	0.70
浙江	0.16	0.19	0.25	0.23	0.27	0.28	0.23	0.24	0.25	0.28	0.29	0.31	0.31	0.32	0.34
福建	0.19	0.24	0.32	0.34	0.37	0.32	0.28	0.31	0.32	0.34	0.35	0.36	0.37	0.39	0.44
广东	0.21	0.23	0.23	0.22	0.27	0.31	0.27	0.27	0.29	0.31	0.33	0.34	0.35	0.36	0.39
广西	0.14	0.14	0.18	0.14	0.11	0.10	0.12	0.12	0.12	0.13	0.14	0.15	0.17	0.19	0.22
海南	0.18	0.23	0.22	0.25	0.31	0.31	0.30	0.31	0.31	0.33	0.33	0.34	0.36	0.40	0.40

图4-7　2000—2014年中国沿海11个省（市、区）海洋经济子系统评价值

升至 0.40，始终处于 11 个省（市、区）的中间地位，经过进一步分析可以发现，这些地区一般海洋经济结构较好，但海洋经济规模或海洋经济活力相对较差，延缓了海洋经济系统整体发展程度。而河北与广西尽管评价值有所增长，分别由 0.11 上升至 0.25 及 0.14 上升至 0.22，但由于海洋经济规模、结构与活力均不突出，导致其海洋经济水平一直处于 11 个省（市、区）末端地位，亟待通过进一步挖掘与开发海洋优势资源予以改善。

2000—2014 年，除河北和广西海洋经济子系统运行仍然停留在"差"等级外，其余沿海 9 个省市海洋经济子系统运行状况均提高了等级，其中，上海和天津由"差"上升到"良好"等级，辽宁、山东、江苏、浙江、福建、广东、海南由"差"等级上升至"一般"等级，表明该 7 个省海洋经济子系统经过海洋生态与社会子系统的大力投入已产生了较好的经济效益，而河北和广西仍需要投入更多生产要素。

3. 海洋社会子系统发展状态空间差异

由图 4-8 可以看出，2000—2014 年，沿海 11 个省（市、区）海洋社会子系统评价值全部呈现上升态势，表明沿海各省（市、区）海洋社会子系统均有不同程度发展。由评价值变化曲线可知，15 年间，上海始终是海洋社会子系统发展的第一极核，天津位列第二，两市发展水平明显领先于沿海地区其余 9 个省区，上海、天津社会子系统评价值分别由 0.32 上升至 0.76 及 0.22 上升至 0.48，各类社会要素聚集态势明显，尤其是上海海洋社会人口一直处于"优良"等级，生活质量于 2006 年达到"良好"等级，2013 年突破"优异"等级；其余 9 个省区中，辽宁、山东、江苏、浙江、福建与广东的海洋社会子系统演变趋势较为相近，2000—2014 年其评价值分别由 0.10 上升至 0.38，由 0.12 上升至 0.39，由 0.12 上升至 0.47，由 0.10 上升至 0.47，由 0.07 上升至 0.47，由 0.13 上升至 0.41，呈现出平稳的上升态势，并始终处于 11 个省（市、区）的中间地位，这些地区一般生活质量较好，但海洋社会人口素质、海洋科技水平与海洋事务管理能力相对不高，制约了社会系统整体发展水平。而河北、广西与海南的评价值尽管有所上升，分别由 0.07 上升至 0.28，由 0.04 上升至 0.25，由 0.04 上升至 0.26，但由于海洋社会人口素质、生活质量、科技水平与管理能力均不突出，导致其海洋社会进步一直落后于其他省市，海洋社会子系统发展处于初级阶段，亟待推进。

2000—2014 年，除河北、广西和海南海洋社会子系统运行仍然停留在"差"等级外，其余沿海 8 个省市海洋社会子系统运行状况均提高了一个

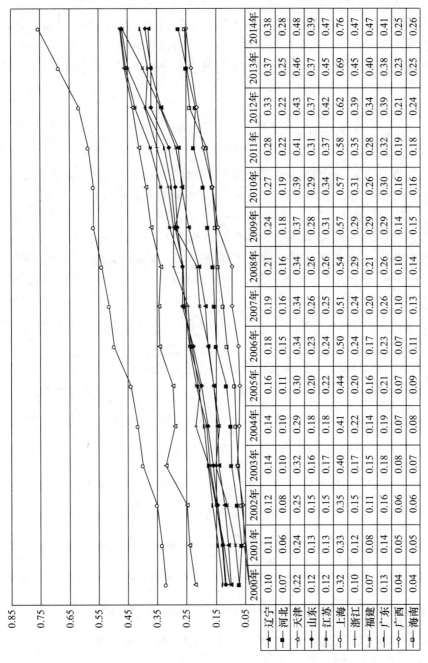

	2000年	2001年	2002年	2003年	2004年	2005年	2006年	2007年	2008年	2009年	2010年	2011年	2012年	2013年	2014年
辽宁	0.10	0.11	0.12	0.14	0.14	0.16	0.18	0.19	0.21	0.24	0.27	0.28	0.33	0.37	0.38
河北	0.07	0.06	0.08	0.10	0.10	0.11	0.15	0.16	0.16	0.18	0.19	0.22	0.22	0.25	0.28
天津	0.22	0.24	0.25	0.32	0.29	0.30	0.34	0.34	0.34	0.37	0.39	0.41	0.43	0.46	0.48
山东	0.12	0.13	0.15	0.16	0.18	0.20	0.23	0.26	0.26	0.28	0.29	0.31	0.37	0.37	0.39
江苏	0.12	0.13	0.15	0.17	0.18	0.22	0.24	0.25	0.26	0.31	0.34	0.37	0.42	0.45	0.47
上海	0.32	0.33	0.35	0.40	0.41	0.44	0.50	0.51	0.54	0.57	0.57	0.58	0.62	0.69	0.76
浙江	0.10	0.12	0.15	0.17	0.22	0.20	0.24	0.24	0.29	0.29	0.31	0.35	0.39	0.45	0.47
福建	0.07	0.08	0.11	0.15	0.14	0.16	0.17	0.20	0.21	0.29	0.26	0.28	0.34	0.40	0.47
广东	0.13	0.14	0.16	0.18	0.19	0.21	0.23	0.26	0.26	0.29	0.30	0.32	0.39	0.38	0.41
广西	0.04	0.05	0.06	0.08	0.07	0.07	0.07	0.10	0.10	0.14	0.16	0.19	0.21	0.23	0.25
海南	0.04	0.05	0.06	0.07	0.08	0.09	0.11	0.13	0.14	0.15	0.16	0.18	0.24	0.25	0.26

图4-8　2000—2014年中国沿海11个省（市、区）海洋社会子系统评价值

等级，其中，上海由"一般"上升到"良好"等级，辽宁、天津、山东、江苏、浙江、福建、广东则由"差"等级上升至"一般"等级，表明该8省市海洋社会子系统人均受益福利渐渐增长，生活质量得到了显著改善，人们利用和改造海洋的主观能动性与掌控能力逐步增强，并产生了较好的社会效益，而河北、广西和海南的海洋社会发展仍需要进一步推动。

第三节　中国海洋生态经济系统协调度定量判定

　　生态与经济协调发展测度是发展中国家可持续发展问题研究的热点之一[1][2]。当前学术界对生态经济复合系统协调发展的研究已逐渐由静态、定性现状分析转向动态、定量趋势评价[3][4]，其中，关于协调度测度常用的模型包括 EKC 计量模型[5][6]、灰色系统模型[7]、投入产出模型[8][9]、耦合模型[10][11]等。这些模型各有适用范围及优缺点，在很大程度上推动了该领域的研究进展，但关于生态经济系统协调状态测度仍有诸多问题亟待解

① Jalal K. F., "International Agencies and the Asia – pacific Environment", *Environmental Science & Technology*, Vol. 27, No. 12, 1993, pp. 2276 – 2279.
② Wehner J., "Our Money, Our Responsibility: A Citizens' Guide to Monitoring Government Expenditures", *Development Policy Review*, Vol. 27, No. 1, 2009, pp. 107 – 108.
③ 吴文恒、牛叔文、郭晓冬等：《中国人口与资源环境耦合的演进分析》，《自然资源学报》2006 年第 6 期。
④ 李湘梅、周敬宣、张娴等：《城市生态系统协调发展仿真研究——以武汉市为例》，《环境科学学报》2008 年第 12 期。
⑤ Panayotou T., *Enviornment Degradation at Different Stages of Economic Development Livehoods in the Third World*, London: Macmillan Press, 1995, p. 175.
⑥ Dinda S., "Environmental Kuznets Curve Hypothesis: A Survey", *Ecological Economics*, Vol. 49, No. 4, 2004, pp. 7 – 71.
⑦ 张明媛、袁永博、周晶等：《基于灰色系统模型的城市承载经济协调性分析》，《系统工程理论与实践》2008 年第 3 期。
⑧ 雷明：《中国环境经济综合核算体系框架设计》，《系统工程理论与实践》2000 年第 10 期。
⑨ 姜涛、袁建华、何林等：《人口—资源—环境—经济系统分析模型体系》，《系统工程理论与实践》2002 年第 12 期。
⑩ 廖重斌：《环境与经济协调发展的定量评判及其分类体系——以珠江三角洲城市群为例》，《热带地理》1999 年第 2 期。
⑪ 吴玉鸣、张燕：《中国区域经济增长与环境的耦合协调发展研究》，《资源科学》2008 年第 1 期。

决①，主要包括：①系统协调状态判定标准仍是目前学术界争论的焦点②；②在进行生态经济系统协调度测度时，通常忽略对两系统发展潜力的考虑，使研究结论多少带有一定片面性③；③在现有生态经济系统协调度测度研究中，鲜有将社会作为一个独立系统与生态系统、经济系统相结合予以研究，深入探讨三者之间交互胁迫关系与演变规律的研究成果相对较少。由此，这里首先应用交互胁迫论及非线性回归模型，对中国沿海 11 个省（市、区）海洋生态经济系统三个子系统的时空动态关系曲线进行拟合，在验证各子系统确实存在交互胁迫关系的前提下，应用耦合模型对沿海 11 个省（市、区）各子系统的协调度进行测算，并在建立协调度演化阶段及协调类型判别标准的基础上，判断沿海 11 个省（市、区）海洋生态经济系统协调发展所处阶段与协调类型，以全面揭示中国海洋生态经济系统协调运行的时空演变规律，为构建海洋生态经济系统协调发展优化机制提供依据。

一 海洋生态经济系统交互胁迫关系

交互胁迫论认为，生态经济系统内部存在复杂的交互胁迫关系。具体表现为：

首先，就经济子系统与社会子系统而言，不同的发展阶段两者表现着不同的交互胁迫关系。在社会发展初期，人口增长带来的就业与生活需求压力，加速了经济子系统的工业化速度，也推动着自身城镇化进程与科技进步，但随着社会规模的扩张，尤其是人口高速增长带来的不适，将严重制约经济子系统的进一步发展，集中表现为：①人口基本消费需求增长影响国民经济的积累；②劳动力过剩造成人力资源浪费，并带来社会不安定，妨碍经济生产的正常进行；③过重的人口负担制约产业结构的高级化演进以及资金、技术密集型高效产业的形成与发展④。而经济子系统的健康发展能够为社会子系统提高人口素质、改善生活质量、推进科技进步、提升管理能力提供必要的物质支持，但经济发展越快，人口增长则越慢，社会人口的老龄化又不可避免地给经济发展带来负面影响。

---

① 王长征、刘毅：《经济与环境协调研究进展》，《地理科学进展》2002 年第 1 期。

② 冯玉广、王华东：《区域人口—资源—环境—经济系统可持续发展定量研究》，《中国环境科学》1997 年第 5 期。

③ 闵庆文、李文华：《区域可持续发展能力评价及其在山东五莲的应用》，《生态学报》2002 年第 1 期。

④ 曹新：《人口增长与经济发展》，《重庆社会科学》2001 年第 3 期。

其次，就经济子系统和生态子系统而言，经济子系统的高速发展加剧了生态资源的短缺以及生态环境的恶化，退化的生态子系统必将反过来限制经济子系统的发展，由此形成恶性循环，制约整个系统的良性运行；倘若在经济子系统发展的同时，对生态子系统资源进行优化配置，增加生态修复和维护的投入，使生态环境不断改善，则能够形成经济子系统发展与生态子系统优化的良性循环，推动整个系统向更高阶段发展。

最后，就社会子系统和生态子系统而言，在一定时期与空间范围内，特定区域的生态子系统所拥有的不可再生与可再生资源环境量有限，但随着社会子系统的人口逐渐增多，生活水平与消费水平不断提高，人类需求将急剧膨胀。若没有良好的生态保护与建设，人类为了维持生存，必将过度开发与利用资源环境，且制造大量的废弃物，从而导致生态子系统的恶化甚至崩溃，但若投入大量人力物力用于生态保护与建设，同时积极研制资源替代技术、资源利用率提高技术，不断提高生态管理水平，则能够促成社会适度发展与生态环境利用得当的良性循环，而健康的生态环境也将有利于人类提高身心素质，从而追求更高的精神文明与物质文明。

可见，在生态经济系统发展过程中，系统内部既有恶性循环过程，也有良性循环环节，随着某子系统受到的胁迫作用突破某一触发点，压力将开始显现，同时，胁迫系统将被迫调整减缓，而当积极的调控措施发挥作用，子系统之间的矛盾得到缓和时，新一轮的恶性→良性循环又将开始，即生态经济系统在各子系统的交互胁迫作用下，遵循的是 S 形发展路径[1]。

根据周一星等的研究，城镇化水平与经济发展水平之间存在着某种对数曲线的交互关系[2][3]，其表达公式为：$y = a\lg x + b$，其中，y 为城镇化水平，x 为人均国民生产总值，a，b 为非负待定参数。而 Grossman 等早就证实生态环境状况与经济发展水平之间是一种倒 U 形曲线的交互关系[4]，其表达公式为：$z = m - n(x-p)^2$，式中，z 代表生态恶化程度，x 为人均国民生产总值，m、n、p 为非负待定参数。

方创琳等根据上述两种关系模型，采用数学方法推导出生态经济系统

① 方创琳：《河西走廊：绿洲支撑着城市化——与仲伟志先生商榷》，《中国沙漠》2003 年第 3 期。
② 周一星：《城市地理学》，商务印书馆 1995 年版。
③ 许学强、周一星、宁越敏：《城市地理学》，高等教育出版社 1997 年版。
④ Grossman G., Kreuger A., "Economic Growth and the Environment", *Quarterly Journal of Economics*, Vol. 110, No. 2, 1995, pp. 353 –377.

中社会子系统与生态子系统之间的双指数交互关系曲线[①]，该种交互曲线表现为一个幂函数和指数函数叠加而成的复合函数，其表达公式为：$z = m - n(10^{\frac{y-b}{a}} - p)^2$，式中，$z$ 代表生态恶化程度，y 为城镇化水平，m、n、a、b、p 为非负待定参数。这种双指数交互曲线在整个递变过程中，呈现多个复合 S 形曲线组合的节律性演变规律。

参照此三种关系模型，将其引入海洋生态经济系统。首先，假定海洋社会子系统与海洋经济子系统之间存在某种对数曲线交互关系，可用公式表示为：$y = a\lg x + b$，式中，y 为海洋社会子系统发展状态评价值，x 为海洋经济子系统发展状态评价值，a、b 为非负待定参数。其次，假定海洋经济子系统与海洋生态子系统之间存在倒 U 形曲线交互关系，可用公式表示为：$z = m - n(x - p)^2$，式中，z 代表海洋生态恶化指数，x 为海洋经济子系统发展状态评价值，m、n、p 为非负待定参数。

在海洋生态经济系统中，人类社会具有生产与消费的双重功能，海洋社会子系统内人的价值观以及由此形成的海洋社会组织及文化是造成当前海洋经济子系统飞速发展而海洋生态急剧恶化的根本原因，人是海洋经济子系统发展的驱动者与调控者，以"人"为主体构成的海洋社会子系统通常与海洋经济子系统同步发展，因此，海洋生态经济系统三个子系统之间的根本关系应归结为海洋社会子系统与海洋生态子系统之间的双指数曲线交互关系，海洋生态经济系统的交互胁迫演变轨迹主要通过该曲线来描述，即公式为：$z = m - n(10^{\frac{y-b}{a}} - p)^2$，式中，$z$ 代表海洋生态恶化指数，y 为海洋社会子系统发展状态评价值，m 为海洋生态子系统阈值，n、a、b、p 是非负待定参数。

为反映海洋生态子系统生态恶化程度，需要对海洋生态子系统发展状态评价指标进行变向处理，重新对各指标实际值进行无量纲化，公式为：

$$r_{ij} = \begin{cases} \dfrac{x_i^{\max} - x_{ij}}{x_i^{\max} - x_i^{\min}}, & \text{正向指标} \\[3mm] \dfrac{x_{ij} - x_i^{\min}}{x_i^{\max} - x_i^{\min}}, & \text{负向指标} \end{cases}$$

式中，x_{ij} 为海洋生态子系统第 i 个指标的实际计算值，$x_i^{\max}$、$x_i^{\min}$ 分别为第 i 个指标 2000—2014 年 11 个省（市、区）中的最大值和最小值。各

① 黄金川、方创琳：《城市化与生态环境交互耦合机制与规律性分析》，《地理研究》2003年第2期。

指标权重仍采用第四章第一节中的计算结果，经过加权求和，得出2000—2014 年沿海11 个省（市、区）及合计的海洋生态恶化指数，详见表4－6。

表4－6　　2000—2014 年沿海11 个省（市、区）海洋生态恶化指数

年份	2000	2001	2002	2003	2004	2005	2006	2007	2008	2009	2010	2011	2012	2013	2014
辽宁	0.30	0.32	0.28	0.29	0.32	0.32	0.31	0.34	0.35	0.36	0.41	0.40	0.41	0.42	0.44
河北	0.32	0.32	0.32	0.36	0.39	0.39	0.39	0.43	0.41	0.41	0.42	0.44	0.51	0.45	0.46
天津	0.29	0.30	0.30	0.42	0.35	0.37	0.39	0.42	0.43	0.44	0.44	0.44	0.49	0.46	0.45
山东	0.32	0.33	0.34	0.37	0.41	0.39	0.41	0.43	0.43	0.43	0.44	0.45	0.48	0.43	0.44
江苏	0.33	0.28	0.29	0.31	0.35	0.32	0.36	0.35	0.37	0.37	0.45	0.46	0.51	0.44	0.44
上海	0.48	0.47	0.45	0.48	0.51	0.57	0.47	0.45	0.45	0.49	0.51	0.54	0.46	0.52
浙江	0.38	0.42	0.45	0.51	0.50	0.51	0.52	0.51	0.45	0.51	0.51	0.54	0.58	0.48	0.53
福建	0.34	0.36	0.38	0.42	0.41	0.44	0.44	0.40	0.40	0.41	0.43	0.42	0.46	0.37	0.43
广东	0.37	0.41	0.39	0.41	0.42	0.39	0.44	0.42	0.46	0.44	0.38	0.44	0.49	0.46	0.48
广西	0.30	0.35	0.35	0.36	0.36	0.35	0.38	0.37	0.39	0.38	0.40	0.44	0.43	0.40	0.43
海南	0.31	0.32	0.31	0.30	0.29	0.36	0.30	0.31	0.32	0.35	0.33	0.35	0.44	0.34	0.38
合计	0.36	0.40	0.40	0.45	0.45	0.45	0.46	0.45	0.45	0.46	0.47	0.48	0.53	0.47	0.50

1. 海洋经济子系统与海洋社会子系统交互胁迫关系验证

根据对数曲线方程，应用matlab7.0软件进行对数曲线拟合求解，并绘出沿海11 个省（市、区）2000—2014 年海洋经济子系统与海洋社会子系统交互关系对数曲线，拟合结果见表4－7和图4－12。

表4－7　　　　沿海11 个省（市、区）海洋经济子系统与海洋社会子系统对数关系方程式

地区	对数关系方程式	检验结果	地区	对数关系方程式	检验结果
辽宁	$y = 0.7744$ $\lg(x) +$ 0.7084	SSE：0.0174	浙江	$y = 1.108$ $\lg(x) +$ 0.9169	SSE：0.04728
		R－square：0.8571			R－square：0.7379
		Adjusted R－square：0.8461			Adjusted R－square：0.7177
		RMSE：0.03658			RMSE：0.06031

续表

地区	对数关系方程式	检验结果	地区	对数关系方程式	检验结果
河北	y = 0.4115 lg(x) + 0.4625	SSE：0.02026 R - square：0.6882 Adjusted R - square：0.6642 RMSE：0.03948	福建	y = 1.015 lg(x) + 0.7193	SSE：0.07814 R - square：0.5918 Adjusted R - square：0.5604 RMSE：0.07753
天津	y = 0.452 lg(x) + 0.5308	SSE：0.0192 R - square：0.7792 Adjusted R - square：0.7622 RMSE：0.03844	广东	y = 1.013 lg(x) + 0.8059	SSE：0.01457 R - square：0.8741 Adjusted R - square：0.8644 RMSE：0.03348
山东	y = 0.752 lg(x) + 0.699	SSE：0.003982 R - square：0.9644 Adjusted R - square：0.9616 RMSE：0.0175	广西	y = 0.4985 lg(x) + 0.5447	SSE：0.03833 R - square：0.4427 Adjusted R - square：0.3998 RMSE：0.0543
江苏	y = 0.5732 lg(x) + 0.6974	SSE：0.01824 R - square：0.9039 Adjusted R - square：0.8965 RMSE：0.03746	海南	y = 0.6618 lg(x) + 0.4813	SSE：0.01693 R - square：0.773 Adjusted R - square：0.7555 RMSE：0.03608
上海	y = 0.7065 lg(x) + 0.7138	SSE：0.05322 R - square：0.7791 Adjusted R - square：0.7621 RMSE：0.06399	合计	y = 1.369 lg(x) + 1.034	SSE：0.0161 R - square：0.899 Adjusted R - square：0.8912 RMSE：0.03519

注：SSE 为方差，越接近于 0 越好；R - square 为决定系数，越接近于 1 越好；Adjusted R - square 为校正后的决定系数，越接近于 1 越好；RMSE 为标准差，越接近于 0 越好。

由表 4 - 7 和图 4 - 12 可以看出，除广西外，其余沿海省市 2000—2014 年海洋经济子系统与海洋社会子系统交互关系对数曲线拟合结果均较理想，表明中国海洋经济子系统与海洋社会子系统之间的交互影响发展呈现明显的对数变化形式，即海洋社会子系统发展随着海洋经济子系统发展水平的提高而提高。

2. 海洋经济子系统与海洋生态子系统交互胁迫关系验证

根据倒 U 形曲线方程，应用 matlab7.0 软件进行倒 U 形曲线拟合求解，并绘出沿海 11 个省（市、区）2000—2014 年海洋经济子系统与海洋生态子系统交互关系倒 U 形曲线，拟合结果详见表 4 - 8 和图 4 - 13。

表 4 - 8　　　　沿海 11 省（市、区）海洋经济子系统与海洋生态
子系统倒 U 形关系方程式

省 （市、区）	倒 U 形关系 方程式	检验结果	省 （市、区）	倒 U 形关系 方程式	检验结果
辽宁	$Z = 0.4583 -$ $0.002603 \times$ $(x - 6.671)^2$	SSE： 0.003641	浙江	$Z = 0.5263 -$ $4.87 \times$ $(x - 0.3305)^2$	SSE： 0.01324
		R - square： 0.9046			R - square： 0.6252
		Adjusted R - square： 0.8887			Adjusted R - square： 0.5627
		RMSE： 0.01742			RMSE： 0.03322
河北	$Z = 0.4391 -$ $7.054 \times$ $(x - 0.2385)^2$	SSE： 0.01154	福建	$Z = 0.4209 -$ $2.126 \times$ $(x - 0.3837)^2$	SSE： 0.008792
		R - square： 0.7276			R - square： 0.4251
		Adjusted R - square： 0.6822			Adjusted R - square： 0.3293
		RMSE： 0.03102			RMSE： 0.02707
天津	$Z = 0.4993 -$ $0.4794 \times$ $(x - 0.8654)^2$	SSE： 0.01425	广东	$Z = 0.4581 -$ $4.204 \times$ $(x - 0.3335)^2$	SSE： 0.00566
		R - square： 0.7682			R - square： 0.6078
		Adjusted R - square： 0.7296			Adjusted R - square： 0.5238
		RMSE： 0.03446			RMSE： 0.02844
山东	$Z = 0.4498 -$ $4.433 \times$ $(x - 0.3327)^2$	SSE： 0.002222	广西	$Z = 0.3887 -$ $0.015 \times$ $(x - 1.008)^2$	SSE： 0.003475
		R - square： 0.9286			R - square： 0.5629
		Adjusted R - square： 0.9167			Adjusted R - square： 0.4578
		RMSE： 0.01361			RMSE： 0.02228

续表

省 （市、区）	倒 U 形关系 方程式	检验结果	省 （市、区）	倒 U 形关系 方程式	检验结果
江苏	$Z = 0.5498 -$ $0.413 \times$ $(x - 0.8675)^2$	SSE： 0.01626	海南	$Z = 0.3488 -$ $0.077 \times$ $(x - 0.6656)^2$	SSE： 0.003133
		R – square： 0.7577			R – square： 0.5325
		Adjusted R – square： 0.7173			Adjusted R – square： 0.4438
		RMSE： 0.03681			RMSE： 0.02116
上海	$Z = 0.6409 -$ $1.688 \times$ $(x - 0.7485)^2$	SSE： 0.01775	合计	$Z = 0.5062 -$ $3.217 \times$ $(x - 0.395)^2$	SSE： 0.005075
		R – square： 0.644			R – square： 0.7871
		Adjusted R – square： 0.5423			Adjusted R – square： 0.7516
		RMSE： 0.03846			RMSE： 0.02056

注：SSE 为方差，越接近于 0 越好；R – square 为决定系数，越接近于 1 越好；Adjusted R – square 为校正后的决定系数，越接近于 1 越好；RMSE 为标准差，越接近于 0 越好。

由表 4 – 8 和图 4 – 13 可以看出，除福建和广东个别检验结果不太理想外，其他沿海省（市、区）2000—2014 年海洋经济子系统与海洋生态子系统交互关系倒 U 形曲线拟合结果均较好，表明中国海洋经济子系统与海洋生态子系统之间的协调发展呈现明显的倒 U 形变化形式，即曲线被分为两部分，在拐点之前，海洋生态恶化程度随海洋经济子系统发展水平的提高而加重，拐点之后，海洋生态恶化程度随海洋经济子系统发展水平的提高而减缓。从各省（市、区）曲线拟合形状来看，上海的海洋生态恶化程度有一个先升后降的过程，总体趋势略有下降，表明其海洋生态经济系统已经进入相对成熟的交互阶段；而广西、海南等由于海洋生态经济系统发展历史较短，海洋经济增长速度较慢，海洋生态恶化程度不高，曲线变化相对处于初级阶段；其他省市海洋生态恶化程度则均随海洋经济子系统发展水平的不断提高呈现加重趋势。

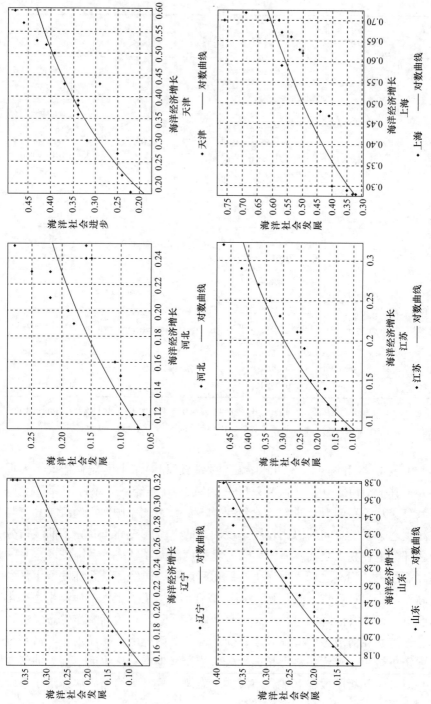

图4-12　沿海11个省（市、区）海洋社会子系统与海洋经济子系统交互关系对数曲线

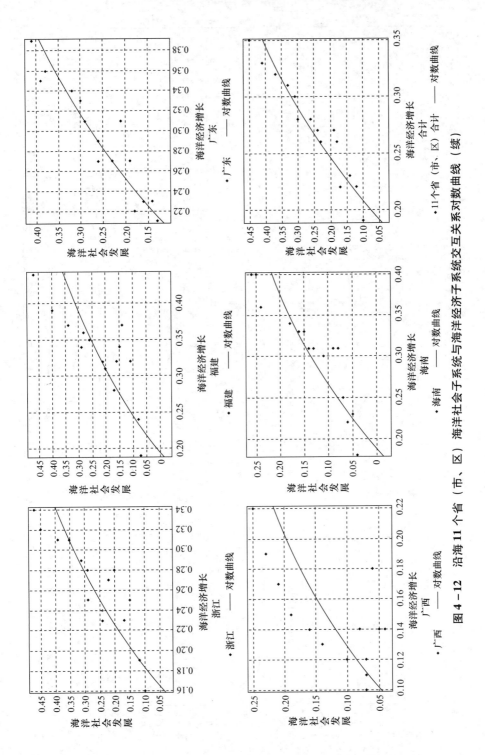

图 4-12　沿海 11 个省（市、区）海洋社会子系统与海洋经济子系统交互关系对数曲线（续）

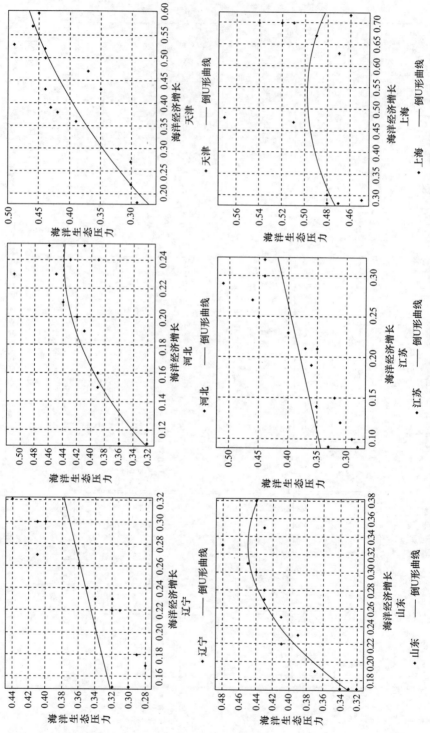

图4-13　沿海11个省（市、区）海洋经济子系统与海洋生态子系统交互关系倒U形曲线

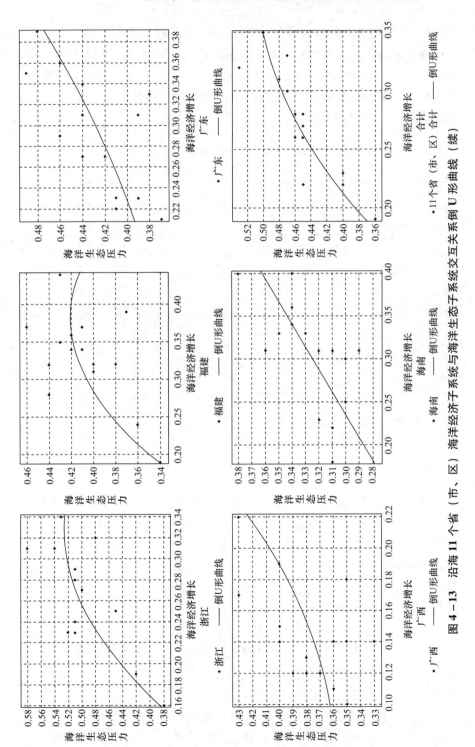

图 4－13　沿海 11 个省（市、区）海洋经济子系统与海洋生态子系统交互关系倒 U 形曲线（续）

3. 海洋社会子系统与海洋生态子系统交互胁迫关系验证

根据对数关系方程式和倒 U 形关系方程式，推导出沿海 11 个省（市、区）2000—2011 年海洋社会子系统与海洋生态子系统双指数关系方程式，并应用 matlab7.0 软件进行双指数曲线拟合，绘出两者交互关系双指数曲线，详见表 4 - 9 和图 4 - 14。

表 4 - 9　　沿海 11 个省（市、区）海洋社会子系统与海洋
生态子系统双指数关系方程式

省 （市、区）	双指数关系方程式	m 值	n 值	a 值	b 值	p 值
辽宁	$Z = 0.4583 - 0.0026 \times (10^{(Y-0.7084)/0.7744} - 6.671)^2$	0.4583	0.0026	0.7744	0.7084	6.671
河北	$Z = 0.4391 - 7.054 \times (10^{(Y-0.4625)/0.4115} - 0.2385)^2$	0.4391	7.054	0.4115	0.4625	0.2385
天津	$Z = 0.4993 - 0.4794 \times (10^{(Y-0.5308)/0.452} - 0.8654)^2$	0.4993	0.4794	0.452	0.5308	0.8654
山东	$Z = 0.4498 - 4.433 \times (10^{(Y-0.699)/0.752} - 0.3327)^2$	0.4498	4.433	0.752	0.699	0.3327
江苏	$Z = 0.5498 - 0.4134 \times (10^{(Y-0.6974)/0.5732} - 0.8675)^2$	0.5498	0.4134	0.5732	0.6974	0.8675
上海	$Z = 0.6409 - 1.688 \times (10^{(Y-0.7138)/0.7065} - 0.7485)^2$	0.6409	1.688	0.7065	0.7138	0.7485
浙江	$Z = 0.5263 - 4.87 \times (10^{(Y-0.9169)/1.108} - 0.3305)^2$	0.5263	4.87	1.108	0.9169	0.3305
福建	$Z = 0.4209 - 2.126 \times (10^{(Y-0.7193)/1.015} - 0.3837)^2$	0.4209	2.126	1.015	0.7193	0.3837
广东	$Z = 0.4581 - 4.204 \times (10^{(Y-0.8059)/1.013} - 0.3335)^2$	0.4581	4.2040	1.013	0.8059	0.3335
广西	$Z = 0.3887 - 0.0153 \times (10^{(Y-0.5447)/0.4985} - 1.008)^2$	0.3887	0.0153	0.4985	0.5447	1.0080
海南	$Z = 0.3488 - 0.0768 \times (10^{(Y-0.4813)/0.6618} - 0.6656)^2$	0.3488	0.0768	0.6618	0.4813	0.6656
合计	$Z = 0.5062 - 3.217 \times (10^{(Y-1.034)/1.369} - 0.395)^2$	0.5062	3.217	1.369	1.034	0.395

通过对海洋社会子系统与海洋生态子系统交互关系双指数曲线方程加以理论分析可知，m 可表示海洋生态子系统承载力阈值，即曲线拐点出现时海洋生态子系统生态的恶化程度；n 值与海洋生态子系统随海洋社会子系统发展变化的速率有关，其值越大，海洋生态子系统运行状况变化速率越快；b 值决定双指数曲线拐点出现的早晚，其值越大，拐点出现时海洋社会子系统发展水平越高。由此：

从 m 值来看，上海 > 江苏 > 浙江 > 天津 > 辽宁 > 广东 > 山东 > 河北 > 福建 > 广西 > 海南，表明长三角区域在海洋生态经济系统双指数曲线拐点出现时，海洋生态恶化程度较高，其次为天津、辽宁、广东、山东等海洋经济、社会子系统发展相对发达地区。

从 n 值来看，河北 > 浙江 > 山东 > 广东 > 福建 > 上海 > 天津 > 江苏 > 海南 > 广西 > 辽宁，表明河北、浙江、山东等海洋生态恶化速度较快，该

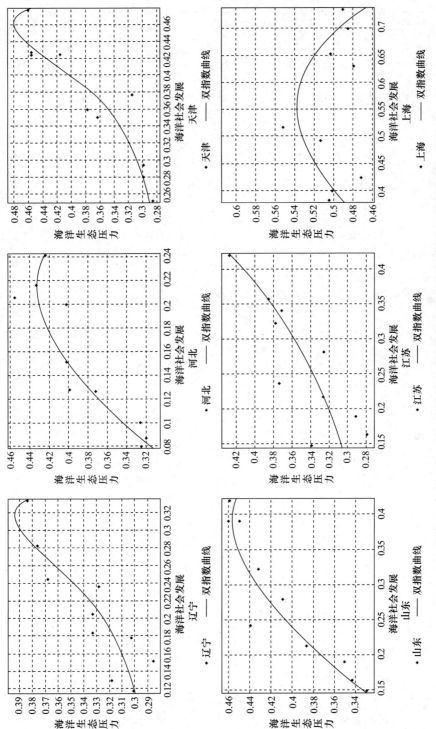

图4-14　沿海11个省（市、区）海洋社会子系统与海洋生态子系统交互关系双指数曲线

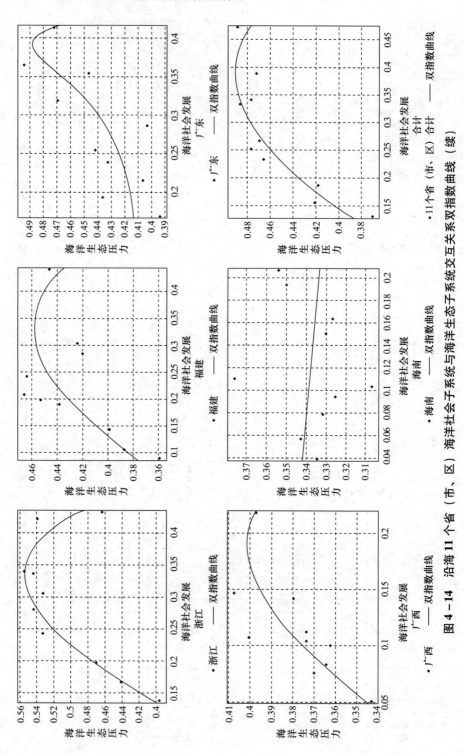

图4-14 沿海11省（市、区）海洋社会子系统与海洋生态子系统交互关系双指数曲线（续）

速度与海洋经济绝对规模扩张速度有关，海洋经济规模扩张越快，海洋生态恶化越迅速。

从 b 值来看，浙江 > 广东 > 福建 > 上海 > 辽宁 > 山东 > 江苏 > 广西 > 天津 > 海南 > 河北，表明浙江、广东等目前的海洋经济、社会发展相对先进地区生态拐点时海洋经济、社会发展水平较高。

以上情况说明所求出的双指数关系方程式能够恰当反映沿海 11 个省（市、区）海洋社会子系统与海洋生态子系统之间交互胁迫关系的基本演变轨迹，沿海 11 个省（市、区）海洋社会子系统与海洋生态子系统交互胁迫关系的演进过程符合双指数曲线的变化规律，即海洋社会子系统对海洋生态环境表现出明显的胁迫作用，同时海洋生态子系统对海洋社会发展也具有较强的约束作用。

二　海洋生态经济系统协调发展阶段及类型判别标准

通过对海洋生态经济系统三个子系统交互胁迫关系的分析与验证可知，中国海洋生态经济系统各子系统之间客观上存在着动态胁迫与约束的交互关系。在此基础上，借助系统科学理论，构建用于衡量海洋生态经济系统协调度的动态耦合模型[①]，对沿海 11 个省（市、区）海洋生态经济系统各子系统交互胁迫关系下的协调发展态势进行定量探讨。模型公式基本推导过程如下：

海洋生态经济系统任意两个子系统交互胁迫与演进的变化过程可视为一种非线性过程[②]，其演化方程可表示为：

$$\frac{dx(t)}{dt} = f(x_1, x_2, \cdots, x_n) \quad i = 1, 2, \cdots, n; \ f \ 为 \ x_i \ 的非线性函数$$

由于非线性系统运动的协调性取决于一次近似系统特征根的性质[③]，因此，在保证运动协调的前提下，将其在原点附近按泰勒级数展开，并略去高次项 $e(x_1, x_2, \cdots, x_n)$，可以得到上述演化方程的近似表达：

$$\frac{dx(t)}{dt} = \sum_{i=1}^{n} a_i x_i, i = 1, 2, \cdots, n$$

根据该方程，可以建立海洋生态经济系统任意两个子系统发展状态的表示函数：

---

① 方创琳、鲍超、乔标等：《城市化过程与生态环境效应》，科学出版社 2008 年版。
② 李崇明、丁烈云：《生态环境与社会协调发展评价模型及其应用研究》，《系统工程理论与实践》2004 年第 11 期。
③ 廖晓昕：《稳定性的理论、方法和应用》，华中理工大学出版社 1999 年版。

$$f(G) = \sum_{k=1}^{n} b_k g_k, k = 1, 2, \cdots, m$$

$$f(H) = \sum_{j=1}^{n} c_j h_j, j = 1, 2, \cdots, l$$

式中，g、h 为两个子系统发展状态的评价指标，b、c 为各指标的权重。

鉴于海洋生态经济系统各子系统之间的交互胁迫关系，可以将其作为复合系统进行考虑，显然 $f(G)$ 与 $f(H)$ 可以反映该复合系统任意两个子系统的发展演化状态，不考虑第三个子系统的影响，按照一般系统理论[1]，该两个子系统交互胁迫关系用协调度表示的演化方程可以推导为：

$$A = \frac{df(G)}{dt} = \alpha_1 f(G) + \alpha_2 f(H), \quad V_A = \frac{dA}{dt}$$

$$B = \frac{df(H)}{dt} = \beta_1 f(G) + \beta_2 f(H), \quad V_B = \frac{dB}{dt}$$

$$\alpha = \arctan(V_A / V_B)$$

式中，A、B 表示受自身和另一系统影响下的海洋生态经济系统任意两个子系统的演化状态，V_A、V_B 分别为两个子系统受自身和另一系统影响下的演化速度，在海洋生态经济系统中，A 与 B 是相互影响的，任何一个子系统的变化都将导致整个复合系统的变化，抛却第三个子系统，两个子系统的演变速度 V 可以看作为 V_A、V_B 的函数，即 $V = f(V_A, V_B)$，如此，即可以通过分析 V 的变化值来研究该两个子系统间的协调度。

由于海洋生态经济系统演化满足组合 S 形发展机制，A 与 B 系统的动态交互胁迫关系也呈现周期性变化，在该周期中，V 的变化是 V_A、V_B 引起的，可以将 V_A、V_B 的演化轨迹投影在二维坐标系平面中进行分析，由此，V 的变化轨迹可以视为坐标系中的一个椭圆，如图 4 – 15 所示。V_A 与 V_B 的夹角 α 满足 $\tan\alpha = \dfrac{V_A}{V_B}$，则 α 即被称为两个子系统的协调度。根据协调度 α 的取值，可将海洋生态经济系统任意两个子系统的协调演化过程划分为低级协调（Ⅰ）、拮抗（Ⅱ）、磨合（Ⅲ）、同步协调（Ⅳ）四个阶段。

——————————

[1]　Bertalanffy L. V., "General System Theory – foundation, Development, Application", New York: George Beaziller, 1987.

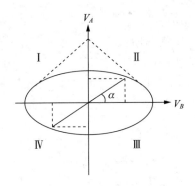

图 4 - 15　协调度与协调阶段

当 90° < α ≤ 180° 时，该两个子系统处于低级协调阶段，一般出现于海洋经济与社会发展初期，这一时期以生产要素向沿海地带集聚为主，由于系统 B 进展缓慢，并基本不受 A 系统的限制和约束，两系统之间的相互影响与胁迫几乎为零。

当 -90° < α ≤ 0° 时，该两个子系统处于拮抗阶段，一般出现于海洋经济与社会加速发展中期，由于系统 B 的快速发展对系统 A 的索取和破坏日益严重，两系统矛盾不断激化，并愈演愈烈，系统 A 对系统 B 的约束、限制越来越大，系统 A 与系统 B 之间存在错综复杂的拮抗作用，危机进入潜伏期。这时，有两个演进方向，一是继续发展，当两系统矛盾恶化超越极限阈值时，两系统解体崩溃，出现倒退；二是采取各种技术和措施，缓解两系统矛盾，使其保持在安全范围，并通过调节和控制，使两系统向协调阶段发展。

当 -180° < α ≤ -90° 时，该两个子系统处于磨合阶段，一般出现于海洋经济与社会加速发展阶段的末期，以系统 B 发展速度减慢，且对系统 A 的胁迫作用减缓为标志。由于系统 B 的快速发展，系统 A 逐渐逼近阈值，两系统矛盾由尖锐到缓和再到尖锐不断交替，随着两系统之间胁迫关系不断磨合，通常伴随积极措施的实施，A 系统与 B 系统之间交互胁迫关系将发生重组，由相互胁迫转化为相互促进的关系，由此达到协调共生的发展状态。

当 0° < α ≤ 90° 时，该两个子系统处于同步协调阶段，一般出现于海洋生态投入较大地区或海洋生态环境保持较好地区，系统 A 与系统 B 均有良好发展，但该时期系统 B 的发展开始显现出对系统 A 的胁迫作用，系统 A 对系统 B 的约束和限制也日渐突出，两系统之间的矛盾逐步显露，新一轮

的交互胁迫作用即将开始。

　　需要说明的是，4个演化阶段仅是相对而言并非绝对，由于系统始终
处于螺旋式上升过程，如图4–16所示，随着海洋生态经济系统的发展，
新一轮的低级协调—拮抗—磨合—同步协调过程即是前一轮的高级演进。

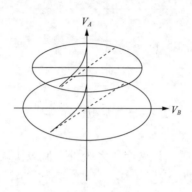

图4–16　螺旋上升的协调关系

　　根据耗散结构理论和生态需要定律理论①，处于交互胁迫中的海洋生
态经济系统可以看作是一个开放的、非平衡的、具有非线性相互作用和自
组织能力的动态涨落系统，为清晰起见，进一步探讨海洋生态经济系统各
子系统发展状态的演变方向，令$V_{生态}$表示由于海洋资源开发利用和海洋经
济社会发展引发的海洋生态状况变化率，令$V_{经济}$表示由于海洋资源开发利
用而促进的海洋经济发展变化率，令$V_{社会}$表示海洋社会进步变化率，则可
以确定海洋生态经济系统协调发展的8种类型，即综合协调型、社会滞后
型、经济滞后型、生态脆弱型、经济社会后退型、生态社会后退型、生态
经济后退型、不可持续型，其评判标准详见表4–10。

表4–10　　　　　　　　海洋生态经济系统协调发展类型评判标准

海洋生态变化率$V_{生态}$	海洋经济变化率$V_{经济}$	海洋社会变化率$V_{社会}$	协调状态	状态说明
>0	>0	>0	综合协调型	海洋生态保持较好，海洋经济增长较快，海洋社会进步平稳
>0	>0	<0	社会滞后型	海洋生态保持较好，海洋经济增长较快，且对海洋生态的胁迫作用不强，但海洋社会发展落后

---

① 司金鉴：《生态价值的理论研究》，《经济管理》1996年第8期。

续表

海洋生态变化率 $V_{生态}$	海洋经济变化率 $V_{经济}$	海洋社会变化率 $V_{社会}$	协调状态	状态说明
>0	<0	>0	经济滞后型	海洋生态保持较好，海洋社会进步平稳，且对海洋生态的胁迫作用不强，但海洋经济增长落后
<0	>0	>0	生态脆弱型	海洋生态显著恶化，海洋经济社会发展对海洋生态的胁迫作用较强
>0	<0	<0	经济社会后退型	海洋生态保持较好，海洋经济社会发展缓慢，甚至出现倒退
<0	>0	<0	生态社会后退型	海洋经济增长较快，海洋生态显著恶化，海洋社会出现倒退
<0	<0	>0	生态经济后退型	海洋社会发展较快，海洋生态显著恶化，海洋经济出现倒退
<0	<0	<0	不可持续型	海洋生态恶化加剧，导致海洋经济与社会出现倒退

三　海洋生态经济系统协调度综合评估

应用 matlab7.0 对中国沿海 11 个省（市、区）合计的海洋生态经济系统三个子系统发展状态评价值进行非线性拟合，得到其各自拟合曲线方程，如表 4-11 所示。

表 4-11　　　　　中国海洋生态经济系统发展态势曲线拟合

11 个省（区、市）合计	海洋生态子系统	海洋经济子系统	海洋社会子系统
拟合曲线方程式	$Y = -0.0001404X^3 + 0.8457X^2 - 1699X + 1.137e + 006$	$Y = 0.009821X - 19.44$	$Y = 0.0006561X^2 - 2.61X + 2596$
方程类型	三次型	一次型	二次型
拟合优度	SSE：0.004625	SSE：0.001284	SSE：0.001042
	R - square：0.8186	R - square：0.9546	R - square：0.9935
	Adjusted R - square：0.7691	Adjusted R - square：0.9511	Adjusted R - square：0.9924
	RMSE：0.0205	RMSE：0.00994	RMSE：0.009317

采用公式对拟合曲线方程求导，并应用上述耦合模型公式求得2000—2014年，中国沿海11个省（市、区）及其合计的海洋生态经济系统三个子系统协调度a（生态 VS 经济）、b（生态 VS 社会）、c（经济 VS 社会）的值，由此判断各省市各年海洋生态经济系统协调发展所处阶段及所属类型，详见表4-12、图4-17。伴随中国海洋经济与社会的同步发展，两者对海洋生态产生了较强的胁迫作用，海洋生态对海洋经济、社会发展也起着明显的约束机制，2000—2014年，海洋经济与生态子系统、海洋社会与生态子系统之间的协调度始终处于拮抗阶段，且程度较为严重，海洋生态经济系统协调模式属于生态脆弱型。尽管近几年，随着海洋产业结构的不断调整，人口素质、海洋科技水平以及海洋事业管理能力的不断提升，对海洋生态修复与保护工作有所加强，但海洋生态环境没有得到根本的改善，中国海洋生态经济系统各子系统仍未实现同步协调发展。

1. 辽宁海洋生态经济系统协调发展态势分析

应用matlab7.0对辽宁海洋生态经济系统三个子系统发展状态评价值进行非线性拟合，得到其各自拟合曲线方程，如表4-13所示。

表4-13　　　　　　辽宁海洋生态经济系统发展态势曲线拟合

	海洋生态子系统	海洋经济子系统	海洋社会子系统
拟合曲线方程式	$Y = -0.0006521X^2 + 2.606X - 2604$	$Y = 0.01271X - 25.28$	$Y = 0.001053X^2 - 4.206X + 4200$
方程类型	二次型	一次型	二次型
拟合优度	SSE: -2604	SSE: 0.00163	SSE: 0.0007573
	R-square: 0.9485	R-square: 0.9652	R-square: 0.9938
	Adjusted R-square: 0.94	Adjusted R-square: 0.9626	Adjusted R-square: 0.9927
	RMSE: 0.01273	RMSE: 0.0112	RMSE: 0.007944

辽宁海洋经济发展历史较长，生产技术较为成熟，且生态条件相对较好，然而近年来海洋经济与社会发展加快，海洋生态恶化愈加明显，如表4-14所示，由于辽宁正处于海洋经济与社会加速发展中期，经济的快速

表4-12　中国海洋生态经济系统协调度及其所属阶段、类型

年份 11个省（市、区）合计	2000	2001	2002	2003	2004	2005	2006	2007	2008	2009	2010	2011	2012	2013	2014
V生态	-1.00	-0.99	-0.99	-0.98	-0.98	-0.98	-0.98	-0.97	-0.97	-0.97	-0.98	-0.98	-0.98	-0.99	-0.99
V经济	0.01	0.01	0.01	0.01	0.01	0.01	0.01	0.01	0.01	0.01	0.01	0.01	0.01	0.01	0.01
V社会	0.01	0.02	0.02	0.02	0.02	0.02	0.02	0.02	0.02	0.03	0.03	0.03	0.03	0.03	0.03
tana（生态 VS 经济）	-101.82	-101.19	-100.65	-100.19	-99.82	-99.53	-99.33	-99.22	-99.19	-99.25	-99.39	-99.62	-99.93	-100.33	-100.82
tanb（生态 VS 社会）	-69.44	-63.25	-58.06	-53.66	-49.89	-46.64	-43.80	-41.32	-39.13	-37.19	-35.47	-33.93	-32.56	-31.32	-30.21
tanc（经济 VS 社会）	0.68	0.63	0.58	0.54	0.50	0.47	0.44	0.42	0.39	0.37	0.36	0.34	0.33	0.31	0.30
a（生态 VS 经济）	-89.44°	-89.43°	-89.43°	-89.43°	-89.43°	-89.42°	-89.42°	-89.42°	-89.42°	-89.42°	-89.42°	-89.42°	-89.43°	-89.43°	-89.43°
b（生态 VS 社会）	-89.17°	-89.09°	-89.01°	-88.93°	-88.85°	-88.77°	-88.69°	-88.61°	-88.54°	-88.46°	-88.38°	-88.31°	-88.24°	-88.17°	-88.10°
c（经济 VS 社会）	34.29°	32.01°	29.98°	28.17°	26.56°	25.10°	23.79°	22.61°	21.53°	20.54°	19.64°	18.81°	18.04°	17.34°	16.68°
协调阶段（生态 VS 经济）	拮抗	拮抗	拮抗	拮抗	拮抗	拮抗	拮抗	拮抗	拮抗	拮抗	拮抗	拮抗	拮抗	拮抗	拮抗
协调阶段（生态 VS 社会）	拮抗	拮抗	拮抗	拮抗	拮抗	拮抗	拮抗	拮抗	拮抗	拮抗	拮抗	拮抗	拮抗	拮抗	拮抗
协调阶段（经济 VS 社会）	同步协调	同步协调	同步协调	同步协调	同步协调	同步协调	同步协调	同步协调	同步协调	同步协调	同步协调	同步协调	同步协调	同步协调	同步协调
协调类型	生态脆弱型	生态脆弱型	生态脆弱型	生态脆弱型	生态脆弱型	生态脆弱型	生态脆弱型	生态脆弱型	生态脆弱型	生态脆弱型	生态脆弱型	生态脆弱型	生态脆弱型	生态脆弱型	生态脆弱型

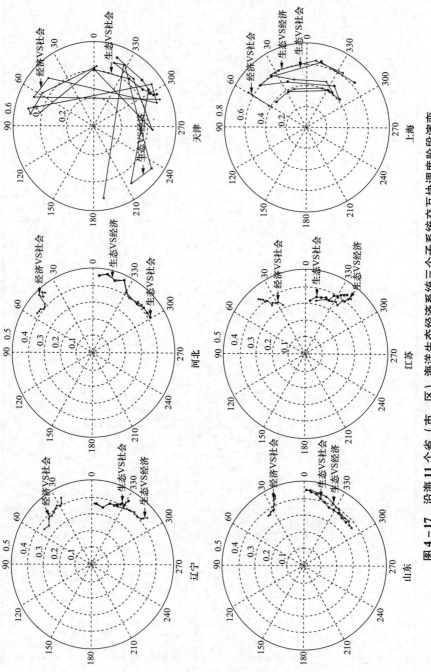

图 4-17　沿海 11 个省（市、区）海洋生态经济系统三个子系统交互协调度阶段演变

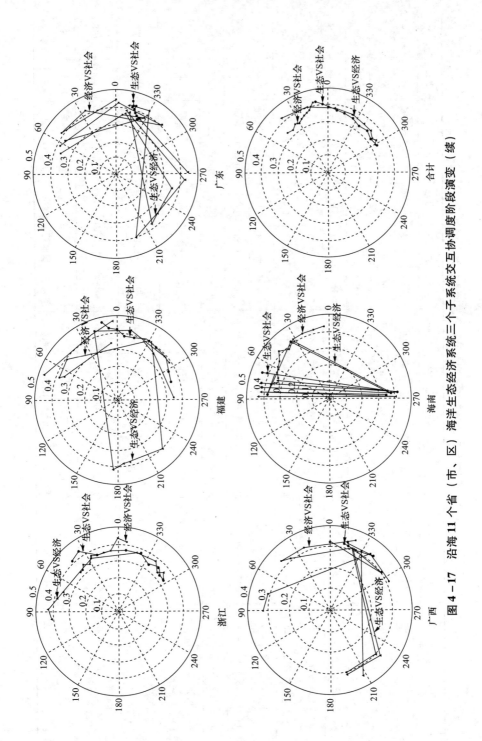

图4-17 沿海11个省（市、区）海洋生态经济系统三个子系统交互协调度阶段演变（续）

表4-14　辽宁海洋生态经济系统协调度及其所属阶段、类型

年份	2000	2001	2002	2003	2004	2005	2006	2007	2008	2009	2010	2011	2012	2013	2014
V生态	0.00	0.00	-0.01	-0.01	-0.01	-0.01	-0.01	-0.01	-0.01	-0.01	-0.02	-0.02	-0.02	-0.02	-0.02
V经济	0.01	0.01	0.01	0.01	0.01	0.01	0.01	0.01	0.01	0.01	0.01	0.01	0.01	0.01	0.01
V社会	0.01	0.01	0.01	0.01	0.01	0.02	0.02	0.02	0.02	0.02	0.03	0.03	0.03	0.03	0.04
tana（生态VS经济）	-0.19	-0.29	-0.39	-0.50	-0.60	-0.70	-0.80	-0.91	-1.01	-1.11	-1.21	-1.32	-1.42	-1.52	-1.63
tanb（生态VS社会）	-0.40	-0.46	-0.49	-0.51	-0.53	-0.54	-0.55	-0.56	-0.56	-0.57	-0.57	-0.57	-0.58	-0.58	-0.58
tanc（经济VS社会）	2.12	1.57	1.24	1.03	0.88	0.77	0.68	0.61	0.56	0.51	0.47	0.44	0.41	0.38	0.36
a（生态VS经济）	-10.69°	-16.25°	-21.51°	-26.41°	-30.93°	-35.06°	-38.82°	-42.21°	-45.28°	-48.04°	-50.54°	-52.80°	-54.85°	-56.71°	-58.40°
b（生态VS社会）	-21.80°	-24.56°	-26.13°	-27.13°	-27.84°	-28.36°	-28.75°	-29.07°	-29.32°	-29.53°	-29.71°	-29.86°	-29.99°	-30.11°	-30.21°
c（经济VS社会）	64.73°	57.47°	51.22°	45.90°	41.39°v	37.56°	34.29°	31.50°	29.09°	26.99°	25.16°	23.55°	22.12°	20.85°	19.71°
协调阶段（生态VS经济）	拮抗	拮抗	拮抗	拮抗	拮抗	拮抗	拮抗	拮抗	拮抗	拮抗	拮抗	拮抗	拮抗	拮抗	拮抗
协调阶段（生态VS社会）	拮抗	拮抗	拮抗	拮抗	拮抗	拮抗	拮抗	拮抗	拮抗	拮抗	拮抗	拮抗	拮抗	拮抗	拮抗
协调阶段（经济VS社会）	同步协调	同步协调	同步协调	同步协调	同步协调	同步协调	同步协调	同步协调	同步协调	同步协调	同步协调	同步协调	同步协调	同步协调	同步协调
协调类型	生态脆弱型	生态脆弱型	生态脆弱型	生态脆弱型	生态脆弱型	生态脆弱型	生态脆弱型	生态脆弱型	生态脆弱型	生态脆弱型	生态脆弱型	生态脆弱型	生态脆弱型	生态脆弱型	生态脆弱型

增长导致了海洋生态恶化程度不断提高，2000—2014 年，辽宁海洋经济与生态子系统、海洋社会与生态子系统之间矛盾有所加剧，协调度处于拮抗阶段，海洋生态经济系统协调模式属于生态脆弱型，且海洋经济、社会与生态子系统的交互胁迫关系有激化趋势，海洋生态资源环境危机逐渐进入潜伏期。

2. 河北海洋生态经济系统协调发展态势分析

应用 matlab7.0 对河北海洋生态经济系统三个子系统发展状态评价值进行非线性拟合，得到其各自拟合曲线方程，如表 4 – 15 所示。

表 4 – 15　　　　　　河北海洋生态经济系统发展态势曲线拟合

	海洋生态子系统	海洋经济子系统	海洋社会子系统
拟合曲线方程式	$Y = 0.0003563X^2 - 1.442X + 1459$	$Y = 0.01004X - 19.95$	$Y = 0.0003676X^2 - 1.461X + 1451$
方程类型	二次型	直线型	二次型
拟合优度	SSE：0.005587	SSE：0.01269	SSE：0.001115
	R – square：0.867	R – square：0.6896	R – square：0.9828
	Adjusted R – square：0.8448	Adjusted R – square：0.6657	Adjusted R – square：0.98
	RMSE：0.02158	RMSE：0.03125	RMSE：0.009641

河北由于濒临相对封闭的渤海海域，海洋生态一旦被污染，很难恢复，加之河北海洋经济与社会发展水平不高，生态投入不足，在经济社会发展速度缓慢的情况下，海洋生态恶化速度仍较快。海洋生态环境对海洋经济与社会发展的约束作用早就显示出来。如表 4 – 16 所示，2000—2014年，尽管河北尚处于海洋经济与社会发展初期，海洋经济与生态子系统、海洋社会与生态子系统之间协调度已处于拮抗阶段，海洋生态经济系统协调模式属于生态脆弱型。自 2010 年以来，河北的海洋生态投入有所增大，海洋经济、社会与生态子系统的交互胁迫关系有缓和趋势，海洋生态面临的恶化态势也有所放缓，但整体仍趋向恶化。

表4-16　河北海洋生态经济系统协调度及其所属阶段、类型

年份	2000	2001	2002	2003	2004	2005	2006	2007	2008	2009	2010	2011	2012	2013	2014
$V_{生态}$	-0.02	-0.02	-0.02	-0.01	-0.01	-0.01	-0.01	-0.01	-0.01	-0.01	-0.01	-0.01	-0.01	-0.01	-0.01
$V_{经济}$	0.01	0.01	0.01	0.01	0.01	0.01	0.01	0.01	0.01	0.01	0.01	0.01	0.01	0.01	0.01
$V_{社会}$	0.01	0.01	0.01	0.01	0.01	0.01	0.01	0.01	0.02	0.02	0.02	0.02	0.02	0.02	0.02
tana（生态VS经济）	-1.67	-1.60	-1.53	-1.46	-1.39	-1.32	-1.25	-1.18	-1.11	-1.03	-0.96	-0.89	-0.82	-0.75	-0.68
tanb（生态VS社会）	-1.79	-1.59	-1.41	-1.26	-1.13	-1.01	-0.91	-0.81	-0.73	-0.65	-0.58	-0.51	-0.45	-0.40	-0.35
tanc（经济VS社会）	1.07	0.99	0.92	0.87	0.81	0.77	0.73	0.69	0.66	0.63	0.60	0.57	0.55	0.53	0.51
a（生态VS经济）	-59.14°	-58.03°	-56.85°	-55.60°	-54.26°	-52.82°	-51.28°	-49.64°	-47.87°	-45.97°	-43.94°	-41.75°	-39.41°	-36.89°	-34.20°
b（生态VS社会）	-60.77°	-57.79°	-54.74°	-51.64°	-48.50°	-45.35°	-42.20°	-39.08°	-35.99°	-32.96°	-30.01°	-27.13°	-24.36°	-21.68°	-19.11°
c（经济VS社会）	46.89°	44.73°	42.73°	40.86°	39.13°	37.52°	36.02°	34.61°	33.30°	32.08°	30.94°	29.86°	28.85°	27.91°	27.01°
协调阶段（生态VS经济）	拮抗	拮抗	拮抗	拮抗	拮抗	拮抗	拮抗	拮抗	拮抗	拮抗	拮抗	拮抗	拮抗	拮抗	拮抗
协调阶段（生态VS社会）	拮抗	拮抗	拮抗	拮抗	拮抗	拮抗	拮抗	拮抗	拮抗	拮抗	拮抗	拮抗	拮抗	拮抗	拮抗
协调阶段（经济VS社会）	同步协调	同步协调	同步协调	同步协调	同步协调	同步协调	同步协调	同步协调	同步协调	同步协调	同步协调	同步协调	同步协调	同步协调	同步协调
协调类型	生态脆弱型	生态脆弱型	生态脆弱型	生态脆弱型	生态脆弱型	生态脆弱型	生态脆弱型	生态脆弱型	生态脆弱型	生态脆弱型	生态脆弱型	生态脆弱型	生态脆弱型	生态脆弱型	生态脆弱型

3. 天津海洋生态经济系统协调发展态势分析

应用 matlab7.0 对天津的海洋生态经济系统三个子系统发展状态评价值进行非线性拟合，得到其各自拟合曲线方程，如表 4 – 17 所示。

表 4 – 17　　　　　　　　天津海洋生态经济系统发展态势曲线拟合

	海洋生态子系统	海洋经济子系统	海洋社会子系统
拟合曲线方程式	$Y = 0.0001357X^3 - 0.8166X^2 + 1637X - 1.094e + 006$	$Y = 0.0003727X^3 - 2.244X^2 + 4506X - 3.015e + 006$	$Y = 0.01729 X - 34.35$
方程类型	三次型	三次型	直线型
拟合优度	SSE: 0.001813	SSE: 0.02145	SSE: 0.00331
	R – square: 0.9701	R – square: 0.9048	R – square: 0.9619
	Adjusted R – square: 0.9619	Adjusted R – square: 0.8788	Adjusted R – square: 0.959
	RMSE: 0.01284	RMSE: 0.04415	RMSE: 0.01596

天津市辖区范围及确权海域面积较小，但海洋经济与社会发展程度较高，海洋第二产业发达，人均生活水平相对较高，导致海洋生态环境恶化指数较大，海洋经济社会对海洋生态的胁迫作用较强，加之海洋生态响应滞后，海洋经济与生态子系统、海洋社会与生态子系统之间的矛盾始终得不到缓和。如表 4 – 18 所示，2000—2014 年，天津海洋经济与生态子系统、海洋社会与生态子系统的协调度在拮抗阶段徘徊，且海洋社会对海洋生态子系统的胁迫程度较高，海洋生态经济系统协调模式基本属于生态脆弱型，随着海洋生态资源环境危机的逐渐显现，海洋经济社会发展将受到更大制约，海洋生态经济系统健康运行问题十分严峻。

4. 山东海洋生态经济系统协调发展态势分析

应用 matlab7.0 对山东的海洋生态经济系统三个子系统发展状态评价值进行非线性拟合，得到其各自拟合曲线方程，如表 4 – 19 所示。

表4-18　天津海洋生态经济系统协调度及其所属阶段、类型

年份	2000	2001	2002	2003	2004	2005	2006	2007	2008	2009	2010	2011	2012	2013	2014
V生态	-1.00	-1.00	-1.01	-1.01	-1.01	-1.01	-1.01	-1.01	-1.01	-1.01	-1.01	-1.00	-1.00	-0.99	-0.99
V经济	2.40	2.39	2.37	2.36	2.36	2.35	2.35	2.35	2.35	2.35	2.36	2.36	2.37	2.39	2.40
V社会	0.02	0.02	0.02	0.02	0.02	0.02	0.02	0.02	0.02	0.02	0.02	0.02	0.02	0.02	0.02
tana（生态 VS 经济）	-0.42	-0.42	-0.42	-0.43	-0.43	-0.43	-0.43	-0.43	-0.43	-0.43	-0.43	-0.42	-0.42	-0.42	-0.41
tanb（生态 VS 社会）	-57.84	-58.09	-58.30	-58.46	-58.57	-58.64	-58.65	-58.63	-58.55	-58.43	-58.26	-58.04	-57.78	-57.47	-57.11
tanc（经济 VS 社会）	138.81	137.97	137.26	136.68	136.23	135.91	135.72	135.66	135.73	135.93	136.25	136.71	137.29	138.01	138.85
a（生态 VS 经济）	-22.62°	-22.83°	-23.01°	-23.16°	-23.26°	-23.34°	-23.37°	-23.37°	-23.33°	-23.26°	-23.15°	-23.00°	-22.82°	-22.61°	-22.36°
b（生态 VS 社会）	-89.01°	-89.01°	-89.02°	-89.02°	-89.02°	-89.02°	-89.02°	-89.02°	-89.02°	-89.02°	-89.02°	-89.01°	-89.01°	-89.00°	-89.00°
c（经济 VS 社会）	89.59°	89.58°	89.58°	89.58°	89.58°	89.58°	89.58°	89.58°	89.58°	89.58°	89.58°	89.58°	89.58°	89.58°	89.59°
协调阶段（生态 VS 经济）	拮抗	拮抗	拮抗	拮抗	拮抗	拮抗	拮抗	拮抗	拮抗	拮抗	拮抗	拮抗	拮抗	拮抗	拮抗
协调阶段（生态 VS 社会）	拮抗	拮抗	拮抗	拮抗	拮抗	拮抗	拮抗	拮抗	拮抗	拮抗	拮抗	拮抗	拮抗	拮抗	拮抗
协调阶段（经济 VS 社会）	同步协调	同步协调	同步协调	同步协调	同步协调	同步协调	同步协调	同步协调	同步协调	同步协调	同步协调	同步协调	同步协调	同步协调	同步协调
协调类型	生态脆弱型	生态脆弱型	生态脆弱型	生态脆弱型	生态脆弱型	生态脆弱型	生态脆弱型	生态脆弱型	生态脆弱型	生态脆弱型	生态脆弱型	生态脆弱型	生态脆弱型	生态脆弱型	生态脆弱型

表 4 - 19 山东海洋生态经济系统发展态势曲线拟合

	海洋生态子系统	海洋经济子系统	海洋社会子系统
拟合曲线	$Y = 0.0009397$ $X^2 - 3.782X + 3805$	$Y = 0.01496$ $X - 29.77$	$Y = 0.0002626$ $X^2 - 1.034X + 1018$
方程类型	二次型	直线型	二次型
拟合优度	SSE：0.00241	SSE：0.001073	SSE：0.00144
	R – square：0.9226	R – square：0.9832	R – square：0.9871
	Adjusted R – square：0.9097	Adjusted R – square：0.9819	Adjusted R – square：0.985
	RMSE：0.01417	RMSE：0.009085	RMSE：0.01095

随着生产技术的逐步完善，山东海洋经济增长相对较快，海洋社会发展较好，但海洋经济与社会发展的加快已造成海洋生态恶化明显加剧。如表 4 - 20 所示，由于山东处于海洋经济与社会加速发展时期，经济社会的快速增长导致了海洋生态恶化程度不断提高，2000—2012 年，山东海洋经济与生态子系统、海洋社会与生态子系统之间矛盾不断显现，协调度始终处于拮抗阶段，海洋生态经济系统协调模式属于生态脆弱型。但从协调度绝对数值来看，山东海洋经济、社会与生态子系统的交互胁迫关系有缓和趋势，2013 年以来，随着海洋经济结构的不断调整和海洋生态治理投入的逐步增加，海洋生态环境得到一定程度的恢复与改善，海洋经济、社会与生态子系统进入同步协调状态，协调模式转变为综合协调型。

5. 江苏海洋生态经济系统协调发展态势分析

应用 matlab7.0 对江苏的海洋生态经济系统三个子系统发展状态评价值进行非线性拟合，得到其各自拟合曲线方程，如表 4 - 21 所示。

表4-20　　山东海洋生态经济系统协调度及其所属阶段、类型

年份	2000	2001	2002	2003	2004	2005	2006	2007	2008	2009	2010	2011	2012	2013	2014
$V_{生态}$	-0.02	-0.02	-0.02	-0.02	-0.02	-0.01	-0.01	-0.01	-0.01	-0.01	0.00	0.00	0.00	0.00	0.00
$V_{经济}$	0.01	0.01	0.01	0.01	0.01	0.01	0.01	0.01	0.01	0.01	0.01	0.01	0.01	0.01	0.01
$V_{社会}$	0.02	0.02	0.02	0.02	0.02	0.02	0.02	0.02	0.02	0.02	0.02	0.02	0.02	0.02	0.02
tana（生态 VS 经济）	-1.55	-1.43	-1.30	-1.17	-1.05	-0.92	-0.80	-0.67	-0.55	-0.42	-0.29	-0.17	-0.04	0.08	0.21
tanb（生态 VS 社会）	-1.41	-1.26	-1.11	-0.98	-0.85	-0.73	-0.61	-0.50	-0.40	-0.30	-0.20	-0.11	-0.03	0.05	0.13
tanc（经济 VS 社会）	0.91	0.88	0.86	0.83	0.81	0.79	0.77	0.75	0.73	0.71	0.69	0.67	0.66	0.64	0.63
a（生态 VS 经济）	-57.18°	-54.94°	-52.42°	-49.57°	-46.35°	-42.70°	-38.56°	-33.88°	-28.62°	-22.79°	-16.41°	-9.59°	-2.48°	4.71°	11.75°
b（生态 VS 社会）	-54.74°	-51.56°	-48.09°	-44.33°	-40.29°	-35.96°	-31.38°	-26.58°	-21.62°	-16.57°	-11.50°	-6.50°	-1.63°	3.04°	7.46°
c（经济 VS 社会）	42.37°	41.47°	40.61°	39.77°	38.96°	38.18°	37.42°	36.69°	35.99°	35.30°	34.64°	34.00°	33.38°	32.78°	32.20°
协调阶段（生态 VS 经济）	拮抗	拮抗	拮抗	拮抗	拮抗	拮抗	拮抗	拮抗	拮抗	拮抗	拮抗	拮抗	拮抗	同步协调	同步协调
协调阶段（生态 VS 社会）	拮抗	拮抗	拮抗	拮抗	拮抗	拮抗	拮抗	拮抗	拮抗	拮抗	拮抗	拮抗	拮抗	同步协调	同步协调
协调阶段（经济 VS 社会）	同步协调	同步协调	同步协调	同步协调	同步协调	同步协调	同步协调	同步协调	同步协调	同步协调	同步协调	同步协调	同步协调	同步协调	同步协调
协调类型	生态脆弱型	生态脆弱型	生态脆弱型	生态脆弱型	生态脆弱型	生态脆弱型	生态脆弱型	生态脆弱型	生态脆弱型	生态脆弱型	生态脆弱型	生态脆弱型	生态脆弱型	综合协调型	综合协调型

表 4 – 21　　　　　　　　江苏海洋生态经济系统发展态势曲线拟合

	海洋生态子系统	海洋经济子系统	海洋社会子系统
拟合曲线方程式	$Y = -0.0002578$ $X^2 + 1.021X - 1009$	$Y = (-5.991e-005)$ $X^3 + 0.3608X^2 - 724.3$ $X + 4.846e + 005$	$Y = 0.000926$ $X^2 - 3.691X + 3679$
方程类型	二次型	三次型	二次型
拟合优度	SSE：0.01294	SSE：0.0006632	SSE：0.00116
	R – square：0.8123	R – square：0.9924	R – square：0.9939
	Adjusted R – square：0.7811	Adjusted R – square：0.9904	Adjusted R – square：0.9929
	RMSE：0.03283	RMSE：0.007765	RMSE：0.009831

　　江苏海洋经济发展速度相对缓慢，但海洋社会进步较快，人均生活质量相对较高，近年来海洋生态恶化程度有所加快，海洋社会进步对海洋生态的胁迫作用以及海洋生态对海洋经济社会发展的约束作用较为明显。如表 4 – 22 所示，2000—2014 年，江苏海洋经济与生态子系统的协调度始终处于磨合阶段，由于海洋生态子系统恶化，引起海洋经济子系统发展速度减缓，而高速发展的海洋社会与生态子系统的协调度处于拮抗阶段，海洋生态经济系统协调模式属于生态经济后退型。随着三个子系统之间胁迫关系不断磨合，海洋生态子系统逐渐逼近阈值，海洋经济子系统进一步调整发展步伐，矛盾渐渐由尖锐到缓和，加之江苏对海洋生态的积极响应和治理，生态投入不断增大，海洋经济、社会与生态子系统交互胁迫关系正趋于缓和。

6. 上海海洋生态经济系统协调发展态势分析

　　应用 matlab7.0 对上海的海洋生态经济系统三个子系统发展状态评价值进行非线性拟合，得到其各自拟合曲线方程，如表 4 – 23 所示。

表 4 - 22　　江苏海洋生态经济系统协调度及其所属阶段、类型

年份	2000	2001	2002	2003	2004	2005	2006	2007	2008	2009	2010	2011	2012	2013	2014
V生态	-0.01	-0.01	-0.01	-0.01	-0.01	-0.01	-0.01	-0.01	-0.01	-0.01	-0.02	-0.02	-0.02	-0.02	-0.02
V经济	-0.02	-0.02	-0.02	-0.01	-0.01	-0.01	-0.01	-0.01	-0.01	-0.01	-0.01	-0.01	-0.01	-0.02	-0.02
V社会	0.01	0.01	0.02	0.02	0.02	0.02	0.02	0.03	0.03	0.03	0.03	0.03	0.04	0.04	0.04
tana（生态 VS 经济）	0.51	0.61	0.73	0.87	1.01	1.15	1.28	1.37	1.42	1.42	1.37	1.29	1.19	1.09	0.98
tanb（生态 VS 社会）	-0.78	-0.72	-0.67	-0.63	-0.60	-0.57	-0.55	-0.53	-0.51	-0.50	-0.49	-0.48	-0.47	-0.46	-0.45
tanc（经济 VS 社会）	-1.54	-1.18	-0.92	-0.73	-0.60	-0.50	-0.43	-0.39	-0.36	-0.35	-0.35	-0.37	-0.39	-0.42	-0.45
a（生态 VS 经济）	207.02°	211.48°	216.18°	220.87°	225.25°	229.04°	231.99°	233.96°	234.91°	234.88°	233.96°	232.30°	230.06°	227.42°	224.53°
b（生态 VS 社会）	-38.12°	-35.81°	-33.92°	-32.34°	-31.00°	-29.86°	-28.87°	-28.01°	-27.25°	-26.57°	-25.97°	-25.44°	-24.95°	-24.51°	-24.11°
c（经济 VS 社会）	-56.98°	-49.68°	-42.60°	-36.19°	-30.78°	-26.49°	-23.31°	-21.15°	-19.89°	-19.38°	-19.52°	-20.18°	-21.28°	-22.73°	-24.46°
协调阶段（生态 VS 经济）	磨合	磨合	磨合	磨合	磨合	磨合	磨合	磨合	磨合	磨合	磨合	磨合	磨合	磨合	磨合
协调阶段（生态 VS 社会）	拮抗	拮抗	拮抗	拮抗	拮抗	拮抗	拮抗	拮抗	拮抗	拮抗	拮抗	拮抗	拮抗	拮抗	拮抗
协调阶段（经济 VS 社会）	拮抗	拮抗	拮抗	拮抗	拮抗	拮抗	拮抗	拮抗	拮抗	拮抗	拮抗	拮抗	拮抗	拮抗	拮抗
协调类型	生态经济后退型	生态经济后退型	生态经济后退型	生态经济后退型	生态经济后退型	生态经济后退型	生态经济后退型	生态经济后退型	生态经济后退型	生态经济后退型	生态经济后退型	生态经济后退型	生态经济后退型	生态经济后退型	生态经济后退型

表 4 – 23　　　　　　　上海海洋生态经济系统发展态势曲线拟合

	海洋生态子系统	海洋经济子系统	海洋社会子系统
拟合曲线方程式	$Y = 0.5234 \times \sin(0.04644 \times X + 706.4) + 0.03572 \times \sin(0.9267X - 175.2)$	$Y = -0.002527X^2 + 10.18X - 1.025e + 004$	$Y = 0.02889X - 57.48$
方程类型	正弦曲线逼近	直线型	直线型
拟合优度	SSE：0.005801	SSE：0.03136	SSE：0.007217
	R – square：0.8106	R – square：0.9256	R – square：0.97
	Adjusted R – square：0.7838	Adjusted R – square：0.9132	Adjusted R – square：0.9677
	RMSE：0.03808	RMSE：0.05112	RMSE：0.02356

　　上海海洋经济与社会发展水平居全国之首，相应的海洋生态恶化程度也最高，海洋经济社会发展对海洋生态的胁迫作用以及海洋生态对海洋经济社会发展的约束机制均较强，但由于上海社会人口素质、海洋科技与海洋事务管理水平提高较快，且海洋产业结构得到了积极调整，加之强有力的海洋生态响应逐步发挥作用，其海洋生态经济系统渐渐步入相对稳定阶段。如表 4 – 24 所示，2000—2014 年，上海海洋经济与生态子系统、海洋社会与生态子系统的协调度处于拮抗与同步协调演替阶段，海洋生态经济系统协调模式为生态脆弱型与综合协调型，尽管尚不稳定，海洋经济、社会与生态子系统的交互胁迫关系已较为缓和，并正向着良性交互促进方向发展。

　　7. 浙江海洋生态经济系统协调发展态势分析

　　应用 matlab7.0 对浙江海洋生态经济系统三个子系统发展状态评价值进行非线性拟合，得到其各自拟合曲线方程，如表 4 – 25 所示。

表 4－24　　上海海洋生态经济系统协调度及其所属阶段、类型

年份	2000	2001	2002	2003	2004	2005	2006	2007	2008	2009	2010	2011	2012	2013	2014
V生态	0.03	0.01	-0.02	-0.03	-0.01	0.02	0.03	0.02	-0.01	-0.03	-0.04	-0.01	0.01	0.02	0.01
V经济	0.07	0.07	0.06	0.06	0.05	0.05	0.04	0.04	0.03	0.03	0.02	0.02	0.01	0.01	0.00
V社会	0.03	0.03	0.03	0.03	0.03	0.03	0.03	0.03	0.03	0.03	0.03	0.03	0.03	0.03	0.03
tana（生态 VS 经济）	0.47	0.10	-0.35	-0.52	-0.23	0.36	0.77	0.59	-0.25	-1.25	-1.64	-0.80	1.27	3.93	6.93
tanb（生态 VS 社会）	1.16	0.24	-0.74	-1.02	-0.40	0.58	1.12	0.75	-0.27	-1.14	-1.22	-0.45	0.50	0.86	0.30
tanc（经济 VS 社会）	2.49	2.32	2.14	1.97	1.79	1.62	1.44	1.27	1.09	0.92	0.74	0.57	0.39	0.22	0.04
a（生态 VS 经济）	25.05°	5.84°	-19.09°	-27.38°	-12.72°	19.71°	37.73°	30.45°	-13.77°	-51.27°	-58.57°	-38.65°	51.86°	75.71°	81.79°
b（生态 VS 社会）	49.36°	13.33°	-36.55°	-45.53°	-22.03°	30.09°	48.14°	36.69°	-14.99°	-48.86°	-50.55°	-24.42°	26.58°	40.55°	16.61°
c（经济 VS 社会）	68.14°	66.66°	64.98°	63.06°	60.84°	58.27°	55.27°	51.73°	47.54°	42.54°	36.61°	29.59°	21.45°	12.30°	2.47°
协调阶段（生态 VS 经济）	同步协调	同步协调	拮抗	拮抗	拮抗	同步协调	同步协调	同步协调	拮抗	拮抗	拮抗	拮抗	同步协调	同步协调	同步协调
协调阶段（生态 VS 社会）	同步协调	同步协调	拮抗	拮抗	拮抗	同步协调	同步协调	同步协调	拮抗	拮抗	拮抗	拮抗	同步协调	同步协调	同步协调
协调阶段（经济 VS 社会）	同步协调	同步协调	同步协调	同步协调	同步协调	同步协调	同步协调	同步协调	同步协调	同步协调	同步协调	同步协调	同步协调	同步协调	同步协调
协调类型	综合协调型	综合协调型	生态脆弱型	生态脆弱型	生态脆弱型	综合协调型	综合协调型	综合协调型	生态脆弱型	生态脆弱型	生态脆弱型	生态脆弱型	综合协调型	综合协调型	综合协调型

表4-25 浙江海洋生态经济系统发展态势曲线拟合

	海洋生态子系统	海洋经济子系统	海洋社会子系统
拟合曲线方程式	$Y = -0.0002076X^3 + 1.251X^2 - 2513X + 1.683e + 006$	$Y = 0.0002005X^3 - 1.207X^2 + 2423X - 1.621e + 006$	$Y = 0.02496X - 49.84$
方程类型	三次型	三次型	直线型
拟合优度	SSE：0.01208	SSE：0.004764	SSE：0.00586
	R - square：0.7824	R - square：0.8596	R - square：0.9675
	Adjusted R - square：0.7202	Adjusted R - square：0.8213	Adjusted R - square：0.965
	RMSE：0.03313	RMSE：0.02081	RMSE：0.02123

受上海海洋生态环境的影响，浙江海洋生态恶化程度也较高，加之海洋经济与社会的同步发展，对海洋生态环境产生了较强的胁迫作用，海洋生态经济系统内部矛盾逐渐显现。如表4-26所示，2000—2014年，浙江海洋经济与生态子系统、海洋社会与生态子系统之间的协调度处于拮抗阶段，海洋生态经济系统协调模式属于生态脆弱型。近几年，浙江海洋产业结构实现了较大幅度调整，加之海洋经济整体规模不大，海洋生态恶化趋势在一定程度上得到遏制，但由于海洋社会子系统发展相对缓慢，人为响应仍然滞后，系统内部症结未能得到根本缓解，海洋社会与生态子系统拮抗程度始终较高。

8. 福建海洋生态经济系统协调发展态势分析

应用matlab7.0对福建海洋生态经济系统三个子系统发展状态评价值进行非线性拟合，得到其各自拟合曲线方程，如表4-27所示。

表4-26　　浙江海洋生态经济系统协调及其所属阶段、类型

年份	2000	2001	2002	2003	2004	2005	2006	2007	2008	2009	2010	2011	2012	2013	2014
$V_{生态}$	-0.20	-0.19	-0.18	-0.17	-0.17	-0.16	-0.16	-0.15	-0.15	-0.15	-0.15	-0.16	-0.16	-0.16	-0.17
$V_{经济}$	1.00	0.99	0.99	0.98	0.98	0.98	0.97	0.97	0.97	0.98	0.98	0.98	0.99	1.00	1.01
$V_{社会}$	0.02	0.02	0.02	0.02	0.02	0.02	0.02	0.02	0.02	0.02	0.02	0.02	0.02	0.02	0.02
tana（生态 VS 经济）	-0.20	-0.19	-0.18	-0.18	-0.17	-0.17	-0.16	-0.16	-0.16	-0.16	-0.16	-0.16	-0.16	-0.17	-0.17
tanb（生态 VS 社会）	-8.01	-7.61	-7.25	-6.94	-6.68	-6.47	-6.31	-6.21	-6.15	-6.14	-6.18	-6.27	-6.41	-6.60	-6.85
tanc（经济 VS 社会）	40.06	39.77	39.52	39.32	39.17	39.06	39.01	39.00	39.04	39.13	39.27	39.45	39.69	39.97	40.30
a（生态 VS 经济）	-11.31°	-10.83°	-10.39°	-10.01°	-9.68°	-9.41°	-9.20°	-9.04°	-8.95°	-8.92°	-8.95°	-9.03°	-9.18°	-9.38°	-9.64°
b（生态 VS 社会）	-82.89°	-82.51°	-82.14°	-81.80°	-81.49°	-81.22°	-81.00°	-80.85°	-80.76°	-80.75°	-80.81°	-80.94°	-81.14°	-81.39°	-81.69°
c（经济 VS 社会）	88.57°	88.56°	88.55°	88.54°	88.54°	88.53°	88.53°	88.53°	88.53°	88.54°	88.54°	88.55°	88.56°	88.57°	88.58°
协调阶段（生态 VS 经济）	拮抗	拮抗	拮抗	拮抗	拮抗	拮抗	拮抗	拮抗	拮抗	拮抗	拮抗	拮抗	拮抗	拮抗	拮抗
协调阶段（生态 VS 社会）	拮抗	拮抗	拮抗	拮抗	拮抗	拮抗	拮抗	拮抗	拮抗	拮抗	拮抗	拮抗	拮抗	拮抗	拮抗
协调阶段（经济 VS 社会）	同步协调	同步协调	同步协调	同步协调	同步协调	同步协调	同步协调	同步协调	同步协调	同步协调	同步协调	同步协调	同步协调	同步协调	同步协调
协调类型	生态脆弱型	生态脆弱型	生态脆弱型	生态脆弱型	生态脆弱型	生态脆弱型	生态脆弱型	生态脆弱型	生态脆弱型	生态脆弱型	生态脆弱型	生态脆弱型	生态脆弱型	生态脆弱型	生态脆弱型

表 4 − 27　　　　　　福建海洋生态经济系统发展态势曲线拟合

	海洋生态子系统	海洋经济子系统	海洋社会子系统
拟合曲线方程式	$Y = -0.0001699X^3 + 1.024$ $X^2 - 2057X + 1.378e+006$	$Y = 0.0004389X^3 - 2.643$ $X^2 + 5304X - 3.548e+006$	$Y = 0.001331X^2 -$ $5.317X + 5310$
方程类型	三次型	三次型	二次型
拟合优度	SSE：0.005803	SSE：0.008058	SSE：0.006625
	R − square：0.7677	R − square：0.8429	R − square：0.9654
	Adjusted R − square：0.7013	Adjusted R − square：0.8001	Adjusted R − square：0.9596
	RMSE：0.02297	RMSE：0.02707	RMSE：0.0235

福建濒临海域开放性较好，海洋生态恢复能力较强，但相对而言海洋经济社会没有充分利用良好的生态本底条件获得应有的发展，海洋生态环境对海洋经济、社会的支撑作用也没有全面发挥。如表 4 − 28 所示，2000—2014 年，由于海洋经济子系统进展缓慢，福建海洋经济与生态子系统的协调度处在低级协调阶段，海洋社会与生态子系统的协调度则处在同步协调状态，三系统之间的相互影响与胁迫几乎为零，海洋生态经济系统协调模式属于经济滞后型。近几年，随着海洋产业结构的不断调整以及海域资源综合利用能力的显著提升，海洋经济与社会子系统发展有所加快，海洋生态环境也有一定恶化趋势，需要投入更多人工力量，加强生态修复与管理，防止走上其他省份先破坏后治理的老路。

9. 广东海洋生态经济系统协调发展态势分析

应用 matlab7.0 对广东海洋生态经济系统三个子系统发展状态评价值进行非线性拟合，得到其各自拟合曲线方程，如表 4 − 29 所示。

表4-28　福建海洋生态经济系统协调度及其所属阶段、类型

年份	2000	2001	2002	2003	2004	2005	2006	2007	2008	2009	2010	2011	2012	2013	2014
$V_{生态}$	0.20	0.21	0.22	0.22	0.23	0.23	0.24	0.24	0.24	0.24	0.24	0.24	0.24	0.23	0.23
$V_{经济}$	-1.20	-1.22	-1.23	-1.25	-1.26	-1.26	-1.27	-1.27	-1.27	-1.27	-1.26	-1.25	-1.24	-1.23	-1.21
$V_{社会}$	0.01	0.01	0.01	0.01	0.02	0.02	0.02	0.03	0.03	0.03	0.03	0.04	0.04	0.04	0.04
tana（生态VS经济）	-0.17	-0.17	-0.18	-0.18	-0.18	-0.18	-0.19	-0.19	-0.19	-0.19	-0.19	-0.19	-0.19	-0.19	-0.19
tanb（生态VS社会）	28.57	21.60	17.56	14.88	12.96	11.48	10.31	9.34	8.52	7.80	7.17	6.60	6.09	5.61	5.17
tanc（经济VS社会）	-171.43	-126.05	-100.06	-83.13	-71.15	-62.19	-55.19	-49.54	-44.86	-40.90	-37.49	-34.50	-31.86	-29.49	-27.35
a（生态VS经济）	170.54°	170.28°	170.05°	169.85°	169.68°	169.54°	169.42°	169.32°	169.25°	169.20°	169.17°	169.17°	169.19°	169.23°	169.29°
b（生态VS社会）	88.00°	87.35°	86.74°	86.16°	85.59°	85.02°	84.46°	83.89°	83.30°	82.70°	82.06°	81.39°	80.67°	79.90°	79.05°
c（经济VS社会）	-89.67°	-89.55°	-89.43°	-89.31°	-89.19°	-89.08°	-88.96°	-88.84°	-88.72°	-88.60°	-88.47°	-88.34°	-88.20°	-88.06°	-87.91°
协调阶段（生态VS经济）	低级协调	低级协调	低级协调	低级协调	低级协调	低级协调	低级协调	低级协调	低级协调	低级协调	低级协调	低级协调	低级协调	低级协调	低级协调
协调阶段（生态VS社会）	同步协调	同步协调	同步协调	同步协调	同步协调	同步协调	同步协调	同步协调	同步协调	同步协调	同步协调	同步协调	同步协调	同步协调	同步协调
协调阶段（经济VS社会）	拮抗	拮抗	拮抗	拮抗	拮抗	拮抗	拮抗	拮抗	拮抗	拮抗	拮抗	拮抗	拮抗	拮抗	拮抗
协调类型	经济滞后型	经济滞后型	经济滞后型	经济滞后型	经济滞后型	经济滞后型	经济滞后型	经济滞后型	经济滞后型	经济滞后型	经济滞后型	经济滞后型	经济滞后型	经济滞后型	经济滞后型

表 4 – 29 广东海洋生态经济系统发展态势曲线拟合

	海洋生态子系统	海洋经济子系统	海洋社会子系统
拟合曲线方程式	$Y = -0.006107$ $X + 12.83$	$Y = 0.0001891X^2 - 0.7471$ $X + 738.1$	$Y = 0.0004759 X^2 -$ $1.89X + 1877$
方程类型	直线型	二次型	二次型
拟合优度	SSE：0.00833	SSE：0.003527	SSE：0.001596
	R – square：0.8078	R – square：0.9181	R – square：0.9862
	Adjusted R – square：0.7588	Adjusted R – square：0.9044	Adjusted R – square：0.9839
	RMSE：0.02531	RMSE：0.01714	RMSE：0.01153

广东海洋产业发展较早，海洋第二产业发达，海洋经济与社会发展程度相对较高，人均生活质量相对较好，但海洋生态环境恶化指数较大，海洋经济社会对海洋生态的胁迫作用较强，加之海洋生态响应滞后，海洋经济与生态子系统、海洋社会与生态子系统之间的矛盾始终较为尖锐。如表 4 – 30 所示，2000—2014 年，广东海洋经济与生态子系统、海洋社会与生态子系统的协调度在拮抗阶段徘徊，海洋生态经济系统协调模式属于生态脆弱型，且随着海洋生态资源环境危机的逐渐显现，海洋经济发展有放缓趋势，海洋生态经济系统健康问题较为严峻。

10. 广西海洋生态经济系统协调发展态势分析

应用 matlab7.0 对广西海洋生态经济系统三个子系统发展状态评价值进行非线性拟合，得到其各自拟合曲线方程，如表 4 – 31 所示。

表 4－30　广东海洋生态经济系统协调度及其所属阶段、类型

年份	2000	2001	2002	2003	2004	2005	2006	2007	2008	2009	2010	2011	2012	2013	2014
$V_{生态}$	-0.01	-0.01	-0.01	-0.01	-0.01	-0.01	-0.01	-0.01	-0.01	-0.01	-0.01	-0.01	-0.01	-0.01	-0.01
$V_{经济}$	0.01	0.01	0.01	0.01	0.01	0.01	0.01	0.01	0.01	0.01	0.01	0.01	0.01	0.01	0.01
$V_{社会}$	0.01	0.01	0.02	0.02	0.02	0.02	0.02	0.02	0.02	0.02	0.02	0.02	0.03	0.03	0.03
tanα (生态 VS 经济)	-0.66	-0.63	-0.61	-0.59	-0.56	-0.55	-0.53	-0.51	-0.50	-0.48	-0.47	-0.45	-0.44	-0.43	-0.42
tanb (生态 VS 社会)	-0.45	-0.42	-0.39	-0.37	-0.35	-0.33	-0.32	-0.30	-0.29	-0.28	-0.26	-0.25	-0.24	-0.24	-0.23
tanc (经济 VS 社会)	0.68	0.67	0.65	0.63	0.62	0.61	0.60	0.59	0.58	0.57	0.57	0.56	0.55	0.55	0.54
a (生态 VS 经济)	-33.29°	-32.25°	-31.27°	-30.34°	-29.46°	-28.62°	-27.83°	-27.07°	-26.36°	-25.67°	-25.02°	-24.40°	-23.81°	-23.25°	-22.71°
b (生态 VS 社会)	-24.18°	-22.77°	-21.50°	-20.36°	-19.33°	-18.40°	-17.55°	-16.77°	-16.06°	-15.40°	-14.80°	-14.24°	-13.72°	-13.23°	-12.78°
c (经济 VS 社会)	34.37°	33.63°	32.97°	32.38°	31.85°	31.37°	30.93°	30.52°	30.16°	29.82°	29.50°	29.21°	28.95°	28.69°	28.46°
协调阶段 (生态 VS 经济)	拮抗	拮抗	拮抗	拮抗	拮抗	拮抗	拮抗	拮抗	拮抗	拮抗	拮抗	拮抗	拮抗	拮抗	拮抗
协调阶段 (生态 VS 社会)	拮抗	拮抗	拮抗	拮抗	拮抗	拮抗	拮抗	拮抗	拮抗	拮抗	拮抗	拮抗	拮抗	拮抗	拮抗
协调阶段 (经济 VS 社会)	同步协调	同步协调	同步协调	同步协调	同步协调	同步协调	同步协调	同步协调	同步协调	同步协调	同步协调	同步协调	同步协调	同步协调	同步协调
协调类型	生态脆弱型	生态脆弱型	生态脆弱型	生态脆弱型	生态脆弱型	生态脆弱型	生态脆弱型	生态脆弱型	生态脆弱型	生态脆弱型	生态脆弱型	生态脆弱型	生态脆弱型	生态脆弱型	生态脆弱型

表4-31　　　　　　　　广西海洋生态经济系统发展态势曲线拟合

	海洋生态子系统	海洋经济子系统	海洋社会子系统
拟合曲线方程式	$Y = -0.00625$ $X + 13.17$	$Y = 9.217e - 005X^3 - 0.5536$ $X^2 + 1108X - 7.395e + 005$	$Y = 0.001083X^2 - 4.331$ $X + 4331$
方程类型	直线型	三次型	二次型
拟合优度	SSE：0.001702	SSE：0.002723	SSE：0.001536
	R - square：0.8653	R - square：0.8181	R - square：0.9777
	Adjusted R - square：0.8549	Adjusted R - square：0.7685	Adjusted R - square：0.9739
	RMSE：0.01144	RMSE：0.01573	RMSE：0.01131

与河北类似，广西濒临相对封闭的北部湾海域，海洋生态一旦被污染，便很难恢复，加之广西海洋经济与社会发展水平不高，生态投入不足，在海洋经济社会发展速度缓慢的情况下，海洋生态仍有恶化趋势，海洋生态环境对海洋经济与社会发展的约束作用很早就显示出来。如表4-32所示，2000—2014年，尽管广西尚处于海洋经济与社会发展初期，海洋经济与生态子系统、海洋社会与生态子系统之间协调度却已处于磨合与拮抗阶段，海洋生态经济系统协调模式属于生态经济后退型，由于海洋生态环境较为脆弱，海洋经济与社会发展进程受海洋生态环境制约较为明显。同时广西海洋经济与社会子系统的交互胁迫关系也不容乐观，时常出现拮抗现象，亟须提升社会人口素质与科技发展水平，增强管理能力，理顺海洋生态经济系统的内在有序协调机制，以实现其健康可持续发展。

11. 海南海洋生态经济系统协调发展态势分析

应用matlab7.0对海南海洋生态经济系统三个子系统发展状态评价值进行非线性拟合，得到其各自拟合曲线方程，如表4-33所示。

表4-32　广西海洋生态经济系统协调度及其所属阶段、类型

年份	2000	2001	2002	2003	2004	2005	2006	2007	2008	2009	2010	2011	2012	2013	2014
$V_{生态}$	-0.01	-0.01	-0.01	-0.01	-0.01	-0.01	-0.01	-0.01	-0.01	-0.01	-0.01	-0.01	-0.01	-0.01	-0.01
$V_{经济}$	-0.36	-0.36	-0.36	-0.36	-0.36	-0.36	-0.36	-0.35	-0.35	-0.35	-0.34	-0.34	-0.33	-0.33	-0.32
$V_{社会}$	0.00	0.00	0.01	0.01	0.01	0.01	0.01	0.02	0.02	0.02	0.02	0.02	0.03	0.03	0.03
tana（生态VS经济）	0.02	0.02	0.02	0.02	0.02	0.02	0.02	0.02	0.02	0.02	0.02	0.02	0.02	0.02	0.02
tanb（生态VS社会）	-6.25	-1.97	-1.17	-0.83	-0.65	-0.53	-0.45	-0.39	-0.34	-0.30	-0.28	-0.25	-0.23	-0.21	-0.20
tanc（经济VS社会）	-360.00	-113.99	-67.74	-48.15	-37.27	-30.34	-25.51	-21.94	-19.18	-16.98	-15.18	-13.67	-12.38	-11.26	-10.28
a（生态VS经济）	180.99°	180.99°	180.99°	180.99°	180.99°	181.00°	181.00°	181.01°	181.02°	181.03°	181.04°	181.06°	181.07°	181.09°	181.11°
b（生态VS社会）	-80.91°	-63.14°	-49.53°	-39.81°	-32.89°	-27.85°	-24.06°	-21.14°	-18.83°	-16.96°	-15.42°	-14.13°	-13.04°	-12.10°	-11.28°
c（经济VS社会）	-89.84°	-89.50°	-89.15°	-88.81°	-88.46°	-88.11°	-87.75°	-87.39°	-87.02°	-86.63°	-86.23°	-85.82°	-85.38°	-84.93°	-84.44°
协调阶段（生态VS经济）	磨合	磨合	磨合	磨合	磨合	磨合	磨合	磨合	磨合	磨合	磨合	磨合	磨合	磨合	磨合
协调阶段（生态VS社会）	拮抗	拮抗	拮抗	拮抗	拮抗	拮抗	拮抗	拮抗	拮抗	拮抗	拮抗	拮抗	拮抗	拮抗	拮抗
协调阶段（经济VS社会）	拮抗	拮抗	拮抗	拮抗	拮抗	拮抗	拮抗	拮抗	拮抗	拮抗	拮抗	拮抗	拮抗	拮抗	拮抗
协调类型	生态经济后退型	生态经济后退型	生态经济后退型	生态经济后退型	生态经济后退型	生态经济后退型	生态经济后退型	生态经济后退型	生态经济后退型	生态经济后退型	生态经济后退型	生态经济后退型	生态经济后退型	生态经济后退型	生态经济后退型

表 4 – 33　　　　　　　海南海洋生态经济系统发展态势曲线拟合

	海洋生态子系统	海洋经济子系统	海洋社会子系统
拟合曲线方程式	$Y = 0.6939 \times \sin\ (0.02997 \times X + 708.2)\ + 0.01617 \times \sin\ (1.387X - 840.4)$	$Y = 0.0002019X^3 - 1.216X^2 + 2442X - 1.634e + 006$	$Y = 0.0006909X^2 - 2.757X + 2751$
方程类型	正弦曲线逼近	二次型	二次型
拟合优度	SSE：0.002416	SSE：0.002586	SSE：0.001231
	R – square：0.7363	R – square：0.9531	R – square：0.9835
	Adjusted R – square：0.5897	Adjusted R – square：0.9404	Adjusted R – square：0.9807
	RMSE：0.01638	RMSE：0.01533	RMSE：0.01013

　　海南海洋经济发展与海洋社会进步速度均较缓慢，同时，由于海洋第三产业所占比重较大，海洋经济社会发展对海洋生态产生的胁迫作用较小，海洋生态对海洋经济社会发展的约束作用不明显。如表 4 – 34 所示，2000—2014 年，海南海洋经济与生态子系统、海洋社会与生态子系统的协调度大多处于同步协调阶段，伴随海洋经济增长与社会进步，偶尔出现拮抗现象，海洋生态经济系统协调模式基本属于综合协调型，加之海南海洋生态响应较为积极，生态投入相对较大，海洋经济、社会与生态子系统的交互胁迫关系较为缓和，可持续发展态势较好。但伴随海洋经济规模逐步增大，海洋社会消耗日益增多，海洋生态子系统恶化速度也有加快迹象，出现生态脆弱状态的年份有所增多，有待进一步加强治理。

　　总之，2000—2014 年中国沿海 11 个省（市、区）海洋生态经济系统交互胁迫关系验证结果表明，在时间与空间两个维度，海洋经济子系统与海洋社会子系统之间存在明显的对数曲线交互关系，海洋生态子系统与海洋经济子系统之间存在显著的倒 U 形曲线交互关系，海洋生态子系统与海洋社会子系统之间交互关系的演进过程符合双指数曲线的变化规律。应用耦合协调度模型对 2000—2014 年中国沿海 11 个省（市、区）海洋生态经济系统协调发展的时空演变规律进行实证分析可以得出，各省（市、区）海洋经济发展、社会进步与海洋生态恶化交互作用的协调度存在显著的空间差异，并正沿着 S 形发展路径演变：处于海洋经济社会加速发展中期的省市，如辽宁、天津、山东、浙江、广东等，系统拮抗程度较高，亟须采取相应政策措施进行宏观调控与生态治理；上海等海洋经济社会相对发达、生态投入积极的省市，已逐步进入成熟发展状态；而部分尚处于海洋经济社会发展初期的省区，如河北、广西等，由于濒临海域生态十分脆弱，可持续发展更不容乐观。

表 4-34　　　　　　海南海洋生态经济系统协调度及其所属阶段、类型

年份	2000	2001	2002	2003	2004	2005	2006	2007	2008	2009	2010	2011	2012	2013	2014
$V_{生态}$	0.00	0.02	0.01	-0.02	-0.02	0.01	0.02	-0.01	-0.03	-0.01	0.01	0.00	-0.03	-0.03	0.00
$V_{经济}$	0.80	0.79	0.78	0.78	0.77	0.77	0.77	0.77	0.77	0.77	0.77	0.77	0.78	0.78	0.79
$V_{社会}$	0.01	0.01	0.01	0.01	0.01	0.01	0.01	0.02	0.02	0.02	0.02	0.02	0.02	0.02	0.03
tana（生态 VS 经济）	0.00	0.03	0.01	-0.03	-0.02	0.01	0.02	-0.01	-0.04	-0.01	0.02	0.00	-0.03	-0.03	0.00
tanb（生态 VS 社会）	-0.24	2.60	0.79	-1.93	-1.55	0.68	1.10	-0.61	-1.57	-0.47	0.72	0.17	-1.08	-1.03	0.09
tanc（经济 VS 社会）	121.21	99.15	83.73	72.39	63.73	56.94	51.48	47.03	43.34	40.25	37.64	35.42	33.51	31.87	30.45
a（生态 VS 经济）	-0.11°	1.50°	0.54°	-1.53°	-1.39°	0.68°	1.22°	-0.74°	-2.08°	-0.67°	1.10°	0.27°	-1.85°	-1.86°	0.16°
b（生态 VS 社会）	-13.26°	68.97°	38.43°	-62.66°	-57.14°	34.15°	47.69°	-31.44°	-57.54°	-25.16°	35.86°	9.48°	-47.26°	-45.98°	4.95°
c（经济 VS 社会）	89.53°	89.42°	89.32°	89.21°	89.10°	88.99°	88.89°	88.78°	88.68°	88.58°	88.48°	88.38°	88.29°	88.20°	88.12°
协调阶段（生态 VS 经济）	拮抗	同步协调	同步协调	拮抗	拮抗	同步协调	同步协调	拮抗	拮抗	拮抗	同步协调	同步协调	拮抗	拮抗	同步协调
协调阶段（生态 VS 社会）	拮抗	同步协调	同步协调	拮抗	拮抗	同步协调	同步协调	拮抗	拮抗	拮抗	同步协调	同步协调	拮抗	拮抗	同步协调
协调阶段（经济 VS 社会）	同步协调	同步协调	同步协调	同步协调	同步协调	同步协调	同步协调	同步协调	同步协调	同步协调	同步协调	同步协调	同步协调	同步协调	同步协调
协调类型	生态脆弱型	综合协调型	综合协调型	生态脆弱型	生态脆弱型	综合协调型	综合协调型	生态脆弱型	生态脆弱型	生态脆弱型	综合协调型	综合协调型	生态脆弱型	生态脆弱型	综合协调型

第五章　中国海洋生态经济系统
非协调状态形成机理

中国海洋生态经济系统整体上已进入海洋生态、经济、社会交互胁迫状态，大多沿海省（市、区）属于生态脆弱型，海洋生态子系统与海洋经济子系统、海洋生态子系统与海洋社会子系统仍在不断拮抗磨合，寻求着最佳协调状态，在这个相互拮抗协调的过程中，中国尤其是一些飞速发展的沿海省（市、区）海洋生态经济系统仍存在诸多问题。在现实的海洋经济社会生产、生活过程中，各子系统的交互胁迫作用关系主要表现在两个方面：一是海洋经济子系统与海洋社会子系统通过人口增长、需求增多、经济发展、资源利用、能源消耗等对海洋生态环境产生胁迫作用；二是海洋生态子系统通过人口驱逐、资金争夺、政策干预、承载力限制、灾害发生、生产力下降等对海洋社会与海洋经济发展产生约束作用，沿海一些省（市、区）由于自然条件、经济基础、社会环境等不同因素的差别与限制，使得海洋生态经济系统的内部协调性还存在缺陷，集中表现在需求日益扩大的海洋经济社会建设对其相应海域生态环境的压力与破坏作用逐步增强。

根据系统论可知，由于海洋生态经济系统中，海洋生态子系统的脆弱性，海洋经济与社会子系统的多层级、多单元、多功能与多目标性，以及海洋生态经济系统运作、控制、预测的非线性，各子系统的非协调性与混沌性，各子系统各类要素之间交互胁迫作用自组织与自适应过程的复杂性等，任何一个环节的缺陷，都有可能引起某一子系统甚至整个系统非协调发展的连锁反应，最后致使整个系统崩溃瓦解。然而，关于海洋生态经济系统自身缺陷及其内部不同子系统之间存在的关联性，以及非协调关系产生的根源与机理，目前学术界尚未进行深入研究，为此，本章汲取系统论、耗散结构论、控制论、协同论、生态经济学、计量经济学等成熟理论的营养，在归纳总结当前中国海洋生态经济系统非协调发展具体表现的基础上，首先运用主成分分析模型，明晰非协调运行的主要成因；其次应用结构方程（SEM）建立拟合模型，模拟并检验海洋生态经济系统非协调状态的形成机理，探究导致海洋生态经济系统非协调状态形成的关键因素和基本传导路径，建立起海洋生态经济系统非协调状态的结构机理模型，并设计出非协调状态的预警机制和响应体系，以期为进一步揭示海洋社会发展、经济增长与海洋生态环境恶化存在的必然关系提供证据，为探究海洋生态经济系统实现协调运行的关键环节与主要障碍提供参考，并为明确海洋资源开发与利用各主体的权利义务提供依据，为缓解三个子系统之间的矛盾提供决策支撑。

第一节　中国海洋生态经济系统典型非协调状态的具体表现

一　海洋产业发展与海洋资源消耗的非协调

沿海各省（市、区）海洋经济发展的速度日益加快，海洋产业活动所需要的各种海洋资源需求量不断增加，但各种不可再生海洋资源数量有限，可再生海洋资源的自我恢复需要一定的时间，即除个别海洋产业如海水利用、海洋盐业、海洋电力外，大部分海洋产业所能依靠的海洋生物、矿产、空间资源数量十分有限，为了保证不断增长的海洋产业生产所需，出现了诸多不合理的海洋资源开发与利用现象，如过度捕捞、肆意使用养殖抗生素、过度开采砂矿、围填湿地造地等，导致海域污染、渔业资源枯竭、海水入侵、海洋原生态环境破坏等问题，反过来对海洋产业发展形成负面制约作用。例如，在海洋捕捞业方面，由于长期海洋生物资源粗放式捕捞与过度开发，诸多传统优质种类已形不成鱼汛，尤其是其他海域已灭绝的古老孑遗种、生物进化孤立类群等海洋珍稀物种，由于乱捕滥采、栖息环境遭到破坏等原因，种群数量已大幅度减少，濒临灭绝，而许多原来种群分布广泛、数量较多的物种也逐渐变为新的珍稀物种。在海水养殖业方面，受技术与经济条件限制，以及缺乏科学规划与管理，许多适合发展海洋养殖业的海域由于养殖密度过大，使用化学药剂过多，导致海域污染越发严重，经济效益越来越差，尤其是 1949 年以来，中国在 20 世纪 50 年代与 80 年代掀起了两次围海造田发展养虾业的热潮，使沿海天然滩涂湿地总面积缩减了约一半，不仅使滩涂湿地的自然景观遭到严重破坏，大量重要渔业资源包括虾、蟹、贝、鱼类生息繁衍场所消失，而且大大降低了滩涂湿地储水分洪、调节气候、抵御风暴潮的能力。在海洋工程建筑业方面，中国大陆海岸线约有 160 个大于 10 平方千米的天然海湾，但由于填海造地、填海建港，导致人工海岸比例不断增高，天然岸线缩短，湾体缩小，浅滩消失，海岸侵蚀日益严重，再加上陆域污染不断加重，海湾潮间带及海域自然孕育的虾、蟹、贝、藻、鱼普遍衰绝[①]。在海洋油气业与海洋交通运输业方面，随着海洋石油勘探与采掘技术的发展以及海上运输量的增加，近年来海上溢油事故频繁发生，根据《海洋环境质量公报》，1998—2008 年，中国沿海共发生船舶溢油事故 718 起，溢油总量达 11749 吨，对海洋生态环境造成了极为严重的污染，大量海洋生物窒息而死，海上油气平台产生的生产污水、钻井泥浆、钻屑排海量对油气平台周围海洋生态环境造成化学污染的同时，也使海域底栖生物的稳定性不断降低。在海洋矿业方面，由于采集砂矿产生长距离的下沉流，引起沉积物再悬浮，干扰损害源区自然条件并使波能在岸上高度集中，不仅加剧了海岸侵蚀，而且导致邻近海域生态系统尤其是海草底床、珊瑚礁、海藻林等脆弱生态系统受损严重。在海洋旅游业方面，由于国民收入及闲暇时间的增加，海洋旅游资源开发及旅游设施建设达到了空前繁荣，但随着日益增多的旅游者不断涌入沿海地区，加剧了沿海地区空间拥挤、海域污染及其他生态环境问题，许多海水浴场受到不同程度的破坏，海水质量明显下降。

二　海洋经济增长和海洋环境保护的非协调

海洋生态经济系统非协调状态归根结底产生于人类经济目标与生态目标的冲突。若要实现海洋生态经济系统可持续发展，海洋资源开发与经济发展必须遵循经济效益与生态效益相统一原则，但在海洋经济社会发展程度相对较低的地区，一般会将海洋经济发展列为优先目标，当海洋经济效益与海洋生态效益发生冲突时，总会首选海洋经济效益，忽略海洋生态效益。同时，由于生态补偿资金缺乏，生态修复技术手段落后，相应法律法规不健全，以及其他经济社会原因，在发展海洋经济与保护海洋生态环境之间，决策者通常处于两难境地，海洋生态效益目标往往难以实现。出于经济目的，人类破坏海洋生态环境的活动主要涉及过度捕捞与养殖、围海造田、建造码头和船坞、铺设管道、采矿、砍伐红树林、爆破珊瑚礁等，对天然结构灵敏、脆弱的海洋生态系统而言，在海陆分界处任一自然条件及人工条件的变化都极易影响系统的正常运行。当前中国一些沿海省

---

① 杨金森、秦德润、王松霈：《海岸带和海洋生态经济管理》，海洋出版社 2000 年版。

（市、区）海洋经济生产活动改变海洋自然生态环境如此之大，已经造成海洋生态系统天然结构和功能发生了巨大变化，尤其是许多特殊海洋生态系统，如红树林、珊瑚礁等，由于自然条件的更改，生物种群退化、衰竭严重，自然生产率急剧下降。据统计，20 世纪 50 年代，中国东南沿海省份共拥有红树林 5 万多公顷，因长期砍伐与围垦，现只剩下 2 万公顷，且大多红树林生态结构日趋简单化，许多珍贵树种已消失，其固岸护岸、防潮防浪功能大为降低。在中国海南岛约 1/4 的岸段有珊瑚岸礁，长年都有专业船只采捞，造成 80% 以上的岸礁遭到不同程度的破坏，许多地区礁资源已濒临绝迹，珊瑚礁生物群落也被打破，致使当地海岸后退，风暴潮等灾害愈加严重。由于低估海洋生态系统的生态价值及其衍生出的经济价值，中国一些沿海省（市、区）过度开发和无序利用海洋资源现象十分普遍，究其原因，首先是很多海洋资源，如海洋生物资源、海洋空间资源等直接被捕捞、占有和消费，无法经由市场规律决定其价值；其次是许多海洋资源，如海洋生物资源、海洋矿产资源在很大程度上属于非个人拥有的公共商品，由于公共商品的利益极其分散，以至于没有任何市场因素能够在资源配置过程中发挥作用。可以预见，中国海洋经济的快速发展，必然会不断增加对各种海洋资源的消耗，且由于单位资源的经济产出率日益降低，为获得一定数量的经济产出，将消耗越来越多的海洋资源，当被过度开发利用的资源超过再生、自我修复能力时，将引起更大范围的海洋资源枯竭与环境崩溃，并反过来对海洋经济发展形成强有力的抑制作用。

三　沿海人口激增与海洋生态容量的非协调

中国大多数沿海地区自然条件优越，适合人类居住及发展经济，目前，中国沿海 11 个省（市、区）的人口占全国人口的比重已超过41%，且仍有大量流动人口涌入并滞留在沿海地区，据人口专家预测，在 2020 年之前，中国人口趋海移动态势不会有太大变化，估计每年有8000 万至 1 亿中西部地区人口进入沿海地区。沿海地区空间狭小，人口环境容量十分有限，随着各地区城镇化、工业化进程的进一步加快，大量外来者迁入，不断冲击着本已十分脆弱的人口承载力。根据第三章能值计算，中国沿海地区人口早已超出生态环境所能承受的数量，且这种超负荷运转状态仍处于逐年增大趋势，人口严重超载将给海洋生态经济系统带来巨大压力和长期不良影响，过多人口挤在沿海地区，势必造成生存空间不足、环境污染加重及其他生态环境乃至经济社会问题的不断恶化。例如，中国沿海地区人口集中，海洋经济日渐发达，各类废弃物不断增多，由于海洋地理位置较低，陆域产生的各类废弃物如生活污水、工业固体废弃物、石油、化学物质等大部分被倾倒或流入海洋，造成大面积近海海域富营养化、毒化。同时，随着中国沿海人口数量无节制地增加，以及社会生活水平的大幅度提升，沿海人的需求尤其是针对海洋水产品、土地空间等基本生活物质资料的需求不断增多，使得沿海地区人均拥有海洋资源量持续下降，人口与海洋生态之间的矛盾愈加尖锐，加之没有足够的海洋生态保护与建设，为了维持如此庞大人口的生存与发展，必然导致海洋资源过度开发及低效率利用，单位产出废弃物不断增多，从而造成诸多地区海洋生态环境污染加重，各类海洋灾害频发，出现了人口增长—需求增多—人均海洋资源拥有量减少—海洋资源开发利用方式不当—海洋生态保护与建设力度小—海洋生态环境恶化的恶性循环。在海洋经济必须进入快速发展轨道以满足日益增长的海洋人口生存需求的同时，中国海洋科学技术进步水平相对于人口激增速度则显得过慢，且人口海洋生态保护意识不强、素质不高，是造成海洋资源掠夺式开发、不合理利用以及由此引发的一系列生态环境问题出现的主要原因。总而言之，在中国沿海人口激增的同时，海洋经济实现了飞速发展，不但海洋产业生产活动，包括沿海人口生活消费活动都对海洋生态系统运行产生着胁迫作用，由于这种负面影响不能得到及时有效解决，使得当前中国沿海人口增长、海洋经济扩张与海洋生态运行之间出现了严重不协调现象。

四 社会生产力与海洋自然生态力的非协调

社会生产力是人类征服海洋、改造海洋以及保护海洋的能力，是人类在与海洋的对象性关系中，协调自己与海洋的关系，最大限度利用海洋的能力，是通过社会实践认识、掌握海洋生态客观规律并用以改造社会、改造海洋以有利于人类发展进步的力量①。海洋自然生态力标志海洋生态系统对人类社会作用能力的哲学范畴，包括与社会生产力相对应的，对海洋社会的产生、存在和发展起作用的一切海洋生态因素及其所构成的系统的作用能力②。当前，中国一些沿海省（市、区）面临的海洋生态环境危机，主要包括沿海人口爆炸、部分海洋资源枯竭、海洋环境污染、原生

① 席成孝、张康军：《生产力若干问题评述》，《汉中师范学院学报》（社会科学版）1998年第1期。

② 高铭仁、张桂芝、孙卓廷：《自然生态力与社会生产力的矛盾是人与自然关系的基本矛盾》，《石油大学学报》（社会科学版）2002年第2期。

性海洋生态系统破坏等，表现出加速恶化乃至毁坏海洋生态系统从而毁灭海洋经济、社会系统的趋势，造成这种海洋生态经济系统非协调、不健康发展的根本原因，说到底是人与海洋的关系呈现不自觉、不自由状态，在人通过海洋经济系统、海洋社会系统对海洋生态系统作用时，超越海洋生态系统的生态能力，违背海洋生态系统的自然规律，即自然关系和社会关系的盲目状态，导致了海洋以生存环境危机的形式报复人类。海洋自然生态力因其差异性和一定的稀缺性，总是有限和相对的，但人类生产、生活活动对海洋自然生态力的需求和依赖却是无限和绝对的，所以，这种有限与无限的矛盾是海洋生态经济系统机体内永恒跳动的脉搏，社会生产力作为人所特有的对海洋作用的能力与海洋自身生态力构成的矛盾，就是贯彻于海洋生态经济系统运行始终的基本矛盾，也是人与海洋关系矛盾的基本表现形式。同时，社会生产力与海洋自然生态力的矛盾也是海洋生态经济系统的元矛盾，制约着海洋经济基础与上层建筑的矛盾。海洋生态系统中的物理、机械、量子、化学、生态、生物等任何层面、任何事物的自然客观规律都是必然的，且不能制造或消灭，因而是海洋经济与社会系统不可抗拒、不能违背的，永远只能认识之、顺应之和利用之，顺应自然规律，海洋则给予"实现改造目的"的报偿，违背自然规律，则其迟早给予失败甚至毁灭的报复。恩格斯认为，思维对存在、精神对自然界的关系问题是全部哲学的最高问题。在社会生产力与海洋自然生态力非协调的矛盾中，海洋自然生态力作为受动方面是基础，社会生产力作为能动方面是主导，海洋自然生态力的受动性，是受海洋自然物质力量及其客观运行规律的制约而决定的，使海洋社会中的人必须尊重。目前，中国一些沿海省（市、区）津津乐道于社会生产力对海洋社会生产关系的决定作用，盲目地认为人可以无所不为、毫无限制地对海洋索取、污染、改造、挥霍、破坏，把海洋自然生态力的单向基础决定作用误解为社会生产力与海洋自然生产力双向决定作用，结果必然是走向既毁灭海洋生态系统也毁灭海洋经济、社会系统的死胡同。

第二节　海洋生态经济系统非协调状态形成机理模型

在沿海 11 个省（市、区）市中，由于辽宁、河北、天津、山东、江苏、浙江、广东、广西的海洋生态经济系统运行始终呈现为非协调状态，集中表现为海洋生态子系统状况变化率始终为负值，海洋生态子系统状况不断恶化，海洋生态子系统与海洋经济子系统、海洋生态子系统与海洋社会子系统的协调度一直处于拮抗或磨合阶段，协调类型属于生态脆弱型或生态经济后退型，海洋生态、经济与社会子系统为非同步发展。因此，这里以该8省（市、区）为研究对象，利用其2000—2014年海洋生态经济系统发展状态原始数据进行测算与分析，探究中国海洋生态经济系统非协调状态的形成机理。具体而言，将在辨识出非协调状态形成主成分因子的基础上，建立起完整的海洋生态经济系统非协调状态概念模型和假设体系，对其非协调状态产生关键因素及路径进行深入研究、拟合与检验，科学、客观地论证出中国海洋生态经济系统非协调状态形成的主要原因及机理机制。

一　非协调状态形成成分

多元统计分析中的主成分分析（Principal Component Analysis，PCA）是用低维数据来反映高维数据之间关系的一种线性降维方法，能够将高维空间问题简化到低维空间处理[①]。该方法的核心是通过主成分分析，选择若干主成分指标，基于主成分指标的方差贡献率构建权数并构造综合评价函数。具体而言，主成分分析依据高维数据的协方差矩阵，通过线性变换保留信息含量较多、方差较大的指标，撤除信息含量较少的指标，从而实现用较少的综合指标来尽可能充分反映原有指标数据信息的目的。依据主成分分析方法形成的综合指标即是原始指标数据的主成分，是原始指标的线性组合，其数据不能通过直接观测、收集得到，但能够保留原始指标数据的绝大多数信息，且彼此互不相关。经典主成分分析方法一般只针对由样本和指标构成的平面数据表，未加入时间序列数据，时序全局主成分分析方法[②]是在经典主成分分析方法的基础上，为保证系统分析的整体性、统一性与可比性，将不同时点的平面数据表整合成立体时序数据表，再以此为基础进行降维并提取出指标数据绝大多数信息。根据第四章表4-1所建立的海洋生态经济系统发展状态评价指标体系，从海洋生态子系统、海洋经济子系统、海洋社会子

---

① H. Hotelling. ，"Analysis of a Complex of Statistical Variables into Principal Components"，*Journal of Educational Psychology*，No. 24，1983，pp. 417 – 441.

② 耿海清、陈帆、詹存卫等：《基于全局主成分分析的中国省级行政区城市化水平综合评价》，《人文地理》2009年第5期。

系统三个方面出发，得到由辽宁、河北、天津、山东、江苏、浙江、广东、广西 8 个省（市、区）市样本，39 项基础指标以及 2000—2014 年的 15 张数据表，构成 $8 \times 39 \times 15$ 维海洋生态经济系统发展状态的时序立体数据表 $X = (x_{ij}^t)_{Tn \times p}$，其中 n 为样本点个数，n 为指标个数，T 为年数。对该表进行主成分分析，分别研究 2000—2014 年影响海洋生态子系统、海洋经济子系统、海洋社会子系统发展状态的主要因素，步骤[①]如下：

（1）数据标准化：将坐标原点移到数据中心，并进行压缩变换以消除量纲影响，原始数据标准化公式为 $x_{ij}^* = \dfrac{x_{ij} - \overline{x_j}}{\sigma_j}$，其中 $\overline{x_j} = \dfrac{1}{n} \sum_i^n x_{ij}, \sigma_j = \sqrt{\dfrac{1}{n} \sum_i^n (x_{ij} - \overline{x_j})^2}$。

（2）计算标准化后矩阵 X^* 的协方差矩阵 V。

（3）求出 V 的前 m 个特征值 $\lambda_1 \geq \lambda_2 \geq \cdots \geq \lambda_m$ 及其对应特征向量 μ_1，μ_2，$\cdots$，μ_m。

（4）计算贡献率 $\lambda_k \Big/ \sum_{i=1}^p \lambda_i$ 和累计贡献率 $\sum_{i=1}^p \Big(\lambda_i \Big/ \sum_{i=1}^p \lambda_i\Big)$，一般取累计贡献率达 70% 以上 $\lambda > 1$ 的特征值，对应的全局主成分即可。

为检验选取指标变量是否适宜主成分分析，采用 KMO（Kaiser – Meyer – Olkin）和 Bartlett 球形检验法（Bartlett's Test of Sphericity）进行测算，其中，KMO 检验结果在 0.5 以下不能接受，在 0.7 以上比较好，越接近于 1，则表明指标变量相关性越强，即可认为原始数据适宜做主成分分析；Bartlett 球形检验显著性小于 0.01，则表明拒绝单位相关原假设，原始数据适宜做主成分分析。分别对海洋生态子系统 14 项指标变量、海洋经济子系统 10 项指标变量、海洋社会子系统 15 项指标变量进行检验，结果如表 5 – 1 所示。由表 5 – 1 可知，三个子系统的指标变量均适宜进行主成分分析。下面就对 8 个省（市、区）15 年间的海洋生态经济系统三个子系统发展状态评价指标原始数据运用 SPSS17.0 统计软件进行主成分分析。

---

① 付光辉、郭宗逵：《全局主成分分析模型在城市综合经济实力评价中的应用》，《企业科技与发展》2008 年第 10 期。

表5-1　　　　　　　主成分分析 KMO 和 Bartlett 球形检验值

海洋生态子系统主成分分析 KMO 和 Bartlett 的检验		
取样足够度的 Kaiser – Meyer – Olkin 度量		0.797
Bartlett 的球形度检验	近似卡方	754.41
	df	91
	Sig.	0.000
海洋经济子系统主成分分析 KMO 和 Bartlett 的检验		
取样足够度的 Kaiser – Meyer – Olkin 度量		0.701
Bartlett 的球形度检验	近似卡方	1179.66
	df	45
	Sig.	0.000
海洋社会子系统主成分分析 KMO 和 Bartlett 的检验		
取样足够度的 Kaiser – Meyer – Olkin 度量		0.712
Bartlett 的球形度检验	近似卡方	2294.23
	df	105
	Sig.	0.000

1. 海洋生态子系统主成分提取

通过对时序立体表中8个省（市、区）15年的海洋生态子系统发展状态指标数据计算，得到海洋生态子系统有关全局主成分特征值及累计贡献率，如表5-2所示，按照特征值大于1原则提取主成分，海洋生态子系统发展状态可综合为5个主成分，其信息量可达78.07%，超过一般标准70%，此5个主成分即可替代原有14项基础指标。

表5-2　　　　　海洋生态子系统全局主成分特征值及贡献率

成分	初始特征值			提取平方和载入		
	合计	方差百分比(%)	累计百分比(%)	合计	方差百分比(%)	累计百分比(%)
1	2.960	21.141	21.141	2.960	21.141	21.141
2	2.647	18.908	40.049	2.647	18.908	40.049
3	2.088	14.911	54.961	2.088	14.911	54.961
4	1.683	12.023	66.984	1.683	12.023	66.984
5	1.552	11.083	78.066	1.552	11.083	78.066
6	0.929	6.634	84.701			

成分	初始特征值			提取平方和载入		
	合计	方差百分比(%)	累计百分比(%)	合计	方差百分比(%)	累计百分比(%)
7	0.536	3.829	88.530			
8	0.463	3.304	91.834			
9	0.348	2.489	94.322			
10	0.258	1.845	96.167			
11	0.237	1.692	97.859			
12	0.133	0.953	98.812			
13	0.120	0.857	99.669			
14	0.046	0.331	100.000			

为对提取的 5 个主成分进行合理的解释，必须对 14 项基础指标组成的 5 个主成分的载荷量进行分析，如表 5 - 3 所示：①在主成分 1 中，人均海水产品产量、海水浴场健康指数 2 项指标的载荷量远大于其他评价指标，且 2 项指标主要反映了海洋生态子系统生态经济效益的信息，这里将第 1 主成分命名为"海洋生态水平"，用以表明海洋生态条件及其为人类提供的效益大小；②在主成分 2 中，单位面积工业固体废物产生量、单位面积工业废水排放量 2 项指标的载荷量远大于其他指标，且 2 项指标主要反映了海洋生态子系统承受压力的信息，这里将第 2 主成分命名为"海洋生态压力"，用以表明经济发展给海洋生态环境造成的负面压力；③在主成分 3 中，可养殖面积利用率指标的载荷量远大于其他指标，且该项指标主要反映了人类对海洋生态子系统内海洋资源的利用程度，这里将第 3 主成分命名为"海洋资源利用"，用以表明伴随经济发展对海洋资源开发与利用力度的变化；④在主成分 4 中，生物多样性指标的载荷量远大于其他指标，且该项指标主要反映了海洋生态子系统内生物群落多样性情况，这里将第 4 主成分命名为"海洋生物多样性"，用以表明受人类影响海洋生物物种的增减；⑤在主成分 5 中，严重污染海域面积比重的载荷量远大于其他指标，且该指标主要反映了海洋生态子系统受污染状况，这里将第 5 主成分命名为"海洋生境破坏"，用以表明在人类经济社会活动作用下，海洋自然生境被污染破坏的程度。

表 5 - 3　　　　　　　　海洋生态子系统全局主成分载荷矩阵

指标	成分				
	1	2	3	4	5
生物多样性	− 0.433	0.048	− 0.038	0.682	− 0.079
严重污染海域面积比重	0.310	0.512	− 0.089	− 0.369	0.605
人均海水产品产量	0.868	− 0.222	0.112	− 0.147	− 0.340
海水浴场健康指数	0.681	− 0.424	0.339	0.166	− 0.116
年均赤潮发生次数	0.519	− 0.229	− 0.535	0.214	− 0.332
可养殖面积利用率	0.018	− 0.347	0.662	− 0.059	0.538
单位面积工业废水排放量	− 0.285	0.642	0.154	0.585	0.047
单位面积工业固体废物产生量	− 0.030	0.793	− 0.026	− 0.430	− 0.055
单位海域疏浚物倾倒量	− 0.378	− 0.221	− 0.739	− 0.192	0.045
海平面上升	0.644	0.239	0.040	0.457	0.446
年均单位岸线灾害损失	0.108	0.026	− 0.320	0.449	0.198
海洋自然保护区面积比重	0.411	0.632	0.301	0.072	− 0.305
环保投入占 GDP 比重	− 0.324	0.346	0.473	− 0.065	− 0.557
近岸海洋生态系统健康状况	− 0.514	− 0.561	0.487	− 0.003	0.040

2. 海洋经济子系统主成分提取

通过对时序立体表中 8 个省（市、区）15 年的海洋经济子系统发展状态指标数据计算，得到海洋经济子系统有关全局主成分特征值及累计贡献率，如表 5 - 4 所示，按照特征值大于 1 的原则提取主成分，海洋经济子系统发展状态可综合为 2 个主成分，其信息量可达 70.73%，超过一般标准 70%，其中，第 1 主成分贡献率为 53.86%，此 2 个主成分即可替代原有 10 项基础指标，表明分析结果较为科学、理想。

表 5 - 4　　　　　海洋经济子系统全局主成分特征值及贡献率

成分	初始特征值			提取平方和载入		
	合计	方差百分比（%）	累计百分比（%）	合计	方差百分比（%）	累计百分比（%）
1	5.386	53.862	53.862	5.386	53.862	53.862
2	1.686	16.864	70.726	1.686	16.864	70.726
3	0.999	9.987	80.713			
4	0.757	7.566	88.279			
5	0.408	4.083	92.362			

续表

成分	初始特征值			提取平方和载入		
	合计	方差百分比(%)	累计百分比(%)	合计	方差百分比(%)	累计百分比(%)
6	0.345	3.448	95.811			
7	0.255	2.550	98.361			
8	0.106	1.059	99.420			
9	0.042	0.418	99.837			
10	0.016	0.163	100.000			

　　为对提取的 2 个主成分进行合理的解释,必须对 10 项基础指标组成的 2 个主成分的载荷量进行分析,如表 5 - 5 所示:①在主成分 1 中,人均海洋生产总值、海洋生产总值占 GDP 比重、海域利用效率 3 项指标的载荷量远大于其他评价指标,且 3 项指标主要反映了海洋经济发展水平的信息,这里将第 1 主成分命名为"海洋经济发展",用以表明海洋经济规模的大小及其创造经济效益的高低;②在主成分 2 中,相对劳动生产率指标的载荷量远大于其他指标,且该指标主要反映了海洋经济子系统劳动生产效率的信息,这里将第 2 主成分命名为"海洋产业生产力",用以表明各类海洋产业生产能力的强弱。

表 5 - 5　　　　　　　　海洋经济子系统全局主成分载荷矩阵

指标	成分	
	1	2
人均海洋生产总值	0.908	-0.296
海洋生产总值占 GDP 比重	0.876	-0.375
海域利用效率	0.814	-0.150
人均固定资产投资	0.771	0.124
海洋第三产业比重	0.720	0.341
海洋第二产业比重	0.732	0.353
海洋产业多元化程度	0.577	0.190
相对劳动生产率	0.033	0.814
海洋产业竞争优势指数	0.783	0.463
海洋产业区位商	0.733	-0.516

3. 海洋社会子系统主成分提取

通过对时序立体表中 8 个省(市、区)15 年的海洋社会子系统发展状态指标数据计算，得到海洋社会子系统有关全局主成分特征值及累计贡献率，如表5-6所示，按照特征值大于1的原则提取主成分，海洋社会子系统发展状态可综合为5个主成分，其信息量可达86.70%，超过一般标准70%，其中，第1主成分贡献率为44.02%，此5个主成分即可替代原有15项基础指标，表明分析结果较为科学、理想。

表5-6　　　　　　　　海洋社会子系统全局主成分特征值及贡献率

成分	初始特征值			提取平方和载入		
	合计	方差百分比(%)	累计百分比(%)	合计	方差百分比(%)	累计百分比(%)
1	6.603	44.022	44.022	6.603	44.022	44.022
2	2.670	17.798	61.820	2.670	17.798	61.820
3	1.424	9.495	71.315	1.424	9.495	71.315
4	1.254	8.358	79.673	1.254	8.358	79.673
5	1.055	7.030	86.703	1.055	7.030	86.703
6	0.659	4.394	91.097			
7	0.531	3.541	94.638			
8	0.291	1.937	96.575			
9	0.205	1.365	97.940			
10	0.158	1.054	98.994			
11	0.089	0.595	99.590			
12	0.026	0.175	99.765			
13	0.019	0.129	99.894			
14	0.013	0.085	99.979			
15	0.003	0.021	100.000			

为对提取的5个主成分进行合理的解释，必须对15项基础指标组成的5个主成分的载荷量进行分析，如表5-7所示：①在主成分1中，城镇化水平、人均用电量、受教育程度、涉海就业人员比重、人口密度5项指标的载荷量远大于其他评价指标，且5项指标主要反映了海洋社会子系统人口数量、结构、素质以及生活质量的信息，这里将第1主成分命名为"海洋社会进步"，集中表明海洋社会发展程度及水平；②在主成分2中，年均出台政策文件指标的载荷量远大于其他指标，且该项指标主要反映了海洋社会子系统对海洋事务宏观调控力度的信息，这里将第2主成分命名为"海洋社会管理能力"，用以表明社会进步过程中人类对海洋事务的顺

应及掌控能力；③在主成分3中，恩格尔系数、城镇居民人均消费总额、城镇居民人均可支配收入3项指标的载荷量远大于其他指标，且3项指标主要反映了海洋社会子系统中人口收入及消费能力的信息，这里将第3主成分命名为"海洋社会消费水平"，用以表明伴随社会进步人口生活质量及消费层次的变化；④在主成分4中，当年确权海域面积占已确权面积比重指标的载荷量远大于其他指标，且该项指标主要反映了海洋社会子系统中人们对海洋资源环境的关注情况，这里将第4主成分命名为"海洋社会重视程度"，用以表明在意识层面人们对海洋注重程度的高低；⑤在主成分5中，海洋科研课题承担能力指标的载荷量远大于其他指标，且该指标主要反映了海洋社会子系统内海洋科技的发展情况，这里将第5主成分命名为"海洋科技水平"，用以表明在人类经济社会活动促进下，海洋科技研发及利用能力的高低。

表5-7　　　　　　海洋社会子系统全局主成分载荷矩阵

指标	成分				
	1	2	3	4	5
人口密度	0.830	-0.111	-0.476	0.146	0.080
城镇化水平	0.878	-0.074	0.108	-0.093	0.173
受教育程度	0.858	-0.231	0.275	-0.079	-0.002
涉海就业人员比重	0.841	-0.346	0.204	-0.263	-0.048
城镇居民人均可支配收入	0.652	0.603	0.321	0.208	0.077
城镇居民人均消费总额	0.664	0.567	0.397	0.132	0.097
人均用电量	0.872	0.295	0.207	0.133	0.023
恩格尔系数	-0.318	-0.385	0.432	0.296	0.394
海洋科技研究人员比重	0.732	-0.412	-0.390	0.055	0.026
海洋科技创新能力	0.338	0.559	-0.291	-0.517	0.012
海洋科研机构密度	0.825	-0.465	0.018	-0.077	-0.084
海洋科研课题承担能力	0.266	0.350	-0.556	0.555	0.523
单位岸线海滨观测台站密度	0.705	-0.416	-0.105	0.182	-0.273
年均出台政策文件	0.268	0.742	-0.103	-0.185	-0.144
当年确权海域面积占已确权面积比重	-0.042	0.121	0.108	0.575	-0.684

海洋生态经济系统非协调状态是由多种因素通过一定路径引发而成。根据上述对海洋生态经济系统三个子系统发展状态的指标变量分析，共提取了

12 个主成分，各主成分由各自子系统发展状态评价指标构成，依据指标载荷量对主成分重新命名，且这里选取与 12 个主成分对应载荷信息量较大的主指标变量，作为组成每个主成分的构成要素，结果如表 5 - 8 所示。

表 5 - 8　　　　　海洋生态经济系统非协调成分及其构成要素

非协调成分	构成要素	非协调成分	构成要素
海洋生态水平	人均海水产品产量	海洋社会进步	城镇化水平
	海水浴场健康指数		人均用电量
海洋生态压力	单位面积工业固体废物产生量		受教育程度
	单位面积工业废水排放量		涉海就业人员比重
海洋资源利用	可养殖面积利用率		人口密度
海洋生物多样性	生物多样性	海洋管理能力	年均出台政策文件
海洋生境破坏	严重污染海域面积比重		恩格尔系数
海洋经济发展	人均海洋生产总值	社会消费水平	城镇居民人均消费总额
	海洋生产总值占 GDP 比重		城镇居民人均可支配收入
	海域利用效率	社会重视程度	当年确权海域面积占已确权面积比重
海洋产业生产力	相对劳动生产率	海洋科技水平	海洋科研课题承担能力

二　非协调机理拟合方法

影响海洋生态经济系统非协调发展的变量因素众多，且部分指标度量误差较大，因果关系异常复杂，因此，若采用常用的灰色关联系数法、多元回归模型、系统动力学等进行非协调状态形成机理模型构建、拟合与检验，会导致偏差大、效率低、结果不明晰等后果。结构方程模型（Structural Equation Mode，SEM）是一种基于变量原始数据协方差矩阵分析变量之间关系的统计方法，综合了回归分析、方差分析、确认因子分析、路径分析等多种统计数据分析工具，能够用来揭示多个自变量与多个因变量之间复杂交错的因果关系[1]。

具体而言，结构方程模型属于验证性拟合分析技术，能够从已知变量的原始数据中解析出规律性的总结，研究者可以利用相关统计软件对繁杂的理论概念模型进行构建、模拟及处理，并以拟合结果与实际数据的一致

---

[1]　侯杰泰、温忠麟、成子娟：《结构方程模型及其应用》，教育科学出版社 2004 年版。

性检验结果为依据，对理论概念模型做出评价及修正，从而对假设的理论概念模型进行证实或证伪。由于结构方程模型允许并支持因变量之间存在相关性，且这些相关性对模型路径拟合验证结果无任何影响，因此它比一般相关关系计量模型更具优越性[1]。结构方程的基本原理是三个二[2]：①结构方程模型包括两类变量，显变量和潜变量，显变量又叫指示变量、观测变量，是指能够直接观测、度量的变量；潜变量是指不能够用观测方法直接测得的变量。②结构方程模型作用关系包括两条路径，一条是显变量与潜变量之间的作用路径；另一条是潜变量与潜变量之间的作用路径。③结构方程模型包括两种模型，结构模型和测量模型，结构模型是指以潜变量表达潜变量之间因果关系的模型；测量模型则是用显变量表达潜变量因果关系的模型。结构方程模型验证一般分为五个步骤，即概念模型构建、模型数据识别、模型参数估计、模型拟合性检验、模型调整修正[3]，如图 5 - 1 所示，首先，依据已有数据、相关理论和基本定律，建立一组有关各变量之间关系的假设体系，依据假设体系构造概念模型；其次，计算出显变量原始数据的协方差矩阵，并依据概念模型估计各类参数矩阵；再次，以变量数据所验证模型与概念模型的拟合度作为判断概念模型能否被接受的标准，拟合度较好则表明假设体系与概念模型有效性较佳；最后，对拟合度较好的模型进行合理解析，对存在差距的模型进行调整与修正后，再重复以上工作。

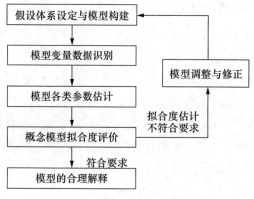

图 5 - 1　结构方程模型验证步骤

①　马丽娜：《基于复杂系统脆性理论的企业集团脆性建模及应用研究》，硕士学位论文，中国海洋大学，2010 年。

②　刘大维：《结构方程模型在跨文化心理研究中的应用》，《心理动态》1999 年第 2 期。

③　娄峥嵘：《浅析结构方程模型建模的基本步骤》，《生产力研究》2006 年第 6 期。

三　非协调机理假设体系

上文识别出的海洋生态经济系统非协调成分在统计范畴内，都会对系统非协调发展状态产生显著影响，但在非协调状态产生直至系统崩溃的过程中，并非所有非协调成分都会起到直接作用。非协调成分之间存在相互影响、相互关联、互为因果的关系，从表面上看，海洋生态水平、海洋生态压力、海洋资源利用、海洋生物多样性、海洋生境破坏、海洋经济发展、海洋产业生产力、海洋社会进步、海洋社会管理能力、海洋社会消费水平、海洋社会重视程度、海洋科技水平 12 个非协调成分对海洋生态经济系统非协调运行状态的影响呈并列关系，但实际上有些非协调成分对系统非协调状态发生的作用可能是间接作用，即有些非协调成分通过作用于其他非协调成分而改变系统整体运行状态。分析海洋生态经济系统非协调状态形成机理，实际上是探索 12 个非协调成分之间因果作用关系结构，揭示非协调成分之间以及非协调成分与系统非协调状态之间作用路径的过程。

现阶段，中国海洋生态环境急剧恶化，海洋生物多样性明显减少，海洋资源严重衰退，海洋生态自净能力与平衡能力持续退化，海洋社会与经济可持续发展面临极大威胁，究其原因，是由于人类社会系统需求膨胀以致不顾海洋生态子系统自我调节能力的限度，对海洋资源进行掠夺性、粗放式开发，向海洋大量排放生产生活污染物，肆意建造不合理的人工海洋建筑工程，造成海洋社会子系统的索求量、海洋经济子系统的破坏力超出海洋生态子系统容量、承载力范围，使海洋生态子系统进入非良性循环状态，也使海洋生态—经济—社会整体进入非协调发展模式。由此，鉴于海洋生态子系统在海洋生态经济系统中的基础作用，以及海洋经济子系统的导向作用和海洋社会子系统的载体作用，这里以海洋生态子系统的 5 个非协调成分作为海洋生态经济系统非协调状态迸发的最终测度对象，即以海洋生态水平、海洋生态压力、海洋资源利用、海洋生物多样性、海洋生境破坏为海洋生态经济系统整个非协调状态机理结构方程模型的因变量。

海洋经济子系统的 2 个非协调成分和海洋社会子系统的 5 个非协调成分是引致海洋生态子系统发生变化的原因，即作为海洋生态经济系统非协调状态机理结构方程模型的自变量。其中，由人构成的海洋社会子系统需求的增长是海洋经济子系统产生与发展的根本原因，在海洋生态经济系统运转过程中，海洋社会进步、海洋社会消费水平、海洋科技水平以及海洋社会重视程度、海洋社会管理能力将直接或间接地对海洋经济子系统的海洋经济发展以及海洋产业生产力产生推动作用。同时，海洋社会重视程度、海洋社会管理能力也将对海洋生态子系统的海洋生物多样性、海洋生境破坏等产生正面影响。就海洋生态经济系统非协调运行的主体成因而言，是由于海洋社会子系统通过海洋经济子系统的海洋经济发展对海洋生态子系统的海洋资源利用和海洋生态压力产生直接作用，而海洋资源利用与海洋生态压力的变化将直接导致海洋生物多样性与海洋生境破坏的演变，并最终使海洋生态水平发生改变，海洋生态水平的更改，集中反映了海洋生态子系统的恶化状况，继而意味着海洋生态经济系统非协调发展状态的萌生。由此，根据以上分析，提出海洋生态经济系统非协调状态形成机理的假设体系如下：

H1：海洋社会进步对社会消费能力、海洋科技水平、海洋产业生产力、海洋管理能力、社会重视程度有正路径影响。

H1－1：海洋社会进步对社会消费能力有正路径影响。

H1－2：海洋社会进步对海洋科技水平有正路径影响。

H1－3：海洋社会进步对海洋产业生产力有正路径影响。

H1－4：海洋社会进步对海洋管理能力有正路径影响。

H1－5：海洋社会进步对社会重视程度有正路径影响。

H2：社会消费能力对海洋经济发展有正路径影响。

H3：海洋科技水平对海洋产业生产力有正路径影响。

H4：海洋产业生产力对海洋经济发展有正路径影响。

H5：海洋管理能力对海洋经济发展、海洋生境破坏呈显著相关关系。

H5－1：海洋管理能力对海洋经济发展有正路径影响。

H5－2：海洋管理能力对海洋生境破坏有负路径影响。

H6：社会重视程度对海洋经济发展、海洋生物多样性有正路径影响。

H6－1：社会重视程度对海洋经济发展有正路径影响。

H6－2：社会重视程度对海洋生物多样性有正路径影响。

H7：海洋经济发展对海洋资源利用、海洋生态压力呈显著相关关系。

H7－1：海洋经济发展对海洋资源利用有正路径影响。

H7－2：海洋经济发展对海洋生态压力有正路径影响。

H8：海洋资源利用对海洋生物多样性、海洋生境破坏呈显著相关关系。

H8－1：海洋资源利用对海洋生物多样性有负路径影响。

H8－2：海洋资源利用对海洋生境破坏有正路径影响。

H9：海洋生态压力对海洋生境破坏有正路径影响。

H10：海洋生境破坏对海洋生物多样性有负路径影响。

H11：海洋生物多样性对海洋生态水平有正路径影响。

H12：海洋生境破坏对海洋生态水平有负路径影响。

四　非协调机理概念模型

通过对海洋生态经济系统三个子系统非协调成分的识别分析，以及待验证假设体系的提出，根据 12 个非协调成分及其对应的构成要素，赋予各非协调成分及构成要素变量名称，如表 5 – 9 所示。并构建海洋生态经济系统非协调状态形成机理结构方程概念模型，如图 5 – 2 所示。

表 5 – 9　　海洋生态经济系统非协调状态结构方程模型变量定义

	潜变量	潜变量内容	显变量	显变量内容
自变量	ξ_1	海洋社会进步	x_1	城镇化水平
			x_2	人均用电量
			x_3	受教育程度
			x_4	涉海就业人员比重
			x_5	人口密度
	ξ_2	社会消费水平	x_6	恩格尔系数
			x_7	城镇居民人均消费总额
			x_8	城镇居民人均可支配收入
	ξ_3	海洋科技水平	x_9	海洋科研课题承担能力
	ξ_4	社会重视程度	x_{10}	当年确权海域面积占已确权面积比重
	ξ_5	海洋产业生产力	x_{11}	相对劳动生产率
	ξ_6	海洋管理能力	x_{12}	年均出台政策文件
	ξ_7	海洋经济发展	x_{13}	人均海洋生产总值
			x_{14}	海洋生产总值占 GDP 比重
			x_{15}	海域利用效率
因变量	η_1	海洋资源利用	y_1	可养殖面积利用率
	η_2	海洋生态压力	y_2	单位面积工业固体废物产生量
			y_3	单位面积工业废水排放量
	η_3	海洋生物多样性	y_4	生物多样性
	η_4	海洋生境破坏	y_5	严重污染海域面积比重
	η_5	海洋生态水平	y_6	人均海水产品产量
			y_7	海水浴场健康指数

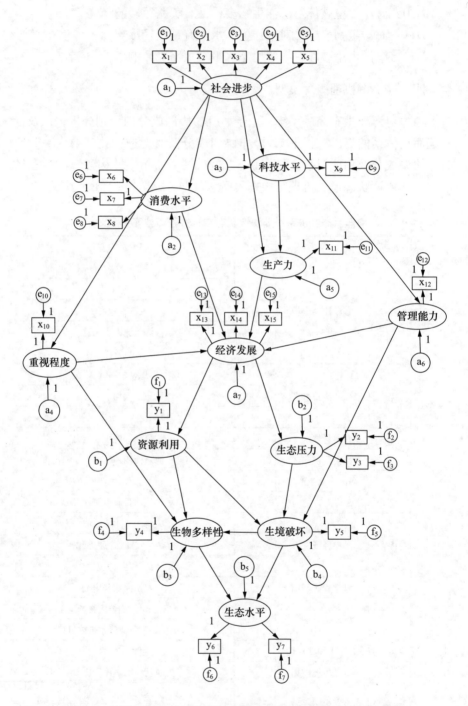

图 5 - 2　海洋生态经济系统非协调状态形成机理结构方程概念模型

第三节　中国海洋生态经济系统非协调状态形成机理拟合

一　非协调形成机理模型拟合与评价

1. 原始数据信度检验

信度检验（Reliability Test）是对结构方程模型所用原始数据稳定性与一致性进行测量。稳定性主要是用一种计算工具对同一群被访者不同时间上的重复调查结果的可靠系数进行测量；一致性主要反映了原始数据内部之间关系，考证各项指标数据能否表达相同内容及其特征，如果指标数据选取合理，数据一致性应较高[①]。由于本书并未进行问卷的重复调查，这里采用衡量数据内部一致性的方法来反映原始数据信度。折半信度是将原始数据的承载指标按奇偶数或顺序分成两份，依据 Spearman – brown 计算公式估计相关系数，相关系数越高表明数据一致性越好，但由于折半信度计算建立在两份指标方差相等的假设条件下，原始数据不一定能够满足该假设条件，信度检验结果往往不符合实际。1951 年，Cronbach 提出了Cronbach's Alpha 系数的原理和计算方法，该系数是将原始数据的承载指标一一进行比较，对数据的一致性估计更为全面、准确，弥补了折半信度的不足，因此，这里应用 SPSS17.0 对 8 省（市、区）15 个非协调成分构成要素变量的原始数据进行信度检验。各非协调成分的 Cronbach's Alpha 系数均在 0.7 以上，且总量表的 Cronbach's Alpha 系数达到 0.828（如表 5 – 10 所示），表明 12 个非协调成分的原始数据可靠性较高，可以用于海洋生态经济系统非协调状态形成机理拟合检验。

表 5 – 10　　　　　　非协调形成机理潜变量的信度检验结果

潜变量内容	可测变量个数	Cronbach's Alpha
社会进步	5	0.923
消费水平	3	0.816
科技水平	1	—
重视程度	1	—

[①] AMOS 步步教程，http://wenku.baidu.com/view/68eabe1e650e52ea551898af.html，2011 年 9 月 10 日。

续表

潜变量内容	可测变量个数	Cronbach's Alpha
生产力	1	—
管理能力	1	—
经济发展	3	0.914
资源利用	1	—
生态压力	2	0.793
生物多样性	1	—
生境破坏	1	—
生态水平	2	0.913
全部	22	0.828

2. 概念模型效度检验

效度检验（Validity Test）是指应用统计工具准确测量所要求证的某特质的拟合度，包括准则效度、内容效度、结构效度三种类型。由于准则效度和内容效度要求具有公认的效度衡量标准，难以在本书中实现，因此这里采用结构效度的方法来检验设定的海洋生态经济系统非协调机理概念模型。结构效度也称理论效度、构建效度或构想效度，主要用于衡量概念或命题的模型结构拟合的程度，如果实际数据拟合结果能够反映其理论假设，与构建的概念模型一致，则认为概念模型具有结构效度，即结构效度通过数据拟合结果与理论假设相互比较来验证①。在结构方程模型中，可以从三个方面来检验概念模型的结构效度：一是通过模型路径系数评价结构效度，若概念模型设定的潜变量与显变量之间、潜变量与潜变量之间假设关系合理，数据拟合后所得到的未标准化路径系数估计应当具有显著的统计意义，而且通过标准化路径系数估计可以比较不同变量假设的拟合优度；二是通过相关系数评价结构效度，若概念模型中潜变量与潜变量之间存在相关关系，则可以通过潜变量相关系数来评价设定的概念模型结构效度；三是通过概念模型拟合指数评价结构效度，即应用实际数据对概念模型进行检验，通过验证性因子分析拟合模型的拟合指数对概念模型结构效度进行考量。本书着重采用一、三两种方法评价海洋生态经济系统非协调机理概念模型的结构效度。

---

① AMOS 步步教程，http：//wenku.baidu.com/view/68eabe1e650e52ea551898af.html，2011年9月10日。

在初始概念模型的基础上，将本书选取的 8 个沿海省（市、区）15 年海洋生态经济系统非协调状态 12 个非协调成分的 22 项指标变量的面板数据导入 AMOS16.0 软件中进行拟合运算，概念模型路径拟合系数结果详见表 5 - 11。对概念模型评价首先要验证实际数据评估出的路径系数[①]是否具有统计意义，即需要对变量间作用路径系数进行显著性检验。AMOS16.0 提供了简单的方法检验 C.R.（Critical Ratio）值，C.R. 值是系数估计与其标准差的比，是一种 Z 统计量，当 $|C.R.| > 1.96$ 时，表明路径系数在 95% 的置信水平下具有统计显著性。AMOS16.0 还给出了 C.R. 的相伴概率 P，根据 P 也可以进行路径系数显著性检验，当 $P < 0.05$ 时，表明路径系数具有统计显著性。从表 5 - 11 中可以看出，除少数变量间路径系数外，概念模型中大部分变量间的作用路径系数所对应的 C.R. 绝对值均达到了 1.96 的参考值，P 也在 0.05 以下，表明大部分路径系数具有统计显著性。

表 5 - 11　海洋生态经济系统非协调机理概念模型的路径系数拟合结果

路径	未标准化路径系数估计	S.E.	C.R.	P	标准化路径系数估计
$\xi_3 \leftarrow \xi_1$	0.871	0.052	16.845	***	0.857
$\xi_2 \leftarrow \xi_1$	0.125	0.035	3.549	***	0.459
$\xi_5 \leftarrow \xi_3$	0.12	0.014	3.155	***	0.628
$\xi_6 \leftarrow \xi_1$	0.113	0.044	2.573	0.01	0.464
$\xi_5 \leftarrow \xi_1$	-0.388	0.06	-0.291	0.789	-1.99
$\xi_4 \leftarrow \xi_1$	-0.102	0.037	-2.724	0.006	-0.885
$\xi_7 \leftarrow \xi_4$	-1.688	0.882	-2.043	0.022	-0.238
$\xi_7 \leftarrow \xi_5$	1.609	0.636	2.528	0.011	0.385
$\xi_7 \leftarrow \xi_2$	0.464	0.122	3.791	***	0.155
$\xi_7 \leftarrow \xi_6$	0.847	0.232	3.655	***	0.253
$\eta_2 \leftarrow \xi_7$	0.304	0.06	5.065	***	0.891
$\eta_1 \leftarrow \xi_7$	0.809	0.086	9.448	***	0.492
$\eta_4 \leftarrow \xi_6$	-1.455	0.536	-3.628	***	-0.846
$\eta_4 \leftarrow \eta_1$	0.145	0.045	4.288	***	0.465
$\eta_4 \leftarrow \eta_2$	2.141	0.299	5.308	***	0.67
$\eta_3 \leftarrow \eta_4$	-2.346	0.015	0.283	0.777	-1.14

---

① 潜变量与潜变量之间的回归系数称为路径系数，潜变量与显变量之间的路径系数一般称为载荷系数，这里用"路径系数"一并代替。

路径	未标准化路径系数估计	S. E.	C. R.	P	标准化路径系数估计
$\eta_3 \leftarrow \xi_4$	-3.127	0.934	-4.322	***	-0.418
$\eta_3 \leftarrow \eta_1$	-0.314	0.617	-3.812	***	-0.222
$\eta_5 \leftarrow \eta_3$	2.82	0.53	2.909	***	0.651
$\eta_5 \leftarrow \eta_4$	-2.103	0.982	-2.143	0.032	-0.581
$x_1 \leftarrow \xi_1$	1				0.802
$x_5 \leftarrow \xi_1$	0.688	0.067	10.248	***	0.632
$x_9 \leftarrow \xi_3$	1				0.874
$x_{13} \leftarrow \xi_7$	1				0.943
$x_{14} \leftarrow \xi_7$	1.052	0.036	29.578	***	0.95
$x_{15} \leftarrow \xi_7$	0.876	0.052	16.699	***	0.789
$y_1 \leftarrow \eta_1$	1				0.945
$y_3 \leftarrow \eta_2$	2.08	0.399	5.208	***	0.246
$y_2 \leftarrow \eta_2$	1				0.11
$y_4 \leftarrow \eta_3$	1				0.837
$y_5 \leftarrow \eta_4$	1				0.451
$y_6 \leftarrow \eta_5$	1				0.523
$x_3 \leftarrow \xi_1$	0.78	0.046	17.132	***	0.921
$x_2 \leftarrow \xi_1$	0.701	0.065	10.839	***	0.662
$x_4 \leftarrow \xi_1$	1.008	0.055	18.491	***	0.965
$y_7 \leftarrow \eta_5$	2.204	0.47	4.691	***	0.339
$x_{10} \leftarrow \xi_4$	1				0.19
$x_{11} \leftarrow \xi_5$	1				0.271
$x_7 \leftarrow \xi_2$	3.459	0.837	4.135	***	0.983
$x_6 \leftarrow \xi_2$	1				0.272
$x_8 \leftarrow \xi_2$	3.669	0.888	4.13	***	0.967
$x_{12} \leftarrow \xi_6$	1				0.323

注：*** 表示 P 小于 0.01。

为进一步验证概念模型的有效性和合理性，这里选取多个拟合指数来判断模型的拟合效果，不同种类的概念模型拟合指数能够从模型样本大小、复杂性、绝对性、相对性等方面对概念模型进行考量。这里选取卡方自由度 χ^2/df（Chi – square Test）、配适度指数 GFI（Goodness of Fit Index）、残差均方根指数 RMR（Root Mean Square Residual）、标准化残差均方根指数 SRMR（Standardized Root Mean Square Residual）、近似误差均方根 RMSEA（Root Mean Square Error of Approximation）、基准配适度指数 NFI（Normed Fit Index）、非范拟合指数 TLI（Tucker – Lewis Index）、相对拟合指数 CFI（Comparative Fit Index）、赤池信息指数 AIC（Akaike's Information Criterion）、一致赤池信息指数 CAIC（Consistent Akaike's Information Criterion）[1] 10 项拟合指数来评价海洋生态经济系统非协调机理概念模型拟合优度。运行结果如表 5 – 12 所示。

表 5 – 12　海洋生态经济系统非协调机理概念模型的主要拟合指数

指数名称		评价标准	评价结果
绝对拟合指数	χ^2/df	越小越好，$2 \leqslant \chi^2/\mathrm{df} \leqslant 5$，模型可被接受；$\chi^2/\mathrm{df} < 2$ 模型拟合效果较好	5.255
	GFI	大于 0.8，模型可被接受，越接近 1 模型拟合效果越好	0.602
	RMR	小于 0.05，模型可被接受，越接近 0 模型拟合效果越好	0.027
	SRMR	小于 0.05，模型可被接受，越接近 0 模型拟合效果越好	0.042
	RMSEA	越小越好，$0.05 \leqslant \mathrm{RMSEA} \leqslant 0.08$，模型可被接受；$\mathrm{RMSEA} < 0.05$，模型拟合效果较好	0.071
相对拟合指数	NFI	大于 0.9，模型可被接受，越接近 1 模型拟合效果越好	1.000
	TLI	大于 0.9，模型可被接受，越接近 1 模型拟合效果越好	1.000
	CFI	大于 0.9，模型可被接受，越接近 1 模型拟合效果越好	1.000
信息指数	AIC	越小越好	506.000
	CAIC	越小越好	1605.818

从表 5 – 12 中可以看出，RMR、SRMR、RMSEA、NFI、TLI、CFI 等指数均达到评价标准，表明构建的海洋生态经济系统非协调机理概念模型

---

[1] Breekler S., "Applications of Covariance Structure Modeling in Psychology: Cause for Concern?", *Psychological Bulletin*, Vol. 107, No. 5, 1990, pp. 260 – 273.

可被接受。然而，χ^2/df 略大于 5，表明概念模型可大致被接受，但结果稍不理想；同时，GFI 尚小于 0.8，说明模型还有调整空间。

二　非协调形成机理模型调整与修正

由于概念模型构建或数据收集存在的偏差，在验证 SEM 结构方程的过程中，初始概念模型只经过一次运行就实现拟合标准的较为少见，通常都需要对概念模型进行修正与调整。在概念模型假设条件下，C. R. 统计值服从正态分布，因此可以根据 C. R. 值判断两个变量间的作用路径系数是否存在显著性差异。

根据 AMOS16.0 的模型拟合结果，由表 5 - 11 中变量之间路径系数对应的 C. R. 绝对值和 P，可以发现，未达到拟合要求的变量间路径如下：

$$\xi_5 \leftarrow \xi_1:\ \mathrm{CR} = |-0.291| < 1.96,\ P = 0.789 > 0.05$$

$$\eta_3 \leftarrow \eta_4:\ \mathrm{CR} = |0.283| < 1.96,\ P = 0.777 > 0.05$$

即关于海洋社会进步对海洋产业生产力有正路径影响、海洋生境破坏对海洋生物多样性有负路径影响两条假设关系的系数不显著。因此，首先考虑对该两条没有通过检验的路径进行修正，将此两条路径予以删除，其次导入面板数据进行修正模型的结构方程拟合运算。修正模型路径拟合系数结果详见表 5 - 13。从表 5 - 13 中可以看出，在变量间路径系数估计方面，修正模型中所有路径系数对应的 C. R. 绝对值均达到了 1.96 以上，同时，P 也均在 0.05 以下，表明海洋生态经济系统非协调机理修正模型的变量作用路径系数均具有统计显著性。

表 5 - 13　　　　海洋生态经济系统非协调机理修正模型的
路径系数拟合结果

路径	未标准化路径系数估计	S. E.	C. R.	P	标准化路径系数估计
$\xi_3 \leftarrow \xi_1$	0.817	0.046	17.695	***	0.974
$\xi_2 \leftarrow \xi_1$	0.108	0.033	3.267	0.001	0.482
$\xi_5 \leftarrow \xi_3$	0.102	0.012	2.883	0.004	0.687
$\xi_6 \leftarrow \xi_1$	0.165	0.048	3.408	***	0.695
$\xi_4 \leftarrow \xi_1$	-1.326	0.547	-3.724	***	-0.825
$\xi_7 \leftarrow \xi_4$	-1.488	0.682	-4.143	***	-0.408
$\xi_7 \leftarrow \xi_5$	2.04	0.39	5.23	***	0.436
$\xi_7 \leftarrow \xi_2$	1.082	0.31	3.488	***	0.297

续表

路径	未标准化路径系数估计	S. E.	C. R.	P	标准化路径系数估计
$\xi_7 \leftarrow \xi_6$	0.436	0.104	4.185	***	0.126
$\eta_1 \leftarrow \xi_7$	0.725	0.083	8.767	***	0.471
$\eta_2 \leftarrow \xi_7$	0.715	0.075	9.564	***	0.924
$\eta_3 \leftarrow \xi_4$	-1.127	0.434	-3.322	***	-0.309
$\eta_3 \leftarrow \eta_1$	-0.514	0.817	-3.946	***	-0.341
$\eta_4 \leftarrow \xi_6$	-1.024	0.408	-3.277	0.001	-0.527
$\eta_4 \leftarrow \eta_1$	0.099	0.035	4.097	***	0.390
$\eta_4 \leftarrow \eta_2$	1.059	0.429	5.263	***	0.529
$\eta_5 \leftarrow \eta_3$	0.732	0.733	4.998	***	0.453
$\eta_5 \leftarrow \eta_4$	-1.323	0.177	-7.479	***	-0.386
$x_1 \leftarrow \xi_1$	1				0.84
$x_5 \leftarrow \xi_1$	0.717	0.062	11.545	***	0.691
$x_9 \leftarrow \xi_3$	1				0.929
$x_{13} \leftarrow \xi_7$	1				0.975
$x_{14} \leftarrow \xi_7$	0.984	0.034	29.156	***	0.921
$x_{15} \leftarrow \xi_7$	0.898	0.043	20.742	***	0.841
$y_1 \leftarrow \eta_1$	1				0.923
$y_3 \leftarrow \eta_2$	0.572	0.118	4.865	***	0.333
$y_2 \leftarrow \eta_2$	1				0.598
$y_4 \leftarrow \eta_3$	1				0.901
$y_5 \leftarrow \eta_4$	1				0.661
$y_6 \leftarrow \eta_5$	1				0.762
$x_3 \leftarrow \xi_1$	0.734	0.041	17.841	***	0.909
$x_2 \leftarrow \xi_1$	0.697	0.061	11.5	***	0.689
$x_4 \leftarrow \xi_1$	0.958	0.048	19.873	***	0.96
$y_7 \leftarrow \eta_5$	0.496	0.045	11.096	***	0.698
$x_{10} \leftarrow \xi_4$	1				0.536
$x_{11} \leftarrow \xi_5$	1				0.654
$x_7 \leftarrow \xi_2$	4.043	1.112	3.635	***	0.819
$x_6 \leftarrow \xi_2$	1				0.536
$x_8 \leftarrow \xi_2$	4.218	1.162	3.629	***	0.959
$x_{12} \leftarrow \xi_6$	1				0.522

注：*** 表示 P 小于 0.01。

对概念模型进行调整后，修正模型的 10 项拟合指数运算结果如表 5 -
14 所示。修正模型拟合结果表明，χ^2/df 达到 4.73，落在 [2，5] 区间，
模型可以被接受；GFI 为 0.829，符合大于 0.8 的要求；同时，RMR、
SRMR、RMSEA 分别为 0.012、0.023、0.041 均达到小于 0.05 的要求；
NFI、TLI、CFI 均为 1，表明模型拟合效果良好。综合修正模型各项路径
系数和拟合指数评价，对海洋生态经济系统非协调机理初始概念模型调整
后所得到的修正模型，其拟合结果均通过了结构效度检验，修正模型满足
了最初的假设条件。

表 5 - 14   海洋生态经济系统非协调机理修正模型的主要拟合指数

指数名称		评价标准	评价结果
绝对拟合指数	χ^2/df	越小越好，$2\leqslant\chi^2/\mathrm{df}\leqslant5$，模型可被接受；$\chi^2/\mathrm{df}<2$ 模型拟合效果较好	4.728
	GFI	大于 0.8，模型可被接受，越接近 1 模型拟合效果越好	0.829
	RMR	小于 0.05，模型可被接受，越接近 0 模型拟合效果越好	0.012
	SRMR	小于 0.05，模型可被接受，越接近 0 模型拟合效果越好	0.023
	RMSEA	越小越好，$0.05\leqslant\mathrm{RMSEA}\leqslant0.08$，模型可被接受；$\mathrm{RMSEA}<0.05$，模型拟合效果较好	0.041
相对拟合指数	NFI	大于 0.9，模型可被接受，越接近 1 模型拟合效果越好	1
	TLI	大于 0.9，模型可被接受，越接近 1 模型拟合效果越好	1
	CFI	大于 0.9，模型可被接受，越接近 1 模型拟合效果越好	1
信息指数	AIC	越小越好	506
	CAIC	越小越好	1605.818

三　非协调形成假设体系检验与分析

通过对海洋生态经济系统非协调机理初始概念模型的拟合运算结果，
对概念模型进行修正与调整，解决了构建的概念模型本身存在的问题，使

非协调成分变量之间的路径系数均达到了统计显著性，拟合指数均符合评价标准。根据 AMOS16.0 运算结果，考察本章第二节提出的海洋生态经济系统非协调机理假设体系，进一步验证各条假设的合理性和准确性，从而为实证研究结论提供理论性支持，假设体系检验结果详见表 5-15。

表 5-15　　　　海洋生态经济系统非协调机理假设体系检验结果

假设	假设条件	变量路径	标准路径系数	检验结果
H1-1	海洋社会进步对社会消费能力有正路径影响	$\xi_2 \leftarrow \xi_1$	0.482	支持
H1-2	海洋社会进步对海洋科技水平有正路径影响	$\xi_3 \leftarrow \xi_1$	0.974	支持
H1-3	海洋社会进步对海洋产业生产力有正路径影响	$\xi_5 \leftarrow \xi_1$	—	不支持
H1-4	海洋社会进步对海洋管理能力有正路径影响	$\xi_6 \leftarrow \xi_1$	0.695	支持
H1-5	海洋社会进步对社会重视程度有正路径影响	$\xi_4 \leftarrow \xi_1$	-0.825	反向支持
H2	社会消费能力对海洋经济发展有正路径影响	$\xi_7 \leftarrow \xi_2$	0.297	支持
H3	海洋科技水平对海洋产业生产力有正路径影响	$\xi_5 \leftarrow \xi_3$	0.687	支持
H4	海洋产业生产力对海洋经济发展有正路径影响	$\xi_7 \leftarrow \xi_5$	0.436	支持
H5-1	海洋管理能力对海洋经济发展有正路径影响	$\xi_7 \leftarrow \xi_6$	0.126	支持
H5-2	海洋管理能力对海洋生境破坏有负路径影响	$\eta_4 \leftarrow \xi_6$	-0.527	支持
H6-1	社会重视程度对海洋经济发展有正路径影响	$\xi_7 \leftarrow \xi_4$	-0.408	反向支持
H6-2	社会重视程度对海洋生物多样性有正路径影响	$\eta_3 \leftarrow \xi_4$	-0.309	反向支持
H7-1	海洋经济发展对海洋资源利用有正路径影响	$\eta_1 \leftarrow \xi_7$	0.471	支持
H7-2	海洋经济发展对海洋生态压力有正路径影响	$\eta_2 \leftarrow \xi_7$	0.924	支持
H8-1	海洋资源利用对海洋生物多样性有负路径影响	$\eta_3 \leftarrow \eta_1$	-0.341	支持
H8-2	海洋资源利用对海洋生境破坏有正路径影响	$\eta_4 \leftarrow \eta_1$	0.39	支持
H9	海洋生态压力对海洋生境破坏有正路径影响	$\eta_4 \leftarrow \eta_2$	0.529	支持
H10	海洋生境破坏对海洋生物多样性有负路径影响	$\eta_3 \leftarrow \eta_4$	—	不支持
H11	海洋生物多样性对海洋生态水平有正路径影响	$\eta_5 \leftarrow \eta_3$	0.453	支持
H12	海洋生境破坏对海洋生态水平有负路径影响	$\eta_5 \leftarrow \eta_4$	-0.386	支持

根据对海洋生态经济系统非协调机理假设体系的验证，可以得出如下结论：①人口增长、城镇化推进、文化程度提高引起的海洋社会进步能够对社会消费能力的提高产生显著的促进作用；对海洋科技水平的提升有着积极的推动作用；且对海洋事务管理能力的改进起着支撑作用。但由于中国整体仍处于以"经济建设为中心"的发展阶段，海洋经济与社会的发展，并未引起社会公众对海洋资源开发与生态环境保护协调关系的重视，因此，模型拟合结果显示，中国海洋社会进步对社会重视程度没有产生正

路径影响；相反，海洋社会进步使得人们对海洋资源开发以及海洋经济社会发展过于乐观，忽视了对海洋生态环境的关注，海洋社会进步对社会重视程度实际上产生了负面作用。②海洋社会消费水平的提高一方面是由海洋社会进步、海洋经济发展引起的，另一方面也反过来促进海洋经济的进一步提升；海洋社会进步促进的海洋科技水平提高，将进一步带动海洋产业生产力提升，而海洋产业生产力提升将对海洋经济发展产生积极的推动作用；同时，海洋社会进步引起的海洋事务管理能力的提高，也将有助于海洋经济向前发展。③随着海洋经济发展对生产资料需求的日益增多，海洋资源开发与利用开始规模化推进，但海洋经济的发展也造成了海洋生态压力的与日俱增；而海洋资源利用的增加在对海洋生物多样性产生消极负面影响的同时，也导致海洋生境破坏愈加严重；海洋经济发展引发的以环境污染为主要表征的海洋生态压力的加大同样使海洋生境破坏不断恶化。海洋资源利用导致的海洋生物多样性下降进一步引致了海洋生态水平降低，同时，海洋资源利用和海洋生态压力共同导致的海洋生境破坏也降低了海洋生态整体运行水平。④反观人类适应与改造自然的主观能动性，随着海洋社会进步，不断提高的海洋事务管理能力能够对愈加深重的海洋生境破坏起到一定的遏制作用，但一方面海洋生态环境问题尚未引起社会公众的广泛重视，另一方面当前海洋社会重视的程度还不能对海洋经济的顺利发展乃至海洋生物多样性的修复起到明显的推动作用和积极效果。

第四节　中国海洋生态经济系统非协调状态形成路径及关键因素

一　海洋生态经济系统非协调状态形成的传导路径

根据以上对海洋生态经济系统非协调形成假设体系的验证，可以得知，本书关于社会系统是造成当前海洋生态系统急剧恶化的根本原因的论断基本得到了证实。现阶段中国海洋资源严重衰退、海洋生物多样性明显减少、海洋生境污染日渐严重，海洋自然生态水平持续退化，许多沿海省（市、区）海洋生态、经济、社会进入非协调发展模式，其根本原因是海洋社会系统需求不断膨胀，不断向海洋生态系统索取，并向海洋生态系统排放大量废弃物，超出了海洋生态系统自我调节的限度，先使海洋生态系统进入非良性运行状态，再导致海洋经济系统以及海洋社会系统的可持续发展面临困境。

实证结果表明，并非全部非协调成分都直接作用于海洋生态经济系统非协调状态的产生与演变，各非协调成分之间存在着复杂的相互作用关系，具体而言，中国海洋生态经济系统非协调状态形成的基本传导路径为：海洋社会进步→海洋科技水平提升→海洋产业生产力提高→海洋经济增长→海洋资源利用增多→海洋生态压力加大→海洋生物多样性下降→海洋生境破坏加剧→海洋生态水平退化（见图5－3）。可见，海洋社会进步及其伴随的社会人口消费能力上涨、海洋科技水平提升是引致海洋经济增长进而引发海洋生态资源衰竭、生态环境恶化的根本因素。简言之，海洋社会进步→海洋经济增长→海洋生态恶化是现阶段中国海洋生态经济系统非协调状态产生与演变的根本路径，同时，社会重视程度不够以及海洋事务管理和治理能力跟不上实际发展的需要，是海洋生态经济系统非协调状态得不到预防、遏制与改善的主要原因。

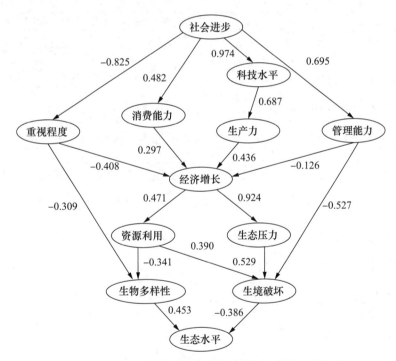

图5－3　海洋生态经济系统非协调状态形成机理路径图

二　海洋生态经济系统非协调状态形成的关键因素

前文证实，海洋生态功能的演变不仅与海洋自然生态环境特征有关，更大程度上与海洋经济与社会发展紧密相关。目前中国各类海洋产业同时发展，多种海洋资源全面开发，同一种海洋生态问题的形成可能经由不同路径，为进一步理顺中国海洋生态系统变化的直接原因、间接原因以及根本原因，这里参考全球国际水域评估 GIWA（Global International Waters Assessment）的因果链[①]分析方法，结合中国海洋生态问题的具体表现，对其涉及的驱动因素进行剖析和排序。依据海洋社会进步、经济增长逻辑，各主要海洋产业形成与发展过程中导致的主要海洋生态问题演变的因果链分析详见图 5−4。

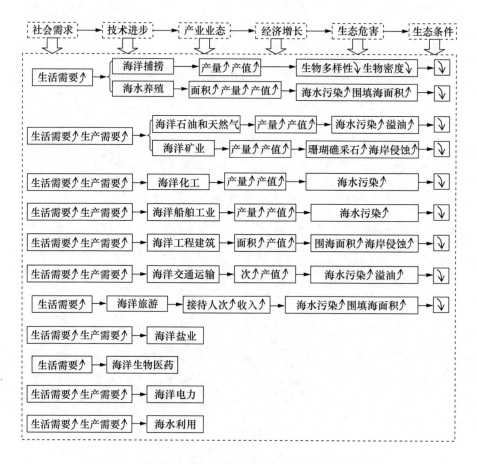

图 5−4　中国海洋生态系统主要生态问题演变因果链分析

---

① Belausteguigoitia J. C., "Causal Chain Analysis and Root Causes: The GIWA Approach", *AMBIO*, Vol. 33, 2004, pp. 7−12.

综合分析中国海洋生态系统面临的各种生态危害及其引发的关键因素，可以肯定这些问题的产生与演变并不仅是单纯的海洋资源利用不合理造成的，而是多种综合因素长期累积效应的显现，其源头涉及"人"的主体，涵盖海洋社会系统中的渔民、企业、政府、社会公众等。究其根本因素，是在海洋社会进步与经济增长过程中，海洋社会系统中各类主体所创造的与海洋事务有关的思想意识、道德精神、科技及法规制度等要素的不完善导致的。进一步剖析海洋社会系统引发当前海洋生态系统急剧恶化的关键因素，可归结为以下几点：

1. 海洋生态认识论缺陷

中国沿海 8 个省（市、区）的海洋生态子系统状况变化率始终为负值，其在海洋生态水平下降时表现出的众多环境问题，在很大程度上根源于人类意识上的忽视、短视与盲目，集中体现在对海洋资源开发与生态保护过程中所应用的一系列错误价值观，如人类中心意识、自然控制论等，在推动海洋社会进步与海洋经济增长问题上，则是一种机械的发展观。

人类中心意识，具体是指在人与自然相处关系上，以人的生存发展需要为核心，所有行为的出发点与归宿点都是围绕人类自身利益展开的一种心理意识[1]。人类中心意识集中反映了中国沿海居民在认识、利用与改造海洋生态资源环境过程中所发挥的主观能动性，切实为海洋经济与文明的崛起提供了强劲的精神动力，然而，也正是由于这种人类中心意识的不受限制，放大了人类的主体性，驱使人类一步步走向征服者的征途，把人类推向控制海洋的独裁者地位。在人类与海洋的关系上，中国海洋社会中人的主体，如渔民、企业、政府、各类组织等往往无视海洋生态系统的存在及其价值，使得海洋社会发展和海洋经济增长逐渐走向了海洋生态自然运行法则的对立面，导致人类在追求进步的同时也为自身可持续发展设置了陷阱与障碍。

自然控制论实际上源于人类对自然变化的恐惧心理，在强大而神秘的自然力量约束下，受生产力水平制约，人类对自然规律表现出极强的顺从。自然控制论演变的高级阶段是地理环境决定论，即认为自然地理环境对人类的精神、行为、气质以至法律、法规、体制等起着决定性或重大作用。在海洋生态环境不断恶化的情况下，自然控制论以及地理环境决定论由于过分强调海洋生态自然的决定性作用，看不到人类对海洋生态环境的

[1]　吴次方、鲍海君、徐保根：《中国沿海城市的生态危机与调控机制》，《中国人口·资源与环境》2005 年第 3 期。

能动性影响以及改变的能力，往往使人类在恶化的海洋生态环境面前无所作为。当前，海洋社会重视程度对海洋生态系统生物多样性的改变微乎其微，便是一个例证。

人类中心意识与自然控制论一个过分强调人的主观能动性，一个过分关注自然的统治地位，忽视了自然规律和人类生存的本质，对人类行为指导产生了谬误，消解了人类对"人与自然"和谐关系的关注。尤其是当前海洋社会中的人们对物质财富的占有欲极度膨胀，享乐主义、物质主义成为其全部生活的轴心，奢侈消费、过度消费成为各阶层攀比、效仿的对象，加速了海洋资源的开发进程，导致了海洋生态系统的迅速恶化，中国多个省（市、区）海洋生态危机以及海洋生态经济系统非协调状态，正是在人类错误认识论的引导下，逐渐由海洋社会系统中人的主体行为失当所引发的。

2. 海洋科技功利性弊病

科学技术是第一生产力，根据模型拟合结果，海洋科技对海洋产业生产力的推进作用已经得到证实。海洋社会中劳动者运用先进的海洋科学技术，不断提高海洋资源利用效率，推出新的海洋产品，使海洋资源价值得到充分体现，为推动海洋经济增长提供了强大的动力。换言之，海洋科学技术水平提高作为海洋社会进步的重要表现及成就，对海洋经济增长的杠杆作用无可厚非。然而，科学技术始终是一把"双刃剑"，在海洋科学技术研发与使用过程中，发生的海洋科学技术应用不当或滥用海洋科学技术以致对海洋生态造成损害等海洋科技异化现象，对海洋生态经济系统非协调状态的形成产生了推波助澜的作用。在中国沿海许多地区，由错误的海洋生态认识论所指导的海洋科学技术功利性使用是造成诸多海洋生态危机发生的关键因素。例如，中国长三角地区海洋经济最为发达，海洋产业结构先进，海洋科学技术实力雄厚，但是由于人们欲望的无限膨胀，人类中心意识驱动的功利主义科技发展观主导着人们只重视研发能否取得高经济效益，忽视了科学技术使用对海洋生态环境造成的破坏，结果引发了该地区严重的海洋生态危机，目前，长三角地区海水严重污染面积比重居全国之首，赤潮等海洋灾害时有发生，滨海湿地生境丧失不断加重。

现代化的海洋科学技术一方面造就了规模愈加宏大的海洋产业生产场面，在海洋生态系统的基础上，推进了人工化的海洋经济系统建设，辅助着海洋社会系统的培育与发展，海洋经济系统与海洋社会系统中的人工创造物无一不是通过海洋科学技术从海洋生态系统中汲取低熵的能量与物质而生产出的，但海洋经济系统与海洋社会系统却同时将高熵的废弃物丢至海洋生态系统，人工创造物不断破坏着海洋生态系统中物质的自然存在状态，占据着海洋空间环境，阻碍着海洋生态资源的生成与恢复，扰乱着海洋生态系统的平衡发展。同时，由于海洋科学技术异化所带来的海洋经济利益，往往使人们失去理性判断，更加依赖并受制于海洋科学技术，致使海洋科学技术凭借客体性的异己力量不断排斥人类的主体能动性，从而使人类的思想与行为目的发生紊乱，导致人类的理性生产实践活动转变为非理性本能活动，不断追求更大的经济利益，即使危及海洋生态安全也在所不惜。在海洋科学技术异化的前提下，海洋科技水平越高，对海洋生态的非自然干预能力就越强，以致对海洋生态环境的破坏也就越严重①。

3. 海洋资源产权不明晰

中国正处于社会主义发展初期，面临着计划经济体制向市场经济体制的全面转轨，各类产业经济包括海洋经济发展仍以粗放式扩张为主。在经济体制转轨过程中，协调海洋经济增长与海洋环境保护关系面临的一个突出障碍是海洋资源产权不明晰。具体表现为，一是海洋资源产权隶属关系不清楚，产权尚未得到界定或已界定了但界定混乱；二是海洋资源实际产权与名义产权不符。诸多实践经验表明，海洋资源产权不明晰不仅是海洋产业生产效率不高的主要原因，而且是海洋资源时常遭受浪费、破坏的关键因素。目前，中国大部分海洋资源产权归属呈多元化状态，产权隶属关系十分混乱，不能行之有效地对海洋资源进行充分利用以及合理保护，以致海洋生态资源环境状况不断恶化的"公地悲剧"时有发生。加之，一些海洋资源实际产权与名义产权完全脱离，许多海洋公共资源被挪作私用，引发了不同利益主体之间资源争夺战的爆发，海洋资源围抢、滥用现象司空见惯。可以说，海洋资源产权不明晰、公私不分或者个人侵犯社会公众利益的深层次根源如果得不到解决，海洋资源破坏与海洋生态退化将无法被遏制，海洋生态经济系统协调发展也将失去根基。

海洋资源产权不明晰的弊端一般通过市场过程来具体体现。在市场经济体制下，人们开发、利用海洋资源进行海洋产业生产的目的在于追求经济利益最大化。在海洋各类商品生产时，生产者所消耗的直接生产成本以及海洋资源环境成本的不对称，往往使生产者仅承担生产成本，而将海洋资源环境损耗成本抛给整个社会。这种海洋经济外部性产生的根源即是海

---

① 彭福扬、曾广波：《论生态危机的四种根源及其特征》，《湖南大学学报》（社会科学版）2002 年第 4 期。

洋资源产权不明晰。同时，许多海洋生态资源产权价值不确定，难以在市场中体现其生态效益，也是海洋生态危机产生的原因。如被誉为"世界之肺"的滨海湿地，其物种繁衍、物种多样性维护、水土保持等生态功能不具备商品属性，也不能作为生产原材料流入市场，故其生态价值不能由市场价格来体现，然而，滨海湿地可以被人工水产养殖所利用，在沿海许多地区，大面积的滨海湿地被开发为水产养殖场，由于海水动力作用改变、化学药品超标使用、废弃物过度排放等因素使得湿地破坏的累积效应不断强化，许多滨海湿地生态条件已发生不可逆转的改变，进而引发了滨海湿地逐渐消失的生态危机。

4. 海洋管理制度不完备

尽管中国海洋社会的加速进步已在很大程度上促进了海洋事务管理能力的提高，但中国海洋管理制度仍然不完善，管理体制存在诸多缺陷，已成为引发海洋生态经济系统非协调状态产生的又一关键因素。中国目前仍缺乏国家层面的海洋资源开发利用政策，海洋产业部门之间、海洋事务管理部门之间的关系复杂且存在诸多交叉或重叠，重大海洋战略资源没有国家规划，地方海洋资源开发规划种类多、参差不齐，海洋环境保护法规不健全且执行不力，势必导致海洋资源不合理开发、过度使用以及保护不足等多种问题存在的局面。海洋资源赋存于海岸、海面、海水与海底中，每种资源既独立又相互影响，在开发、使用与保护过程中，需要国家政策加以协调与引导，但目前中国海洋资源开发及保护策略主要由相关主管部门以及沿海地方政府制定，各相关部门间以及沿海地方政府间在海洋资源开发与保护方面的职责有重叠、交叉或冲突，导致一些重要海洋资源开发与保护权限过于分散，难以遏制海洋资源不合理开发、海洋生态环境恶化等问题。例如，岸线资源是中国不可再生的海洋资源，在海洋经济发展过程中具有重大战略意义，岸线资源开发不仅需要在合理的开发速度下进行，而且应当注意维护重点岸线的生态、军事等功能，然而，由于海洋事务各级管理部门对岸线资源重要性的重视不够，未制定合理有效的政策措施予以引导和规范，在短期经济利益驱动下，许多地区产生了对岸线资源抢占和不合理利用现象，而由于岸线的低价值利用，也对岸线附近的海洋生态环境造成了严重破坏。

同时，海洋事务管理体制条块分割分明，缺乏横向联系，沿海各级地方政府作为利益主体，为追求自身利益最大化，通常采取行政措施，力保地方经济效益不受侵害，对需要跨界的海洋生态环境治理与保护问题并不予以重视。如环渤海地区横跨辽宁、河北、天津、山东4个省级行政区，在经过多年的"渤海碧海行动计划"以后，渤海海域的环境污染问题依然未能得到有效控制。由于沿海各级政府尚未完全摆脱计划经济时期僵化的管理体制，对海洋生态与经济的关系，往往以经济发展需求为基准，很少考虑海洋生态环境。涉及海洋事务的各个职能部门仍然延续先前职能和势力范围，审批相关海洋事务文件，并依托行政垄断性获取相应经济利益。相关政府部门对市场能够自行解决但利润丰厚的海洋产业，常常以关系国民宏观经济命脉为由不肯放手，但对市场机制调节失灵的海洋生态问题以及相关政策、法规、制度的制定与施行，却常常失职渎职。

三　海洋生态经济系统非协调状态形成的结构模型

通过以上对中国海洋生态经济系统非协调状态形成的假设体系验证、传导路径模拟以及关键因素分析，求证了引发海洋生态、经济、社会三个子系统非协调状态的 12 个非协调成分之间的相互作用机理，依据海洋生态经济系统的结构，绘制出中国海洋生态经济系统非协调状态形成机理的结构模型，如图 5-5 所示，完成了对引致海洋生态经济系统非协调状态显现的根本性诱因的探索。

海洋生态经济系统是一个复杂的系统，其内部子系统及其包含的各类因子存在着错综复杂的作用关系，作用关系的顺畅、合理与否，对海洋生态经济系统的运行以及可持续发展都起着至关重要的作用。其中，海洋生态经济系统的核心要素——人类及其所构成的海洋社会子系统，是海洋生态经济系统能否实现协调发展的关键。海洋社会子系统以人的生存与发展、经济生产目标等需求为依据，通过恰当地进行海洋资源开发规划，依靠科学的海洋管理制度、完善的法律法规、稳定合理的海洋管理体制，吸纳优秀人才，激发人们的创造力与积极性，调整海洋产业组织架构、运作流程、消费方式，不断实现海洋资源开发、利用与保护的科学性和有效性。然而，若海洋社会子系统出现问题，人的意识、行为以及制定的各项海洋资源开发与保护规则出现偏差，必然将影响海洋生态子系统以及海洋经济子系统的正常运行，进而波及自身的稳定发展，打破海洋生态经济系统在结构、功能、时间、空间上的平衡状态，丧失对系统运行轨迹的及时掌控能力，降低系统自组织性能，最终促成海洋生态经济系统非健康、非协调状态扩散与爆发。

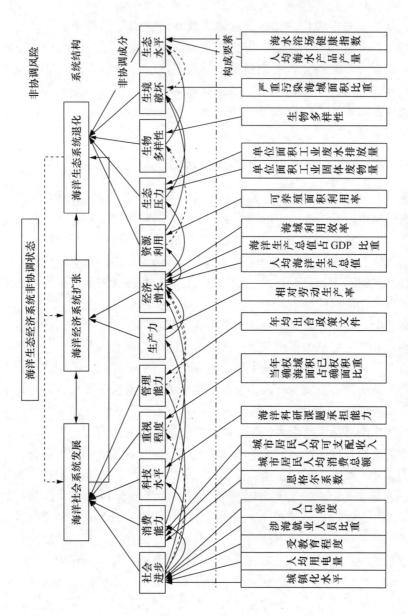

图 5 - 5　海洋生态经济系统非协调状态形成机理结构模型

第六章　中国海洋生态经济系统
协调发展预警模型

当前，针对全球生态、经济、社会协同发展的研究正在发生实质性转变，由一般性理论探讨开始进入致力于解决实际问题的新阶段，主要方向是致力于跟踪监测各子系统及内部指标是否达标，进行监督预警，以为发展策略的制定提供更为客观的现实依据。从以上分析能够看出，目前中国沿海地区海洋生态经济系统内的生产、生活、生态功能并没有得到良好协调，尤其是没有重视对海洋生态子系统的维持和保护，结果制约了应有更高生态经济效益的获得，为此，十分有必要开展预警研究，以防止系统非协调发展带来更为恶劣的后果。预警即是针对预警指标的现状和未来进行监测、度量，以预报非正常状态的时空范围及危害程度，其建立在对事物状态的历史、现状评价以及未来预测的基础上，重点在于对事物演化方向及后果的判断，涉及未来不同时段的动态变化、速度、质变后果等[①]。近年来，预测机制已经在农业、气象、灾害、环境等多个领域得到广泛研究与应用。

在海洋领域，预警研究的重点仍然集中在海洋生态系统，且国际上普遍将监测预警对象锁定在自然因素引发的海洋生态灾害，如赤潮、风暴潮、海冰等，以及人为因素引发的近岸海洋生态污染。随着海洋生态监控进入高技术阶段，各类海洋生态监控仪器逐步向数字化、自动化、全天候、智能化发展，促使海洋生态预警机制愈加立体、连续、密集。如美国联邦政府于 1994 年实施了 US Coastal GOOS 计划，应用遥感和采样技术建立了针对近岸海洋资源利用与环境污染问题的海岸线生态系统预警[②]；Brent Tegler 等 (2001)[③] 选择涵盖陆域和水域生态系统的 25 项衡量指标，

① 陈国阶：《生态环境预警理论和方法探讨》，《重庆环境科学》1999 年第 4 期。

② 参见 http：//www.gomoos.org/aboutgomoos/，2008 年 7 月。

③ Brent Tegler, Mirek Sharp and Mary Ann Johnson："Ecological Monitoring and Assessment Network's Proposed Core Monitoring Variables：An Early Warning of Environmental Change", *Environmental Monitoring and Assessment*, 2001, pp. 29 – 56.

将其设定为生态系统核心监测变量（CMV）并运用于生态系统预警系统。国内在海洋生态预警领域的研究成果则大多为对海洋灾害预警技术的探讨，如韩华等（2008）[①] 基于中国海洋综合观测平台，探索了应用模糊聚类的智能海洋灾害预警技术；周玉坤等（2013）[②] 描述了中国常见海洋灾害的类型与特点，运用 3S 技术、物联网技术构建了中国海洋灾害监测预警系统；黄东等（2015）[③] 基于模糊支持向量机和 K 均值聚类，论证了海洋灾害预警的方法。

也有少数学者开始对海洋经济系统进行预警研究，如殷克东等（2010）[④] 筛选出海洋经济发展的 10 个预警指标，构建了中国海洋经济周期波动预警信号灯系统；周瑜瑛（2012）[⑤] 尝试构建了浙江省海洋经济监测预警系统；涂永强（2013）[⑥] 基于灰色预测模型等构建了中国海洋经济安全预测模型；李佳璐（2015）[⑦] 应用景气分析，进行了上海市海洋经济可持续发展监测预警研究。

总之，经过几十年的努力，国内外在海洋生态、海洋经济尤其是海洋灾害的监测预警理论与实践方面取得了较大突破，但尚未有学者将海洋生态、经济与社会系统视为整体对其进行全方位监督预警研究，尤其是三个子系统之间协调关系远未引起重视，海洋预警工作的整体水平、涉及范围、纵深程度与海洋经济社会可持续发展的需求尚有较大距离，亟待由单一的环境灾害预报向海洋生态经济系统综合预警转变。预警信息所服务的领域除灾害防御、生产警报外，还需重视在海洋经济监控、海洋社会监督等领域的应用，以提升海洋预警工作的综合化、精细化。

基于预警理论，针对海洋生态经济系统的功能及其当前突出的生态经济非协调问题，应当集中于预警由海洋资源环境开发利用引起的海洋经济

① 韩华、刘凤鸣、丁永生：《基于海洋综合观测平台的海洋智能预警的研究》，《计算机工程与应用》2008 年第 30 期。

② 周玉坤、徐白山、孙克红、靳辉：《基于物联网的海洋灾害监测预警系统探讨》，《国家安全地球物理丛书（九）——防灾减灾与国家安全》，2013 年。

③ 黄东、黄文东：《基于 K 均值聚类及模糊支持向量机的海洋灾害风险预警方法》，《数字技术与应用》2015 年第 2 期。

④ 殷克东、马景灏：《中国海洋经济波动监测预警技术研究》，《统计与决策》2010 年第 21 期。

⑤ 周瑜瑛：《浙江省海洋经济监测预警系统研究》，硕士学位论文，浙江财经学院，2012 年。

⑥ 涂永强：《中国海洋经济安全的预警实证研究》，《海洋经济》2013 年第 1 期。

⑦ 李佳璐：《基于景气分析的上海市海洋经济可持续发展监测预警研究》，硕士学位论文，上海交通大学，2015 年。

与生态、海洋社会与生态之间的矛盾冲突，以及由于海洋社会响应滞后带来的问题持续恶化，对已发现的问题及时给出解决措施，对即将出现的问题给出防范、调控方案。海洋生态经济系统预警应为提高系统生产、生活、生态综合功能而服务，其最终目标是实现系统的可持续发展并促进与其关联的沿海地带经济、社会、生态持续健康演进。

第一节　国外海洋相关预警机制梳理

海洋生态经济系统非协调发展引致的各种问题并非中国特有，绝大多数海洋国家同样面临着严峻的海洋环境污染、资源匮乏、生态服务受阻，甚至一些发达国家海洋经济出现了下滑。由于海洋生态经济系统的开放性和复杂性，至今各海洋国家对于其非协调问题的解决仍处于初级探索阶段。就国际经验而言，肩负监督、评价、分析、报警、响应、调控、反馈、共享等综合功能的海洋预警机制逐步显示出其存在价值和巨大功用。许多国家在海洋预警领域的理论成果和实践经验都不乏丰富启示可资借鉴。

一　美国海洋预警机制

美国开发利用海洋资源时间较长，早已建立较为完善的海洋综合管理体系，在预警机制建设的方方面面不乏先进经验，其成功之处集中体现于海洋预警机制的行政机构架设及分工。美国海洋预警机制以国家海洋与大气管理局（NOAA）为核心，同时配有横向的运输部、内政部、能源部、国防部、国务院等国家专业机构以及纵向的州级海洋事件应急机构彼此协调、高效协作，共同完成海洋事务的监督、预警、响应等工作，为世界海洋预警机制的典型。

1. 国家机构的横向联合

如图 6-1 所示，美国海洋预警机制主要针对海洋生态问题而设立，实行统一管理、分级响应，属于综合型管理模式，不仅有机构负责海洋资源尤其是濒危溯洄性鱼类的监控和保护，而且有机构负责海洋生态系统物理环境的维护，还有机构统一调配资源，承担海洋生态系统保护、治理工作的协调管理，各相关机构在海洋生态系统保护、治理时相互配合、分工明确，较好地保证了工作的效率与效果①。同时，在海洋生态突发事件尤其是海洋灾害预警方面，尽管早在 1979 年美国就设立了联邦应急管理署（FEMA），构建了以国土安全部为中心从中央到地方的灾害应急预警机制，也有联邦、州、县、市、社区 5 个等级的医疗、消防、部队、民间服务一体化响应调度体系，但"9·11"灾难后，深感对重大灾害事件应急能力的不足，美国联邦应急管理署打破了此种相对分割的预警机制，于2003 年联合海关总署、海岸警卫队等数个行政机构重新组建了国土安全部，统领美国突发事件、自然灾害的预警响应任务。当海洋生态突发事件出现时，各国家机构在国土安全部的统一指挥调度下，进行预警、响应、反馈等一系列工作，但具体预警的等级、响应的规模、应急的强度由各相应机构根据专业判断自主把控。从历年风暴潮、赤潮等海洋灾害的预警效果来看，美国此种统一领导、横向联合、专业分工的预警机制能够较好地实现各类资源的调度、配合，起到了良好的灾害预防、控制、处理作用。

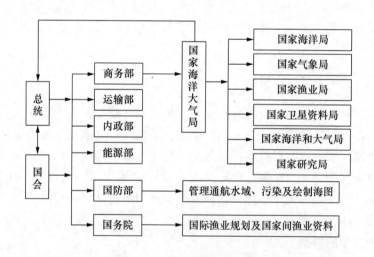

图 6 - 1　美国海洋预警机制

2. 州际机构的纵向分工

从纵向上来看，除了国家层面的海洋预警机制，在州、县、市各级，美国均设有海洋预警机制，主要针对突发的海洋生态事件。州级预警核心

---

① Biliana Cicin - Sain, Robert W. Knecht., *Integrated Coastal and Ocean Management: Concepts and Practices*, Island Press, 1998, pp. 101 - 105.

机构为突发公共事件管理办公室，同时设有事件处理中心及其他部门。突发事件管理办公室的工作重心是发出海洋生态突发事件的预警信号、制定科学的响应方案、为方案实施配置人员物质等资源、指挥事后修复工作及区域灾后重建，平时还承担相关部门机构的预警培训事宜。县、市等预警机构则针对海洋生态突发事件直接实施响应行动方案，并向上级及外界反馈方案实施效果。在预警工作完成过程中，州、县、市各预警机构之间根据协议，有效分工、各司其职，能够高效率完成海洋生态突发事件的监督、预警、响应、反馈等一系列工作。

此外，根据不同类型和属性的海洋生态系统问题，美国均有相应的专业机构负责预警服务。如针对海啸灾害，有太平洋海啸警报中心（PT-WC）、阿拉斯加海啸警报中心（WC－ATWC）两大机构负责对美国近岸海域海啸风险的监测、评估、警报、响应等；针对风暴潮灾害，由地方天气预报机构（WFO）、国家飓风中心（NHC）合作组建的风暴潮与巨浪预警机制，专门负责美国近岸风浪的监控和预警，其还利用互联网将预警信息及时发送给合作成员国；针对海冰灾害，由美国国家海洋和大气管理局联合海岸警戒机构、海军组建了海冰警报中心，专门负责海冰信息的收集、监督、处理、预警报及响应工作；此外，还有国家海洋和大气管理局设立的海洋产品服务操作系统，专门负责近岸赤潮灾害的预警工作[1]。在贯穿纵横向综合海洋预警机制的基础上，分设各类专业海洋预警机制，促使美国能够以更为灵活的预警行动力量应对不同类型的海洋生态系统问题，确保了预警工作的专业性、准确性，更大程度上减少了生态危机带来的损害。

3. 立法体系的有力支撑

美国开发海洋资源历史较长，由于长期过度捕捞近岸渔业资源，加之不合理开发使用鱼类等海洋生物组分，使得其近海海域较早便出现了海洋生物资源枯竭危机[2]，现已成为美国最严峻的海洋生态系统问题之一，同样严峻的还有人为污染导致的海洋环境恶化。美国早在 1969 年即出台了《国家环境政策法》，是海洋生态系统保护工作的核心依据，美国国会在同年又颁布了《国家环境保护策略法》，被视为海洋生态系统保护"宪法"。

---

① Pimentel D., L. Lach, R. Zuniga, et al., "Environment and Economic Costs of Nonindigenous Species in the United States", *BioScience*, Vol. 50, No. 1, 2000, pp. 234 – 241.

② Musick J. A., M. Harbin, S. A. Berkeley, et al. G. J. Burgess, "Marine, Estuarine and Diadromous Fish Stocks at Risk of Extinction in North American (Exclusive of Pacific Salmonids)", *Fisheries*, Vol. 25, No. 11, 2000, pp. 436 – 447.

该两项法律的出台为美国海洋生态系统保护、预警及治理工作提供了坚实的立法支撑，确保了海洋预警机制的合法地位和功用的切实发挥，同样，《海岸带综合管理计划》《密西西比河口规划》《国家海洋保护区计划》《海洋资源管理规划》等相关计划的施行也对海洋预警工作给予了政策上的有力支持。美国是国际上较早实施海洋生态损害补偿的国家，相关法律和部门计划均将海洋生态补偿的理念和办法加以融入，给出了海洋生态补偿机制的建立措施与实施细则，为海洋生态各类预警尤其是海洋渔业资源监测预警与近岸环境预警治理工作的顺利开展提供了有效的执法保障和充沛的资金支持。此外，随着海洋生态补偿机制的日益完善，美国适时出台了绿色环保税、海洋生态税等特种税税收办法①，以更为严密的法律保护和专项金额支出进一步确保了海洋生态预警等相关工作的持续、稳定开展。

二　英国海洋预警机制

英国作为世界上"老牌"海洋强国，依托近岸充足的渔业资源、油气资源以及得天独厚的地理区位和生态环境，在海洋经济领域中率先起航，以海洋立国。英国有着丰富的海洋资源开发利用和海洋生态保护经验，其本着可持续发展的理念，严格推行了适度、适时开发海洋资源战略，同时用完善的法律法规确保了对海洋生态环境的维护。但与美国集中行政力量下的预警机制不同，英国的海洋预警工作及相应的管理体系相对分散，尽管管理理念较为先进，效果显然未能达到最优状态。近年来，英国公布了一系列海洋事业发展策略，显示出其对海洋的重视以及改进管理模式的决心。

1. 相对分散的海洋管理体系

当前，相对发达的世界海洋强国大多依靠健全的海洋监测系统、集中的预警播报机制、统一的执法行动力量进行海洋事务管理，尽管英国海洋资源开发较早，海洋经济体系较为成熟，但其海洋监管与执法体系仍较分散，既无全权负责海洋事务的顶层政府机构，海洋灾害、生态危机等的监测、预警、响应等工作也是由不同领域的部门各自承担。由于英国没有设立专门负责海洋资源开发、生态保护的政府主管部门，海洋开发保护事务主要由粮食部、能源部、工业部、国防部、环境部、教育部、自然环境研

---

① Johst K., Drechsler M., Watzold F., "An Ecological – Economic Modeling Procedure to Design Compensation Payments for the Efficient Spatio – Temporal Allocation of Species Protection Measures", *Ecological Economics*, No. 2, 2002, pp. 663 – 674.

究委员会、工程和物理科学研究委员会分别协调负责。为了保证海洋管理得以有序进行，一方面，英国成立了作为中间组织的海洋科学技术协调委员会、海洋管理委员会等来协调各政府机构、政府与企业、政府与科研机构之间的工作；另一方面，在运输部下设了英国海事和海岸警备队（MCA）作为负责海洋运输安全和海洋生态保护的执法力量，职能与中国海事局类似但岗位权力层次不高。显然，此种管理模式很难保障海洋生态保护包括海洋生态危机预警工作的顺利推行，不利于相关资源的统一调度以及响应方案的及时实施。尤其在灾害等突发事件爆发后，由于缺乏统一有力的领导秩序，分散化的职能设置严重削弱了灾害的预警和治理力度。

2. 依托科技的海洋持续利用

海洋科技研发成果对于英国乃至欧洲海洋事业发展战略的制定发挥着关键作用，科学严密的监测数据和先进的高新技术不仅确保了海洋资源开发的针对性与高效性，而且以可持续发展为原则指导的海洋高新技术，能够尽量将开发活动造成的海洋生态系统损害降到最低，在维护海洋生态系统健康方面发挥着至关重要的作用。英国政府机构支持的海洋科技研发多是为了提升海洋管理和预警的综合水平以及应急能力，目前重点支持的研究领域包括：海洋生物多样性对海洋生态系统健康维系功用的研究；海洋生态系统运行机制的研究；基于自然、经济与社会科学的海洋生态系统管理体系构建；自然环境变化对海洋生态系统的影响及其预警、响应；海洋生态系统变化对人类生存、生产的影响及相应管理措施；人类活动对海洋生态系统的积累影响及海洋生态系统稳定性的维系等。2010 年，英国政府发布了《海洋科学战略报告》，以期推动英国更为全面地掌握国际先进的海洋科学技术和知识，并由此成立了专项机构确保该项战略的顺利实施。英国政府重点支持的研究领域还进一步与其他相关环境整治计划相结合，同时实施推进，以促进研究成果能够迅速转化为实际生产力，如由 22 个机构参与制定的《海洋发展规划——与环境变化共存》（LWEC）通过加强海洋科技研究，旨在为政府、企业和公众提供应对气候变化导致海洋生态系统变化的认知工具和依据①。

此外，其他非政府组织也在积极推进海洋科技的研发工作，如英国自然环境研究委员会（NERC）于 2007 年推行了战略性海洋科研项目《2025海洋研究计划》，并向各高校和科研院所提供了约 1.2 亿英镑的经费支持，此项计划重点支持的领域与政府导向高度一致，包括：海洋生物多样性与

---

① http://www.lwec.org.uk/about.

海洋生态系统；气候与海平面、海水流动的演变；海岸线与大陆架的变迁；海洋资源可持续开发利用；人类活动对海洋生态系统健康的影响；深海探索；海洋生态系统的持续观测；海洋演变预测与预警等。为了确保海洋生态系统的可持续，提升综合管理和预警能力，《2025 海洋研究计划》还支持 3 类机制的构建，其中包括海洋数据与预警中心①。

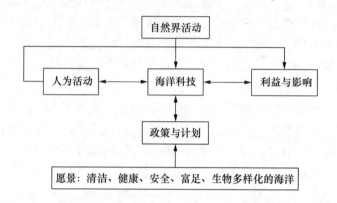

图 6 - 2　以科技为核心的英国海洋管理模式

3. 相对完善的海洋立法体系

与美国相似，英国进行海洋预警和管理的坚实靠山也是完善的立法体系。早在 1949 年英国便颁布了《海岸保护法》，在成立专门海岸保护委员会的基础上，加强了对日益加剧的海岸资源开发的监督，也开始有意识地保护脆弱的近岸海洋生态系统。1961 年英国出台了《皇室地产法》，将 12 海里以内领海和潮间带划归皇室地产所有，使用地产须经皇室地产委员会同意，是较早划定海洋专属经济区的国家。在此种严格的海洋资源权益法规保护下，英国依靠有偿的海岸线或海域使用权证作为开发海洋资源的许可，在很大程度上避免了"公地悲剧"的发生，有效地维护了海洋资源开发秩序，确保了海洋生态系统的可持续性。1974 年，英国颁布了《海上倾废法》，禁止车船等交通工具或海上、陆地构筑物向海洋倾倒永久性物质，切实保护海洋生态系统健康。2009 年，英国通过了《英国海洋与海岸带准入法案》，规定将通过建立数个海洋自然保护区，增强对海洋生物及海洋生态系统的保护②。伴随各类海洋立法的出台和执行，英国不断加

---

① 宋国明：《英国海洋资源与产业管理》，《国土资源情报》2010 年第 4 期。
② 同上。

强对海洋资源开发利用行为的监控，为海洋生态系统保护与修复提供了更加完善的法律支撑。

表6-1　　　　　　　　　　　　　英国海洋相关立法情况

年份	法律
1949	《海岸保护法》（Coast Protection Act 1949）
1961	《皇室地产法》
1964	《大陆架法》
1971	《城乡规划法》《商船油污防治法》《油污染防治法》（Prevention of Oil Pollution Act 1971）
1974	《污染控制法》《海洋倾废法》
1975	《北海石油与天然气：海岸规划指导方针》
1976	《渔区法》
1981	《渔业法》（Fisheries Act 1981）
1987	《领海法》（Territorial Sea Act 1987）
1992	《海洋渔业（野生生物养护）法》［Sea Fisheries（Wildlife Conservation）Act 1992］《海上安全法》（The Offshore Safety Act 1992）《海上管道安全法令（北爱尔兰）》［The Offshore, and Pipelines, Safety（Northern Ireland）Order 1992］
1995	《商船运输法》（Merchant Shipping Act 1995）
1998	《石油法》
2001	《渔业法修正案（北爱尔兰）》［Fisheries（Amendment）Act（Northern Ireland）2001］
2009	《英国海洋和海岸准入法》（UK Marine and Coastal Access Act 2009）

三　日本海洋预警机制

日本依托优良的港湾和漫长的海岸线，较早开始了海洋经济发展之路。作为群岛国家，由于受到资源有限性的强力束缚，日本始终坚持海洋资源的精准开发、高效利用，在精益生产方面做出了典范。然而，随着第二次世界大战后工业化进程的迅猛推进，日本海洋经济也不可避免地走上了"先污染后治理"的道路，严重的污水排放、过度的资源开发破坏了天然的海洋生态系统，众多优美的海洋景观也不复存在。在认识到海洋生态系统恶化带来的人类疾病等一系列不良后果之后，日本政府开始采取严密的防控措施，加强了对海洋生态系统的修复和保护，经过数年的努力取得了一定成效。

1. 先进的海洋预警技术

日本利用大型计算机，基于海量数据收集、同化和及时预报技术，在世界上较早建立了现代化的海洋生态预警服务系统。该系统可在分析地理信息系统（GIS）提供的综合海洋数据的基础上，结合人类海洋经济活动、社会活动的负面影响，对海洋生态系统变化进行全面定量评估，并可估计出海洋生态系统的不良状态可反过来给海洋经济及沿海社会造成的损失。基于估算结果，预警系统能够参照相关专家意见迅速制定出相应的防御或控制措施，供相关部门采纳，同时还可出具可视化的动态分析报告，报告内容通常涉及海洋生物多样性的变化、海洋生态系统对公共健康的影响等。日本政府不仅十分重视海洋生态系统预警技术的开发与应用，对预警之后需要投入的海洋生态治理与人工修复技术研发，也给予了大力支持。重点支持的技术包括两大类：一类是海洋生态治理技术，如运用化学药剂清洁受污染海域、依靠人工替代手段改变港湾内水动力环境等；另一类为生态修复技术，如人工底栖环境建设、人工海藻或人工渔礁设置等①。日本通过加大对海洋生态系统的治理技术和修复技术投入，不断改良海洋栖息环境，为海洋生物物种洄游创造了条件，使得一些近岸海洋生态系统在很大程度上得到了恢复。

2. 高效的管理协作体系

为使海洋生态灾害等突发事件得到高效响应和处理，日本自1961年起实施了《灾害对策基本法》，并建立起从中央到地方的预警机制。日本海洋生态预警机制由政府机构主导构建，主要工作由国家运输省与海上保安厅共同负责。根据法律和相关政策规定，海洋生态系统的预警及防治工作尤其是海洋生态突发事件的处理隶属于运输省检查、协调、指导，在发出警报后，海上安保厅负责具体执法行动，包括取缔海域内相关作业、收缴罚金并执行海洋生态灾害预防或处理方案等。同时，海上防灾中心作为民间非政府机构也会积极配合政府机构的响应行动，辅助海洋生态灾害的防治工作，按照运输省和保安厅的要求实施相关措施。平时，海上防灾中心还会进行海洋生态问题调查，就海洋生态问题整治开展国际合作，并不

---

① Yuko Ogawa – Onishi, "Ecological impacts of Climate Change in Japan: The Importance of Integrating Local and International Publications", *Biological Conservation*, No. 10, 2012, pp. 1345 – 1356.

时举行海洋生态灾害突发事件的警报响应实战演习。

在海洋生态预警机制的组织架构方面，为使海洋生态突发事件发生时，运输省、海上保安厅、海上防灾中心等机构能够合理分工、彼此配合、共同行动，确保预警响应的准确性、及时性，日本还设立了海洋生态突发事件预警工作的联席会议制度。会议顶层机构即为运输省，主要负责预警响应方案制定和指挥工作；海上保安厅主要负责海洋生态突发事件产生后的控制工作，实施响应方案，尽力避免事件不良影响的扩大化；海上防灾中心则在海上保安厅的指挥下，提供专业意见并采取具体处理措施。日本整个海洋生态预警机制任务分工明确、工作流程严密，不仅内部井然有序，而且积极开展对外合作，重视与国际海洋生态相关组织的沟通，始终遵循国际海事组织（IMO）在海洋生态保护方面达成的共识。

3. 健全的海洋法律制度

作为典型的海洋国家，日本也较早形成了健全的海洋法律及政策法规体系，为海洋经济与生态系统矛盾冲突的解决、海洋生态问题的预警管理等提供了翔实的法律依据。例如，针对海上运输导致的海洋溢油事故频发，日本及时出台了海洋船舶排放规定，不仅严格规定了运油船只构造和必备设施，而且要求对陈旧的船只和废油处理设备加以整顿，以严密的海上限行制度和预防措施降低溢油事故的发生概率，当海洋溢油事故突发时，则要求及时采取溢油清除方案，快速遏制油层的蔓延扩大。为了监控海洋生物资源的开发利用，1971 年日本颁布了《海洋水产资源开发促进法》，规定了开发利用海洋生物资源的基本原则，对过度或不当开发利用海洋生物资源的行为给出了明确的处罚措施，促进了日本海洋生物资源的持续供给和海洋渔业的健康演进。

同时，对于海洋生态系统的保护，日本着重关注了海洋生物资源多样性的修复与养护，于 1996 年出台了《海洋生物资源养护和管理法》，要求对日本海洋专属经济区内的海洋生物物种进行严格监控，防止过度捕捞及其栖息生境损坏，同时实施养护措施，增加养殖放流，确保海洋生物资源数量与质量的稳定。为对海洋生态保护各项管理措施进行有效整合，实现海洋综合管理水平和效率的提升，2007 年，日本颁布了《海洋基本法》，进一步明确了日本政府对海洋事务统一领导的法律地位，具体统一管理权的执行分别交由国土交通省（2001 年由运输省、建设省、北海道开发厅、国土厅等合并而成，主要负责海洋生态事务）和经济产业省（主要负责海洋经济事务）。同时，《海洋基本法》规定，在内阁府设置综合海洋政策本部，并由首相亲自担任部长，新增海洋政策担当大臣一职。海洋政策本部主要负责制定或修订海洋相关法律法规，出台中长期海洋事务发展方针，每5年公布一次"海洋基本计划"，以确保海洋事务的权威性和先进性。

四　澳大利亚海洋预警机制

作为相对发达的海洋国家，澳大利亚的海洋安全一直受到重视，被视为该国国际安全的重要构成。在海洋生态预警机制构建方面，澳大利亚有着丰富的理论基础与实践经验，不仅架构出权责清晰、程序严密的预警响应工作流程，而且制定了充分可行的预警响应工作方案，能够为中国海洋预警管理提供较好的借鉴。

1. 相对成熟的海洋预警机制

为确保生态危机预警管理、突发事件响应管理以及事后控制修复三项工作的有序开展，明确预警机制内部组织架构和人员分工，澳大利亚在国家与地方两个层面均建立了海洋预警机制，分别负责各自领域的海洋生态危机问题。在国家方面，澳大利亚联邦政府于1998年颁布了《澳大利亚海洋政策》，在国家海洋部长委员会下设国家海洋办公室，专门负责海洋发展战略规划的制定与实施等，并在日常工作中协调各类涉海机构尤其是海洋生态与经济相关部门之间的矛盾与分歧，以此确保海洋事务的统一管辖权。为凸显海洋生态系统保护工作的地位，澳大利亚联邦政府在2010年出台了《海洋保护法修正案》，作为目前澳大利亚最权威的综合性海洋立法，不仅指明了对海洋生态系统严格保护的原则和措施，而且对已存在的海洋生态系统危机给出了详尽的治理技术指导[1]。随着《海洋生物资源法》《渔业管理法》等一系列相关法律法规的颁布，澳大利亚海洋生态立法更加完善、细致，海洋预警机制在此立法体系的支撑下逐渐走上运营正轨。

在地方层面，澳大利亚各沿海州郡及其周边区域建立了针对当地海域的海洋生态预警机制，不仅有符合当地实际情况的海洋生态系统保护理念阐释，而且制定了操作性较强的海洋生态系统保护与治理措施[2]，以及海洋生态突发事件预警响应方案。各地海洋生态预警机制所配备的管理和工

---

① 马英杰、胡增祥、解新颖：《澳大利亚海洋综合规划与管理——情况介绍》，《海洋开发与管理》2002年第1期。

② Nathan Evans, "LOSC. Offshore Resources and Australian Marine Policy", *Marine Policy*, No. 3, 2006, pp. 244–254.

作人员，皆受过专业训练，熟知海洋生态预警响应的工作步骤和技术要求，且响应行动方案经过专家们多年的理论与实践考证，能够为实际工作提供较为科学、严密的指导。

2. 层级分明的预警管理架构

为确保海洋生态预警工作的权威性、专业性、准确性和及时性，澳大利亚成立了由国家机关、北领地政府机构、沿海州区政府机构等成员代表组成的海洋预警联合领导小组，全权负责海洋生态突发事件的预警工作，对相关预警、响应行动进行协调、指挥，并对事件发生区域能否解除预警、停止响应行动作出判断。联合领导小组一方面承担国家层面海洋生态突发事件的预警响应工作，另一方面也会对各州区的突发事件进行业务指导和资源调配，确保各地方应急响应行动在国家法律范围内开展。同时，在澳大利亚首都堪培拉还设有国家应急协调控制中心，该中心将整个国家突发事件的预警系统通过互联网联结成综合计算机数据库，作为运算后台支撑各领域各地方的预警机构工作并进行相应物资调配。当发出海洋生态突发事件警报后，在联合领导小组的协调指挥下，具体的应急响应行动方案通常交由国家应急协调控制中心负责实施，由控制中心进行事件后续的影响遏制、处理、治理等工作。此外，国家应急协调控制中心还承担协助事件区域恢复正常生产生活、向媒体发布信息、沟通协调各部门之间工作等任务。当联合领导小组解除警报要求停止响应行动后，国家应急协调控制中心将对行动经费支出进行计算和审议，并将响应行动效果反馈给联合行动小组及媒体、公众。

3. 设计严谨的应急响应程序

澳大利亚的海洋生态预警机制工作流程较为严密，每一阶段的工作安排都是基于上一阶段的工作成效及本阶段翔实的计划，在不同阶段涉及的机构、人员职责均有着明确界定与合理分工。整个预警工作流程由取证、预警、执行、解除4个阶段构成。其中，在取证阶段，预警机制工作人员（通常为地方人员）对当地突现的海洋生态问题进行跟踪调查、现场取样、实验分析，将初始结论报告与样本交由预警机制领导小组或国家海洋预警联合领导小组，由其进行问题严重性判断，召开会议讨论是否进行预警播报，并作出下一步响应行动指示；在预警阶段，当取证报告显示海洋生态危机存在概率较大时，经由预警机制领导小组确认后宣布该海域进入海洋生态突发事件警报状态，在管理人员的协调指挥下，根据各层级工作人员职责分工，迅速对有关人力、设备、资金等配备情况进行检查和准备，等待突发事件响应方案下发的同时，通过媒体渠道公布预警责任机构的联系方式，供其他机构、社会公众查询联络；在执行阶段，响应方案下发后，进一步明确各工作人员的职责范围、任务要求，随即安排响应行动启动的有关事宜，并实时向预警机制领导小组汇报行动进程与效果，向受影响区域相关机构和公众发布事件的真实情况、影响程度和响应进展；在解除阶段，经由预警机制领导小组协商确认海洋生态突发事件危险已成功化解或无力整治后，发出解除警报停止响应的命令，通知所有响应行动人员撤离，并将响应行动结果反馈相关部门及社会公众，由领导小组对此次海洋生态突发事件预警响应工作进行总结，形成工作报告供后续海洋预警工作借鉴。

第二节　中国海洋相关预警机制缺陷

与世界各海洋国家类似，中国目前的海洋预警机制也主要是针对海洋生态危机尤其是海洋生态突发事件进行预警响应。海洋经济的迅猛发展、海洋社会的快速扩张同样给中国近岸海洋生态系统造成了前所未有的压力，天然海洋生境被大面积破坏，海域污染程度也持续加深，海洋生物多样性显著下降，海洋生态系统服务濒临瓦解，人类活动引发的赤潮、溢油等突发事件不断增多更给病入膏肓的海洋生态系统带来沉重负担，严重阻碍了该系统供给人类的海洋资源、物理环境、生态服务的可持续利用。因此，随着人们对海洋生态系统认知的持续加深，对海洋生态系统保护的需求更加迫切，中国政府也开始了对海洋生态环境的全面监测工作，并加强了对海洋生态突发事件的预警管理，目前已形成中国（含各区域）海洋环境监测和中国（含各区域）海洋灾害预警报两大系统，标志着中国海洋预警工作序幕的拉开和与国际的接轨。

一　中国海洋环境监测系统

中国建立海洋环境监测系统的宗旨是全面、准确地掌握自然变化和人类活动对海洋生态环境的影响程度与趋势，预估海洋生态环境演变对人类经济社会的影响。但由于海洋生态系统的复杂性、动态性，加之学界对海洋生态系统认知水平有限，在给海洋生态环境监测工作带来巨大考验的同时，也加剧了海洋环境监测系统建立的难度，几十年来系统建立工作进展较为缓慢。自1972年中国开展渤海、黄海等生态脆弱海域污染情况调查工作以来，海洋环境监测工作从无到有、从局部到整体、从单一到综合，海洋环境监测系统建设也经历了从孤立到融合、从薄弱到日渐完善的预备期（1972—1977年）、起步期（1978—1983年）、发展期（1984—1989年）、提升期（1990—1998年）和稳定期（1999年至今）。尤其是进入21世纪，随着智能化传感技术、遥感技术、通信技术、数据库管理技术、网络数据处理技术、信息服务技术、数据共享基础的迅速发展，海洋环境监测系统有了更为坚实的技术支撑，以海洋资源开发利用为需求驱动，中国海洋环境监测系统实现了较快发展，基本完成了现代化、自动化、智能化改造。

目前，中国海洋环境监测系统利用地波雷达、遥感卫星、海岸基、海床基、近岸浮标、监测船等监测工具，实现了对所辖尤其是近岸海域环境全面、立体、实时的监测，以及信息的及时处理和发送，能够实现海洋环境实况播报和预警信息产品的迅速生成，并通过电话传真、互联网等渠道传播，为相关机构、企业及社会公众提供预警报服务。中国海洋环境监测系统的重点是追踪海洋生物资源和物理环境的动态变化，预测变化趋势及其结果，其在海洋生态系统保护工作中的作用和地位具体体现在四个方面：一是作为制定海洋生态相关政策、法规的科学依据；二是作为考核海洋生态执法效果的技术支持；三是作为保障海洋经济生产作业的背景条件；四是作为预警海洋污染、海洋灾害等危机事件的基础工具。当前，中国海洋环境监测系统已从最初单一的海洋环境数据采集器发展为综合数据采集集成系统，通过多年的运行实践，已能体现其建设初衷和功能价值，可以长期、准确地完成近岸海域海水动力、物理要素、生物组分等的监测，实现数据全面分析处理，提供风暴潮、海浪、赤潮、溢油等海洋灾害的预警信息，为海洋环境保护、海洋资源开发、海洋防灾减灾等工作提供多种形式的数据管理和信息服务。

伴随《海洋环境监测报告制度》（1996）、《海洋环境保护法》（2000）、《海域使用管理法》（2002）、《环境影响评价法》（2003）、《水污染防治法》（2008）、《海岛保护法》（2010）等一系列海洋环境相关立法、制度的出台，促使中央、省、市三级海洋环境监测系统不断完善升级，据统计，目前三级海洋环境监测系统已覆盖近岸、近海与远海面积达300万平方千米，收集到的大量海洋环境原始数据为海洋经济和社会系统的运行提供了科学依据和基础支持，这些数据在中国海岸线开发规划、围填海计划、海洋功能区划、近岸海水养殖等领域也发挥了重要作用。随着海洋生态系统保护工作重要性的日益凸显，中国开始尝试将陆地环境监测系统与海洋环境监测系统进行有机恰接，不断丰富海洋环境监测系统的作业领域和服务功能，促使其向着立体化、多元化、综合化的方向不断发展。

二　中国海洋灾害预警报系统

中国作为海洋灾害多发国家，每年赤潮、溢油、风暴潮、海浪、海啸等海洋灾害引发的经济损失约占全部灾害损失的 1/10，不仅严重损害了海洋生态系统的健康运行，而且威胁着海洋经济与社会系统的正常运转。建立海洋灾害预警报系统是沿海地区着力防灾减灾的必备工具，通过数据监测、采集、处理、发布等一系列工作，将海洋灾害预警手段推向标准化、法定化，也是现代化国家防治海洋灾害的必要保证[①]。1970 年，中国开始推行海洋灾害预警报工作，经过几十年的努力，海洋灾害预警报及后续治理能力已得到大幅度提升，海洋灾害导致的经济社会损失及死亡人数显著下降，目前已初步形成由国家海洋环境预报中心、各海区预报中心（北海、东海、南海）、各省级海洋预报中心、各市级海洋预报台构成的中国海洋灾害预警报系统，建立了"监测—预警—响应—服务"的链条式海洋灾害预警机制。截至 2011 年，通过已发射的 2 颗海洋卫星、3 对地波雷达、30 多个大型浮标、107 个海洋灾害监测站点为海洋灾害预警报系统实时收集数据，中国对赤潮、海啸、海浪、风暴潮等常见海洋灾害的数值监测、预报精准化程度显著提高，预警的及时性也明显加强。

具体而言，中国海洋灾害预警报系统的组织架构由各级海洋环境预报中心以及海洋环境监测系统、卫星海洋应用中心、海洋局、海监队伍等单位共同形成。海洋环境监测系统负责运用遥感、卫星、浮标等技术手段对各海域生态环境进行实时监测；海洋环境预报中心根据监测数据和分析结果，发出相应等级的预警信号；随后，由海洋环境预报中心、海洋局、海监总队相关部门迅速组成海洋灾害响应领导小组，设置办公室、响应专家组等临时部门，领导小组主要任务是启动海洋灾害响应预案、指挥并监督响应预案实施、解除预警状态；办公室需要在响应预案实施过程中调度分配所需资源、协调各机构职能分工，并撰写海洋灾害调查和事后评估报告；专家组则承担全程专业评估、业务咨询、响应预案调整、应急措施建议等任务；最后，由海监队伍负责具体实施海洋灾害响应方案，提供紧急救援。此外，在响应物质配置方面，中国还建立了海洋灾害救援物质储备与调配网络，保障响应方案物质供给和灾后重建。

---

① 　张式军：《海洋生态安全立法研究》，《山东大学法律评论》2004 年第 12 期。

随着国家对海洋灾害日益重视，针对海洋灾害预警报系统的财政支出也不断增加，预警报系统服务范围、功能、预警响应水平不断提升，预警报系统生成的信息产品也日渐丰富，据统计，目前中国国家海洋环境预报中心定期发布的海洋灾害预警报信息产品已达 50 种。同时，法律法规体系作为海洋灾害预警工作的必要支撑，近年来也受到国家重视不断完善，已出台的海洋灾害相关法律法规包括《渔业法》《渔业船舶检验条例》《海上交通安全法》《防止船舶污染海域管理条例》《防止拆船污染环境管理条例》《海洋石油勘探开发环境保护条例》等，沿海各地还建立了各类海洋灾害响应预案，如《绿潮灾害应急预案》《溢油灾害应急预案》《赤潮灾害应急预案》等，为中国海洋灾害预警响应服务提供了较为详尽的技术指导。

尽管中国海洋灾害预警法律体系仍不十分健全，预警报技术还需继续创新，组织架构尚存在"条块"分割、部门主义等弊端，但对海洋生态系统运行机制日渐复杂的沿海地区而言，海洋灾害预警报系统的重要性正在凸显，许多地区纷纷出台政策条例，推进海洋灾害预警报系统建设，加强海洋环境监测数据的收集、处理和分析，力图提升海洋灾害综合预警响应能力。如舟山市濒临海域污染严重，原生生境较为脆弱，多年来频受海洋灾害的侵害，为完善海洋灾害预警报系统建设，舟山市海洋与渔业局制定了《舟山群岛海洋灾害预警报体系建设总体方案》（2014），致力于在海洋环境监测与评估、海洋灾害数据汇总与管理、海洋灾害预警报服务、海洋灾害应急响应、海洋综合观测与预测五大领域着力开展建设。

三　现有海洋相关预警机制的局限

近年来，中国虽然在海洋预警机制建设尤其是针对海洋生态系统危机的监测、预警、响应方面有了长足进步，但是整体建设水平与海洋生态经济系统协调发展需求相去甚远，集中体现在：一是分散化的组织行政机构设置早已不能契合海洋生态经济系统预警机制集中领导、统一指挥的要求；二是监测范围仍狭窄，不仅尚未开始对海洋经济子系统和海洋社会子系统危机的信息监测，甚至对海洋生态子系统的监测内容也不健全；三是"条块"分割组织架构下，信息决策机制无论在横向还是纵向上皆不通畅，导致决策结果本位主义严重，缺乏客观性、科学性；四是针对问题出现后的响应方案实施缺乏积极性且监督较为不力，各机构相互推诿现象时有发生；五是海洋预警工作的立法支撑尚不完整、不规范，法律效力不强。具体体现在以下几个方面：

1. 组织架构不顺畅

目前，不仅中国海洋相关预警系统的组织结构较为零散，整个海洋事业管理部门的权责划分都存在条块分割、政出多门、职能分散的现象。通常而言，海洋生态经济系统预警机制的组织架构，分为各机构协调合作的横向关系设置和上下级领导权力分配的纵向关系设置。若横向关系设置得当，各机构同处于同一权力等级，在统一指挥下通力合作，共同协调资源配置，充分发挥各自专业职能优势，能够更好地确保海洋预警工作顺利实施和完成；若纵向关系设置得当，各权力机构依靠等级从属关系，形成良好的上传下达行动机制，可使海洋预警工作更具高效性、灵敏性，各机构容易在集中框架下形成合力。然而，中国目前已有海洋预警系统组织架构远不健全，多部门分散式的职能分配和权力划分，不仅导致在海洋危机预警响应过程中普遍存在本位主义，缺乏统筹领导和整体协调，难以形成整合力、凝聚力，而且由于权力分配不均衡，各机构专业职能优势得不到充分施展，也造成海洋预警工作的价值和功能不能完全实现。因此，理顺海洋生态经济系统预警工作的任务和流程，进行中国各海洋管理机构的职能整合与合理分工，规范海洋事务管理权限划分，采取自上而下、横向联合的集中管理模式，逐步建立起多部门协调和社会共同参与的组织结构，将是海洋生态经济系统预警工作的基本前提和有力保障。

2. 信息监测不全面

海洋生态经济系统非协调发展危机往往不是单一海洋要素导致的结果，通常是由于海洋环境恶化、资源匮乏、经济发展无序、社会管理不力等问题在复杂的因果关系下相伴而生，而且非协调发展危机产生后，所能引致的后果亦是多方面关联且波及范围较广，仅仅依靠海洋生态相关部门实施预警响应显然是不充分且不合理的。同时，目前中国仅有的海洋环境、灾害等海洋生态监测体系也远不健全：一是监测设备和设施建设较为落后，布设的监测船、航标、卫星、雷达、站点等数量、质量、分布尚不能满足大面积、连续观测的需求；二是监测重点仍然集中在海洋环境或灾害的单一影响因素，忽视了各因素之间的动态因果关系，使监测结果在一定程度上具有片面性，降低了预警工作的科学性。因此，为建立起完善的海洋生态经济系统预警机制，需要选择更为全面的预警指标，基于相对客观的预警等级标准，构建反映各因素之间复杂因果关系的预警模拟模型，并在先进技术的支撑下，实时对海洋生态子系统、经济子系统、社会子系统运行状况进行综合监测、评估、模拟，针对不同危机状态制定相应的预警播报和响应预案，从而实现监测信息的全面深度利用，体现预警工作的功能与价值。

3. 决策责任不明确

目前，中国已有海洋预警工作多是按照海洋灾害的种类由不同机构各自承担。根据海洋灾害种类构建专属的预警机制，一是导致组织机构的重复设置，造成了人力、物力、财力严重浪费；二是经验、技术不能充分交流传播，降低了预警决策的科学性，以及预警响应结果的有效性；三是使得许多关键决策在各机构之间相互推诿，容易导致无人承担相应责任的现象。这些均妨碍了当前日益复杂、多变的海洋生态经济系统综合危机预警工作的开展。例如，由于没有统一的预警机制，国家海洋局、国土资源部、环境保护部、商务部及其他涉海机构在各自获取海洋生态、经济信息后，会作出独立判断，实施整治措施，不仅使得海洋管理工作重复严重，而且导致相当重要一部分问题未纳入预警治理范围，许多关键问题无机构管制。因此，必须建立统一的海洋生态经济系统信息数据库，搭建信息资源共享平台，由海洋生态、经济与社会领域专家组成综合顾问团作为智力支撑，促成海洋生态经济系统共同预警决策机制的形成，同时成立担责机制，明确决策后果责任承担人，对出现的海洋生态经济系统各类非协调问题共同出谋划策、共谋实施。

4. 响应行动仍滞后

目前，针对海洋灾害领域突发事件，预警系统所能提供的响应服务远不能满足灾害救助及灾后治理的需求，主要表现为：一是缺乏统一高效的响应领导小组，由于各海洋机构职能交叉，中国在海洋灾害发生后的应急响应没有机构集中行使领导指挥权，尽管目前突发的海洋灾害以纵向单灾种为主，尚能依靠某机构独立完成预警响应任务，仅需在机构内部疏通上下指挥权，但面对海洋生态经济系统多方危机预警时，需要各机构之间的密切配合，职能交叉与管理零散显然不能满足预警响应工作需要。二是救援队伍不稳定且缺乏专业性，中国海洋灾害响应方案主要由海监部队负责实施，参与人员通常需要具备充分的计算机、通信、地理信息、海洋生态、医学等知识才能完成任务，但现有救援队伍不仅缺乏专业的应急响应训练，更是缺乏对海洋科学的了解，导致在响应方案实施时时常出现方案潦草完成的情况，甚至造成二次损害，带来更为严重的负面后果。同时由于海洋灾害响应行动由政府主导完成，政府与社会力量之间尚未形成有效合作机制，削弱了救援力量的形成，也使得响应救援工作专业性、效率性始终较低。三是响应物资分配缺乏保障，由于中国在海洋灾害突发事件响应时也存在部门分割现象，灾情信息、救援队伍、救援物资等资源的分配使用难以实现透明、共享，不仅在很大程度上造成了浪费，而且经常在关键时刻由于物资供给不力延缓救援进度。因此，构建海洋生态经济系统危机响应机制时，必须重视对应急响应队伍的建设和领导，加大救援演练力度，提升救援物资投入和管理水平。同时，着力打造响应行动共享平台，实现情报、人员、物资等信息实时公布和共享，基于信息畅通的响应指挥中心，将政府、专业救援队伍和社会力量进行有机整合，全面提升响应行动的及时性、高效性。

　　5. 法制建设不健全

　　中国已初步建立针对海洋生态问题的预警管理法律体系，但出台的法律法规大多分散在不同海洋作业领域，且以灾害应急为主，多数法律法规为部门规章或规范性文件，法律效力不强，由于"政出多门"往往相互矛盾，执行不力或无法执行问题突出。更为严重的是，由于法律法规之间存在冲突，导致各机构之间工作多有交叉重叠且存在大量空白之处，立法作为政府管理重要的工具未能发挥最基本的指引、调节、预测、强制等作用。海洋生态经济系统非协调发展危机预警机制构建是一项时效性、技术性、综合性的系统工程，只有在健全的组织结构、严密的立法支撑下，监测、预警、响应等系列工作才能顺利开展。近年来，中国在海洋生态保护及修复方面的研究，更加侧重于各类理工学科知识和技术的转化与应用，对海洋生态系统控制、预警报、综合管理等领域的研究投入较少，尤其是缺乏以现代信息技术为支撑的管理信息系统研究，加之海洋生态、经济、社会及监测预警等领域的法律法规尚不健全，海洋预警技术、资金及现有政策远不能满足海洋生态经济系统协调发展的现实要求，阻碍了中国海洋预警事业的长足发展。鉴于此，亟须出台相关立法加快海洋生态经济系统预警管理，以明确和规范海洋生态经济系统预警的任务与功能，明晰海洋生态经济预警责任机构，理顺海洋生态经济系统预警监测信息机制、决策机制、响应机制的工作范围和运作流程，切实推进海洋预警事业向着现代化、综合化、科技化、信息化方向发展。

第三节　中国海洋生态经济系统预警必要性与可行性

　　中国海洋生态经济系统预警系统的建立，应当以海洋经济、社会、生态协调发展为核心，以海洋经济高速发展的持久性、海洋社会分配的公平性、海洋资源开发的可持续性、海洋生态环境的稳定性为目标，以海洋生态经济系统协调发展运行机理为根基，在系统论、协同论、突变论、控制论、生态经济学等理论指导下，选用科学的预警指标体系、预警模型、信号系统和预警方法，对海洋生态经济系统实际运行进行监测，对监测结果进行分析、处理、使用，从而获得警兆、发布警示、进行响应决策，并实施决策、反馈实施结果。简言之，海洋生态经济系统协调发展预警就是对系统偏离期望状态的警告与纠正。

一　中国海洋生态经济系统预警必要性

1. 海洋生态经济系统运行的非协调性

海洋生态经济系统是一个由海洋生态系统和人类构建的海洋经济系统、海洋社会系统耦合而成的复杂系统，由于其结构的耗散性、内部胁迫的非线性以及运行的多目标性，三个子系统发展方向往往相互矛盾，特别是人类意识的自私性、认知的片面性、行为的盲目性更是加剧了各子系统发展偏差的产生，当某一系统偏差超过临界阈值，系统便会向紊乱甚至退化方向发展，功能急剧减弱甚至解体。如前文所述，中国海洋生态经济系统运行的非协调性主要由海洋生态子系统恶化态势得以体现。当前，中国工业化、城市化、现代化进程急剧加速，导致海洋经济与社会飞速增长的同时海洋自然生态退化极为迅速。面对人口膨胀、消费增多以及经济发展带来的海洋资源需求增长，避免海洋生态经济系统偏差越过临界阈值，实现海洋生态经济系统持续运行，成为当务之急。而海洋生态经济系统的持续运行必须建立在满足动态监管要求的预警机制基础上，以期能够科学预测其可能的发展趋势，及时采取有效措施纠正系统偏差。

2. 海洋生态经济系统结构的复杂性

海洋生态经济系统是以海洋为基础，由海水、海洋动植物群落、大气等自然要素构成本底，以人类需求为中心，以海洋资源环境经济产量和社会效益为目标的可为人类利用的生态经济社会复合系统。海洋生态经济系统可以算作以自然环境为依托、人的思想行为为主导、资源流动为命脉、社会体制为经络的人工生态系统，又分别由海岸带、浅海、深海、大洋等次级系统共同支撑。在海洋生态经济系统内部，以及海洋生态经济系统与陆地生态经济系统之间持续进行着繁复的物质循环、能量交换、信息流通、价值创造，从而维持着整个系统的运行和稳定，使海洋资源环境价值充分、持久地体现。海洋生态经济系统及其构成子系统、各要素之间相互作用的强度、方向、时空规律等始终处于变化当中，且引发变动的因果关系十分复杂，一种因果关系可能引致数个后果，一个后果也可能由数种因果关系引致。各要素变量之间形成了错综复杂的影响关系，以至于单个要素变化会引起一系列因素的连锁反应，导致整个系统的巨大波动。因此，必须借助预警数学模型，运用计算机的模拟运算，从科学的角度洞察关键因素导致的全部后果，才能更为完整、准确地针对海洋生态经济系统出现的问题采取措施予以纠正。

3. 海洋生态经济系统功能的脆弱性

健康海洋生态系统供给的各种海洋资源是海洋经济系统依赖的基本生产资料，而由于海洋资源开发同时受到海洋自然条件和人类经济社会的双重影响，更是加剧了海洋生态系统的脆弱性，进而影响海洋生态经济系统整体的抗干扰能力和运行效率。海洋自然灾害，如风暴潮、海啸、海浪、海冰等，以及人类不当的海洋资源开发利用行为，如过度开采、药物滥用、更改生境等，都会对海洋资源的供给造成妨碍，甚至给海洋资源的再生环境造成无法挽回的损害，严重影响海洋资源的持续利用。2014 年，中国中度以上污染海域已达 71860 平方公里，占海洋领土面积的 2.40%，确权围填海面积 257.83 平方公里，占当年确权海域面积的 6.89%，海洋经济社会系统正在以前所未有的速度蚕食着海洋生态系统。当前，海洋生态系统部分资源供给力减退的直接原因是人类开发行为的短视化，主要是由于海洋资源的物质转化和能量代谢在无法律严格保护、无制度严密规范、无组织大力约束的情况下进行，海洋经济生产重眼前、轻长远，对资源重使用、轻保护。鉴于海洋生态系统的脆弱性，对其调控、修复的效果更是难以把握，因此，必须尽早建立海洋生态经济系统预警机制，及时预警其动态变化，采取预防为主的响应措施，才能将损害尽可能减少。

4. 海洋生态经济系统调控的滞后性

由于沿海各省（市、区）均以经济建设为中心，盲目追求眼前既得经济利益，忽视未来经济持续的可能，以至于对海洋资源开发管理缺乏超前性、长远性，尤其在海洋经济发展高潮时，考虑不到对海洋生态系统的保护，直到损害严重时才发现其重要性，这是海洋社会子系统对海洋生态经济系统调控滞后的主要表现。2014 年，中国海域共出现大规模赤潮 56 次，爆发规模达 7290 平方公里，其主要原因是氮、磷营养盐的过量输入。有统计数据显示，从 1860 年至今的一百多年中，进入地球化学循环过程的活性氮增加了 20 倍左右，每年经由河流流入海洋的溶解态磷约为400 万—600 万吨，是自然状态下的 2 倍①。另据调查，过去 50 年间，中国损失了

---

① Filippelli G. M. , "The Global Phosphorus Cycle: Past, Present and Future", *Elements*, Vol. 4, 2008, pp. 89 – 95.

73%的红树林湿地、80%的珊瑚礁湿地、53%的温带滨海湿地，平均每年有400平方公里湿地被围垦或填海，且根据沿海开发战略规划，到2020年仍有5780平方公里的围填海计划，按当前开发水平，至2018年中国确定的50万平方公里湿地保护红线将被突破①。然而要将这些受污染、被破坏的海域重新恢复生产力，还需很长时间，因海洋资源再生的环境基础已遭到严重毁损。在很大程度上，海洋社会进步伴随的社会人口消费能力上涨、海洋科技水平提升是引致海洋经济增长进而引发部分海洋资源衰竭、生态环境恶化的根本因素，而海洋社会子系统重视程度不够、海洋事务管理和生态治理能力低下，则是海洋生态经济系统非协调状态得不到预防、遏制与改善的主要原因，海洋社会子系统调控的滞后性在很大程度上加剧了海洋生态经济系统恶变的程度。因此，必须不断提升海洋社会的响应能力，强化对海洋生态经济系统的监督预警，使海洋管理从僵化、被动的窠臼走向灵活、主动的状态，实现海洋生态经济系统调控的超前性，才能更为切实有效地保护海洋资源环境。

二　中国海洋生态经济系统预警可行性

海洋生态经济系统预警机制的监控对象涵盖了影响海洋生态系统、海洋经济系统、海洋社会系统健康运行的关键风险因素，尤其是与海洋生态经济系统协调能力相匹配的保障制度。预警机制在政府、生产企业、中介组织和社会公众的共同协作下，得以运行，对确保海洋生态、海洋经济、海洋社会可持续协调演进有着积极意义，对推进海洋资源环境合理开发使用亦有显著作用，可在当前中国沿海经济社会条件下得以建立实施。

1. 经济基础的可行

中国沿海地区作为经济相对发达区域，在连续数年高速增长的趋势下，始终保持着经济基础优势。2014年，沿海11个省（市、区）完成生产总值373069.6亿元，占全国生产总值的58.65%，同比增长7.63%，相较于其他地区，经济发展呈现出"速度快、质量好、结构优、后劲足"的鲜明特点；财政收入41402.17亿元，占全国总财政收入的54.57%，其中，税收收入占财政收入比重为81.13%，比全国平均水平高出3.19个百分点，收入结构较为合理。此外，沿海11个省（市、区）全社会固定资产投资238061.4亿元，同比增长13.76%，各类基础设施建设取得了显著

---

① 于秀波：《8亿亩湿地保护红线将于2018年前被突破》，网易新闻，http：//news.163.com/16/0202/12/BEQN4QVJ00014AED.html，2016年2月2日。

成效，不仅为海洋生态经济系统预警机制建立创造了良好的外部环境，更为预警机制的构造提供了充足的资金支撑。

2. 技术方法的可行

当前，国外海洋生态经济研究越来越依赖于长期的连续观测和试验资料的累积与分析。早在 20 世纪 80 年代，美国就建立了永久性全国海洋立体观测系统及由多源卫星构成的海洋动力环境监测网，由过去针对海洋环境要素、海洋环流为主的观测发展到海洋地球化学循环、海洋环流与海洋生态系统观测并重的阶段。全球性、区域性、国家性的长期海洋生态监测与信息网络正在形成，综合性研究计划与手段逐渐成为海洋生态领域的主流，如 WCRP、IGBP 等新型综合研究项目不断被实施[①]。尽管中国的海洋生态观测预警是各部门根据自身职能需要设定的短期、局部观测计划及预警系统，但通过国家层面和部门间合作的顶层设计，多方借鉴国外先进技术和经验，将观测覆盖面扩大，保持观测工作的连续性，充分利用数据进行科学预警决策，则会不断缩小中国与国际水平的差距。经过多年的探索，中国海洋科技已经达到探究海洋生态经济系统基本运行规律的能力，且已开展了多年海洋环境状况的科学评估，观察到某些海洋生态环境具体参数变化，可对海洋经济、社会产生综合影响，这为增强响应、提升海洋生态经济系统管理调控能力，提供了坚实支撑。此外，信息技术革命席卷全球，多数海洋生产企业尤其是政府部门信息化管理能力显著增强，同样为海洋生态经济系统预警机制的构建奠定了技术基础。

3. 政策条件的可行

依照中国特色社会主义与海洋强国建设的需求，在陆地资源不断紧缺的情况下，中国政府越来越关注海洋资源环境的开发应用，尤其重视确保海洋经济的健康发展和海洋生态的持续稳定。20 世纪 70 年代以来，中国相继加入了《联合国海洋法公约》等 20 余项与海洋管理相关的国际公约，并出台了数部法律、法规、规章，如《海洋调查规范》（1977 年、1993年、2007 年三次制定）、《海洋环境保护法》（1983 年颁布，1999 年、2013 年两次修订）、《海洋倾废管理条例》（1985）、《海洋监测规范》（1991）、《专属经济区和大陆架法》（1998）、《海水水质标准》（1998）、《防治陆源污染物污染损害海洋环境管理条例》（1990）、《海域使用管理法》（2001）、《海洋沉积物质量标准》（2000）、《海岛保护法》（2009）、

① 李颖虹、王凡、任小波：《海洋观测能力建设的现状、趋势与对策思考》，《地球科学进展》2010 年第 7 期。

《全国海洋功能区划（2011—2020 年）》（2010）等，形成了以《海洋环境保护法》为主体，各项规范、管理条例、行业标准和规划为补充的海洋管理法规政策体系，显示出中国在法律层面对海洋的重视程度，这为构筑海洋生态经济系统预警机制提供了良好的宏观政策条件。

4. 民众支持的可行

海洋生态经济系统预警机制将沿海地区依赖海洋资源环境生存的企业、组织及居民都纳入基本预警保障范围，且针对海洋环境污染、海洋灾害、海洋经济下滑等风险因素引起的海洋生态经济系统非协调状态提供了更全面的预警响应服务，旨在维护涵盖海洋生态系统、海洋经济系统、海洋社会系统运行的稳定性和健康性，避免海洋经济社会中的相关利益主体尤其是生产者在危机事件的干扰下损失严重或持续发展后劲不足，是符合沿海地区绝大多数海洋利益相关者福祉的公益性服务，在民意方面完全符合群众的现实需求，其建立必将受到群众的支持和拥护。

第四节　中国海洋生态经济系统预警指标选择

一　预警指标选择原则

预警指标的选择是海洋生态经济系统预警机制构建的前提，其选择的结果，直接关系到预警机制的信息监测重点，同时决定了数据收集的难易程度和预警响应工作的实用性、有效性。海洋生态经济系统协调发展的预警机制以维持海洋生态经济系统正常的生态、生产、生活功能，实现系统可持续运行为目标。尽管目前尚无直接的预警指标体系供参考，但许多海洋学和生态经济学学者的研究成果可以提供宝贵借鉴。首先需要明确的是，海洋生态经济系统协调发展遵循的基本原则应为维持海洋自然资源潜力，防止海洋生态环境退化，保持甚至提高海洋生态系统的服务性和生产性，降低海洋经济系统生产的风险，保障海洋经济活力，同时确保海洋社会系统运行的安全性、公平性及其对海洋生态经济系统状态的可接受性。把握海洋生态经济系统协调发展的基本原则，为预警机制构建和预警指标选择提供了基础理论框架。

基于海洋生态经济系统协调发展的原则和预警机制应有的作用，海洋生态经济系统预警指标的选择，首先，应当从海洋生态经济系统的生态、生产和生活功能出发，遵循可持续发展目标，重视其当前海洋生态子系统恶化的现实，多方选择能反映三个子系统尤其是海洋生态子系统可持续发展状态的指标，全面监测系统运行；其次，海洋生态经济系统协调发展是一个多层次、多方位的目标体系，在选择预警指标时，应尽可能地从各个侧面反映三个子系统协调运行的整体情况，保证指标的综合性和完备性，要求指标能体现海洋生态经济系统生态、生产、生活功能的协调统一；最后，各项预警指标应当具备一定的主导性和相对独立性，在尽量选择具有代表性和信息量的综合性指标的同时，避免过分夸大某一指标的地位，减少各项指标之间存在的信息重叠，降低因指标过多造成的评价结果失真和计算冗余。

当然，倘若数据难以获取，无论预警指标选择再全面也仅有理论讨论价值，不具备实用功能。由于当前国家公布的海洋生态经济系统相关数据不全面、口径不统一，且许多指标数据不连续，增加了预警指标体系构建的困难。因此，数据来源的可靠性和充分性也是选择海洋生态经济系统预警指标需要遵循的重要原则，一是确保指标统计口径的一致性和数据的准确性；二是尽量满足指标趋势预警的样本需求量，以便在较长时期演变中发现海洋生态经济系统非协调波动的规律；三是由于预警指标主要用于现时海洋生态经济系统运行态势的分析和预测，为提高响应活动的针对性和时效性，必须确保预警指标数据获取的稳定和及时。

二　预警指标选择依据与流程

在一定经济基础和科技条件下，随着海洋社会子系统人口规模的增长、需求总量的上升，海洋经济子系统海洋资源利用的增多以及经济产值的提高，海洋生态子系统的正常运行将受到越来越多的阻碍，尤其在中国沿海海洋生态极其脆弱的地区，海洋社会进步与海洋经济增长更是要受到海洋资源有限性、海洋环境容量阈值的限制，否则，海洋经济与社会发展必将导致海洋生态经济系统整体可持续发展能力的下降。海洋生态经济系统非协调状态的预警，主要是指对海洋社会进步、海洋经济增长导致的海洋资源衰竭、海洋环境恶化以及海洋生态系统负向演替的及时预警，同时还包括针对海洋社会进步、海洋经济增长过程中可能出现或已经出现的危机以及影响海洋生态经济系统协调发展的海洋生态、经济和社会的诸多因素，提出判断标准，发布预警级别，给出调控方向及措施，其目的是在海洋经济与社会发展引起海洋生态质变、退化以及系统非协调演变之前，及时提供相应级别的预警信息，以便及时、准确地实施防范应对方案，化解危机。

海洋生态经济系统非协调状态预警是对系统演变偏离期望状态的警告，预警既是一种系统状态评价分析的手段，也是一种对系统发展演变过程进行监测的工具。预警一词源于军事领域，目前，预警理论已在经济、社会、生态等各领域得到广泛引用与实践[1][2]。一般而言，预警机制的构建包括五部分内容：一是明确警义，对海洋生态经济系统非协调状态预警机制而言，明确警义即是明晰非协调状态预警机制构建的意义，并选取恰当的指标体系，准确反映促成非协调状态形成的海洋经济子系统、海洋社会子系统以及海洋生态子系统的因素构成；二是设定警情，就海洋生态经济系统而言，海洋生态子系统危机显现、海洋经济子系统或海洋社会子系统发展受阻以及整个系统运行偏离协调发展路径、系统可持续发展能力下降等现象发生均为系统非协调状态的警情；三是定位警源，海洋生态经济系统非协调状态发生的根源即为警源，在大多数情况下，非协调状态是由海洋生态经济系统内部海洋社会或经济子系统某些环节的缺陷引起的，但也可能是由海洋生态系统自身不稳定因素，如海洋自然灾害引起的，均需要明确确定；四是分析警况，当有了海洋生态经济系统非协调状态警情爆发的先兆，应当采用理论分析、专家预测、经验判断、运算模拟等多种方法，判断警情可能或已经发生的概率、方向及程度，为发出警报、制定响应方案做准备；五是预报警度，在衡量警况严重程度的基础上，依据设定的期望状态参照标准以及预警界限，判定海洋生态经济系统非协调状态的等级，分别用相应等级的警灯、警示发出警告，并通知相关部门及时采取强有力的措施，努力使警源因素转化，非协调状态扭转，避免海洋生态经济系统进一步恶化。

基于海洋生态经济系统的复杂性，加之人类活动的机理同样较为复杂，为避免选取预警指标之间的重复性、关联性过高，同时将预警指标进一步予以集中，以突出海洋生态经济系统协调发展的关键，确保预警指标体系的合理性、科学性，以及预警结果的可靠性和准确性，这里选择基于专家多轮咨询的德尔菲法对第四章确定的海洋生态经济系统发展状态指标体系继续进行择优选择，通过专家咨询意见调查、专家咨询数据统计、信息反馈、再咨询等步骤，确定海洋生态经济系统预警机制最终的指标体系。具体操作过程如图 6 - 3 所示：

① Kim Tae Yoon, Oh Kyong Joo, Sohn Insuk, Hwang Changha, "Usefulness of Artificial Neural Networks for Early Warning System of Economic Crisis", *Expert System with Application*, Vol. 26, No. 4, 2004, pp. 583 - 590.
② 牛文元：《社会物理学与中国社会稳定预警系统》，《中国科学院院刊》2001 年第 1 期。

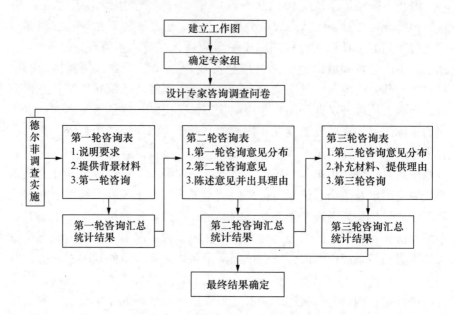

图6-3　预警指标德尔菲法筛选步骤

　　在第一轮专家咨询时，向专家详细介绍海洋生态经济系统协调发展预警研究的主要目的、拟解决的关键问题以及初设各类评价指标体系的初衷和相关资料，请专家们就已有海洋生态经济系统发展状态指标体系中各项评价指标打分。收回专家意见调查表后，将各位专家的打分进行汇总、计算，简单归纳分析后再次反馈给各位专家，请其进行第二轮打分并给出意见的具体理由。如此反复三次，将第三轮专家的打分进行统计、分析，得出最终预警指标体系。在每一轮打分时，专家需要依据固定的判定标准，并填写对该议题和指标的熟悉（即专业）程度，具体如表6-2所示。

表6-2　　德尔菲法专家对指标重要性的判断等级、依据及熟悉程度

评价等级	量化值	判断依据	对专家影响			熟悉程度	量化值
			大	中	小		
非常重要	9		大	中	小	很熟悉	1.00
比较重要	7	实践经验	0.8	0.6	0.4	熟悉	0.80
一般重要	5	理论分析	0.6	0.4	0.2	比较熟悉	0.40
不太重要	3		0.4	0.2	0.2	不太熟悉	0.20
不重要	1		0.1	0.1	0.1	不熟悉	0.00

1. 专家权威值衡量

设专家权威值为 C_R，其值通过两方面因素来确定，一是专家对海洋生态经济系统预警核心问题和设置指标的熟悉和专业程度，设为 C_S；二是专家判断海洋生态经济系统预警指标重要性所依据的是实践经验还是理论分析，抑或都不是，设为 C_A。C_R 越大则表明专家权威水平越高，其意见参考价值较大。具体计算公式为：

$$C_R = \frac{C_A + C_S}{2}$$

2. 专家积极系数计算

设参与海洋生态经济系统预警指标选择的各位专家的积极系数为 K，设 m'_j 为对评价指标 j 打分的专家人数，m 为专家组全体成员人数，则 K 的计算公式为：

$$K = \frac{m'_j}{m}$$

K 越大表明专家们对指标 j 的兴趣越高，对其评价的积极性越高，间接显示其越重要。

3. 指标重要性平均值计算

设海洋生态经济系统预警的各项指标重要性程度的专家打分平均值为 C_j，在每一轮，将所有专家对各项预警指标的打分一一列出，则各项指标专家打分的平均值计算公式为：

$$C_j = \frac{1}{m} \sum_{j=1}^{m} C_R C_{ij}$$

其中，C_R 为各位专家的权威值，C_{ij} 为专家 i 对预警指标 j 的重要性评价等级赋值。

同时，设获得 1 次及以上次数满分的预警指标的满分频率为 K_j^i，则其计算公式为：

$$K_j^i = \frac{m_j^i}{m_j}$$

其中，m_j 为对预警指标 j 重要性打分的专家人数，m_j^i 为给预警指标 j 重要性打满分的专家人数。

4. 打分变异系数测度

设所有专家对预警指标 j 的重要性判断的变异系数为 V_j，则其计算公式为：

$$V_j = \frac{\sigma_j}{C_j}$$

其中，C_j 为所有专家对预警指标 j 的重要性打分平均值，σ_j 为所有专家对预警指标 j 的重要性等级赋值的标准差，其计算公式为：

$$\sigma_j = \sqrt{D_j} = \sqrt{\frac{1}{m_j} \sum_{i=1}^{m_i} (C_{ij} - m_j)^2}$$

其中，D_j 为所有专家对预警指标 j 重要性等级赋值的均方差。

5. 期望值测算

设所有专家对预警指标 j 的重要性判断的期望值为 E_j，则其计算公式为：

$$E_j = \frac{RC_j + RV_j + RK_j^i}{4}$$

其中，RC_j 为所有专家对预警指标 j 的重要性判断的平均值，RV_j 为所有专家对预警指标 j 的重要性判断的变异系数，RK_j^i 为所有专家对预警指标 j 重要性判断的满分频率。

6. 结果可信度评价

在统计领域，专家打分的一致性程度被认为是指标筛选或监测评估工作进行的基础，其统计意义十分重要，而最常用的专家打分一致性程度测评指数是肯德尔和谐系数，可对专家打分的一致性进行显著性检验，若通过，则视为专家打分有效性较高，否则需进行新一轮的德尔菲专家咨询。其计算公式为：

$$w = \frac{\sum R_i^2 - \frac{(\sum R_i^2)^2}{N}}{\frac{1}{12}K^2(N^3 - N)}$$

其中，K 为参与预警指标重要性打分的专家人数，N 为最初设计的海洋生态经济系统发展状态评价指标体系中指标层指标数量，R_i 为对预警指标 j 的重要性判断最终结果，w 为肯德尔和谐系数。但 w 计算仅适用于专家人数在 3—20 人时的指标重要性判断一致性信度检验，且设计的初始指标不宜过多，当最初设计的指标数量超过 8 项时，可将 w 转换为 χ^2 值，再进行一致性信度检验。则公式变为：

$$\chi^2 = K(N - 1) \frac{\sum R_i^2 - \frac{(\sum R_i^2)^2}{N}}{\frac{1}{12}K^2(N^3 - N)}$$

由此，于 2015 年 6 月邀请海洋生态、海洋经济以及海洋社会领域专家共计 15 人，依据以上筛选方法构建海洋生态经济系统协调发展预警指标体系。在上述思想和原则的指导下，确定海洋生态子系统、海洋经济子系统和海洋社会子系统协调发展预警指标 34 项，其中海洋生态子系统的 13 项预警指标，着重反映海洋生态系统容易遭受破坏的本底条件、面临的外界压力和进行的积极响应，包括：海洋生物多样性、严重污染海域面积比重、人均海水产品产量、海水浴场健康指数、近岸海洋生态系统健康状况、年均赤潮发生次数、单位面积工业废水排放量、单位面积工业固体废物产生量、单位海域疏浚物倾倒量、海平面上升、单位岸线灾害损失、海洋自然保护区面积比重、环保投入占 GDP 比重等；海洋经济子系统的 8 项预警指标着重反映海洋资源环境开发带来的经济收益水平、结构和竞争活力，包括人均海洋生产总值、相对劳动生产率、海域利用效率、人均固定资产投入、海洋第三产业比重、海洋产业多元化程度、海洋产业区位商、海洋产业竞争优势指数；海洋社会子系统的 13 项预警指标着重反映沿海社会的基本状态、生活水平、海洋科技研发能力以及海洋事务管理能力，包括人口密度、城镇化水平、受教育程度、涉海就业人员比重、人均可支配收入、人均消费总额、人均用电量、海洋科技研究人员比重、海洋科技创新能力、海洋科研课题承担能力、海滨观测台站密度、年出台政策文件、当年确权海域面积占已确权面积比重。

第五节 中国海洋生态经济系统预警界限确定

海洋生态经济系统协调发展预警机制的主要目标和核心工作是根据风险警度预报警情；而要准确预报系统协调发展的警情，必须科学分析各预警指标的发展态势、危险程度及其对海洋生态经济系统协调发展的影响，基于建立起的预警指标体系，确立各项预警指标和系统协调度的合理阈值范围和危险阈值范围，作为衡量标准，可用以判断海洋生态经济系统中出现的各类警情及其警度。

一 预警界限确定方法

同其他复合系统一样，海洋生态经济系统协调发展的警情也存在突发性、累积性，预警工作具有滞后性、复杂性和信息依赖性。海洋生态经济系统协调发展预警机制应能够在海洋经济、社会与生态各子系统运行不协调或可能出现重大转折之前，及时发出警报。而海洋生态经济系统运行中存在的问题常常在一些变量变化中暴露出来，这些指标实际上构成了海洋生态经济系统协调或非协调状态产生及演变的指示器或晴雨表。由于海洋生态经济系统包含了海洋生态子系统、海洋经济子系统和海洋社会子系统，该系统运行与协调发展受阻可能来自子系统自身运行存在的困难，也可能来自三个子系统之间能量、物质、信息与价值的流通、交换产生的瓶颈。遵循关联性强、指示性好、灵敏度高的原则，确定海洋生态经济系统协调发展预警界限，在界限的框定下，指标的波动应当能直接反映海洋生态经济系统协调运行的情况。

但鉴于海洋生态经济系统警源的复杂性、警兆的模糊性和警度的发展性，各预警指标的预警阈值界限较难确定，这里针对不同的预警指标分别采取统计分析法、文献总结法、指数法、时间序列分析法、模糊物元分析法、3δ 原理等阈值确定方法，综合多方专家意见加以确定。具体为：

（1）根据国家、行业等相应标准、规范，结合国家法律法规、统计技术标准、行业发展经验加以确定。目前国家已经制定了大量关于海洋生态的法律法规、国家标准及调查评价技术规范，如《海洋环境保护法》《渔业水质标准（GB 11607－1989）》《海滨观测规范（GB/T 14914－1994）》《海水水质标准（GB3097－1997）》《海洋生物质量标准（GB18421－2001）》《海洋沉积物质量标准（GB18668－2002）》《海洋监测规范（GB17378－2007）》《海洋调查规范（GB/T 12763－2007）》《海洋生态资本评估技术导则（GB/T 28058－2011）》《海洋生态损害评估技术指南（试行）（2013）》《国家级海洋保护区规范化建设与管理指南（2014）》《海水质量状况评价技术规程（2015）》《海洋垃圾监测与评价技术规程（2015）》《海水浴场环境监测与评价技术规程（2015）》等，在确定海洋生物多样性、海水浴场健康指数、近岸海洋生态系统健康状况等指标预警阈值界限时，多有参考。

（2）根据海洋生态系统、海洋经济系统以及海洋社会系统各类指标的历史发展趋势，结合国际经验，综合数理统计方法加以确定。在历史发展经验、国际发展经验等定性判断的基础上，首先，将各项预警指标的原始数据由大到小进行排列。其次，根据时间序列分析法、正态分布原理和国际通用3δ 原理，得知指标数据离中心值越近的可能性越高，如果偏离超过 1 倍标准差，可能性仅有 31.74%；偏离 2 倍标准差的可能性仅有 5%；偏离 3 倍标准差的可能性不足 1%[1]。由此，依据偏离中心值的标准差倍

---

① 殷克东、马景灏：《中国海洋经济波动监测预警技术研究》，《统计与决策》2010 年第 21 期。

数确定预警指标数据的合理程度。最后，设定预警指标数据偏离中心值 1 倍标准差的区间属于正常区间，即 $[x-\delta, x+\delta]$，偏离中心值 1 倍到 2 倍标准差的区间属于基本正常区间，即 $[x-2\delta, x-\delta]$ 和 $[x+\delta, x+2\delta]$，偏离中心值 2 倍标准差以上的区间属于异常区间，即 $[-\infty, x-2\delta]$ 和 $[x+2\delta, +\infty]$。由此，得到海洋生态经济系统协调发展预警指标的 5 个预警阈值区间。通过此方法设定预警界限的指标包括：严重污染海域面积比重、人均海水产品产量、单位面积工业废水排放量、单位面积工业固体废物产生量、单位岸线灾害损失、环保投入占 GDP 比重、人均海洋生产总值、海域利用效率、人均固定资产投资、海洋第三产业比重、相对劳动生产率、海洋产业竞争优势指数、海洋产业区位商、人口密度、城镇化水平、受教育程度、涉海就业人员比重、人均可支配收入、人均消费总额、人均用电量、海洋科研课题承担能力、当年确权海域面积占已确权面积比重。

（3）根据中国沿海 11 个省（市、区）海洋生态经济系统发展的区域差异，通过横向对比分析加以确定。由于沿海 11 个省（市、区）海洋生态经济系统依托资源背景、区位条件、发展动力及历史经验不同，各省（市、区）预警指标演变趋势也表现出显著的横向差距。在基于（2）中历史经验和国际经验以统计学方法确定预警指标预警界限时，经常出现与中国大多数沿海省（市、区）海洋生态经济系统发展实际不符的阈值限定，为使其与中国实际相契合，对 3δ 确定的界限进行了部分微调，包括指标单位面积工业废水排放量、单位面积工业固体废物产生量、单位海域疏浚物倾倒量、单位岸线灾害损失、海洋自然保护区面积比重、海域利用效率、人均固定资产投资、海洋第三产业比重、人口密度、人均可支配收入、人均用电量等指标。

（4）依据专家经验加以判断。对国内外较少研究的预警指标，尤其是尚未总结出演变规律、理想状态及其影响因素的指标，只能依靠相关领域专家的集体智慧和经验判断，对海洋生态经济系统预警指标的界限进行设定。通过参考沿海各地相关统计数据、政府报告、规划文本等，在确定大致阈值范围的基础上，征集相关领域专家经验，经过多次集中反馈意见后，确定共同商讨的一致结果，作为指标的预警界限。以此方法确定的指标主要有：年均赤潮发生次数、海平面上升、海洋科技研究人员比重、海洋科技创新能力、海滨观测台站密度、年出台政策文件、当年确权海域面积占已确权面积比重等。

当然，随着中国海洋生态经济系统的发展演变，指标预警界限标准并不是一成不变的，选择的指标也应当不断变化以跟上时代步伐。目前确定的预警指标、预警阈值界限仅是历史范畴，大多基于国内外历史经验加以确定，在不同的经济、社会和生态条件下尤其是不同的海洋区域，随着时空变换应有不同的指标内容和取值范围，以使其符合标准设定的相对性、动态性、阶段性原则。

二　系统预警界限确定

1. 各指标预警界限设定

参照生态预警的基本原理，这里依据确定出的海洋生态经济系统协调发展预警指标体系，以各子系统为预警单位，对其相应预警指标分别进行预警监控。海洋生态经济系统协调发展预警主要是基于海洋生态经济系统演进过程中的现实状态与期望状态的偏离值来设定警情。由此，根据中国海洋生态经济系统发展特征、整体运行状态和趋势，借鉴相关研究成果，以上文表述的方法，参照预警标准设定从优隶属度原则，确定现阶段中国海洋生态经济系统协调发展预警监控指标的 5 级预警界限，给出相应警级、警度、警灯警报和警情信息，并说明了各指标预警界限确定的方法，详见表 6 - 3。

表 6 - 3　　海洋生态经济系统协调发展预警指标阈值界限参考标准

警级	I	II	III	IV	V	方法	参考数据来源
警度	安全	良好	敏感	危险	恶化		
警灯	绿色■	蓝色◆	黄色▲	橙色⬢	红色●		
警报	无警	预警	轻警	中警	重警		
警情	发展过冷	发展偏冷	发展正常	发展偏热	发展过热		
海洋生态子系统　海洋生物多样性	>75	[60, 75]	[45, 60]	[30, 45]	<30	行业规范	《中国海洋环境质量公报》
严重污染海域面积比重（%）	<10	[10, 25]	[25, 40]	[40, 55]	>55	历史经验	《中国海洋环境质量公报》
人均海水产品产量（千克/人）	<30	[30, 70]	[70, 110]	[110, 150]	>150	国际经验	《中国农业统计年鉴》《中国统计年鉴》

续表

警级	I	II	III	IV	V	方法	参考数据来源
警度	安全	良好	敏感	危险	恶化		
警灯	绿色■	蓝色◆	黄色▲	橙色⬡	红色●		
警报	无警	预警	轻警	中警	重警		
警情	发展过冷	发展偏冷	发展正常	发展偏热	发展过热		
海水浴场健康指数	>90	[80, 90]	[70, 80]	[60, 70]	<60	行业规范	《中国海洋环境质量公报》《中国海洋发展报告》
年均赤潮发生次数（次）	<3	[3, 5]	[5, 7]	[7, 10]	>10	专家判断	《中国海洋灾害公报》《中国海洋环境质量公报》
单位面积工业废水排放量（万吨/平方公里）	<0.5	[0.5, 2.5]	[2.5, 4.5]	[4.5, 6.5]	>6.5	历史经验横向比较	《中国海洋统计年鉴》《中国统计年鉴》
单位面积工业固体废物产生量（万吨/平方公里）	<0.5	[0.5, 1]	[1, 1.5]	[1.5, 2]	>2	历史经验横向比较	《中国海洋统计年鉴》《中国统计年鉴》
单位海域疏浚物倾倒量（万立方米/平方公里）	<0.3	[0.3, 1.8]	[1.8, 2.3]	[2.3, 3.8]	>3.8	横向比较	《中国海洋环境质量公报》《海域使用管理公报》
海平面上升（毫米）	<30	[30, 60]	[60, 90]	[90, 120]	>120	专家判断	《中国海平面公报》
单位岸线灾害损失（百万/公里）	<0.25	[0.25, 0.5]	[0.5, 0.75]	[0.75, 1]	>1	历史经验横向比较	《中国海洋灾害公报》
海洋自然保护区面积比重（%）	>9.5	[6.5, 9.5]	[3.5, 6.5]	[0.5, 3.5]	<0.5	横向比较发展规划	《中国环境统计年鉴》《中国海洋统计年鉴》
环保投入占GDP比重（%）	>3.5	[2.5, 3.5]	[1.5, 2.5]	[0.5, 1.5]	<0.5	国际经验横向比较	《中国统计年鉴》《中国环境统计年鉴》
近岸海洋生态系统健康状况	>90	[75, 90]	[60, 75]	[60, 45]	<45	行业规范	《中国海洋环境质量公报》

（左侧纵向标注：海洋生态子系统）

警级	I	II	III	IV	V	方法	参考数据来源
警度	安全	良好	敏感	危险	恶化		
警灯	绿色■	蓝色◆	黄色▲	橙色⬡	红色●		
警报	无警	预警	轻警	中警	重警		
警情	发展过冷	发展偏冷	发展正常	发展偏热	发展过热		
海洋经济子系统 人均海洋生产总值（万元/人）	<0.4	[0.4, 1.6]	[1.6, 2.8]	[2.8, 4]	>4	国际经验横向比较	《中国海洋统计年鉴》《中国统计年鉴》
海域利用效率（亿元/平方公里）	>22	[15, 22]	[8, 15]	[1, 8]	<1	历史经验横向比较	《中国海洋统计年鉴》《海域使用管理公报》
人均固定资产投资（万元/人）	<0.5	[0.5, 3]	[3, 5.5]	[5.5, 8]	>8	国际经验横向比较	《中国统计年鉴》
海洋第三产业比重（%）	>60	[50, 60]	[40, 50]	[30, 40]	<30	国际经验横向比较	《中国海洋统计年鉴》
海洋产业多元化程度	>1.6	[1.3, 1.6]	[1, 1.3]	[0.7, 1]	<0.7	行业规范发展规划	《中国海洋统计年鉴》
相对劳动生产率	>2.8	[2, 2.8]	[1.2, 2]	[0.4, 1.2]	<0.4	行业规范国际经验	《中国海洋统计年鉴》《中国统计年鉴》
海洋产业竞争优势指数（%）	>65	[45, 65]	[25, 45]	[5, 25]	<5	行业规范国际经验	《中国海洋统计年鉴》《中国统计年鉴》
海洋产业区位商	>2.4	[1.8, 2.4]	[1.2, 1.8]	[0.6, 1.2]	<0.6	行业规范国际经验	《中国海洋统计年鉴》《中国统计年鉴》
海洋社会子系统 人口密度（百人/平方公里）	<3	[3, 7]	[7, 11]	[11, 15]	>15	国际经验横向比较	《中国统计年鉴》
城镇化水平（%）	<30	[30, 50]	[50, 70]	[70, 90]	>90	国际经验	《中国人口统计年鉴》
受教育程度（%）	>31	[23, 31]	[15, 23]	[7, 15]	<7	国际经验横向比较	《中国统计年鉴》《中国教育统计年鉴》

	警级	I	II	III	IV	V		
	警度	安全	良好	敏感	危险	恶化	方法	参考数据来源
	警灯	绿色■	蓝色◆	黄色▲	橙色⬢	红色●		
	警报	无警	预警	轻警	中警	重警		
	警情	发展过冷	发展偏冷	发展正常	发展偏热	发展过热		
海洋社会子系统	涉海就业人员比重（%）	<10	[10, 20]	[20, 30]	[30, 40]	>40	历史经验 横向比较	《中国海洋统计年鉴》
	人均可支配收入（元）	<20000	[20000, 35000]	[35000, 50000]	[50000, 65000]	>65000	国际经验 横向比较	《中国统计年鉴》
	人均消费总额（元）	<15000	[15000, 27000]	[27000, 39000]	[39000, 41000]	>41000	国际经验 横向比较	《中国统计年鉴》
	人均用电量（万千瓦小时/人）	<0.2	[0.2, 0.5]	[0.5, 0.8]	[0.8, 1.1]	>1.1	国际经验 横向比较	《中国统计年鉴》
	海洋科技研究人员比重（%）	>0.26	[0.18, 0.26]	[0.1, 0.18]	[0.02, 0.1]	<0.02	专家判断 发展规划	《中国海洋统计年鉴》《中国统计年鉴》
	海洋科技创新能力（%）	>14	[10, 14]	[6, 10]	[2, 6]	<2	专家判断	《中国海洋统计年鉴》
	海洋科研课题承担能力（项/个）	>160	[110, 160]	[60, 110]	[10, 60]	<10	历史经验 横向比较	《中国海洋统计年鉴》
	海滨观测台站密度（个/百公里）	>32	[22, 32]	[12, 22]	[2, 12]	<2	专家判断 发展规划	《中国海洋统计年鉴》
	年出台政策文件（件）	>35	[25, 35]	[15, 25]	[5, 15]	<5	专家判断	万律数据库(Westlaw)
	当年确权海域面积占已确权面积比重（%）	<2	[2, 5]	[5, 8]	[8, 11]	>11	历史经验 专家判断	《海域使用管理公报》

2. 系统协调度预警界限设定

协调发展是一个综合性概念，涉及因素较多，但对海洋生态经济这一复杂系统而言，又要求剥茧抽丝，能够相对简洁、便利地完成协调发展的预警工作。为此，这里继续沿用"协调度"的概念，以此作为海洋生态经济系统协调发展预警的最终警情指标。简言之，海洋生态经济系统协调度是指各子系统之间及系统要素之间在系统演进过程中彼此和谐一致的程度，是对系统发展水平、健康性、持续性的直接度量。由于第四章第三节中的协调度计算方法主要为确定各省（市、区）海洋生态经济系统协调发展类型而采用，且计算过程相对烦琐，不适合预警工作的需要，这里采用学界普遍运用的关联协调度①，用来进行海洋生态经济系统协调发展警情的判定。具体计算过程如下：

首先，对海洋生态经济系统各子系统综合值进行标准化处理：

$$SD'_i(k) = \frac{SD_i(k) - \min SD_i}{\max SD_i - \min SD_i}$$

其中，SD_i 为子系统 i 的预警指标综合值，$\max SD_i$ 为子系统 i 可能取得的最大综合值，这里设定为 100，$\min SD_i$ 为子系统 i 可能取得的最小综合值，这里设定为 -50，$SD'_i(k)$ 则为子系统 i 标准化后的综合值。

其次，分别计算海洋生态经济系统各子系统之间的关联协调度，公式如下：

$$CD_{ij} = \left(1 - \sqrt{\left(\frac{\omega_i SD'_i - \omega_j SD'_j}{\omega_i SD'_i + \omega_j SD'_j}\right)^2}\right), \ i \neq j$$

其中，CD_{ij} 表示子系统 i、j 之间的关联协调度，$SD'_i(k)$ 为子系统 i 标准化后的综合值，ω_i 为子系统 i 的权重，则 $\sum_{i=1}^{3} \omega_i = 1$。能够得出，当 $CD_{ij} = 1$ 时，子系统 i、j 之间发展最为贴近，协调度最好，而 CD_{ij} 越小，表明子系统 i、j 之间发展差距越大，协调度越差。

最后，综合计算海洋生态经济系统中三个子系统之间的关联协调度，将海洋生态子系统、海洋经济子系统、海洋社会子系统之间三个关联协调度 CD_{ij} 按大小进行排序，则海洋生态经济系统协调发展的警情指数协调度，可由以下公式计算得出：

$$CD = \frac{1}{(i-1)^2} \sum_{j=1}^{n-1} \sum_{k=j+1}^{n} \sqrt[i-1]{1 - (CD_j - CD_k)^2 CD_j CD_k}$$

其中，i 为海洋生态经济系统包含的子系统个数，即 $i = 3$，n 为各子系统之间的关联协调度个数，则 $n = 3$，$1 \leq j \leq k \leq n$。CD 表示海洋生态经济系统协调度，CD_j 表示按大小排列，第 j 个子系统之间的关联协调度。

同样，基于 3δ 原理，将 CD 协调度的预警阈值界限分为 $(0, W_1]$、

---

① 邱春：《基于 SD 的经济综合型小城镇可持续发展预警系统研究》，硕士学位论文，华中科技大学，2007 年。

$[W_1，W_2]$、$[W_2，W_3]$、$[W_3，W_4]$、$[W_4，1]$，其中 W_1、W_2、W_3、W_4 分别为 5 级预警阈值界限的分界点，计算公式分别为：

$$W_1 = \overline{CD} - 2S$$

$$W_2 = \overline{CD} - S$$

$$W_3 = \overline{CD} + S$$

$$W_4 = \overline{CD} + 2S$$

其中，$\overline{CD} = \dfrac{1}{n}\sum_{i=1}^{n} CD_i，S = \sqrt{\dfrac{1}{n-1}\sum_{i=1}^{n}(CD_i - \overline{CD})^2}$。鉴于中国沿海 11 个省（市、区）海洋生态经济系统协调发展程度各有不同，计算出的预警阈值界限也存在较大差异，考虑到 $0 \leqslant CD \leqslant 1$，这里取 $W_1 = 0.2$、$W_2 = 0.4$、$W_3 = 0.6$、$W_4 = 0.8$ 作为海洋生态经济系统协调度预警阈值界限。则有：

表 6－4　　　　　　海洋生态经济系统协调度预警阈值界限

警级	警度	警灯	警报	警情	表现特征	预警界限
I	安全	绿色■	无警	协调	海洋生态经济系统结构完整、功能优良，自组织和自我恢复能力强，无明显生态胁迫因素，海洋生态子系统基本未受破坏，能够支持海洋经济子系统和海洋社会子系统发展，海洋经济发展有序、海洋社会管理完善	>80
II	良好	蓝色◆	预警	较协调	海洋生态经济系统结构较完整、功能良好，可承受轻微干扰，生态胁迫因素较少，海洋生态子系统被破坏程度较轻，对海洋经济子系统和海洋社会子系统发展影响较小，海洋经济发展基本稳定，海洋社会管理响应程度较高	[60，80]
III	敏感	黄色▲	轻警	一般	海洋生态经济系统结构发生恶化、功能退化，生态胁迫因素干扰明显，海洋生态子系统受到一定破坏，给海洋经济子系统和海洋社会子系统发展带来一定影响，海洋经济发展存在波动，海洋社会管理不尽合理	[40，60]
IV	危险	橙色⬢	中警	较不协调	海洋生态经济系统结构恶化、部分功能丧失，生态胁迫因素干扰较重，海洋生态子系统受到较大破坏，灾害较多，给海洋经济子系统和海洋社会子系统发展带来明显影响，海洋经济发展时有停滞，海洋社会管理存在缺陷	[20，40]

续表

警级	警度	警灯	警报	警情	表现特征	预警界限
V	恶化	红色●	重警	不协调	海洋生态经济系统结构紊乱、功能残缺不全,自组织和自我恢复困难,生态胁迫因素干扰严重,海洋生态子系统受到显著破坏,灾害频发,给海洋经济子系统和海洋社会子系统发展带来严峻威胁,海洋经济发展几近停滞,海洋社会管理十分滞后	<20

第六节　中国海洋生态经济系统预警模型模拟

在预警研究中,根据预警方法可分为定性预警与定量预警或两者结合,而根据预警对象警情产生的状态又可分为突发性预警与渐变式预警两种方式。突发性预警,一般针对突发性自然灾害,即警情危机的出现几乎没有任何事先征兆,在某时刻突发产生,但要求在第一时间迅速作出预警响应,具有较高的时效性;而渐变式预警主要针对经过较长时期演化和潜伏的警情危机,注重对各类相关因素长期演变趋势的监测、计算、分析、预测,同时考虑诸多不确定性因素的综合作用,预警响应工作亦允许经过一段时间的酝酿斟酌,危机以及危机应对都具有显著的时空积累效应。突发性预警通常较难把握,主要依靠定性预知和经验判断;而渐变式预警需要更多的定量分析,精确和透彻的理性判断。可见,中国海洋生态经济系统协调发展预警属于依托较长时期定量分析的渐变式预警。

通常而言,海洋生态经济系统协调发展预警可分为两种模式,一种是景气预警,一种是警兆预警[①]。景气预警是衡量目前海洋生态经济系统的发展状态是否超出非协调发展预期范围的预警模式,即对海洋生态经济系统当前状态进行监控;警兆预警是按照当前海洋生态经济系统发展趋势预测将在何时出现何种警情的预警模式,即对海洋生态经济系统未来动态进行把握。为更好地判断警情的发生,设计警度等级标准,这里分别运用系统动力学和BP神经网络模型,构建海洋生态经济系统景气预警模型,即当前状态预警模型和海洋生态经济系统警兆预警模型,即未来趋势预警模

---

① 尹晓波:《社会经济与生态协同发展预警系统分析》,《工业技术经济》2004年第5期。

型，以为海洋生态经济系统协调发展预警机制的设立提供最关键的预警信息支撑。

一　海洋生态经济系统 SD 状态预警模型

对海洋生态经济系统协调发展当前状态进行预警，首先要了解海洋生态经济系统结构及其运作机制。海洋生态经济系统健康、持续运行依赖于海洋生态、海洋经济、海洋社会三个子系统的相互协调、有序配合，因而对海洋生态经济系统协调发展的监控也必须针对此三个子系统进行。但由于海洋生态经济系统内部构成复杂、涉及因素众多，属于巨系统范畴，而大多数因素的指标数据统计不完整，影响了系统运行机制的准确模拟和预警模型构建的有效性。针对此难题，这里采用学界普遍运用的系统动力学（System Dynamic，SD）模型，在借助综合运算模拟海洋生态经济系统运行机制的基础上，构建海洋生态经济系统协调发展景气预警模型。系统动力学模型源于控制论，以系统论为依托，通过建立流位、流率模型仿真复杂系统运行机理[①]，其最擅长的是拟合生态、经济、社会等构成的复杂系统，尤其适用于解决数据不足且有待长期观察处理的问题，定量研究非线性、多重反馈、高阶次时空发展规律[②]，这正符合海洋生态经济系统协调发展预警研究的需求和目的。

海洋生态经济系统协调发展预警的核心思想是对影响系统整体运行的生态、经济、社会三个子系统的协调能力进行监督、警示和控制，通过对各子系统预警指标体系的处理，发现警情、寻找警源、判断警度，从而完成预警响应工作。但目前中国沿海各地对海洋生态经济系统尤其是海洋生态指标认知和处理的标准不一，加之历史统计数据不健全，影响了海洋预警工作的推行。目前仅有的针对海洋生态环境和海洋灾害所做的实时监控和波动预测，更多的是基于定性分析和经验判断，全面性、准确性及对危机引发系列后果的监控均存在缺陷。鉴于 SD 模型在数据不完备的情况下依然能够根据复合系统构成要素的结构关系进行验算分析，且受建模参数设定影响较小，适用于处理周期性、长期性、复杂性、渐变式预警问题，方便进行系统构成要素敏感性分析，并能测算人的行为因素对系统演变方向的影响，进行响应方案调控效果模拟，因而，完全符合海洋生态经济系

---

① 王其藩：《高级系统动力学》，清华大学出版社 1995 年版。

② United Nations, *Indicators of Sustainable Development Framework and Methodologies*, New York: United Nations, 1996, pp. 126 – 185.

统协调发展预警工作的要求。

　　为此，这里遵循 SD 模型预警思路，首先，在上文选定的海洋生态经济系统协调发展预警指标的基础上，按照海洋生态、海洋经济、海洋社会三个子系统范围建立各子系统内部的运行机制因果关系图。其次，基于各子系统运行机制，构建海洋生态经济系统整体运行机制因果关系图；按照海洋生态经济系统各构成要素确立因果函数关系，形成系统协调发展流图；带入沿海 11 个省（市、区）2000—2014 年基础数据进行系统模拟仿真，得到海洋生态、海洋经济、海洋社会三个子系统的流位变量值。最后，依照协调度原理，计算并设立中国海洋生态经济系统协调发展综合警情指标——协调度的预警等级界限，分析近年来沿海 11 个省（市、区）海洋生态经济系统协调发展演变规律，以明确其所在预警等级。具体流程如图 6 - 4 所示：

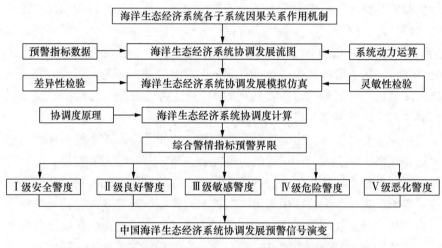

图 6 - 4　海洋生态经济系统协调发展景气预警模型构建思路

　1. 各子系统运行机制因果关系图

　　运用系统动力学 Vensim PLE 软件，依据海洋生态经济系统三个子系统的 34 个主要监测预警指标，建立海洋生态经济系统协调发展状态预警仿真模型，各子系统及总系统主要预警指标变量的因果关系反馈回路确立如下。

　　鉴于海洋社会子系统由人类行为主导形成并演变，属于海洋生态经济系统中较为独立的子系统，预警指标形成的因果关系链属于内部反馈回路，主要在人口密度、人均可支配收入、涉海人员比重、海洋科技创新能力、海洋科研课题承担能力、年均出台政策文件等指标变量之间形成了因果关联，且以正反馈回路为主，如图 6 - 5 所示。

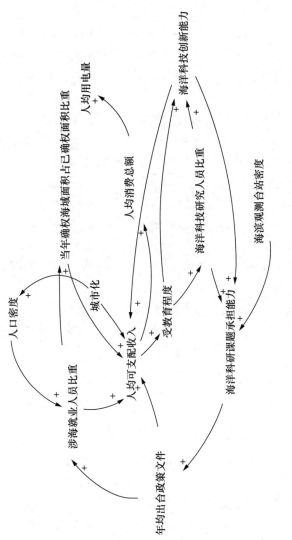

图 6 - 5　海洋社会子系统因果关系图

海洋社会子系统内主要因果反馈环为：

（1）人口密度——＋→涉海就业人员比重——＋→当年确权海域面积比占已确权面积比重——＋→人均可支配收入——＋→人口密度。

（2）人均可支配收入——＋→受教育程度——＋→海洋科技研究人员比重——＋→海洋科技创新能力——＋→人均可支配收入。

（3）涉海就业人员比重——＋→当年确权海域面积占已确权面积比重——＋→人均可支配收入——＋→人均消费总额——＋→单位岸线海滨观测台站密度——＋→海洋科研课题承担能力——＋→年均出台政策文件——＋→涉海就业人员比重。

海洋经济子系统同样受人为因素的主导影响，其核心因果关系也基本属于系统内部反馈回路，主要在相对劳动生产率、海域利用效率、人均海洋生产总值、人均固定资产投资等指标之间形成了因果关联，同样以正反馈回路为主。如图6-6所示。

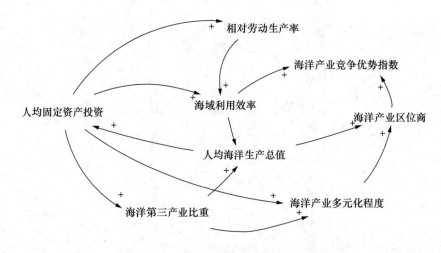

图6-6　海洋经济子系统因果关系图

海洋经济子系统内主要因果反馈环为：

（1）相对劳动生产率——＋→海域利用效率——＋→人均海洋生产总值——＋→人均固定资产投资——＋→相对劳动生产率。

（2）人均固定资产投资——＋→海洋第三产业比重——＋→人均海洋生产总值——＋→人均固定资产投资。

（3）海域利用效率——＋→人均海洋生产总值——＋→人均固定资产投资——＋→海域利用效率。

在人类未大规模开发利用海洋资源、环境之前，海洋生态子系统基本属于自给自足、自组织的封闭系统，但由于人类的介入，来自海洋经济和海洋社会两大领域的外界力量，逐步将海洋生态子系统改造为物质、能量、信息等向外循环的开放系统，其发展演变开始更多受人类行为的影响，系统中核心因果关系也基本属于系统外部反馈回路，涉及海洋生态、经济与社会三个子系统，主要在人均海洋生产总值、人口密度、涉海就业人员比重、人均海水产品产量、海洋生物多样性、严重污染海域面积比重、近岸海洋生态系统健康状况、人均固定资产投资、环保投入占 GDP 比重、海洋自然保护区面积比重等指标之间形成了因果关联，且正、负反馈回路均存在（如图 6 - 7 所示）。海洋生态子系统的因果关系主要描述了两类反馈回路：一类为海洋经济增长与海洋社会进步是导致海洋生态系统严重污染、生物多样性下降、近岸海洋生态系统健康状况恶化的主要原因，而海洋生态系统自然平衡的打破又反过来阻碍海洋经济的继续发展和海洋社会的持续进步；另一类为尽管海洋经济社会的发展给海洋生态健康带来了显著的负面影响，但经济生产总值和固定资产投资的增加，也给海洋环保投资、海洋自然保护区建设等积极响应措施带来更多的资金来源，对不断恶化的海洋生态系统起到了良性的反哺作用，能够降低严重污染海域面积、提高海洋生物多样性、改善近岸海洋生态系统健康状况。

海洋生态子系统的主要反馈环为：

（1）人均海洋生产总值 $\xrightarrow{+}$ 单位面积工业废水排放量、单位面积工业固体废物产生量、单位海域疏浚物倾倒量 $\xrightarrow{+}$ 严重污染海域面积比重 $\xrightarrow{-}$ 近岸海洋生态系统健康状况 $\xrightarrow{+}$ 人均海洋生产总值。

（2）人口密度 $\xrightarrow{+}$ 单位面积工业废水排放量、单位面积工业固体废物产生量 $\xrightarrow{+}$ 严重污染海域面积比重 $\xrightarrow{-}$ 近岸海洋生态系统健康状况 $\xrightarrow{+}$ 人口密度。

（3）人口密度 $\xrightarrow{+}$ 涉海就业人员比重 $\xrightarrow{+}$ 人均海水产品产量 $\xrightarrow{-}$ 海洋生物多样性 $\xrightarrow{+}$ 近岸海洋生态系统健康状况 $\xrightarrow{+}$ 人口密度。

（4）人均海水产品产量 $\xrightarrow{-}$ 海洋生物多样性 $\xrightarrow{+}$ 近岸海洋生态系统健康状况 $\xrightarrow{+}$ 人均海水产品产量。

（5）人均海洋生产总值 $\xrightarrow{+}$ 单位面积工业废水排放量、单位面积工业固体废物产生量、单位海域疏浚物倾倒量 $\xrightarrow{+}$ 严重污染海域面积比重 $\xrightarrow{-}$ 海洋生物多样性 $\xrightarrow{+}$ 近岸海洋生态系统健康状况 $\xrightarrow{+}$ 人均海洋生产总值。

（6）人口密度 $\xrightarrow{+}$ 单位面积工业废水排放量、单位面积工业固体废物

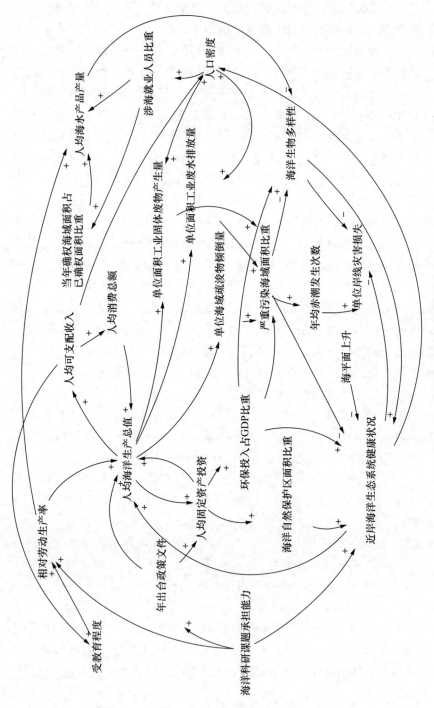

图 6 - 7　海洋生态子系统因果关系图

产生量——$^{+}$ 严重污染海域面积比重——$^{-}$ 海洋生物多样性——$^{+}$ 近岸海洋生态系统健康状况——$^{+}$ 人口密度。

（7）人均海洋生产总值——$^{+}$ 人均固定资产投资——$^{+}$ 环保投入占 GDP 比重——$^{-}$ 严重污染海域面积比重——$^{-}$ 近岸海洋生态系统健康状况——$^{+}$ 人均海洋生产总值。

（8）人均海洋生产总值——$^{+}$ 人均固定资产投资——$^{+}$ 海洋自然保护区面积比重——$^{+}$ 近岸海洋生态系统健康状况——$^{+}$ 人均海洋生产总值。

2. 海洋生态经济系统运行机制因果关系图

将海洋生态、海洋经济、海洋社会三个子系统的指标因果关系联结为一个整体，全面反映海洋生态经济系统所包含的因果反馈回路，如图6-8所示，可进一步延伸为以下9个因果反馈环：

（1）受教育程度——$^{+}$ 相对劳动生产率——$^{+}$ 人均海洋生产总值——$^{+}$ 单位面积工业废水排放量、单位面积工业固体废物产生量、单位海域疏浚物倾倒量——$^{+}$ 严重污染海域面积比重——$^{-}$ 近岸海洋生态系统健康状况——$^{+}$ 人均海洋生产总值——$^{+}$ 人均固定资产投资——$^{+}$ 受教育程度。

（2）海洋科研课题承担能力——$^{+}$ 相对劳动生产率——$^{+}$ 人均海洋生产总值——$^{+}$ 单位面积工业废水排放量、单位面积工业固体废物产生量、单位海域疏浚物倾倒量——$^{+}$ 严重污染海域面积比重——$^{-}$ 近岸海洋生态系统健康状况——$^{+}$ 人均海洋生产总值——$^{+}$ 人均固定资产投资——$^{+}$ 海洋科研课题承担能力。

以上两条负因果关系回路是海洋社会、经济与生态子系统之间的反馈，表明人类社会进步带来的受教育程度提高与海洋科技进步，尽管会在很大程度上提高劳动生产效率，带来更高的海洋经济效益，但若控制不当，过度的经济发展意味着更为严重的海洋污染和近岸海洋生态系统受损，导致海洋经济生产和固定投资的不可持续，进而影响社会教育程度和海洋科技水平的进一步提升。说明在海洋经济社会发展过程中，必须适应海洋生态系统的阈值限制，做到三个子系统和谐发展。

（3）受教育程度——$^{+}$ 相对劳动生产率——$^{+}$ 人均海洋生产总值——$^{+}$ 人均固定资产投资——$^{+}$ 环保投入占 GDP 比重——$^{-}$ 严重污染海域面积比重——$^{-}$ 近岸海洋生态系统健康状况——$^{+}$ 人均海洋生产总值——$^{+}$ 人均固定资产投资——$^{+}$ 受教育程度。

（4）海洋科研课题承担能力——$^{+}$ 相对劳动生产率——$^{+}$ 人均海洋生产总值——$^{+}$ 人均固定资产投资——$^{+}$ 环保投入占 GDP 比重——$^{-}$ 严重污染海域面积比重——$^{-}$ 近岸海洋生态系统健康状况——$^{+}$ 人均海洋生产总值——$^{+}$ 人均

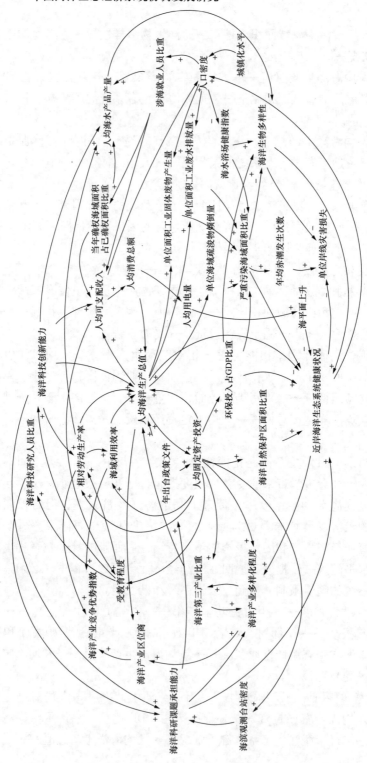

图 6 - 8　海洋生态经济系统因果关系图

固定资产投资——$^+$→海洋科研课题承担能力。

以上两条正因果关系回路亦是海洋社会、经济与生态子系统之间的反馈，表明尽管教育提升和科技进步会加快海洋经济增长速度，引致海洋生态系统的急剧恶化，但也为海洋生态系统环保事业增加了智力和资金支持，进而可以以更高的生产要素投入提高资源有效利用率，降低污染物排放，提升近岸海洋生态系统健康水平，转而支撑经济持续发展，获得更多收益，加大教育、科技等的再投资力度。

（5）近岸海洋生态系统健康状况——$^+$→海洋产业多样化程度——$^+$→海洋第三产业比重——$^+$→人均海洋生产总值——$^+$→人均固定资产投资——$^+$→环保投入占 GDP 比重——$^+$→近岸海洋生态系统健康状况。

该正因果关系回路是海洋经济和海洋生态子系统之间的反馈，表明健康的近岸海洋生态系统有利于支撑海洋产业的多元化发展，提高海洋经济发展水平，增加海洋环保投入，进而使海洋生态系统的健康得以维系，形成海洋生态经济协调发展的良性循环。

（6）海洋观测台站密度——$^+$→海洋科研课题承担能力——$^+$→年出台政策文件——$^+$→人均海洋生产总值——$^+$→人均固定资产投资——$^+$→海滨观测台站密度。

该正因果关系回路是海洋社会和海洋经济子系统之间的反馈，表明海洋观测平台等科研设施建设，将提高海洋科研水平，增强政府对海洋事业发展的重视和扶持力度，带来更多海洋经济效益和固定资产投资，进而加大对海洋科研设施等的再投资。

（7）涉海就业人员比重——$^+$→人均可支配收入——$^+$→人均消费总额——$^+$→人均用电量——$^+$→海平面上升——$^-$→近岸海洋生态系统健康状况——$^+$→人口密度——$^+$→涉海就业人员比重。

该负因果关系回路是海洋社会与海洋生态子系统之间的反馈，表明涉海就业机会带来的较高福利待遇，会提高居民生活水平，增加消费支出，加大资源消耗和污染物排放，进而给海洋生态系统带来更多压力，环境恶化又会驱使人口迁出，减少涉海就业。说明沿海地区社会发展要适度控制人口尤其是消费数量，使人均海洋生态福利有所提高，做到社会发展与生态健康相协调的良性循环。

（8）受教育程度——$^+$→相对劳动生产率——$^+$→人均海洋生产总值——$^+$→人均固定资产投资——$^+$→受教育程度。

该正因果关系回路是海洋社会与海洋经济子系统之间的反馈，表明教育水平提升带来的劳动生产效率提高是海洋经济发展的主要动力来源，充足的经济收益，又会使得教育等社会事业再投资力度不断得到加强。

（9）海洋科研课题承担能力——⁺►年出台政策文件——⁺►人均海洋生产总值——⁺►人均固定资产投资——⁺►受教育程度——⁺►海洋科技研究人员比重——⁺►海洋科技创新能力——⁺►海洋科研课题承担能力。

该正因果关系回路是海洋社会与海洋经济子系统之间的反馈，表明海洋科技水平提升引起的政府重视，同样是海洋经济发展的主要动力来源，充足的经济收益，又使得教育、科技等社会事业再投资力度不断加强，再次提高海洋科技水平，形成海洋经济与社会发展的良性循环。

3. 海洋生态经济系统协调发展流图

在海洋生态经济系统因果关系图的基础上，剔除过于冗余的因果反馈回路，运用 Vensim PLE 构建海洋生态经济系统协调发展关系流图模型，如图 6-9 所示。

4. 模型参数确定与检验

基于第四章确定的数据来源，对 2000—2014 年中国海洋生态经济系统〔沿海 11 个省（市、区）整体〕协调发展预警指标原始数据进行分析，在确定三个主要流位变量函数方程和部分多元因素影响的流率变量、辅助变量函数方程参数时，主要借助了 SPSS、Matlab 等软件中的统计模型以及相关规划文本、政策、经验加以确定，其他变量主要用表函数方程表示。海洋生态经济系统状态预警模拟模型中各流位变量、流率、辅助变量等的函数方程说明如下：

海洋生态子系统包括 2 个函数方程、12 个表函数：

海洋生态子系统综合值 $= 0.18 \times$（海洋生物多样性 $- 55.8$）$/55.8 - 0.16 \times$（严重污染海域面积比重 $- 22.43$）$/22.43 - 0.01 \times$（单位岸线灾害损失 $- 0.64$）$/0.64 - 0.34 \times$（海洋自然保护区面积比重 $- 1.01$）$/1.01 + 0.18 \times$（环保投入占 GDP 比重 $- 1.13$）$/1.13 + 0.13 \times$（近岸海洋生态系统健康状况 -74.09）$/74.09 - 0.05$

严重污染海域面积比重 $=$（$- 0.268$）$\times$海水浴场健康指数 $+ 0.293 \times$单位面积工业废水排放量 $+ 0.326 \times$ 单位面积工业固体废物产生量 $- 0.113 \times$单位海域面积疏浚物倾倒量 $+ 55.86$

海洋生物多样性 $=$ 海洋生物多样性 LOOKUP（人均海水产品产量）

人均海水产品产量 $=$ 人均海水产品产量 LOOKUP（Time）

近岸海洋生态系统健康状况 $=$ 近岸海洋生态系统健康状况 LOOKUP（海平面上升）

海平面上升 $=$ 海平面上升 LOOKUP（人均用电量）

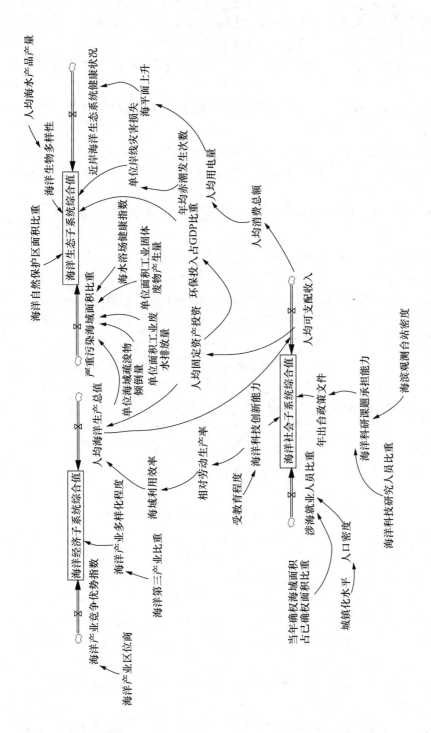

图 6 - 9　海洋生态经济系统协调发展关系流图

单位岸线灾害损失 = 单位岸线灾害损失 LOOKUP（赤潮发生次数）

赤潮发生次数 = 赤潮发生次数 LOOKUP（Time）

海洋自然保护区面积比重 = 海洋自然保护区面积比重 LOOKUP（Time）

环保投入占 GDP 比重 = 环保投入占 GDP 比重 LOOKUP（人均固定资产投资）

海水浴场健康指数 = 海水浴场健康指数 LOOKUP（Time）

单位面积工业固体废物产生量 = 单位面积工业固体废物产生量 LOOK-UP（Time）

单位面积工业废水排放量 = 单位面积工业废水排放量 LOOKUP（Time）

单位海域疏浚物倾倒量 = 单位海域疏浚物倾倒量 LOOKUP（Time）

海洋经济子系统包括 2 个函数方程，7 个表函数：

海洋经济子系统综合值 = 0.73 ×（人均海洋生产总值 - 0.08）/0.08 + 0.12 ×（海洋产业多元化程度 - 1.34）/1.34 + 0.15 ×（海洋产业竞争优势指数 - 6.49）/6.49 + 0.4

人均海洋生产总值 = 0.743 × 海域利用效率 - 0.156 × 人均固定资产投资 - 0.102 海洋生态子系统综合值 + 0.015

海洋产业竞争优势指数 = 海洋产业竞争优势指数 LOOKUP（海洋产业区位商）

海洋产业区位商 = 海洋产业区位商 LOOKUP（Time）

海洋产业多样化程度 = 海洋产业多样化程度 LOOKUP（海洋第三产业比重）

海洋第三产业比重 = 海洋第三产业比重 LOOKUP（Time）

海域利用效率 = 海域利用效率 LOOKUP（相对劳动生产率）

相对劳动生产率 = 相对劳动生产率 LOOKUP（Time）

人均固定资产投资 = 人均固定资产投资 LOOKUP（人均可支配收入）

海洋社会子系统包括 3 个函数方程，11 个表函数：

海洋社会子系统综合值 = 0.07 ×（涉海就业人员比重 - 7.6）/7.6 + 0.17 ×（人均可支配收入 - 7439.4）/7439.4 + 0.21 ×（海洋科技创新能力 - 2.41）/2.41 + 0.55 ×（年均出台政策文件 - 15）/15 + 0.5

涉海就业人员比重 = 0.637 × 人口密度 + 0.363 × 当年确权海域面积占已确权面积比重 + 4.43

海洋科研课题承担能力 = 352.36 × 海洋科技研究人员比重 + 7.16 × 海

滨观测台站密度 – 7. 16

　　海洋科技创新能力 = 海洋科技创新能力 LOOKUP（受教育程度）

　　受教育程度 = 受教育程度 LOOKUP（Time）

　　人均可支配收入 = 人均可支配收入 LOOKUP（人均海洋生产总值）

　　人均消费总额 = 人均消费总额 LOOKUP（人均可支配收入）

　　人均用电量 = 人均用电量 LOOKUP（人均消费总额）

　　人口密度 = 人口密度 LOOKUP（城镇化水平）

　　城镇化水平 = 城镇化水平 LOOKUP（Time）

　　当年确权海域面积占已确权面积比重 = 当年确权海域面积占已确权面积比重 LOOKUP（Time）

　　海洋科技研究人员比重 = 海洋科技研究人员比重 LOOKUP（Time）

　　海滨观测台站密度 = 海滨观测台站密度 LOOKUP（Time）

　　年出台政策文件 = 年出台政策文件 LOOKUP（海洋科研课题承担能力）

　　由于前文设置海洋生态经济系统协调发展预警指标的特殊性和问题指向性，大多数变量之间并无直接加减乘除关系，模拟方程以表函数或时间表函数为主，一方面确保了 SD 状态预警模型随时间变化的敏感度，另一方面也使得多数变量的仿真模拟结果与原始数据保持了一致，提高了模型的精确度。将 2000—2014 年中国海洋生态经济系统协调发展预警指标原始数据用于 SD 状态预警模型检验，进一步调整参数的合理范围，不断改进模型，以使需要解决的现状预警问题与建模目的联系在一起。因绝大多数预警指标变量的仿真模拟结果与原始数据一致，这里仅以"人均海洋生产总值"和"涉海就业人员比重"两个预警指标变量进行仿真结果有效性检验，如表 6 – 5 所示。

表 6 – 5　　　　　SD 状态预警模型仿真结果与原始数据对比表

项目 年份	涉海就业人员比重			人均海洋生产总值		
	原始数据	仿真结果	相对误差（%）	原始数据	仿真结果	相对误差（%）
2000	7. 60	8. 03	5. 61	0. 08	0. 07	– 5. 82
2001	8. 10	8. 19	1. 11	0. 11	0. 10	– 5. 51
2002	8. 70	9. 16	5. 29	0. 14	0. 13	– 2. 92
2003	9. 00	9. 54	6. 00	0. 17	0. 17	2. 69
2004	9. 40	9. 88	5. 11	0. 26	0. 25	– 5. 78
2005	9. 70	9. 34	– 3. 71	0. 31	0. 32	3. 65

续表

项目 年份	涉海就业人员比重			人均海洋生产总值		
	原始数据	仿真结果	相对误差（%）	原始数据	仿真结果	相对误差（%）
2006	9.90	10.14	2.42	0.39	0.38	-2.85
2007	10.30	10.16	-1.36	0.46	0.48	5.06
2008	10.30	10.19	-1.07	0.53	0.55	2.02
2009	10.10	10.21	1.09	0.58	0.60	3.55
2010	10.20	10.31	1.08	0.69	0.71	3.95
2011	10.40	10.32	-0.77	0.78	0.78	-0.21
2012	10.60	10.34	-2.45	0.86	0.86	0.28
2013	10.70	11.16	4.30	0.92	0.95	3.39
2014	10.89	11.38	4.49	1.03	1.10	6.85

可以看出，建立的 SD 状态预警模型仿真结果与原始数据基本一致，相对误差在 ±7% 之内，表明模型模拟仿真有效性较高，能够反映中国海洋生态经济系统协调发展的影响源、过程积累、空间积累、结构功能等的变化，可以为后续预警工作提供有效的模型和数据运算支持。

5. 海洋生态经济系统协调度状态预警

根据海洋生态经济系统 SD 状态预警模型的模拟仿真结果，能够得出中国海洋生态经济系统 2000—2014 年三个子系统的综合值，如表 6-6 所示。能够看出，在海洋社会人口、科技、消费等动力支持下，一方面，海洋经济子系统呈现出良好的运行态势，综合值逐年提升，已经达到较高的发展水平，充分展示了海洋经济建设的成果和潜力；另一方面，海洋生态子系统为给海洋经济、社会发展创造良好的条件，不断增多海洋资源供给，继续容纳来自各方的污染物，并承受人力干扰破坏，尽管政府不断加大对海洋生态的保护、整治、监管力度，但仍然未能逆转恶化势头，海洋生态子系统运行状态急剧下滑。

采用第四章海洋生态经济系统发展状态评价指标体系中确定的海洋生态、海洋经济与海洋社会三个子系统的权重，计算三个子系统之间以及海洋生态经济系统整体关联协调度（如表 6-7 所示）。

海洋社会发展是海洋经济增长的基础与动力，海洋经济增长反过来进一步推动海洋社会文明的进步。由表 6-7 和图 6-10 可以得知，2000—2014 年中国海洋生态经济系统中的海洋经济子系统与海洋社会子系统协调发展程度较高，平均协调度在 0.8 以上，且维持在稳定的取值区间内。

表6-6　　　　　　　　中国海洋生态经济系统各子系统综合值

项目 年份	海洋生态子系统综合值	海洋经济子系统综合值	海洋社会子系统综合值
2000	0.00	0.00	0.00
2001	-0.12	0.26	3.94
2002	-0.35	1.29	7.21
2003	-0.65	2.41	10.73
2004	-1.09	4.02	15.38
2005	-1.58	6.99	20.04
2006	-2.10	10.89	25.36
2007	-2.85	16.04	30.54
2008	-3.59	22.54	35.28
2009	-4.30	28.88	40.48
2010	-4.94	37.15	45.25
2011	-5.43	47.18	53.06
2012	-5.97	54.42	63.00
2013	-6.52	59.64	68.83
2014	-7.08	73.03	86.31

表6-7　　　　　中国海洋生态经济系统各子系统及整体关联协调度

项目 年份	海洋生态—经济子系统协调度	警灯	警情	海洋生态—社会子系统协调度	警灯	警情	海洋经济—社会子系统协调度	警灯	警情	系统协调度	警灯	警情
2000	0.83	■	协调	0.94	■	协调	0.89	■	协调	0.88	■	协调
2001	0.83	■	协调	0.98	■	协调	0.85	■	协调	0.87	■	协调
2002	0.85	■	协调	0.99	■	协调	0.83	■	协调	0.87	■	协调
2003	0.86	■	协调	0.95	■	协调	0.81	■	协调	0.87	■	协调
2004	0.88	■	协调	0.91	■	协调	0.79	◆	较协调	0.86	■	协调
2005	0.91	■	协调	0.87	■	协调	0.79	◆	较协调	0.86	■	协调
2006	0.95	■	协调	0.83	■	协调	0.78	◆	较协调	0.84	■	协调
2007	1.00	■	协调	0.79	◆	较协调	0.79	◆	较协调	0.83	■	协调
2008	0.95	■	协调	0.76	◆	较协调	0.81	■	协调	0.82	■	协调

续表

项目 / 年份	海洋生态—经济子系统协调度	警灯	警情	海洋生态—社会子系统协调度	警灯	警情	海洋经济—社会子系统协调度	警灯	警情	系统协调度	警灯	警情
2009	0.90	■	协调	0.72	◆	较协调	0.82	■	协调	0.81	■	协调
2010	0.84	■	协调	0.69	◆	较协调	0.84	■	协调	0.80	◆	较协调
2011	0.78	◆	较协调	0.65	◆	较协调	0.86	■	协调	0.76	◆	较协调
2012	0.75	◆	较协调	0.61	◆	较协调	0.85	■	协调	0.73	◆	较协调
2013	0.72	◆	较协调	0.58	▲	一般	0.85	■	协调	0.71	◆	较协调
2014	0.66	◆	较协调	0.52	▲	一般	0.84	■	协调	0.66	◆	较协调

两个子系统的相互协调主要反映出，一方面，中国沿海作为经济社会相对发达地区，在海洋社会子系统高素质就业人员和海洋科技的支撑下，海洋经济总量、人均海洋生产总值、固定资产投资等经济常规指标都处于领先水平，加之海洋产业结构较为合理，产业多元化程度较高，海洋经济的劳动生产率、资源利用效率相对其他产业而言均较突出，形成了良好的竞争实力；另一方面，海洋经济发展到一定程度，海洋社会获得了较为充足的经济回馈，居民可支配收入、人均消费总额、城镇化水平、受教育程度等节节攀升，良好的社会发展态势也促进了海洋科技和海洋事务管理水平的不断提高，进一步促进了海洋经济的高级演化，形成了海洋经济—社会运行的良性循环。

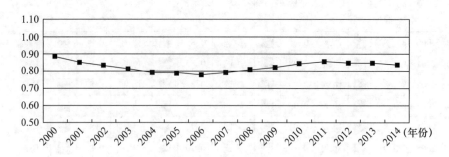

图6-10　海洋经济—社会子系统协调度

海洋生态子系统是海洋经济子系统发展的物质和空间载体，但海洋经济发展又不可避免地造成物资被消耗、空间被损坏，此为海洋生态经济系统运行最突出的矛盾，是实现系统协调发展的关键症结。由表6－7和图6－11可以看出，在海洋经济崛起初期，对海洋生态子系统的胁迫程度较低，两个子系统的协调度甚至有所抬升，但随着海洋经济的迅猛发展，固定资产投入力度增大，两个子系统的协调度显著下降，到2014年已降至0.66，一方面，海洋资源供给持续增多，资源短缺的问题愈加明显，已导致部分海洋产业发展受到制约；另一方面，工业"三废"排放增多，许多近岸海域自净能力受到挑战，生态环境被严重破坏，海洋生态系统质量急剧下降，使其离海洋经济发展轨迹越来越远。虽然海洋经济在劳动生产率、资源利用效率等方面具有一定优势，但如何进一步降低单位能耗、提高集约生产水平、形成循环式生产模式，尤其是如何防治、遏制经济生产造成的海洋环境污染，是实现两个子系统协调发展亟待解决的问题。

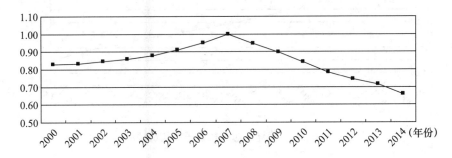

图6－11　海洋生态—经济子系统协调度

海洋社会子系统以海洋生态子系统为依存，是海洋资源被最终消耗的场所，同时是海洋生态子系统得以保护、修复、管理的保证，两者的关联协调对海洋生态经济系统持续运行至关重要。但从表6－7和图6－12来看，2000—2014年海洋社会子系统与海洋生态子系统的关联协调度呈现急剧下降趋势，由最初的0.94降至0.52，已处于一般协调的敏感阶段，表明15年间海洋生态系统受到的人为干扰胁迫更加明显，海洋生态子系统的结构和功能发生了一定程度的退化，尤其是海洋社会针对海洋生态的保护和管理并没有跟上步伐，加速了海洋生态子系统的恶化，两系统发展轨迹已然背道而驰。如何在确保海洋社会进步尤其是居民生活水平提升的同时，以海洋科技和海洋管理体系为支撑，控制海洋生态质量下降的程度，是迫切需要解决的矛盾。

一般而言，海洋生态子系统的协调有序是海洋生态经济系统整体协调的基础，且海洋经济子系统和海洋社会子系统对海洋生态子系统存在着导向作用。但由于海洋经济子系统的粗放发展模式和海洋社会子系统的滞后管理修复，海洋生态子系统运行状态的急剧下降，导致了复合系统协调度的不断降低。如表6-7和图6-13所示，"三废"排放的明显增加导致的严重污染海域面积不断扩大，同时，海洋生物多样性、海水浴场健康程度等均在大力开发和使用下持续降低，近岸海洋生态系统健康指数下降尤为明显，随着人为因素引致的海洋灾害频发，海洋生态子系统综合值急剧下降。此外，用于海洋生态保护的投入却迟迟没有大幅度增多，海洋自然保护区建设也尚未充分显现生态效果，最终导致海洋生态经济系统由良好的协调状态下降至较协调的蓝色预警状态。

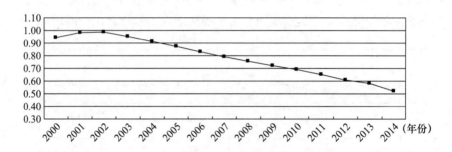

图6-12　海洋生态—社会子系统协调度

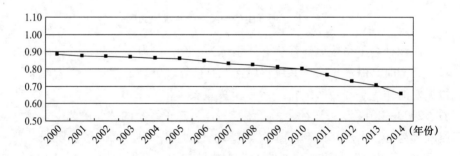

图6-13　海洋生态经济系统整体协调度

需要说明的是，海洋生态经济系统协调度是一种相对状态，始终处于动态变化中，但各子系统之间的协调作用关系是绝对的。一方面，海洋自然生产力是海洋社会生产力的基础，海洋生态子系统中物质与能量的转化效率是海洋经济子系统生产效率和价值增值率的根基，海洋生态子系统的生态供给为海洋经济系统和海洋社会系统实现有序协调提供了可能；另一方面，海洋社会子系统与海洋经济子系统又对海洋生态子系统有胁迫影响与调节作用，但其人工导向并非被动地去适应生态阈值，而是可以主动地依托经济体制和社会力量降低、维持、改善甚至提升生态供给阈值，尤其是随着生产方式和管理能力的进步，海洋生态子系统的有序协调越来越取决于人类干预，而积极的干预必须在良好的经济结构和社会秩序下才能实现。若能通过干预使海洋生态子系统各组成要素之间结构配置合理，生态供给功能能得到优化，海洋经济子系统便更容易实现在生产、流通、分配、消费等各环节供需的相对均衡，并完成海洋资源物质集中运转、能量高效聚集、信息高序反馈和价值高质积累，海洋社会子系统对各类海洋产品的需求能够被满足，并可向海洋经济子系统与生态子系统提供较高效率的劳动力与智力支持。

二　海洋生态经济系统 RBF 趋势预警模型

现阶段，海洋生态经济系统协调发展的预警工作主要是对海洋生态子系统的恶变引起的海洋生态—经济—社会非协调发展的评价、警报。鉴于海洋生态经济系统协调发展的警情的累积性，尤其是警报发出的滞后性和信息依赖性。海洋生态经济系统协调发展预警机制必须在系统非协调问题出现甚至加重之前，及时预知警情信息。由此，为确保预警机制的灵敏度，改进预警工作的滞后性，还需要在系统协调发展状态预警模型的基础上，引入趋势预警模型，提前预测海洋生态经济系统协调发展轨迹，以尽早发出警报并对危险状态做好响应控制准备。

在趋势预警模型方面，学术界大多基于能值分析、灰色 GM（1，1）模型、回归方程、可拓分析、BP 神经网络等预测模型进行构建，但相较于状态预警模型，趋势预警的方法体系仍处于探索阶段，尤其是趋势预测的准确性亟待提高[①]。因网络结构简单、学习速度快、模拟逼近能力强等优势，径向基函数（Radial Basis Function）神经网络，基本能够以任意精度拟合出任一非线性函数[②]，并对其发展趋势进行测算，对提高复杂系统运行轨迹预测结果的准确性具有良好借鉴，目前广泛应用在地下水位、生态安全、交通量等短中期预测领域。为此，这里尝试运用 RBF 神经网络模型，以 2000—2014 年中国海洋生态经济系统协调度为基础，对 2015—

---

① 李万莲：《我国生态安全预警研究进展》，《安全与环境工程》2008 年第 3 期。

② 张友民、李庆国、戴冠中等：《一种 RBF 网络结构优化方法》，《控制与决策》1996 年第 6 期。

2025 年各子系统之间及系统整体协调度发展趋势进行预测、预警，以为海洋生态经济系统趋势预警模型构建提供参考。

1. RBF 神经网络模型运行原理

20 世纪 80 年代末，C. Darken 和 J. Moody 基于函数逼近理论，提出了 RBF 神经网络模型，其作为一种前馈网络模拟了人脑中覆盖接受域且有局部调整功能的神经网络结构[1]，该结构与一般 BP 神经网络结构类似，也为三层网络，即输入层、隐含层与输出层，如图 6 – 14 所示。该网络结构的运行原理是，通过隐含层节点上的基函数将输入层数据进行非线性拟合后映射到新层级，输出数据在新层级完成线性加权组合[2]。

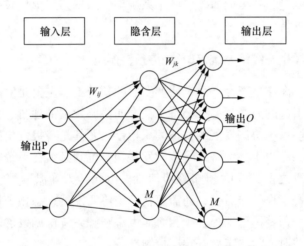

图 6 – 14　RBF 神经网络结构

注：P 代表输入向量；O 代表输出向量；W_{ij} 代表输入层与隐含层之间的阈值；W_{jb} 代表隐含层与输出层之间的阈值。

RBF 神经网络隐含层最常用的基函数为高斯函数，对任意输入层向量数据 $x \in R^n$（R^n 为输入层样本），进行以下处理：

$$R_i(x) = \exp[-\|x - C_i\|^2 / (2\alpha_i^2)], \quad i = 1, 2, \cdots, r$$

其中，$R_i(x)$ 表示隐含层神经节点 i 的输出，x 表示输入层 n 维数据向量，C_i 表示隐含层神经节点 i 的高斯函数中心点，r 表示隐含层神经节点

---

[1]　陈德军、胡华成、周祖德：《基于径向基函数的混合神经网络模型研究》，《武汉理工大学学报》2007 年第 2 期。

[2]　唐启义、冯明光：《DPS 数据处理系统：实验设计、统计分析及模型优化》，科学出版社 2006 年版。

个数，α_i 表示隐含层神经节点 i 的归一参数。

RBF 的学习训练分为非监督训练和监督训练两大步骤，其中，非监督训练以 K - means 聚类方法为基础，对输入层的数据样本进行聚类分析，从而确定隐含层神经节点 i 的高斯函数中心点 C_i 以及隐含层神经节点 i 的归一参数 α_i；监督训练则是基于中心点 C_i 和归一参数 α_i，将输入层数据样本转化为输出层的线性方程组，并运用最小二乘法求得输出层线性方程权重 W_{ji}，具体运算过程[①]如下：

首先，运用最大值、最小值标准化方法，将输入层数据进行归一化处理。

其次，采用径向基函数计算出隐含层的输出数据 Y_h。

再次，计算出输出层神经节点 j 的输出数据值 Y_j，有：

$$Y_j = f\left(\sum_{i=1}^{r} W_{ji} Y_{hi} \right)$$

其中，Y_{hi} 表示隐含层神经节点 i 的输出数据，W_{ji} 表示隐含层神经节点 i 到输出层神经节点 j 的线性方程权重，通常函数 f 为 Sigmoid 方程，有：

$$f(x) = 1/[1 + \exp(-x/x_0)]$$

复次，计算输出层输出的数据与原始实际值之间的误差，则有：

$$\Delta Y_j = Y_j(1 - Y_j)(y_j - Y_j)$$

其中，ΔY_j 表示输出层数据与实际值之间的误差，y_j 表示输出层神经节点 j 的实际值。

最后，调整权重系数 ΔW，直至达到模型误差参数要求，即：

$$\Delta W = \varepsilon \times \Delta Y_j(1 - Y_j)(y_j - Y_j)，\quad W'_j = W_j + \Delta W$$

其中，ΔW 表示权重调整前后的差距，W'_j 表示调整后的输出层神经节点 j 的线性方程权重，ε 表示网络模型学习速率。

一旦确定隐含层神经节点 i 的高斯函数中心点 C_i 和输出层神经节点 j 的线性方程权重 W_j，便可用训练好的网络模型进行后续预测工作，得出与某给定的输入相对应的模型输出值。

为使网络模型更加准确地预测海洋生态经济系统协调发展趋势，需要用误差指数验证模型的学习训练效果，这里选择均方根误差 RMSE 和 Pearson 相关系数 R 对输出层神经节点 j 的输出数据与实际值进行误差检验。检验公式分别为：

---

① 徐美、朱翔、刘春腊：《基于 RBF 的湖南省土地生态安全动态预警》，《地理学报》2012 年第 10 期。

$$RMSE = \sqrt{\frac{\sum_{t=1}^{T}(y_{jt} - Y_{jt})^2}{T}}$$

$$R = \frac{\sum_{t=1}^{T}(y_{jt} - \overline{y_{jt}})(Y_{jt} - \overline{y_{jt}})}{\sqrt{\sum_{t=1}^{T}(y_{jt} - \overline{y_{jt}})^2 \sum_{t=1}^{T}(Y_{jt} - \overline{y_{jt}})^2}}$$

其中，Y_{jt}、y_{jt} 分别对应输出层神经节点 j 对第 t 个样本的输出值和实际值，$\overline{y_{jt}}$ 表示该样本所有实际值的平均值，T 表示样本的数据个数。当 RMSE < 0.04，R > 0.95 时，表明构建的 RBF 趋势预警模型学习训练精准度较高[1]，可用以进行海洋生态经济系统协调发展的预测及预警工作。

2. RBF 神经网络模型构建及检验

将前面应用 SD 状态预警模型计算出的各子系统之间的协调度作为 RBF 趋势预警模型的基础数据，以年限为序列建立输入层数据向量，运用一步迭代滚动的计算方式对 2015—2025 年中国海洋生态经济系统各子系统之间协调度的发展趋势进行预测，预测步长取值为 1，即一次滚动预测 1 年数据。在迭代滚动计算时，输入层的神经节点为 $n \geq 2$，一方面需要确保节点不能过少，以防数据信息丢失，另一方面要防止数据冗余，确保 RBF 预测网络模型的准确性，最终输入神经节点的个数根据模型学习训练效果，用试错试验法来确定[2]。这里在对海洋生态—经济子系统、海洋生态—社会子系统、海洋经济—社会子系统分别选择 3 个、4 个、5 个、8 个输入节点进行大量试验的基础上，综合确定最佳输入层神经节点为 4 个。为确保预测准确性，输出层神经节点始终为 1 个。调用 MATLAB7.0 的 *newrb*（）函数[3]构造 RBF 网络模型进行学习训练，其公式为：

$net = newrb(p, t, goal, spread)$

其中，*net* 表示径向基神经网络，*p* 表示输入层数据向量，*t* 表示输出层数据向量，*goal* 表示训练结果误差精度，通常设定为 0，*spread* 表示径向基函数的密度，即扩展常数，通常设定为 1，但需要根据网络模型训练结果的好坏进行调整，其值越大，径向基函数越平滑，但需要输入更多的

① 舒帮荣、刘友兆、徐进亮等：《基于 BP - ANN 的生态安全预警研究：以苏州市为例》，《长江流域资源与环境》2010 年第 2 期。
② 汤江龙：《土地利用规划人工神经网络模型构建及应用研究》，博士学位论文，南京农业大学，2006 年。
③ 闻新：《MATLAB 神经网络应用设计》，科学出版社 2001 年版。

神经节点数据以确保函数被精准拟合，一般也需用试错试验来确定 *spread* 的最佳值。

需要说明的是，MATLAB 共提供了 *newrb*( )、*newrbe*( )两种径向基函数，其中运用 *newrb*( )函数在模拟创建 RBF 网络模型的过程中，会依据误差大小不断调整隐含层神经节点的数量，直至满足设定的误差要求；而 *newrb*( ) 函数能够自动选择隐含层节点数量，使误差 *goal* = 0[①]。通常而言，输入层神经节点较多时不适用 *newrbe*( )函数。

以中国海洋生态经济系统三个子系统之间 15 年的协调度分别构成 11 次学习训练样本，通过 *newrb*( ) 模拟结果的不断试错，最终确定函数参数，得到最符合误差精度要求的协调度输出数据训练结果如表 6 - 8 所示。三个子系统协调度训练输出值与实际值的差距如图 6 - 15、图 6 - 16 和图 6 - 17 所示。

表 6 - 8　　　　中国海洋生态经济系统各子系统协调度训练结果

项目 年份	海洋生态—经济 子系统协调度		海洋生态—社会 子系统协调度		海洋经济—社会 子系统协调度	
	实际值	输出值	实际值	输出值	实际值	输出值
2004	0.8791	0.8791	0.9119	0.8390	0.7933	0.7928
2005	0.9106	0.9106	0.8729	0.8546	0.7859	0.7884
2006	0.9489	0.9489	0.8319	0.8423	0.7826	0.7912
2007	0.9973	0.9973	0.7922	0.8567	0.7896	0.7922
2008	0.9479	0.9479	0.7575	0.7767	0.8072	0.8093
2009	0.8986	0.8986	0.7228	0.7235	0.8191	0.8143
2010	0.8427	0.8427	0.6928	0.6891	0.8425	0.8395
2011	0.7848	0.7848	0.6528	0.6503	0.8573	0.8518
2012	0.7451	0.7451	0.6078	0.6133	0.8474	0.8409
2013	0.7167	0.7167	0.5815	0.5775	0.8466	0.8300
2014	0.6589	0.6589	0.5215	0.5228	0.8359	0.8147

---

① Matlab 中文论坛：《MATLAB 神经网络 30 个案例分析》，北京航空航天大学出版社 2010 年版。

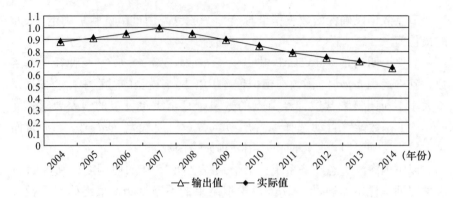

图 6－15　中国海洋生态—经济子系统协调度 RBF 训练结果

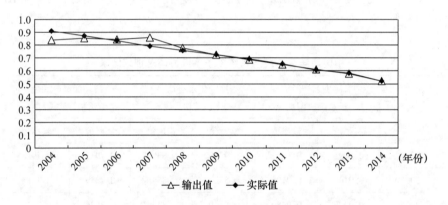

图 6－16　中国海洋生态—社会子系统协调度 RBF 训练结果

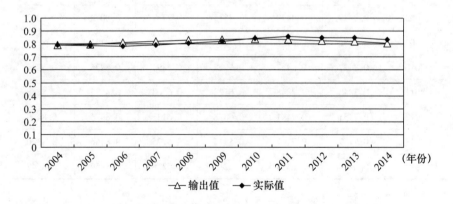

图 6－17　中国海洋经济—社会子系统协调度 RBF 训练结果

由表6-9得知，构建的 RBF 趋势预警网络模型，对海洋生态子系统、海洋经济子系统、海洋社会子系统协调度训练结果 R 均大于或等于0.95，RMSE 均小于0.04，表明模型学习训练效果良好，准确度和可信度均较强，可用其开展海洋生态经济系统协调度趋势预测。

表6-9　中国海洋生态经济系统各子系统协调度 RBF 训练效果检验

训练误差检验	海洋生态—经济 子系统协调度	海洋生态—社会 子系统协调度	海洋经济—社会 子系统协调度
R	1.00	0.97	0.95
RMSE	0.00	0.03	0.01

3. 海洋生态经济系统协调度趋势预警

迭代预测的基本原理是新的历史数据比老历史数据更具预测价值，预测结果更为准确，因此将每一步预测出的新数据置入下一步输入层中，同时，剔除老数据，如此反复，直到预测结束[①]。依据上文确定的 RBF 趋势预警网络模型，基于2000—2014年的输入样本值，不断进行迭代，得到中国海洋生态经济系统中海洋生态—经济子系统、海洋生态—社会子系统、海洋经济—社会子系统2015—2025年协调度预警指数如图6-18、图6-19、图6-20所示。

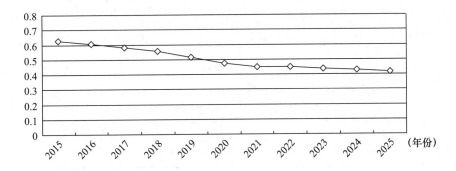

图6-18　中国海洋生态—经济子系统协调度演变趋势预测结果

---

① 王秋香、于德介：《设备状态的多项式神经网络迭代多步预测法》，《计算机仿真》2010年第3期。

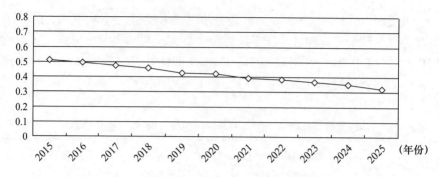

图 6 – 19　中国海洋生态—社会子系统协调度演变趋势预测结果

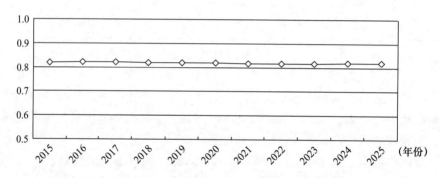

图 6 – 20　中国海洋经济—社会子系统协调度演变趋势预测结果

　　由图 6 – 21、表 6 – 10 可知，在海洋经济发展导致海洋生态压力加重的趋势下，2015—2025 年海洋生态—经济子系统协调度预警指数整体呈下降态势，尤其随着海洋经济建设的进一步推进，大量产业项目上马，将不可避免地占用海域空间和海洋资源，造成更严重的海域污染、生物多样性

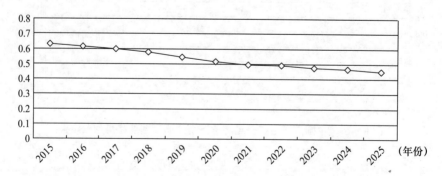

图 6 – 21　中国海洋生态经济系统整体协调度演变趋势预测结果

下降、人均海洋资源减少、海水浴场质量降低乃至海洋人为灾害发生，使得海洋生态子系统的运行态势更加严峻，人海矛盾更加尖锐。由 RBF 趋势预测网络模型的结果可知，自 2017 年起海洋生态—经济子系统协调度将下降至第Ⅲ警级敏感状态，到 2025 年协调度仅为 0.42，变化形势不容乐观，必须发出轻警黄色警告。

表6-10　　　　中国海洋生态经济系统整体协调度警灯、警情

项目　　年份	海洋生态—经济子系统协调度	警灯	警情	海洋生态—社会子系统协调度	警灯	警情	海洋经济—社会子系统协调度	警灯	警情	系统协调度	警灯	警情
2015	0.63	◆	较协调	0.51	▲	一般	0.82	■	协调	0.63	◆	较协调
2016	0.61	◆	较协调	0.49	▲	一般	0.82	■	协调	0.62	◆	较协调
2017	0.58	▲	一般	0.47	▲	一般	0.82	■	协调	0.60	▲	一般
2018	0.55	▲	一般	0.46	▲	一般	0.82	■	协调	0.58	▲	一般
2019	0.52	▲	一般	0.42	▲	一般	0.82	■	协调	0.54	▲	一般
2020	0.47	▲	一般	0.42	▲	一般	0.82	■	协调	0.51	▲	一般
2021	0.45	▲	一般	0.39	⬡	较不协调	0.82	■	协调	0.49	▲	一般
2022	0.45	▲	一般	0.38	⬡	较不协调	0.82	■	协调	0.49	▲	一般
2023	0.44	▲	一般	0.37	⬡	较不协调	0.82	■	协调	0.48	▲	一般
2024	0.43	▲	一般	0.35	⬡	较不协调	0.82	■	协调	0.47	▲	一般
2025	0.42	▲	一般	0.32	⬡	较不协调	0.82	■	协调	0.45	▲	一般

2000—2014 年海洋生态—社会子系统协调度呈明显下降态势，未来几年，随着"海洋强国"建设步伐的纵深推进及人类对海洋认知水平的不断提升，海洋科技水平将进一步提高，海洋事务管理水平及生态治理力度也将持续加强，但由于海洋社会人口密度、城镇化水平、涉海就业人员比重的同步提高，给海洋生态资源开发和环境利用造成的生态影响将更为严重，尤其是人均可支配收入继续提高，居民消费能力增强引发的海洋资源消耗增多和海洋环境开发损害加重，也使得海洋生态子系统面临的威胁持续加剧。由 RBF 趋势预测网络模型的结果可知，2015—2025 年海洋生态—社会子系统协调度将由 0.51 下降至 0.32，预警指数显著下降，警度从

Ⅲ警级敏感状态发展至Ⅳ警级危险状态，必须发出中警橙色警告，同时采取积极响应措施扭转、化解危机。

因海洋经济子系统与海洋社会子系统皆由人类构建并为人类需求服务，故两者运行目的与轨迹相近，保持着较高的协调度。伴随海洋社会子系统人口素质和海洋科技水平的不断提高，海洋经济子系统的生产效率、投资幅度和产业效益亦同步增长，带来的居民收入和消费增长、管理建设水平提升又反过来促进海洋经济的进一步演进。未来几年，海洋经济子系统和海洋社会子系统的此种良性互动关系将继续延续，两者协调度预警指数基本保持稳定。由 RBF 趋势预测网络模型的结果可知，2015—2025 年海洋经济—社会子系统协调度总体维持在 0.8 以上，警度始终为Ⅰ警级安全状态，但急需两子系统在大力发展自身的同时，将更多人力、科技、资金等投入到海洋生态子系统的保护和治理工作中，延缓海洋生态—经济子系统和海洋生态—社会子系统协调度的下降幅度，以使海洋生态经济系统整体协调趋势有所好转。

2000—2014 年海洋生态经济系统整体协调度预警指数呈一定下降趋势，但基本保持在Ⅱ警级良好状态以上。按海洋生态、经济、社会三者之间协调度的发展趋势，若对海洋经济和社会发展造成的海洋生态胁迫现状不进行改变，2015—2025 年海洋生态经济系统整体协调度将出现显著下滑。由 RBF 趋势预测网络模型的三个子系统之间协调度结果可知，系统整体协调度将从 2015 年的 0.63 继续下降至 2025 年的 0.45，由Ⅱ警级良好状态演变为Ⅲ警级敏感状态，警情趋于加重，必须发出黄色轻警警报，表明海洋生态子系统面临的威胁将进一步影响海洋生态经济系统的总体运行质量，甚至造成阻碍，需要积极采取响应措施加以调控和改进。

第七章 中国海洋生态经济系统协调发展预警机制

海洋生态经济系统协调发展预警机制的设立旨在提供系统、全面的海洋生态经济系统信息共享资料,为中国建设海洋强国提供海洋管理尤其是海洋生态经济危机防御的实时信息网络平台。当前,建设海洋生态经济系统预警机制的目的,是集成海洋监测站、监测船、巡航飞机及其他监测手段,组成海洋生态经济系统立体监测系统,在沿海地区成立区域性海洋生态、经济、社会监测及预报预警信息服务体系,针对监测出的累积性或突发性的海洋生态经济系统协调发展危机制定相应的预警决策和响应方案予以实施,并对实施结果加以反馈,及时调整方案,以此,实时或准实时、连续、长期、准确地完成对沿海海洋生态经济系统协调发展危机的监测、认知和解决,可作用于海洋资源开发、海洋环境保护、海洋经济监控、海洋社会调节、海洋事务服务保障等各个领域,同时可为及时准确地预测、预防和抵御海洋生态灾害、海洋经济危机、海洋社会动荡提供信息、技术和决策支撑,维护海洋生态经济系统顺畅运行,保障海洋生态、经济生产和社会生命安全,并促进沿海地区持续、稳定发展。

第一节 中国海洋生态经济系统预警机制的总体架构

进行海洋生态经济系统协调发展预警的目的,就是通过监测、预警、响应,对系统进行分析、评价、预测、控制,探讨海洋生态经济系统运行质量、运行状态的逆向演变趋势与规律,确定海洋生态经济系统演变速度及达到某种阈值(恶化或退化)的时间,适时发出警报并给出应对演变的响应措施,从而尽早结束恶性循环,遏制海洋生态经济系统发展的倒退、无序化,促使系统向着良性可持续方向发展。对于不同省份的海洋生态经济系统各子系统关键监测指标数据，通过海洋生态经济系统协调度运算后，分析系统具体发展状态，发出不同级别警报，来达到警示的目的，以使沿海省（市、区）海洋事务相关管理部门以及社会公众提高重视程度，采取积极有效的措施予以控制和调节。海洋生态经济系统协调发展预警机制框架如图 7-1 所示。

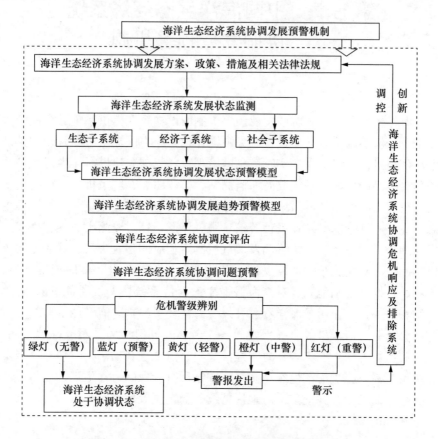

图7-1　海洋生态经济系统协调发展预警机制框架

　　从运行过程的角度可以将海洋生态经济系统协调发展预警机制概括为，通过对海洋生态经济系统进行监测，收集到构成可能发生的各类海洋生态、经济和社会危机的指标数据，分析得出海洋生态经济系统的协调状态、变化程度及发展趋势，将预警信息及时发布并予以解决的一整套预警工作体系。它包括了对海洋生态经济系统各类危机的监测、识别、预测、预报、应急响应、恢复重建等各项预警活动。海洋生态经济系统协调发展预警机制的关键在于预警分析及预警调控，依据"统一领导，分级负责"

"加强监测，及时预警""提前预防，救护并重"的原则，对已出现或将来可能出现的各种海洋生态、经济、社会异常情况做到尽早发现、迅速预警、及时预报和快速响应。

一　海洋生态经济系统预警机制组成结构

海洋生态经济系统协调发展预警机制主要由三部分组成：预警信息机制、预警决策机制和预警响应机制（见图 7 – 2）。预警信息机制是预警体系运行的起点，贯穿于整个预警机制的全过程，主要包括预警信息的监测机制、评判机制及传播机制。通过对海洋生态经济系统需要预警信息的收集及处理，构建前文所述的海洋生态经济系统协调发展预警指标体系，确定预警警戒线即 5 级预警阈值标准，并评判相关指标数据是否异常，将异常指标传递至状态预警模型和趋势预警模型进行进一步分析。同时，对获得的预警信息进行分类、存储，形成信息数据库，为海洋生态经济系统协调发展的后续工作提供信息保障。

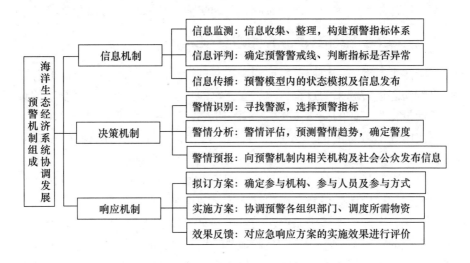

图 7 – 2　海洋生态经济系统协调发展预警机制组成结构

预警决策机制是整个预警工作体系的关键，它直接决定了预警工作的成败。海洋生态经济系统协调发展预警决策机制的主要功能就是对海洋生态经济系统的交替演化、海洋生境退化、海洋环境污染、海洋资源供给匮乏、海洋经济波动、海洋科技停滞、海洋管理落后等现象进行识别、分析和诊断，并由此作出预警。主要内容包括构建预警指标体系及警情数据库、警情识别、警情预测、警情预报和警情反馈。通过预警决策机制对监测到的警情信息进行分析，及时捕捉有关海洋生态经济系统将要发生的警兆信息，识别并制定警情决策方案，确定预警的范围、级别、持续时间及预警方式，并通过警情传播机制向海洋生态经济系统协调发展预警机制内的各相关机构及体系外的社会公众发布预警信息。同时，对警情信息采取跟踪监测、定期汇报等预警措施，将响应方案实施监测的结果及时进行反馈。

危机响应机制是根据前述的预警分析结果，对海洋生态经济系统演变过程中可能破坏系统协调运行的各类危机事件进行早期的调控。通过预警决策机制对海洋生态经济系统非协调要素进行识别和预测，针对已出现或可能出现的危机拟订应急响应方案。按照拟订的方案做好组织准备，明确参与方案的组织机构及参与方式，及时调度所需物资，协调参与人员，从而对危机进行有效的抵御、调控、化解，尽量减少危机可能造成的损失和后续影响。同时，对危机变化状况进行实时跟踪，监督危机响应处理方案的实施过程，及时反馈危机响应方案的实施效果，并及时对拟订方案进行调整，以达到及时预警、准确实施、快速响应、有效处理的预警要求。

二　海洋生态经济系统预警机制运行流程

海洋生态经济系统协调发展预警机制的运行流程是将预警机制的各部分机能动态运转起来的过程，是一套完整的预警工作系统，它将复杂的预警活动量化为具体的操作步骤，为海洋生态经济系统协调发展预警工作的顺利实施提供可行的操作方案。由图 7 - 3 可以看出，明确警义是前提，是预警研究的基础；寻找警源是对警情产生原因的分析，是排除警患的基础；分析警兆是对关联因素的分析，是预报警度的基础①。预警机制运行过程就在这样的因果逻辑分析中被具体呈现出来。

首先，海洋生态经济系统协调发展预警工作起始于海洋生态、经济和社会信息的监测与收集。及时准确地收集信息是预警工作得以进行的先决条件，只有在广泛收集海洋生态、经济和社会各类信息的基础上，才能对海洋生态经济系统协调发展状况进行模拟、评估、预测，对海洋生态经济系统协调发展危机进行识别。其次，对收集到的各类信息进行分析，明确预警对象，即可能发生的海洋经济系统协调发展问题，分析产生这种问题的根源，进而选择与该问题相对应的预警指标，根据预警指标的警戒值（即前文各指标预警界限）判断相关指标是否出现异常，并预测其发展变

---

① 杨建强、罗先香、孙培艳：《区域生态环境预警的理论与实践》，海洋出版社 2005 年版。

化的趋势。在分析警情严重程度及变化趋势的基础上，确定预警指标的警度，及时向海洋主管部门及社会公众发布。最后，针对出现的海洋经济系统协调发展危机指标，拟订应急响应方案，并对方案的实施过程及效果进行实时调控，排除警患。

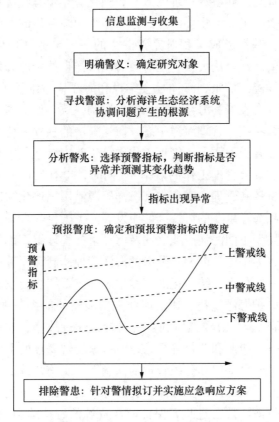

图 7 – 3　海洋生态经济系统协调发展预警机制运行流程

第二节　中国海洋生态经济系统预警的组织体系

中国自 1970 年开始开展海洋灾害预警报工作以来，已初步建立了由国家海洋环境预报中心（北京）、海区预报中心（广州、上海、青岛）、省级海洋预报中心站、地市海洋预报台（海洋站）组成的 4 级海洋灾害预警报系统，基本形成"观测—预警—服务"链条式的海洋灾害预警报服务与保障体系。尽管如此，我国海洋预警机制总体水平与海洋经济、社会发展要求仍存在较大差距，现有预警机制的组织体系存在严重缺陷。

在海洋生态经济系统预警过程中，必须革新和发展海洋事务管理及执法理念。高效、合理的综合型海洋生态经济系统预警管理模式对于实现不同涉海产业间、相关海洋生态、经济、社会危机预警管理的协作具有重要意义，能大大提高海洋事务治理的效率，强化海洋生态经济系统预警管理力度。总的来看，世界上主要海洋国家大多采用综合型的海洋管理职能机构和组织结构，基本形成了相对完善健全的海洋事务管理体系和预警机制，拥有统一的海洋执法力量，能有效协调海洋自然资源开发利用、生态环境保护、海洋经济扩张、海洋社会维稳和海洋权益维护等之间的矛盾，确保海洋经济社会发展和海洋生态保护的协调一致。如美国实行的综合型海洋管理模式，有统一管理海洋生态、海洋经济的独立机构，各相关海洋管理职能机构在各类海洋事务管理工作中分工明确，互相配合，提升了海洋生态、经济、社会管理工作的效率[1]。同时，也有效地对人们的用海行为进行规制、调控和管理，避免出现海洋资源滥用、退化和环境恶化等问题，确保了各项海洋事业的可持续健康发展。美国科学合理的综合型海洋管理模式对于协调不同海洋产业之间及海洋事务管理组织部门间的沟通合作意义重大，也为中国目前相对分散的海洋管理体制和预警机制提供了借鉴。因此，建立综合型、统一化的海洋生态经济系统协调发展预警管理组织体系是中国维护海洋权益、建设海洋强国战略的前提条件和大势所趋，"海洋综合管理以国家海洋整体利益为目标，通过战略、政策、规划、区划、立法、执法、协调和监督等行为，对国家管辖海域的空间、环境及权益，在统一管理与分部门和分级管理的体制下，实施统筹协调管理，其目的是提高海洋开发利用的系统功能，促进海洋经济的健康发展，保护海洋生态系统，维持海洋社会进步，保证海洋资源的可持续利用等。简言之，海洋综合管理是国家通过各级政府对管辖海域的空间、资源、环境、服务和权益等进行的全面的、统筹协调的管理活动"[2]。

为构建综合型、统一化的海洋生态经济系统协调发展预警组织体系，突破现有海洋灾害预警报系统的组织桎梏，理顺科学合理的海洋生态经济系统协调发展预警管理过程，首先，需要在中央、沿海各省及地方政府部门建设统一的海洋生态经济系统预警中心，将当前有关海洋生态、经济、

---

[1]　Biliana Cicin - Sain, Robert W. Knecht, Integrated Coastal and Ocean Management: Concepts and Practices, *Island Press*, 1998, pp. 101 - 105.

[2]　鹿守本：《海洋管理通论》，海洋出版社1997年版。

社会、灾害等监测、预警、响应的工作集中起来，进行统一管理。其次，搭建覆盖中国全部海域的数据资源共享平台，大力节约海洋生态、经济、社会信息监测工作的资金投入，并提高海洋生态经济系统预警工作的效率及水平。再次，需要沿海各省（市、区）及地方之间展开跨部门、跨地区的相互合作，由国家海洋生态经济系统预警中心进行统一指挥、统一部署，兼具不同地区海洋预警工作的重点，共同参与海洋生态经济系统协调发展预警工作，维护海洋生态经济系统运行安全。最后，需联合政府、企业、新闻媒体及社会公众等多方力量，形成联合预警机制，使之广泛参与海洋生态经济系统预警工作。

一　海洋生态经济系统预警管理组织设置

海洋生态经济系统协调发展预警管理组织体系是整个预警机制实现的主体。要建设海洋生态经济系统协调发展预警机制，维护海洋生态经济系统安全，需要来自各方面的积极参与和共同努力，最终形成由各级海洋局下属的海洋生态经济系统预警中心共同参与的多元主体相互协调的预警管理组织体系。海洋生态经济系统预警管理组织体系的构建主要从组织层级建设、部门功能设置及辅助系统构建三个角度进行（见图7-4）。

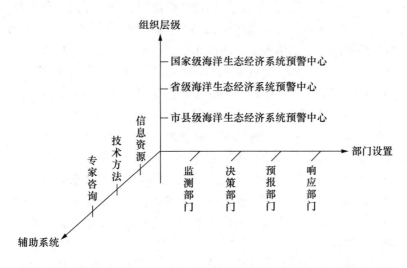

图7-4　海洋生态经济系统协调发展预警管理组织体系

1. 组织层级建设

在海洋生态经济系统预警组织体系的层级建设方面，应建立上至中央、下至地方的各级海洋生态经济系统预警中心，各级预警中心直属各地区海洋局。海洋生态经济系统预警工作由各海洋生态经济系统预警中心领导直接负责，建设责任到人、层层落实的组织管理体系。实施国家、沿海省（市、区）海洋生态经济系统预警中心逐级管理模式，构建海洋生态经济系统预警垂直管理体系。该体系覆盖我国沿海全部地区，使得各个尺度的海洋生态经济系统预警工作环环相扣，为各级预警部门制定科学的预警决策提供组织保障。海洋生态经济系统预警逐级管理模式应明确各级预警中心的职责范围，形成从国家到地方的海洋生态经济系统预警保障体系，实现上下级预警部门的有效沟通。通过预警管理组织体系，下级预警中心可将辖区内发现的海洋生态经济系统非协调发展警情及时上报给上级预警部门，上级预警部门根据接收到的警情信息，对所辖地区的预警工作进行统一指挥和协调部署，确保海洋生态经济系统协调发展预警机制有效运行，保障各项预警工作高效、有序展开。

2. 部门功能设置

在海洋生态经济系统预警组织体系的部门设置方面，需根据预警工作运行机制的各个环节进行明确的责任分工，使各部门各司其职，以保证各级海洋生态经济系统预警中心的工作顺利进行。各级海洋生态经济系统预警中心主要包括四个主要部门，分别是监测部门、决策部门、预报部门和响应部门，它们涵盖了海洋生态经济系统协调发展预警工作的全部过程，各级海洋生态经济系统预警中心均以此作为预警工作运行的基础。

预警信息监测部门主要负责对海洋生态经济系统预警指标体系中的各项指标进行跟踪监测，并将监测到的预警信息进行处理和存储。各沿海省（市、区）、地方应建立海洋生态、经济、社会预警信息监测系统，整合海洋生态、经济、社会各类指标数据，搭建海洋数据资源共享平台。当海洋生态经济系统某预警指标或整体协调度出现危机时，实现各地区的观测信息网点的及时沟通，提高预警工作效率[①]。同时，预警信息监测部门还需对监测到的海洋生态、经济、社会三方预警信息进行系统地整理、分类存储、统计模拟，为预警决策提供信息支撑，使其能够根据预警信息迅速做出相应的决策。

预警决策部门主要负责制定海洋生态经济系统协调发展的评估标准，对监测到的预警信息进行识别、预测和预报，通过专家分析及借鉴先前处

---

① 胡建华、卢美、王晶：《创新海洋灾害预警报服务方式探索与实践》，《海洋预报》2011年第2期。

理经验，制定预警播报和响应方案。预警的决策部门是整个海洋生态经济系统预警组织体系的核心，由于各类海洋生态经济系统非协调问题的性质及特点的差异性，预警决策部门需要针对不同的预警信息制定相应的响应决策，这是需要大量专业知识和技术支撑的部门，因此，应加大对海洋生态经济系统协调发展预警决策工作相关科技研发的财政投入力度，提高决策响应方案制定和实施的效率及精确度。

预报部门主要负责向海洋生态经济系统预警组织体系内上下层级的海洋生态经济系统预警中心传递预警信息，使上层预警中心能够快速制定预警决策响应方案，并指挥协调下级预警中心的方案实施工作。同时，通过新闻媒体及时向社会公众发布海洋生态经济系统预警信息，使公众做好相应的心理准备和预防措施。

响应部门主要负责对已出现或可能出现的危机进行应急响应处理，以排除警患。首先，需要根据海洋生态经济系统预警决策部门的分析及预测拟订更进一步的响应实施方案，实施方案主要内容包括：明确参与方案的组织机构及参与形式，确定需要的物资及调度计划，协调参与人员并下达具体工作安排等。其次，对危机变化状况进行实时跟踪，监督应急响应方案的实施过程，促进各预警部门之间的沟通协作。最后，及时反馈危机响应方案的实施效果，并及时对方案进行调整，以达到及时预警、快速响应、准确实施、高效处理的预警要求，从而实现对海洋生态经济系统非协调危机进行有效的预防、调控、化解，最大程度减少危机可能造成的损失和后续影响。

3. 辅助系统构建

海洋生态经济系统协调发展预警是一项技术性、时效性、综合型的系统工程。在各级海洋生态经济系统预警中心的预警工作中需要大量的海洋生态、经济及社会监测数据、理论知识及统计模型，还需运用 SD 系统模拟、RBF 趋势预测等复杂的研究方法，此外，在海洋生态经济系统协调发展预警指标体系的构建和更改、预警界限阈值的确立与更新及预警决策和响应方案制定的过程中，还需咨询海洋学科的专家学者。如果各级海洋生态经济系统预警中心均各自设置信息、技术、专家咨询等部门，不仅会导致各级预警中心的重复建设，还会造成大量的资源浪费。因此，应建立全国范围的海洋生态经济系统预警辅助系统，下设专家咨询、技术方法、信息数据等交流窗口，实时更新全国范围内的海洋生态、经济和社会监测数据，及时运用相关统计技术进行分析，设立预警模型和决策系统，在大力减少预警机制运行成本的基础上，使海洋生态经济系统预警工作更加高效。

二　预警组织各层级之间的协调关系

海洋生态经济系统预警的组织体系实行国家、省级、地方各级海洋生态经济系统预警中心逐级管理模式，各级预警中心直属各地区海洋局。海洋生态经济系统预警工作由各海洋生态经济系统预警中心领导直接负责，各级预警中心内部部门各司其职，形成责任到人、层层落实的垂直管理体系。要实现海洋生态经济系统预警组织各层级、各部门之间的协调关系，首先，国家海洋局作为中国海洋生态经济系统监测、预警、响应的核心部门，应充分发挥协调作用，明确不同层级的预警中心、各涉海部门的职能和权责，理清并协调各层级、各部门之间的关系，并以法律法规的形式加以明确，实现各组织层级之间的协调和优化。其次，各沿海地区之间应建立广泛的相互合作机制，共同构建海洋生态经济系统预警数据库，搭建海洋环境、资源、经济、社会等信息共享平台，集中不同地区海洋生态经济系统预警的经验优势、技术方法和专家智慧，共同参与维护沿海 11 个省（市、区）海洋生态经济系统协调运行。

同时，各级海洋生态经济系统预警中心之间应建立完善的指挥协调机制。通过构建"国家—省级—地方"预警信息通道，下级预警中心可将辖区内发现的警情及时上报给上级预警中心，上级预警中心根据接收到的警情信息，对所辖地区的预警工作进行统一部署，协调海洋生态经济系统预警所需的设备、人员、资金等保障性资源。通过搭建交流平台，加强各级预警中心之间的对话与沟通，建立快速有效的问题协商机制，使预警体系内的各级预警中心达到目标一致、协调配合、统筹管理、积极参与的工作状态，确保海洋生态经济系统预警机制有效运行，保障各项预警工作高效、有序展开①。

第三节　中国海洋生态经济系统预警的信息机制

海洋生态经济系统协调发展预警的过程就是预警信息在预警机制内流动的过程，从预警信息的收集到预警决策的制定，再到危机响应方案的实施和效果反馈，预警信息贯穿始终。犹如人体中的血液流动一样，预警信息机制将预警机制各部分所需的信息传送至各个预警环节，使海洋生态

---

① 许国栋：《我国海洋灾害应急管理实现机制研究》，《海洋环境科学》2014 年第 4 期。

经济系统预警各部分机能正常运转。

一　海洋生态经济系统信息的监测机制

海洋生态经济系统信息的监测机制为预警决策提供第一手的资料信息，为整个预警工作的顺利、有效开展提供强大的信息支持。通过信息监测可以及时发现警情征兆，准确把握警情发生的原因，帮助预测警情未来发展趋势，并支持制定相应响应处理方案。信息监测机制的内容包括构建海洋生态经济系统预警指标体系，并针对指标体系对各类警情信息进行收集、处理和传输。

1. 海洋生态经济系统预警指标体系的构建

海洋生态经济系统是一个完整而庞大的体系，涉及影响系统协调运转的海洋生态、经济、社会等的信息量非常庞大，且杂乱无序，它们都在一定程度上反映并影响着海洋生态经济系统的协调程度与可持续状态。但并非所有的海洋生态、经济、社会信息都是预警的监测指标，如果对所有海洋信息都进行漫无目的的跟踪监测，不仅会给预警决策工作带来大量无用信息的干扰，也会在信息采集方面造成无谓的人力、物力、财力浪费。因此，需要对影响海洋生态经济系统协调发展的各项指标因素进行仔细分析、统计，从大量杂乱无章的信息中筛选出可以作为衡量海洋生态经济系统协调程度，并能有效反映海洋生态经济系统演变特征的信息监测指标，将海洋生态经济系统协调性这一定性评价定量化为一个完整的指标体系，并加以随时改进、更新和维护。通过对这些指标的分析，可以发现海洋生态经济系统非协调的警兆。预警需要准确的结果，还要将指标数据收集的不确定性降至最低，因此，预警指标不能有大量的不确定性因素，必须便于收集、监测、计算和预测。总之，在选择预警指标时，首先要看预警指标能否有效地反映海洋生态经济系统协调发展的程度与演变特征；其次，要能从指标数值的历史变动规律与特点中得到警情指标的警戒阈值区间，并根据各个指标对总体协调度警情的重要性分配权重，将各指标加权汇总得到警情总指数（即第六章完成的工作）。

2. 信息收集

信息的收集是海洋生态经济系统协调发展预警的关键步骤，全面、及时、准确地收集信息是发挥海洋生态经济系统预警机制功能的前提和基础。针对信息收集的工作，应建立相应的制度规范，设立专门的信息监测网络系统汇总各地区海洋生态、经济和社会信息。信息收集的过程应遵循及时性、可靠性、系统性、连续性的原则；对海洋生态经济系统状态分类型、分区域、分级别实施监测，掌握海洋生态经济系统状态变化的第一手资料。充分利用现代化的监测技术和手段，运用信息系统（IS）、地理信息系统（GIS）、遥感（RS）等新兴技术实现海洋生态经济系统基础性信息的数字化、智能化和网络化，利用遥测、遥控、遥监等技术及时实施严密监测，自动采集信息数据，并通过计算机网络系统传输信息，以此构建高度精确的海洋生态经济系统预警信息监测网络系统。

3. 信息处理

信息监测网络的作用是进行信息收集、处理及传输，对传入信息监测网络的各类海洋生态、经济、社会信息进行综合、甄别和简化，并对警兆信息进行推断。因此，海洋生态经济系统预警机制在监测到各种信息后，要对这些信息进行系统的整理、分析、模拟、计算、预测，发现其中存在的警兆及警兆产生的原因，为预警决策和响应方案的制定提供帮助。通过海洋生态经济系统信息监测网络收集到的信息量非常庞大，且多是杂乱无章的，因此，必须对信息进行选择、过滤和整理，降低信息混乱和冗余程度，提高信息的针对性，使其更加清晰明确，能够全面、真实地反映海洋生态经济系统所处的状态。运用海洋生态经济系统预警界限阈值对比、SD状态预警模型模拟和 RBF 神经网络模型预测，在处理后的信息中筛选出超出警戒范围的异常信息，并通过海洋生态经济系统信息监测网络系统，将这些异常信息转化为一些简单、直观的信号，为预警决策做好准备。

二　海洋生态经济系统信息的评判机制

在历史上第一次发生海洋危机时，人类对其发生的征兆及原因一无所知，那时，对于海洋生态经济系统的认知几乎为零。但随着历史的发展和社会经济的不断演进，人们将贪婪的目光更多投向蓝色的海洋，造成海洋资源急剧减少，生态环境持续恶化，海洋污染与灾害事件频频发生，海洋经济生产与海洋社会居民日常生活一次次蒙受巨大损失和阻碍，对海洋恐惧和对海洋资源需求的矛盾使得人们开始逐渐树立海洋意识，海洋预警工作应运而生。

海洋生态经济系统预警工作，最重要的任务是明确哪些海洋生态、经济、社会信息是海洋生态经济系统非协调危机即将发生的征兆，并在系统分析的基础上构建海洋生态经济系统预警指标体系。但要判断海洋生态经济系统的运行状况，对海洋生态经济系统非协调危机进行有效的提前识别与防控，仅仅确定需要监测的海洋生态、经济、社会指标数据是远远不够的，还需根据指标数据变动情况建立评判机制，即根据指标数值的历史变动规律与特点确定预警指标的警戒区间即界限阈值标准体系，并根据各个指标对总体协调度警情的重要性分配指标权重，将各指标加权汇总得到警情协调度总指数，形成海洋生态经济系统协调度评判的预警等级体系，以此作为衡量海洋生态经济系统协调发展实际状况的标准。

建立海洋生态经济系统协调度评判机制，第一，要对海洋生态经济系统非协调危机进行确认和识别，明确海洋生态经济系统非协调危机出现的征兆。第二，通过日常对海洋生态经济系统预警指标体系中的各项指标进行常规监测，以及多次对海洋生态经济系统危机案例进行总结与对比分析，观察危机发生时的各项海洋生态、经济、社会指标的异常波动情况，参照国内外经验和已有标准体系，以科学的统计学方法，确定海洋生态经济系统预警指标体系中各项指标的警戒界限范围。第三，根据各个指标对总体协调度的重要性分配权重，计算警情协调度总指数，并通过对以往的海洋生态经济系统危机进行分析，将危机事件所带来损害的严重程度进行分级，形成灾前各项警兆信息的预警评判机制。海洋生态经济系统协调度评判机制的运行是当收集的海洋生态经济系统预警指标体系中的某项或多项指标出现异常信息时，参考构建的评判警戒界限等级体系，对有可能发生的危机进行判断，为预警决策工作奠定基础。该评判机制对反映海洋生态经济系统协调运行的各项指标的警戒范围进行了明确规定，这为预警工作的执行提供了有力的参考依据，是海洋生态经济系统协调发展预警工作的重中之重（即是第六章第五节完成的工作）。

三　海洋生态经济系统信息的传播机制

海洋生态经济系统预警信息的传播是预警机制的又一重要组成部分。预警信息只有通过及时、快速、真实的传递，才能有效发挥预警的功能。如同人体中的血管将血液运送到人体的各部位一样，海洋生态经济系统预警信息的传播机制将预警信息输送到预警机制内的各相关部门，使各部门充分发挥自身机能，以实现海洋生态经济系统预警机制的有效运转（见图7-5）。

海洋生态经济系统预警信息的传播具有自身的特点：第一，时间的紧迫性。海洋生态经济系统处在不断变化中，海洋生态经济系统非协调危机更是瞬息万变，一旦出现警情，及时有效地进行预警信息传递是预警工作成功与否的关键。无论是在预警机制内部的各层级之间，还是与预警机制之外的社会公众之间，都需要预警信息的快速传递和及时响应。第二，传播途径的多元性。海洋生态经济系统预警信息的传递渠道也可分为预警机制内部的传播途径和机制外的传播渠道。机制内的传播途径主要是通过构建海洋生态经济系统预警中心，实现预警信息在预警中心和政府相关部门之间的传递，以及预警信息在各级预警中心之间的传递。机制外的传播主要是海洋生态经济系统预警信息通过广播、电视、网络等新闻媒体传递给社会公众。随着网络技术的迅猛发展，海洋生态经济系统预警信息的传播渠道将更多通过微博、微信等新型网络传播平台进行传递，传播渠道更加多元化。第三，传播受众的广泛性。海洋生态经济系统危机关乎整个国家的长远持续发展，尤其是关系到海洋社会居民的切身利益，社会公众都对海洋生态经济系统的运行状况具有知情权，因此，海洋生态经济系统预警信息的传播受众将非常广泛。第四，传播导向的重要性。任何有关海洋生态经济系统预警信息的传播都必须保证真实、客观，严禁夸大、造谣。政府要对海洋生态经济系统预警信息的传播进行正确引导，并通过设立相应的法律条款，对预警信息的传播进行管理和约束，以免好事者借机煽动社会恐慌，引起更大的社会危机。海洋生态经济系统预警信息传播机制的运行实现了预警信息在各级预警中心、新闻媒体以及社会公众之间的传递，保证了预警机制的正常运转。

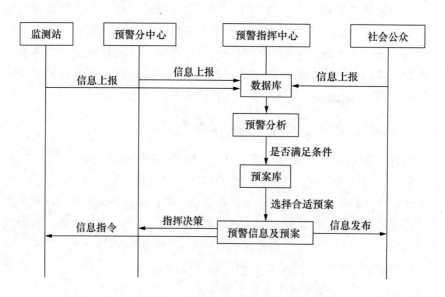

图7-5　海洋生态经济系统预警信息传播机制

近年来，随着网络技术的迅猛发展，各级政府部门已经初步实现了电子政务，建立了政府门户网站，实现与社会公众的广泛互动和交流。基于此，可以在政府的门户网站上开设专门用于海洋生态经济系统预警的信息发布网络平台，充分发挥网络信息快速传递的优势，使得海洋生态经济系统预警信息能够在第一时间更直接、更真实地传递给公众。网络信息平台是政府和社会公众之间的沟通桥梁，它具有其他信息传播渠道所没有的功能和优势，主要在于：首先，海洋生态经济系统预警网络信息平台将预警信息直接传递给社会公众，降低了传播过程中信息被损耗和更改的风险，简化了预警信息的传播步骤，使公众接收到的预警信息更加及时、准确；其次，政府可以通过网络信息平台指导社会公众如何面对可能发生的海洋生态经济系统危机，提供可以采取的防护措施，以避免引发社会恐慌；同时，政府可以将近期应对海洋生态经济系统危机所采取的举措及其效果通过预警网络信息平台告知社会公众，以保证公众的知情权，并取得公众的理解、支持和配合；最后，公众可通过网络信息平台将对预警信息的疑问直接、及时反馈至政府管理部门，能够实现政府和社会公众之间的相互信任和良性互动。

第四节　中国海洋生态经济系统预警的决策机制

一　海洋生态经济系统预警决策机制构造

决策机制的构建是管理者识别并解决问题的过程，海洋生态经济系统预警的决策机制就是对监测到异常的海洋生态、经济、社会信息进行鉴别和分析，对可能出现的海洋生态经济系统非协调警情及其危害程度作出估计，制定预警决策并实施响应方案的过程见图7－6。主要包含以下几个部分：

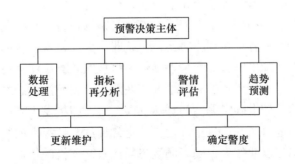

图7－6　海洋生态经济系统预警决策机制构造

1. 数据处理

预警决策机制的数据处理是指有针对性地对海洋生态经济系统各类预警指标和风险因素原始数据进行加工、处理、分析，筛选出有价值的信息，运用定量运算 SD 模型（或其他模型）对海洋生态经济系统协调状态进行模拟，从而得到海洋生态经济系统协调度演变态势、循环波动、年度变化、随机波动等的动态数据，为海洋生态经济系统预警决策提供依据。

2. 指标再分析

预警决策机制中的指标再分析功能是指对海洋生态经济系统预警指标体系中相对关键、敏感的部分指标和风险因素进行数据统计、对比分析。由于影响海洋生态经济系统协调发展的各类指标和风险因素的复杂多样性，以及各类指标和风险因素之间相互关联的特性，需要着重对个别指标和风险因素进行监控分析，一方面通过警限阈值框定较为危险的指标，另一方面为找到非协调危机警情发生的根源做铺垫，通过各项海洋生态经济系统预警指标和风险因素在各个方面相互依存和相互制约的关系，模拟危机形成的传导路径，从而自源头对危机加以抵御、控制和化解。

3. 警情评估

海洋生态经济系统预警决策的制定不是凭空产生的，需要依据大量的相关知识和经验积累。由于海洋生态经济系统非协调警情的特殊性及差异性使得每一次警情的诱发因素、发展速度、传导路径、后续影响均有所不同。因此，需要对海洋生态经济系统非协调警情进行针对性识别与评估，以确定各类警情发生时的各预警指标和风险要素的组合方式。通过对过去类似的海洋生态经济系统非协调危机事件进行大量的分析与探索，对这些指标数据、模拟模型、传导路径等知识经验进行归纳总结，从大量现象和数据中找出其内在规律，形成海洋生态经济系统预警资源数据库，并构建海洋生态经济系统警情评估体系。

警情评估体系的构建是对海洋生态经济系统预警信息机制提供的异常信息进行分析，将各类海洋生态经济系统非协调危机所包含的异常信息的阈值分门别类地加以整合。警情评估体系将规定各类海洋生态经济系统非协调警情发生时的指标数据异常情况，在总结以往海洋生态经济系统非协调危机经验的基础上确定哪些指标达到阈值时，即将发生哪类海洋生态经济系统非协调危机，并通过指标运算确定各类危机各级别的阈值、危险程度、后续影响，以此作为识别海洋生态经济系统危机的依据，达到提前判断海洋生态经济系统警情的效果。

4. 趋势预测

通过对海洋生态经济系统较为灵敏的预警指标的失衡、失控程度进行监测，通过海洋生态经济系统预警指标再分析、SD 状态模型模拟和 RBF 神经网络模型预测，计算出的海洋生态经济系统协调度指数，同时预测海洋生态经济系统非协调警情的总体变动趋势，以便制定具备前瞻性、长远性的海洋生态经济系统预警决策及响应调控对策方案。

5. 确定警度

通过定量测度海洋生态经济系统协调度指数及其运行趋势，结合海洋生态经济系统各预警指标的 5 级警戒阈值区间，参照海洋生态经济系统非协调警情评估判定标准，确定海洋生态经济系统总体协调状态处于无警、预警、轻警、中警或重警等级，并向相关预警中心及社会公众发布预警信号。

6. 更新维护

海洋生态经济系统协调发展的每一个预警指标和风险因素都不是永久不变的，随着海洋资源环境的变化、海洋经济的发展以及海洋社会的进步将不断产生新的风险威胁或不安因素。这就要求海洋生态经济系统预警机制不仅要对已了解的非协调威胁进行深入的研究、模拟、预测和防治，而且要下大力气对未知的或尚难预测的风险威胁开展前瞻性的科学研究。因此，随着人们对海洋生态经济系统预警研究的深化，已经建成的预警指标体系也要与时俱进，进行深度开发和修正完善，对预警指标和风险因素的数量、内容、阈值、模型等进行适当的修正，必要时甚至需要对指标体系的结构及预警流程进行全盘调整[①]。

二　海洋生态经济系统预警决策制定模式

预警决策制定过程就是通过对收集到的各种海洋生态经济系统非协调警兆信息进行分析，确定警报等级。预警决策制定方法分为定性分析、定量分析或两者相结合的方法，充分发挥定量精确和定性直观简便的优势，确定海洋生态经济系统非协调危机警报等级。定性分析主要是指建立专家系统，各专家依据相关知识和经验定性地评估海洋生态经济系统非协调危机警报等级。定量分析则是指通过获取的各种监测数据，运用相关数学模型，定量地算出海洋生态经济系统非协调危机警报等级。海洋生态经济系

---

① 张维平：《预警和应急——建立和完善突发事件预警和应急机制研究》，线装书局 2011 年版。

统预警决策的制定是关乎整个预警工作能否达到预期预警效果最关键的环节。因此，必须遵循科学合理的制定模式，才能使预警决策有据可依。

常用的预警决策制定方法有直线外推法、指数平滑法、回归分析法、移动平均法、灰色预测法等。其中加权平均法是最常采用的预警决策方法。该方法的理论模型如下[①]：

$$D = G_1\omega_1 + G_2\omega_2 + \cdots + G_n\omega_n$$

其中，G_i 为影响海洋生态经济系统协调度预警指数的各项指标因素，ω_i 为各项指标因素的权重，则有 $\sum_{i=1}^{n} \omega_i = 1$，$0 \leqslant \omega_i \leqslant 1$，$n$ 为指标因素的个数，D 为计算得到的综合协调度预警指数。可根据取值决定预警警度。

加权平均法也存在自身缺陷，首先，通过监测系统监测到的是各种海洋生态经济系统警兆信息 g_i，不是预警指标因素 G_i。g_i 和 G_i 之间存在一个转换函数 $G_i = S_i(g_i)$，指标体系中每一个指标，都有相应的转换函数，但在加权平均法中没有明确这种转换关系。其次，ω_i 为各项指标因素的权重，是影响最终协调度评估结果的至关重要的因素，不同的权重计算方式会得到完全不同的结论。因此，权重计算模型的选择会直接关系到协调度计算结果的准确性、科学性。通常会采用专家评估或统计分析方法获取指标因素权重，常用的有德尔菲法、层次分析法、模糊函数模型、BP 神经网络模型等。同时，随着时间的推移和环境的变化，不同指标对综合协调度预警指数的作用会发生变化，原来权重较大的因素可能变为次要因素，原来权重较小的因素可能变为重要因素，因此，ω_i 值需要根据环境要素变化和评估需求演变而随时进行调整。此外，通过少数几次分析得到的 ω_i 值往往不够精确，存在一定的偶然性，必须通过实践反复验证，使各项预警指标权重不断得到修正。总体而言，BP 神经网络的权重计算模型较为符合海洋生态经济系统协调度预警指数计算的需要。

海洋生态经济系统预警决策的制定是根据监测得到的海洋生态经济系统警兆信息 g_i，确定相应的指标因素 G_i，并建立其转换关系 $G_i = S_i(g_i)$，$i = 1, 2, \cdots, n$。然后从经典案例库中选择与之相似的具有代表性的若干案例 j，由案例的征兆信息 g_{ji} 和预警协调度综合指数 D_j 反向推导出新的指标因素权重 ω_i，$i = 1, 2, \cdots, n$，反向推导公式为 $G_{ji} = S_i(g_{ji})$，且 $\sum_{i=1}^{n} G_{ji}\omega_i = D_j$，其中 D_j 为第 j 个案例的协调度预警综合指数。再根据协调

---

① 张维平：《预警和应急——建立和完善突发事件预警和应急机制研究》，线装书局 2011 年版。

度预警综合指数计算方法求得发生警情的预警指数，参照警情界限阈值区间评估获得海洋生态经济系统非协调警报等级。如果海洋生态经济系统警情决策结果经实践证明是正确合理的，应将该决策案例归纳至预警决策案例库中，进一步完善预警案例数据库信息，否则，仍需进行进一步调整和修正。

第五节　中国海洋生态经济系统危机的响应机制

一　海洋生态经济系统危机响应机制构造

为了有效维护海洋生态经济系统协调稳定发展，预防和应对各类海洋生态、经济、社会危机，在海洋生态经济系统预警机制设计过程中必须重视海洋生态经济系统危机响应机制的构建。当海洋生态经济系统出现危机时，及时启动危机响应机制是降低危机出现概率、缩小危机影响范围、减少危机造成损失的重要措施。建立起相对完善的海洋生态经济系统危机的应急响应机制，不仅可以对警情进行及时有效的处理，尽可能降低危机对海洋生态经济系统及沿海地区造成的危害，还可以对已经造成的海洋生态经济系统损害进行积极的补偿和恢复，维护海洋生态经济系统的健康和稳定。海洋生态经济系统危机响应机制主要包括危机分析机制、指挥决策机制及应急响应机制三部分。

海洋生态经济系统危机响应机制的建立体现了国家对海洋生态、经济及社会危机的应对能力，是保护海洋生态环境、保障海洋经济发展、维持海洋社会运行，减少国家生态、经济、社会效益损失，保障人民群众生命、财产安全的重要措施。2006年，国务院公开发布实施了《国家突发公共事件总体应急预案》。该预案针对突发性公共事件应急管理的组织体系、运行机制、应急保障和监督管理等工作做出了详细规定，强调了各级人民政府和有关部门在突发重大公共事件时的权责和所应采取的措施，为科学有效地应对突发公共事件提供了实践依据。在《国家突发公共事件总体应急预案》的框架下，国家海洋局出台了《风暴潮、海啸、海冰灾害应急预案》和《赤潮灾害应急预案》，并被确定为《国家突发公共事件总体应急预案》的部门预案之一。辽宁、福建、广西、上海、天津、山东、海南等沿海省（市、区）也纷纷制定并实施了有关风暴潮、海啸、海冰等海洋灾害的省级应急预案，初步形成了从国家到地方的海洋灾害应急管理体系①。海洋生态经济系统危机应急响应预案可参照现有海洋灾害应急响应的组织体系、预警启动标准、监测预警系统能力建设、危机分级处置标准及程序等方面的明确规定，继续细化海洋生态经济系统危机应急响应的具体措施和流程，充分借鉴海洋灾害应急响应的管理经验和措施，确保应急响应预案及其实施的针对性、可操作性和高效性。

1. 危机分析机制

危机分析是指通过专家咨询、运用统计技术方法、参考有关应急响应预案等辅助手段，综合信息监测数据，对海洋生态经济系统危机进行全面分析及预测，并提出危机的处理建议，供指挥部领导决策参考。海洋生态经济系统危机应急响应预案、统计技术模型、专家建议等共同构成危机响应决策制定的辅助系统。应急响应预案又称应急计划，是针对可能发生的海洋生态经济系统危机，为保证迅速、有序、有效地开展应急响应与救援行动、降低海洋生态经济系统损害、损失而预先制订的有关计划或方案②。它是在辨识和评估潜在的海洋生态、经济、社会危机事故后果及影响严重程度的基础上，对应急机构与职责、人员、技术、装备、设施、物资、救援行动及其指挥与协调等方面预先作出的具体安排③。

2. 指挥决策机制

指挥决策机制负责指导、协调海洋生态经济系统危机的应对响应工作。明确危机应急处理的原则，派出相关专家参与海洋生态经济系统危机应急指挥工作，协调各级预警中心实施应急响应预案和支援行动，协调海洋生态经济系统危机所在地区的持续监控工作，并将响应预案实施效果的监控结果及时向国家预警中心及社会公众发布。

3. 应急响应机制

应急响应机制主要包括海洋生态经济系统危机应急准备、应急响应及应急演练三种核心工作。应急准备是指从人力、物力、财力及技术支持等层面为海洋生态经济系统危机应急处置做好准备。首先，各级海洋生态经济系统预警中心应及时根据海洋生态经济系统危机应急处理的需要，提出应急响应预案支出预算上报相关财政部门审批，并督促地方政府加大海洋生态经济系统危机应急资金投入力度；其次，各级预警中心应确保配备必

---

① 齐平：《我国海洋灾害应急管理研究》，《海洋环境科学》2006 年第 4 期。
② 贺培育：《中国生态安全报告预警与风险化解》，红旗出版社 2009 年版。
③ 尚洁澄：《未雨绸缪：农业环境污染突发事件应急处理演练》，《农业环境与发展》2006 年第 5 期。

要的物资及相关技术设备，以保证应急响应预案的及时实施；同时，组建专业的专家组及危机处理队伍，确保在危机发生时，相关人员能及时到位，提高应对危机的能力。应急响应是指启动应急响应预案，对出现的海洋生态经济系统危机进行及时有效的处置，控制危机发展态势，尽可能将其造成的损失、损害及后续影响降到最低。应急演练是为验证应急响应预案的有效性、应急准备的完善性、应急响应的及时性、各预警部门的协调性，各级海洋生态经济系统预警中心定期组织不同类型的海洋生态、经济、社会危机应急演练，以提高应对海洋生态经济系统危机，尤其是波及范围广、危害程度大的综合危机乃至重大灾害的能力①。

当海洋生态经济系统发生危机时，及时启动危机响应机制是降低海洋生态损害、减少海洋经济损失、保护海洋社会生命财产安全的重要措施。此外，在危机过后，引入海洋危机补偿机制，尤其是对危机造成的海洋生态子系统破坏进行积极的恢复和补偿，也是维护海洋生态安全、保障海洋资源环境持续供给、迅速恢复海洋经济生产、防止海洋社会混乱的关键步骤。海洋危机补偿机制（现阶段主要为海洋生态补偿机制）是对海洋生态经济系统危机的事后响应，是调整海洋经济社会发展与海洋生态保护关系、切实维护海洋生态经济系统协调运行的有效途径。

中国沿海地区现已明确提出按照"谁开发、谁保护；谁破坏、谁恢复；谁受益、谁补偿"的原则，加快建立并完善海洋生态补偿机制，尤其是强化对污染等人为造成的海洋生态损害的监督治理。天津、山东、浙江、福建、海南等沿海省（市、区）在国家出台的《海洋生态损害补偿办法》《海洋生态损害评估技术导则》等相关规定的框架指导下，积极开展了海洋生态补偿机制的建设，明确规定了海洋资源环境开发使用的各相关利益主体的责任和义务，使海洋生态补偿机制进一步得到完善，也为海洋生态经济系统危机后续响应工作提供了坚实的政策支持，为切实确保海洋生态经济系统协调发展迈出了有益的一步。此外，对应急处置海洋生态经济系统危机的工作人员，以及紧急调集、征用有关单位及个人的物资，也应按照规定给予资金、技术、实物上的抚恤、补助、补偿或政策上的优惠。

二　海洋生态经济系统危机响应运行流程

面对日益频发的海洋生态经济系统危机，中国亟须建立一个指挥统一、运转协调、管理规范的海洋生态经济系统应急响应机制。由国家海洋

---

① 贺培育：《中国生态安全报告预警与风险化解》，红旗出版社 2009 年版。

生态经济系统预警中心通过各省、市、县级预警分支机构指挥全国沿海各地的海洋生态经济系统应急响应处置及管理工作，各地方海洋生态经济系统预警分中心与区域海洋生态经济系统预警中心相连，共同构成中国海洋生态经济系统危机响应网络系统，实现"点—线—面"的海洋生态经济系统危机响应运行机制。

　　海洋生态经济系统危机响应机制运行流程以确认出现警情为起点，以实施应急响应预案为终点，以解除警患为目标，是一套完整的危机应急管理系统，见图7-7。首先，通过对海洋生态经济系统预警指标的监测，发现警情，经由海洋生态经济系统预警信息收集网络将监测的信息整合至海洋生态经济系统预警信息数据库中，并对所采集到的海洋生态经济系统信息进行统计处理，选择有效的计算结果，以最大程度实现海洋生态经济系统非协调警情预报的准确化；其次，将发现的危机信息迅速传递给海洋生态经济系统预警决策机制，通过技术手段、专家分析及已掌握的案例资源等辅助系统，对危机进行全面系统的分析及预测，从而基于危机分析机制提出处理海洋生态经济系统危机的响应预案和建议；再次，由构建的海洋生态经济系统危机响应机制，将危机分析结果及响应预案建议传递至指挥决策机制，由预警中心对危机分析机制提供的响应预案做出判断和实施决策，并组织协调各预警部门对海洋生态经济系统危机的响应方案做出应急实施，

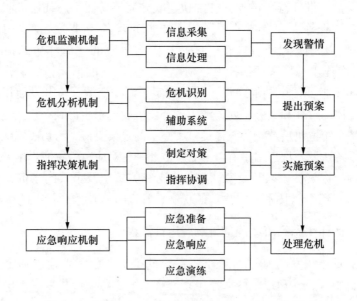

图7-7　海洋生态经济系统危机响应机制运行流程

同时指挥应急响应机制提供相关物资准备，协调参与危机处理的组织机构，明确参与应急响应人员的职责，并立即采取行动，防御或化解危机；最后，还需进行有效的海洋生态经济系统危机管理，通过培训和演练，验证和完善海洋生态经济系统危机应急响应预案，确保预案在实施时精准、有效。

海洋生态经济系统危机的解决来源于运行高效、配合紧密的应急响应机制。这一机制的构成包括高效的组织体系、资源充裕的应急准备体系以及发达的指挥管理体系。海洋生态经济系统危机应急响应机制的建设，需要明确各级海洋生态经济系统预警中心的职能定位，通过国家级预警中心统一指挥，配置资源，由地方预警分中心构成应急相应机制的核心部分，明确应急响应职能范围，协调应急响应投入资源及人员安排，使海洋生态经济系统危机应急响应机制协调、有序地运行。

第八章　中国海洋生态经济系统
协调发展目标与模式

由于陆地资源开发利用日趋极限、陆地生态环境日益恶化，海洋已成为人类社会赖以生存与发展的"第二疆土"，但海洋生态子系统的资源与环境同样具有公共物品属性，且系统本身极具脆弱性，只有遵循其自然发展规律，依据可持续发展思路，避免走陆域生态系统先污染、后治理的老路，科学、适度地开发利用各类海洋资源，切实维护海洋生态子系统各类要素的良性循环，保证海洋生态、经济与社会子系统的协调运行，达到人与自然、社会与环境的和谐共处状态，才能谋求人类社会更深远的发展，才能留下一片可让子孙后代永续利用的海洋国土。

根据耗散结构理论，海洋生态经济系统作为一个高级复合系统，主要通过三个子系统之间的能量、物质、信息和价值流动，以及系统与外部环境之间多种渠道的交流，按照其内在的非线性交互胁迫关系，维持系统整体的耗散结构运行。随着中国海洋科技水平的提高，人类对海洋生态经济系统中各种功能流的认识与改造能力均有所提高，能够按照特定目的在一定范围内改变各子系统及各子系统组成要素随机涨落的运动状态，促使海洋生态、经济、社会之间的协调共处，推动系统向着更加有序化、可持续方向发展①。

海洋生态经济系统结构及其各子系统运动过程是有序的，并具有一定程度的可塑性。尽管在一定社会发展阶段和经济技术条件下，人类对海洋生态自然规律和海洋市场经济规律的认识具有一定局限性，人类所能运用的技术手段也是有限的，但人类如能自觉遵循已知的海洋生态自然规律和海洋市场经济规律，积极协调海洋生态、经济与社会系统的平衡关系，尽力使海洋生态经济系统沿着理想的海洋生态经济目标不断前进，处于非协

---

① 黄金富：《县域资源优化配置的机制与模式研究——以重庆市石柱县为例》，硕士学位论文，西南师范大学，2001 年。

调运行状态的海洋生态经济系统必然会向着良性协调方向演进。

第一节　中国海洋生态经济系统协调发展的指导思想

一　海洋生态经济系统协调发展的原理依据

1. 生态经济学基础

从生态经济学的视角来看，海洋生态经济系统的协调运行势必会被打破，这是人类社会经济活动同海洋生态系统进行能量转化、物质交换、信息传递的必然结果，在人类社会进步、海洋经济发展过程中必须要对原始的海洋生态系统进行干扰，而正是人类对海洋资源原有状态的打破和开发，实现了现代文明的发展。根据辩证唯物主义思想，不破不立，关键是人类在对海洋生态系统的除旧迎新中，能否使海洋生态系统维持自然本色并能为海洋社会和经济系统所用。从本质上看，海洋生态经济系统是由海洋生态系统、海洋经济系统和海洋社会系统通过以人为主体的技术中介所构成的能量转化、物质循环、信息传递、价值累积的结构单元，其最终目标是将能量、物质、信息、价值的流通调控为一个投入产出均衡的转换系统，建成具有良性生态、经济、社会效益的海洋生态经济生产模式。客观的海洋生态经济系统运行规律要求人类必须把海洋经济、社会效益的提高与海洋生态效益维持统一起来，力求实现协调发展，既向人类提供良好的海洋生态自然条件，又能为其创造出先进的海洋产品；既满足当代人物质文化生活需要，又不妨碍后代满足其需要，从而实现海洋生态经济系统以及人类的可持续发展。

根据生态经济学理论，海洋资源开发与保护的关系构成了海洋生态经济系统实现协调发展的关键关系。目前，由于中国沿海人口压力不断增大，发展的迫切性持续增强，不宜过度开发的海洋资源被大量开发，渔业资源退化、海域生境破坏、海岸侵蚀等生态问题加剧，最终导致部分海域的荒漠化现象，基本丧失了海洋生态系统的自然再生产能力，形成了人口压力—生态恶化—经济滞缓的恶性循环。若要打破这种恶性循环，必须控制沿海人口的盲目增长，倡导理性消费理念和方式，合理调整海洋产业发展思路，大幅度提高海洋生态维护投入，同时在科技上从生态化途径输入新的能量流，从而以尽可能小的海洋生态损失实现海洋社会与经济的科学、高效发展。

2. 结构功能性原理

海洋生态经济系统的协调优化首先在于系统整体结构与功能的调整，主要通过系统各子系统的协同耦合以及各子系统构成要素的优化配置来实现。根据协同学理论，海洋生态经济系统各子系统之间的配置协同关系，可由结构功能原理指导。海洋生态经济系统是一个具有多层次结构与多种功能的复合体，不同尺度的海洋生态经济系统结构与其相应层次的功能类别相关，其结构与功能之间存在一定的因果链关系。结构决定功能，合理的海洋生态经济系统结构能够产生良好的结构效应，从而促使系统运行效率提高、功能增强。海洋生态经济系统结构优化的实质是根据微观、中观、宏观等不同层面的需求及系统关键要素作用机理，通过人类有目的的技术协同与调整，寻求海洋生态经济系统在时空、产业间的结构效应，不断提高海洋资源利用效率与效益，促进系统整体功能上的良性运作。

具体而言，人类在社会进步过程中，应当最大限度地利用海洋资源，维持海洋经济有效性，以保证自身福利的持续性获得。海洋生态经济系统协调运行的目的是以最小的海洋资源消耗代价换取最大的海洋经济、社会效益，全面满足人类对海洋产品的需求，但在海洋资源开发与利用的同时，必须注意维护海洋生态系统的正常运行和资源再生能力。海洋生态系统只有在各类生物要素和环境要素所组成的系统结构得以稳定的前提下，才能完成系统功能，其作为海洋社会与经济系统发展的基础作用才能得以发挥，一旦海洋生态系统结构遭受破坏，生物要素或环境要素发生变迁，海洋生态系统的功能将不复存在，海洋社会与经济系统的结构及功能也将由此发生改变，甚至引发严重的海洋生态经济系统崩溃现象。因此，必须正确认识海洋生态经济系统结构与功能原理，确保海洋生态、经济、社会系统之间内在结构合理性，以使其相互制约、相互促进关系实现良好运行，以维持系统功能的稳定发挥。

3. 系统整体性原理

海洋生态经济系统协调发展并非指单个子系统的独立发展，而是一种各子系统综合性、整体性同步发展的聚合，是海洋生态经济系统三个子系统之间动态的相互影响、相互促进关系的集中反映。不管单个海洋生态、经济、社会子系统何等强大，都不能单独、自发地实现海洋生态经济系统整体协调发展的目标。只有将三个子系统按照客观规则架构在一个系统内，建立起具有耗散结构的自组织系统，在人为优化机制的推动下，产生整体规模效应，才能达到海洋生态经济系统协调发展的状态。依据协同学的基本原理，海洋生态经济系统实现协调发展有其客观必然性，但也包含一个不可忽略的前提，即必须经由人为的合理控制与调整，为海洋生态、经济、社会协调发展创造出良好的机会与环境，竭力避免并合理解决外部不经济性问题，建立起确保系统协调运行的体制机制，才能帮助海洋生态经济系统更快更好地实现协调发展。

系统整体性原理表明海洋生态经济系统在发展演化过程中，其各子系统及系统构成要素之间存在显著的内在作用关系，根据实证结论，一是海洋生态经济系统中，任一系统非协调成分构成要素的变化是所有要素变化的函数，即各子系统内部各非协调要素之间存在因果关系，任一要素的变化将导致其他要素变化或者整个系统的非协调发展；二是系统中任一要素尤其是非协调成分构成要素的微小变动，将在整个系统中被放大，导致其他要素甚至整个系统的显著变化；三是只有在系统各关键构成要素按照合理结构比例组合时，系统才能取得良好的海洋生态、经济、社会效益，不同的要素配置方式将决定不同的系统状态。可见，必须重视海洋生态经济系统各子系统非协调成分之间及其与构成要素之间的函数关系，及时应用系统原理掌握并控制海洋生态经济系统协调发展演变方向与路径。

二　海洋生态经济系统协调发展的基本原则

为推进中国海洋生态经济系统协调发展的顺利实现，对系统的人为控制、调整理念与行为必须在遵循以下原则的基础上进行。

1. 遵循系统交互胁迫关系原则

中国海洋生态经济系统在运行中应始终坚持生态优先的发展观，变沿海"海洋社会人"为"海洋生态人"，同时，应当注意防止以海洋生态为中心的思维被完全片面化、绝对化，中国沿海各省（市、区）不能一味追求海洋生态效益，忽视了海洋经济发展与社会进步的要求，更不能一味坚持经济社会效益，不顾海洋生态环境的优劣。海洋生态经济系统协调发展必须以维持系统交互胁迫关系为前提，而系统的交互胁迫关系主要表现为海洋生态子系统、海洋经济子系统与海洋社会子系统内部以及各子系统之间的能量、物质、信息与价值的交流，如果仅注重保护海洋生态、经济或社会一方的效益，忽视其他方面的发展，必将造成某子系统独立运行态势，导致能量等流动无法全面进行，从而破坏海洋生态经济系统的运行机理，使系统处于混乱无序的运行状态，阻碍其协调发展的实现。因此，在推进海洋生态经济系统协调运行的过程中，必须注意三个子系统客观存在的动态作用关系以及交互胁迫机理，遵循海洋生态、经济与社会同步发展的原则，在不断提高海洋生态质量的基础上，满足海洋经济增长与社会进步的需要。

2. 遵循系统客观演变规律原则

中国海洋生态经济系统发展状态及水平影响着系统协调发展的阶段与程度。当海洋生态经济系统处于海洋经济与社会发展低级阶段，满足人类生存与发展的上涨需求成为主导趋向时，海洋生态经济系统的协调发展应当以保证海洋经济增长和社会进步为核心；当海洋生态经济系统的海洋经济、社会子系统发展良好时，海洋生态环境质量往往已经恶化，且其恶化程度通常远远超过海洋经济增长、社会进步程度，此时，海洋生态经济系统的协调发展应当以修复并完善海洋生态环境为核心。因此，要因地制宜地根据海洋生态经济系统发展状态的特点，遵循海洋生态经济系统 S 形演变规律，发挥沿海各省（市、区）海洋资源环境与社会经济条件的比较性优势，寻求海洋生态、经济、社会的最佳协调结合点，使海洋生态经济系统达到最优结构和最高功能，实现海洋生态经济系统综合效益最大化。

3. 遵循现代社会发展需要原则

在现代海洋生态、经济与社会再生产过程中，必须协调人类需求的无限性与海洋资源供给有限性的根本矛盾，促使人类需求建立在海洋生态资源供给数量可行性的基础上，推进海洋经济生产机制符合新时代人类的发展要求以及生态环境保护的要求，将社会主义市场经济体制与海洋经济发展的现代化、生态化趋势相结合，保证海洋生态经济系统能量、物质、信息和价值的合理流动，以维持海洋生态经济系统的健康运行。在该过程中，必须进一步强化海洋生态经济系统的人为管理与调控力度，依托市场、文化、行政、法律等手段，引导人类思想意识的更新，敦促人类行为举止的规范，充分发挥人在促进海洋生态经济系统协调发展时的创新、调控、维持等主观能动作用，从而保证海洋生态经济系统的更新变化，推动其不断向着更高级协调阶段演化。

4. 遵循系统整体协调优化原则

海洋生态经济系统具有层次多、分工细、规模大、关系复杂、结构烦琐、功能综合、目标多样、信息量大等特点，协调发展是海洋生态经济系统现代化、高级化、自动化的客观演变规律要求，是实现海洋生态、经济与社会可持续发展战略的决定性机制。贯彻系统论思想，应当把海洋生态经济系统置于整个国民经济发展、人类社会进步大背景下全面考虑，将海洋经济融入区域经济系统、海洋社会列入综合社会体系，把中国海洋生态经济建设与经济全球化、生态一体化、社会多样化等趋势相结合进行规划、协调、控制。当然，这并不表示海洋生态经济系统中各子系统必须整齐划一地达到完善、协调、持续的理想状态，系统的协调发展应是在一定客观条件下，着力把握系统中的主要矛盾、主要矛盾产生的根源和由此衍生的一系列引发系统非协调状态的关键问题，抓住主要矛盾的实质及其对系统产生的隐患，紧贴系统存在的客观环境，因地制宜、因时而动地进行深入探究和详细剖析，寻求并实施主要矛盾化解方案以及问题解决对策，从而追求海洋生态经济系统由重点到全面的优化协调，最终实现帕累托最优。

三　海洋生态经济系统协调发展的整体思路

海洋生态经济系统协调发展的趋向是三个子系统向着高效同步综合型协调状态演进，但该目标的实现是一个极其复杂的系统工程，鉴于人类在系统中的主导作用，不可能完全依靠海洋生态、经济、社会三个子系统的自行演变来实现，必须设计出合理、科学、有效的整体优化思路，充分发挥人工智能来推动系统的高效协调演进。

在海洋生态经济系统演变过程中，中国沿海 11 个省（市、区）均过分强调海洋经济、社会子系统的发展，忽视了海洋生态子系统的正常运转，系统的整体输出大于输入，导致系统不稳定不协调，大多数系统处于"海洋生态脆弱型"发展模式。但如果过分强调海洋生态子系统的维护而放弃海洋经济、社会子系统的进步，系统的输入大于输出，也会使系统处于不稳定不协调状态，系统将处于"海洋经济社会滞后型"发展模式。所以，海洋生态经济系统的高效同步协调发展模式，应当兼顾海洋生态、经济、社会三个子系统共同的发展，使三个子系统在能量、物质、信息和价值的顺畅流通中，维持系统整体的输出与输入平衡，从而提升效益的可持续形成总量及形成效率。

中国海洋生态经济系统的协调发展是推进海洋事业向着全面、可持续目标前进的基本路径，包含着复杂、多元的推进机理，其动力由海洋生态经济系统整体战略目标与三个子系统阶段性发展目标的综合目标体系构成。推进中国海洋生态经济系统协调发展的基本思路是通过采取有效优化措施，促进海洋生态子系统、海洋经济子系统以及海洋社会子系统各自向着良好及以上运行状态演进，并通过彼此间的交互胁迫关系，以各子系统的动态耦合协调度为基本保证，最终完成复合系统同步协调演变过程，进入高效综合协调发展模式。在构架推进中国海洋生态经济系统协调发展的主体内容时，应确保将海洋生态子系统的资源储备、修复、维护、高效利用与科学管理作为系统协调发展的基础；将海洋经济子系统的生态产业体系和产业集群构建作为系统协调发展的核心；将海洋社会子系统的海洋资源产权重构、管理机构改革、政策法规建设以及消费方式转变作为系统协调发展的依托与保障。简言之，针对当前沿海 11 个省（市、区）海洋生态经济系统普遍处于的协调阶段和类型，即以海洋生态子系统恶化和海洋经济与社会高速发展为核心矛盾的状态，中国海洋生态经济系统的协调发展整体思路应为：以海洋生态子系统修复与优化为基础，以海洋经济子系统生态型产业体系建设为载体，以海洋社会子系统强大与完善为支撑，在不断促进海洋生态经济系统现代化、市场化、生态化发展程度的基础上，提升系统总体耦合协调度。海洋生态经济系统及各子系统协调发展思路及基本目标如表 8 - 1 所示。

表 8 - 1　　　中国海洋生态经济系统实现协调发展的整体思路

系统项目	协调发展思路	目标
复合系统	由只注重某个子系统的发展向追求三个子系统同步协调及综合性可持续方向演进	实现海洋生态经济系统高效同步协调发展，增强海洋事业可持续发展能力
海洋生态子系统	由海洋资源衰退、海域环境恶化、系统结构破坏、人为灾害频发、生态功能下降、生态供给服务能力减弱向海洋资源数量充足、海域环境优化、系统结构完整、人为灾害消除、生态功能高效、生态供给服务能力强化方向转变	海洋资源充盈，海洋生态子系统良性运行
海洋经济子系统	由单一化、资源消耗型经济增长模式向以市场机制为主导、多元化、生态循环型海洋经济增长模式转变	节约利用海洋资源，获得高效经济效益，增强海洋产业竞争活力和生态友好程度
海洋社会子系统	通过意识行为转变、资源产权重构、管理体制改革、政策法规完善等，由低效、隐性、贫困的社会状态向高效、稳定、富裕的社会状态推进	建成海洋管理制度科学、管理体制高效、意识先进、行为规范、文化繁荣、和谐稳定的海洋社会系统

第二节　中国海洋生态经济系统协调发展的目标体系

一　海洋生态经济系统协调发展的总体性目标

根据 1996 年国务院制定、国家海洋局发布的《中国海洋 21 世纪议程》，中国海洋事业的总体发展目标是：建设具有良性循环体系的海洋生态系统，形成科学合理的海洋开发机制，促进海洋生态、经济与社会的可持续发展①。根据该议程的精神，确定中国现阶段海洋经济系统协调运行的总体性目标如下：

在海洋资源开发与保护方面的总体目标是，应当在采取各类有效措施的基础上，保证海洋资源的可持续开发与利用。具体而言，应当逐步恢复沿海与近海的渔业资源，着力发现新的渔场和渔业捕捞对象，为海洋捕捞业的健康稳定发展提供丰富的资源基础；同时注意保护浅海与滩涂的生态环境，大力培育优良海水养殖品种，为海水养殖业的大规模推进创造条件；还应继续扩大海洋油气资源勘探与开采区域，并力争发现新的油气田；对优良港湾必须依据深水深用原则，建设不同规模、多元用途的港口码头；此外，为适应海洋旅游异军突起的需求，对适宜于旅游休闲的海滩、海岸、水域等资源的完整性，要着重予以保护。

在海洋生态环境维护与修复方面的总体目标是，确保海洋资源的可持续开发利用在良好的生态环境下进行。具体而言，应当进一步增强海洋环境保护力度，减少、防止与控制海洋环境污染、海洋资源衰退，尤其是近海生态系统退化，对可能造成海洋生态系统损害的行为，预先采取行动；同时，贯彻"谁破坏、谁恢复；谁污染、谁治理；谁使用、谁赔偿"的原则，加大对海洋生态修复的投入，在明确海洋资源产权的基础上，积极发展海洋环保产业；此外，继续加强海洋生态保护与海洋生态经济系统可持续发展教育，提升海洋社会文明程度，增强公众海洋生态保护意识，转变公众消费模式和生活方式，使海洋生态保护与恢复成为保证海洋经济、社会持续发展的基本依托。

在海洋经济增长与产业结构优化方面的总体目标是，保证海洋经济规

---

① 中国海洋 21 世纪议程，http：//wenku. baidu. com/view/dc2d4b62caaedd3383c4d3 a9. html，
2011 年 10 月 1 日。

模有所扩大，海洋产业集群不断增加，海洋产业空间布局日益合理，海洋产业结构持续优化，清洁生产技术日臻完善。具体而言，应当重点发展海洋交通运输业、海洋旅游业、海洋油气业以及海洋渔业，使其充分发挥区域经济带动作用，并积极推动海水利用、海洋生物资源、海洋装备制造业等产业的发展，促进海洋经济规模和产业集群不断扩大；通过经济与行政手段，加强区域综合协调，达到各类海洋资源在区域和行业间的公平分配，推进海洋产业布局调整；同时，积极调整产业结构，通过科技进步、开发新型生产技术，大力推动深海采矿、海水化学元素提取、海洋能、海洋空间建造等海洋战略性新兴产业的发展，力争将海洋三产的比例调整为2:3:5；此外，引导海洋产业体系遵循可持续发展原则，通过积极发展清洁生产，促进海洋经济发展模式的转变，争取尽快建立起低消耗、高产出的海洋产业体系，使海洋产业向资源高效利用、废物产生量最小的生态友好方向发展。

在海洋社会进步与海洋事务管理方面的总体目标是，依靠对海洋深入的认识和科技进步，探索海洋事务管理新方法，为世代利用海洋、从海洋中持续获得收益提供支持。具体而言，在提高海洋社会人口综合素质的基础上，逐步转变以经济发展为中心的思想意识，调整过度消费理念，实行低碳绿色生活方式，从根本上实现人类对海洋生态系统压力的降低；同时，通过经济、科技、行政、教育等手段，对海洋经济活动进行有效组织、引导、协调、控制与监督，保证海洋各类资源得到合理利用，促进各类海洋产业有序协调地发展；在联合相关部门编制科学的海洋功能区划、海洋开发规划、海洋事业发展战略与政策方针的前提下，妥善解决好海洋资源开发与保护过程中出现的各类问题与矛盾，理顺海洋产业区域管理与综合管理、资源所有权与使用权、市场调节与宏观调控、生态维护与经济社会发展等突出矛盾，在更高层次上进行磋商、决策、实施与监控；此外，还应全面建立起以海洋基本法、综合管理法为主体，地方法规与行业标准相配套的海洋法律法规体系，以及高效、有力、及时的海洋预警机制和海上执法队伍，逐步实现依法治海。

据此，现阶段中国海洋生态经济系统协调发展的总体性目标可确定为，在社会主义市场经济体制下，转变海洋社会系统人的意识与行为，健全海洋事务预警与管理机制，依托先进的海洋科学技术，在构建良性循环、结构合理、功能高效、不断进化的海洋生态系统的基础上，推进海洋经济系统资源优化配置，以经营现代化、高级化、生态友好型海洋产业体系为主体，满足人类对各类海洋产品与服务日益增长的需求，促使海洋发挥出最大生态、经济与社会效益，推动海洋文明的全面进步。简言之，海洋生态经济系统协调发展的目标即是在海洋生态、经济、社会三个子系统同步演化、进化与发展的过程中，克服现有冲突、矛盾与限制，加强维护、联合与合作，通过相互促进、激励与互惠来实现系统整体性协调运行。

海洋生态经济系统的物质、能量、信息与价值的输出与输入若能在较长时期保持大致均衡，系统的结构与功能能够长时间处于稳定状态，即使受到系统内外突然的涨落或干扰，也能够通过系统的自我调节机制，维持原有的稳态或进入更高级协调状态。处于综合协调状态的海洋生态经济系统，其各子系统及其构成要素能够达到最适宜数量级，系统结构日渐复杂，系统功能持续优化，此时各子系统彼此制约、相互适应，能够进行正常的再生产活动，可持续发展自生能力得到全面增强。进一步来讲，中国海洋生态经济系统若能实现同步协调发展状态，将有以下突出的表征：①系统各子系统及其构成要素结构相对完善；②系统物质循环圈愈加封闭与恒定，物质循环效率不断提升；③系统拥有最适宜信息量，综合功能得以保持高效发挥；④系统维持着复杂的生物多样性，海洋经济社会发展稳定；⑤系统总能量的输入与输出持续均衡；⑥系统生产总量稳定增长，净生产总量基本恒定；⑦系统协调发展途径有多种有效选择；⑧海洋社会对系统的管控呈金字塔形优化状态，各利益群体和谐共处。

二　海洋生态经济系统资源配置的效率性目标

海洋生态经济系统中的资源要素通常涵盖各类海洋资源、人力资源、资金资源，还包括陆地土地资源以及由初级资源生产出的海洋经济、社会生产所必需的原材料、机械设备等。海洋生态经济系统中的各类资源配置是指将一定量的资源要素按照某种规则分配到海洋经济系统、海洋社会系统不同海洋产品、服务以及人自身的生产中，以满足海洋社会中人类的需要。海洋生态经济系统的资源配置效率涉及各类资源投入与产出的关系，产出相对于投入的比率越高，效率也就越高。在经济学分析中，效率通常被表示为以一定货币价值衡量的效益与成本的比值。衡量海洋生态经济系统的资源配置效率时，则应当着重将海洋生态以及海洋社会等非市场价格判定的效益和成本纳入审定范围。

在中国当今市场经济条件下，海洋生态经济系统资源配置的效率性应着重达到以下目标：①海洋经济生产利润最大化。海洋经济生产者以追求利润最大化为目的，是市场经济体系运作的基本原则，对利润的最大化追求将刺激海洋经济生产者与市场选择最有效、成本最小的资源配置方式，使海洋产品与服务的边际收益与边际成本达到相等。②资源要素投入控制合理。应当配合市场体系运作规律，在保证海洋经济生产者能够获得资源要素投入的基础上，使每个海洋经济生产者能够应用最经济的方法完全有效地控制资源要素的投入及产出。③资源要素使用时间最佳。海洋生态经济系统资源要素配置应当满足时间偏好，使市场能够按照整个系统的利益对资源要素在不同时间阶段进行分配，促进海洋经济生产决策者依据时间价值的观念进行决策，增大资源要素现值额度。④海洋经济生产外部性最小。海洋生态经济系统应通过制定合理规则，明确资源产权范围，使资源要素配置博弈局中经济外部性尽可能降低，力求实现社会总财富最大化。

中国海洋生态经济系统资源配置的最终目标是最大限度地满足人类日益增长的海洋生态、经济、社会效益需求。由于海洋社会居民对海洋的需求多样，既包括对海洋生态环境、生态功能与服务的需求，如气候调节、生境提供、废弃物处理等，也包括对海洋经济产品与服务的需求，如食物供给、休闲娱乐等，还包括对海洋社会功能与服务的需求，如精神鼓舞、科研教育等，这三种需求彼此关联，构成了海洋社会对海洋的综合性需求。中国沿海 11 个省（市、区）海洋生态经济系统进行资源要素效率性配置的根本目标，是在海洋生态环境日益恶化的当下，全面满足人类关于海洋生态、经济、社会的基本需求，并尽可能满足相关层面的更高级需求。

三　海洋生态经济系统各子系统的阶段性目标

1. 海洋生态子系统阶段性目标

海洋生态子系统是海洋生态经济系统协调发展的基本物质基础和重点保护、经营对象，是沿海 11 个省（市、区）可持续发展的核心。海洋资源的总量、质量与分布在根本上决定着中国海洋生态经济系统的产出与发展水平，海洋生态子系统的运行状况也是中国海洋生态经济系统是否实现协调发展及其协调发展程度的衡量标志。针对当前沿海 11 个省（市、区）海洋生态子系统普遍恶化的现状，确定其协调发展的阶段性目标为：在 21 世纪初海洋生态环境维护与改善的目标是减轻近岸海域污染的程度，遏制近海资源衰退、生态系统破坏的趋势，尽力保持近海大部分海域的良好状态，并使部分污染严重的海域环境质量有所提升，防止海洋生态整体的进一步恶化，力图减轻人为海洋灾害，改善海洋生态恶化与海洋经济增长、海洋社会进步不协调的局面；到 2020 年基本控制近岸海域污染问题，遏制海洋生态系统恶化态势，大部分污染严重海域环境质量有所好转，人为海洋灾害极少，海洋生态系统与海洋经济、社会系统进一步协调发展；到21世纪中叶，在一部分渔场建立起高效、高产、优质的人工渔业生态经济系统，在大部分生态脆弱区建立起海洋自然保护区网络，海水、海底生态状态能够符合自然演替规律、满足海洋生态功能发挥的需要，海洋生物多样性和珍稀物种得到充分保护。

2. 海洋经济子系统阶段性目标

海洋经济子系统是海洋生态经济系统的核心，承担着为国民经济、社会进步和生活水平提高提供各种海洋产品与服务的重要使命。沿海11个省（市、区）海洋经济子系统运行应强调海洋产业产出的可持续性，强调海洋经济发展为海洋生态修复、海洋社会进步提供保障的功能，针对11个省（市、区）现阶段海洋经济子系统与海洋经济子系统的突出拮抗矛盾，确定海洋经济子系统协调发展的阶段性目标为：在21世纪初，维持海洋经济产值增长速度不低于10%，略高于国民经济增长速度，逐步促使海洋经济生产总值占据沿海省（市、区）区域生产总值的20%—30%，为实现国家总体宏观经济战略目标做出贡献的同时，增加对海洋生态子系统保护与修复的资金投入；积极发展新型海洋绿色生产技术，让更多海洋绿色物质元素、能源等成为经济开发对象，促成海洋生态新产业的产生与发展；到2020年力争使海洋三产比例达到2∶3∶5；到21世纪中叶，海洋生态产业数量较目前更多，发展水平进一步提升，将海洋打造成为各类生态化海洋产品与服务的生产基地，近海部分海域成为人工海洋牧场，优良海滩和风景优美的海域成为旅游休闲基地，波浪能、潮汐能、潮流能、风能、海洋油气等能源开发组成多功能海洋绿色能源生产基地，海水工业实现全面改进。在未来，海洋经济子系统还应着重通过改进生产工艺、优化生产环节、交叉高效利用可再生资源，使海洋经济生产活动得到全过程污染控制，减少海洋产业产生的污染物总量，降低海洋经济发展对海洋资源、环境造成的损害。

3. 海洋社会子系统阶段性目标

海洋社会子系统对海洋生态经济系统的协调发展起着强大的导向作用，以人为中心的海洋社会在科技、教育、思想、管理体制、战略规划、法律法规等方面对中国海洋生态经济系统协调发展的良好支撑构成了该系统的发展目标。当前，中国海洋社会工作的核心应当是确保海洋资源可持续利用和海洋生态经济系统协调发展，坚持科教兴海原则，充分发挥市场导向作用与资源合理配置机制，在21世纪较长一段时期内推进中国海洋现代化、科技化、生态化建设。针对当前海洋社会监管不力、海洋生态响应滞后、消费模式粗放、海洋法制体系薄弱等问题，其协调发展阶段性目标为，在 21 世纪初，以《联合国海洋法公约》《海洋环境保护法》《海域使用管理法》《渔业法》《海岛保护法》等法律法规为基础，以中国海洋资源开发及环境保护需求为客观依据，制定海洋事业基本战略规划，进一步完善海洋法律法规体系，以防止和修复海洋生态资源衰竭、环境污染、系统破坏为重点，确保海洋事业健康发展。到 2020 年，实现海洋资源资产化管理，制定出完善的海洋资源有偿使用制度和生态补偿制度，建立起双边及多边海洋生态系统养护、保护机制，形成海洋事务管理合作机制。到 21 世纪中叶，建成渤海、黄海、东海与南海立体化海洋生态监控与修复体系，并逐步进入业务化运行状态，达到能够及时提供海洋生态经济系统各类信息，建成突破区域与产业界限的海洋事务综合管理系统和海洋生态经济系统预警机制，并实现科学技术与海洋经济、社会一体化发展。海洋社会子系统还应着重推进人口素质的全面提高以及人对于海洋生态保护意识的转变，改变过度消费模式与享乐主义生活观念，从根本上为海洋生态经济系统实现协调发展提供保证。

第三节　中国海洋生态经济系统协调发展的主要内容

步入海洋事业发展新时期，实现海洋生态、经济、社会子系统的同步协调并最终实现海洋事业的可持续发展，是海洋生态经济系统运行的终极目标。在前文关于中国海洋生态经济系统协调发展实证检验和理论分析过程中，海洋生态恶化与海洋经济增长、海洋社会进步的矛盾始终处于妨碍系统非协调发展的核心地位，因此，在探索中国在现代市场经济条件下的海洋生态经济系统协调发展道路时，应当以解决该矛盾为重点，需要重点实现的内容包括海洋生态、经济、社会三个子系统的结构性协调、功能性协调以及时空性协调。

一　海洋生态经济系统的结构性协调

实现中国海洋生态经济系统的协调发展，首先应当保证海洋生态、经济与社会子系统构成要素之间的数量配比关系合理有序，确保整个系统具有持续的生产力，同时保证海洋经济与社会子系统对海洋生态子系统的干预、对海洋资源开发利用的程度具有数量界限，使其能量流、物质流、信息流和价值流达到统一均衡，形成具有自我修复、自我调节功能的自组织能力。

中国海洋生态经济系统的结构性协调反映了三个子系统及其构成要素之间在时空上相互渗透、相互制约、相互结合、相互促进的交互胁迫关系，且该胁迫关系强弱适中，作用途径合理，是系统正常运行所必需的最基本协调。中国海洋生态经济系统实现结构性协调有利于系统整体功能优化，主要包括两方面内容：①同要素结构性协调。同要素是指处于同一个子系统的构成要素，一般而言，由于海洋生态、经济或社会子系统内部本就具有较强能量、物质、信息的自聚集、自转换、自修复、自循环机制，且对能量、物质和信息具有一定的选择和控制能力，同系统要素之间较容易形成协调关系。同要素结构协调是中国海洋生态经济系统必须实现的最基本的结构性协调，只有海洋生态、经济与社会子系统内部同要素结构协调后，才能促成复合系统整体的协调运行状态。但是由于同要素彼此差别较小，相互之间的竞争与胁迫作用相对较弱，通常会形成一种相对封闭、均衡的子系统自我演化机制，对其他子系统的演化信息产生一股强大的抑制作用，阻碍系统整体协调发展，此时，必须介入异要素的结构性协调。②异要素结构性协调。异要素是指处于不同子系统的构成要素，如海洋经济—社会异要素、海洋生态—经济异要素、海洋生态—社会异要素等。由于异要素的差异性较大，在建立中国海洋生态经济系统整体结构过程中，为了求同存异，异要素之间将发生利益摩擦以及相应的数量比例关系调整，耗散一定能量和物质。子系统自我演化机制导致的经济社会发展与生态恶化的矛盾必须基于海洋生态—经济—社会的异要素结构协调才能得以有效解决。根据协同学和自组织理论，通过将三个子系统构成要素整合在同一个协调运行机制中，使其服从于同一个协调运行目标，各类要素之间将会自发地取长补短，生成较强的交互胁迫机制以及同步协调效应。

二　海洋生态经济系统的功能性协调

中国海洋生态经济系统中各子系统具有各自相应的功能，由于结构的变化，各类功能已经出现不统一、不协调问题，甚至形成反作用关系。为解决沿海11个省（市、区）海洋经济增长、社会进步与海洋恶化的矛盾，必须努力协调各子系统的功能，使复合系统的生态、经济与社会功能在总体上趋于和谐一致。这种功能性协调的表现形式是系统中社会、生态、经济联系的统一，以及能量流、物质流、信息流和价值流关联的统一。

中国海洋生态经济系统功能性协调的实现是系统整体协调发展的具体

体现，通过三个子系统功能的最优组合和相互协作达到总体功能最优、负面作用最小的效果。系统总体功能的最优需要通过三个子系统功能的完备来实现，尽管沿海 11 个省（市、区）海洋生态、经济、社会子系统的特征与功能各不相同，重要程度不一，但对中国海洋生态经济整个系统的正常、健康运行都是不可或缺的，任何一方的功能残缺或衰弱都将影响整体功能的实现。然而，海洋生态经济系统本身具有的矛盾性使得其海洋生态、经济、社会功能一般不可能同时实现最佳发挥，必须略有侧重，通过综合平衡才能达到整体上的整合与最优①。由此，中国海洋生态经济系统的功能性协调应当是一种主导功能分异性协调，不同省（市、区）海洋生态经济系统的战略地位不同，各自主导的功能也将不同。海洋生态最脆弱地区，如河北、广西，其海洋生态子系统的生态效益功能自然成为主导功能。因此，应当因地制宜，在坚持系统主导功能有所侧重的基础上，综合均衡，兼顾其他功能，最终确保海洋生态子系统功能稳定，海洋经济子系统功能流畅，海洋社会子系统功能突出，各类功能达到整体的最优状态。例如，上海海洋生态功能与经济功能在本质上呈对立关系，要发挥海洋经济子系统的功能势必要开发海洋资源，干扰海洋生态子系统的常态运行，甚至导致海洋生态功能的萎缩或消失，但为了保护海洋生态，降低海洋资源使用数量，又将使海洋经济子系统功能运行处于缓慢或停滞状态，若要使海洋生态、经济功能均实现顺畅运行，上海必须及时调整海洋产业结构及经济增长方式，推动资源消耗型海洋产业向环境友好型转变，着重发展生态循环型海洋经济，抓住契合点，促进两者功能高效协调化发挥。

三 海洋生态经济系统的时空性协调

中国实现海洋生态经济系统的时间性协调是指海洋生态、经济、社会子系统在时间截面上的同步发展与综合效益的协调，即一方面在海洋生态经济系统运行过程中，正确运用海洋生态演变规律和市场经济规则，处理好生产过程中的海洋生态、经济、社会子系统的交互胁迫辩证关系，并使其内向增长、彼此促进；另一方面是要在兼顾海洋生态、经济、社会综合效益的基础上，进一步强化海洋生态效益，提高海洋经济发展的正面效应，确保综合效益的持续稳定提高。空间性协调是指沿海 11 个省（市、区）海洋生态经济系统在地域空间截面上的布局优化和协调。沿海 11 个

---

① 蒋敏元等：《以生态环境建设为主体的新林业发展战略研究》，东北林业大学出版社 2002 年版。

省（市、区）由于资源禀赋、生态条件、生产力水平、社会发展程度等方面的差异，形成了隶属于不同阶段、不同类型的海洋生态经济系统，其管理模式、协调发展措施等不尽相同，因此，必须依据海洋生态演变规律与市场机制科学分配同要素、异要素的空间组合方式，使不同沿海地区的海洋生态经济系统实现协调互补。

任何海洋生态经济系统都处于一定的时空环境中，中国要实现海洋生态经济系统的时空性协调必须着重完成在产业空间协调和利益时间协调两个方面的工作。①产业空间协调，是沿海 11 个省（市、区）的海洋产业之间在地域空间分布、生产规模上的比例关系与产业地域之间的联系方式的统一，必须在开发、利用、加工、转换海洋资源过程中生成的一种社会网络结构的协调。海洋生态经济系统的空间协调关系最终要通过 11 个省（市、区）海洋产业结构的协同以及产业空间布局的优化来实现。②利益时间协调，主要是指当前中国沿海地区海洋社会当代人之间以及当代人与后代人之间海洋综合利益的合理分配。利益时间的协调既能保证中国海洋资源合理配置及其永续利用，又显示了海洋社会公平以及文明程度的提高，有利于增强海洋生态经济系统可持续发展的自生、自组织能力。中国海洋生态经济系统的利益时间协调包括代内与代际的协调，代内的协调主要表现为沿海 11 个省（市、区）各利益相关者如政府、企业、公众之间的利益协调，也称为群际之间的利益协调。由于群体之间总有利益关系制约，而当代人不可能受到后代人的有效约束，中国代际利益的协调更依赖于当代人的综合素质与道德意识，因此，相比较而言，代际利益协调要比群际利益协调更难实现，必须通过不断增强沿海 11 个省（市、区）海洋社会系统中人们的海洋生态意识，促使其由经济人向生态人转变才能达成。

第四节　中国海洋生态经济系统协调发展的基本模式

在前文研究结论的基础上，这里提出海洋经济主导型、海洋生态主导型、海洋社会节约型三种海洋生态经济协调发展模式。下面将在给出三种模式发展指导思想与适宜条件的基础上，构建出三种模式的具体运行机制，并结合沿海省（市、区）具体实际数据，参考线性规划的思路与方法，预测并评估三种模式的运行效果及其对海洋生态经济系统协调发展的推动作用。

一　经济主导型协调发展模式

1. 模式指导思想及运行条件

海洋经济主导型协调发展模式是指在沿海 11 个省（市、区）开发海洋资源过程中，着重坚持以海洋经济发展为中心，由海洋经济带动社会进步，为海洋生态保护与修复提供更多资金与技术支持，最终实现海洋经济发展与海洋社会进步、海洋生态维护并重的局面。其协调发展指导思想为按照可持续发展理念，以海洋三产业协调发展为基本内容，优化海洋产业空间布局，提升海洋经济生产力，创造出更多经济效益推动海洋社会全面进步，促进其不断提高海洋科技发展和海洋事务管理水平，为海洋生态保护与修复提供强有力的经济与社会支撑，从而推动海洋生态与海洋经济协调度的改善，为实现海洋生态、经济与社会效益相统一奠定基础。

选择该模式的沿海省（市、区）应具有以下几个特点：首先，从海洋资源的本底储量来看，适合海洋经济主导型协调发展模式的沿海省（市、区）应拥有一定数量的可开发海洋资源；其次，从海洋环境的承载力来看，这些沿海省（市、区）的海洋环境承载力应较强、环境容量较大；最后，从海洋经济的战略地位来看，其海洋经济在地区经济体系应占有相对主导地位，且海洋经济发展基础优异，增长势头良好。简言之，经济主导型协调发展模式适宜于具有一定海洋自然资源优势、海洋经济基础相对较好的沿海省（市、区），如辽宁、天津市、山东与广东等。

2. 模式具体运作机理

海洋生态经济系统经济主导型协调发展模式具体运作机理见图 8 - 1。采取该模式的沿海省（市、区）首先应加大资金、人才、科技等生产要素的投入，并根据地区海洋资源优势，优化海洋资源转化加工链，着重发展特色海洋产业、优势产业以及多元海洋生态产业，实现沿海地区生产要素投入互动，增强海洋产业间联系与合作，推进海洋产业生态化以及海洋生态产业化发展，加强沿海地区海洋经济自我发展能力的塑造。同时，在推动海洋社会交通、通信、能源等基础设施建设的前提下，着重加快海洋科教、文化、管理、服务等体系的发展步伐，提高海洋社会群众的综合素质，强化海洋生态保护宣传教育，注重海洋社会人力资本的开发与积累，实现海洋社会在思想观念、政策制度（包括海洋经济市场制度、海洋资源产权制度、海洋相关法律制度、海洋事务行政管理制度、海洋发展战略规划等）、海洋科学技术、海洋事务组织管理等方面的创新，不断提升海洋社会系统核心竞争力。从而，依托海洋社会子系统创新，建立起海洋经济发展与海洋生态建设整合的市场激励机制、组织管理机制、投融资机制、监督保障机制等动力机制，不断增加由海洋经济系统向海洋生态系统的补偿性投入，逐步恢复被破坏的海洋生态环境，实现海洋经济发展与海洋生态建设的协调互动。

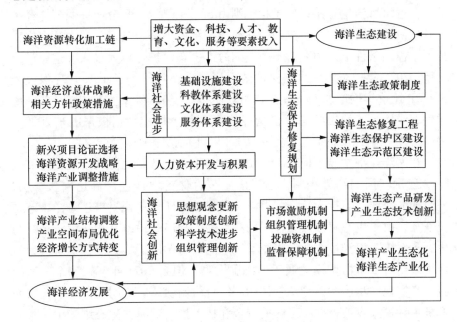

图 8 – 1　海洋生态经济系统经济主导型协调发展模式

3. 模式运行效果验证

依据经济主导型协调发展模式基本指导思想和具体运作机理，这里以山东为例，应用灰色 GM（1，1）预测模型，结合前文得出的山东海洋生态经济系统交互胁迫关系方程、非协调形成机理结构方程以及 SD 状态预警模型，在着重控制海洋经济规模、海洋生态响应两项状态层指标参数的基础上，对经济主导型协调发展模式指导下的山东海洋生态经济系统协调度进行预测，测算该模式运行可能达到的效果，从而为该模式能否促进以及在多大程度上促进海洋生态经济协调发展提供证明。

2000—2014 年，山东海洋经济规模保持了较快增长，人均海洋生产总值年均增长率为 21.49%，海洋生产总值占 GDP 的比重由 8.64% 上升至 18.99%，年均上升 0.74%，海域利用效率年均上涨 18.21%，人均固定资产投资年均增加 22.07%。在海洋经济主导型协调发展理念的指导下，这里设定 2015—2025 年山东海洋经济仍保持现有高速增长势头，人均海洋生产总值年增长率在 15% 左右，海洋生产总值占 GDP 的比重年均上升 0.6%，海域利用效率年均增加 15%，人均固定资产投资年均上涨 15%。2000—2014 年山东海洋生态条件持续恶化，海洋生态响应力度薄弱，海洋自然保护区面积比重维持在 2% 左右，环保投入占 GDP 比重在 1.30% 上下徘徊，近海海洋生态系统健康状况则由 62 分下降至 39 分。按照海洋经济主导型协调发展模式运行机理，在海洋经济提供资金支持、海洋社会提供技术支撑的条件下，山东将不断增加海洋生态保护与修复投入，这里设定 2015—2025 年山东海洋自然保护区面积比重将年均增长 10%，环保投入占 GDP 比重年均增加 15%，近岸海洋生态系统健康状况年均提高 5%。海洋生态经济系统发展状态评价指标体系中其余指标数据根据山东 2000—2014 年数据利用 Excel 建立灰色 GM（1，1）预测模型进行预测。

在海洋经济主导型模式下，山东海洋生态经济系统协调发展趋势如表 8-2 所示。预测结果表明，如果山东一直保持海洋经济高速增长势头，同时加大海洋生态投入、增强海洋自然保护区建设、积极推进海洋生态系统恢复，由于生态建设效果显现的滞后性，2015—2020 年山东海洋经济与生态子系统、海洋社会与生态子系统之间的协调度仍将处于拮抗阶段，海洋生态经济系统协调模式属于生态脆弱型。但自 2021 年起，三个子系统将逐步实现同步协调，系统整体达到综合协调状态。说明若山东确实按照经济主导模式发展，并将足够的资金和技术投入到海洋生态维护中，最终能够实现海洋生态经济系统的协调发展。

表 8-2　　　　　　2015—2025 年经济主导模式下山东海洋生态
经济系统协调发展趋势预测

年份	2015	2016	2017	2018	2019	2020	2021	2022	2023	2024	2025
$V_{生态}$	-0.02	-0.01	-0.01	-0.01	-0.01	0.00	0.00	0.00	0.01	0.01	0.01
$V_{经济}$	0.06	0.06	0.06	0.06	0.06	0.06	0.06	0.06	0.06	0.06	0.06
$V_{社会}$	0.05	0.04	0.04	0.04	0.04	0.05	0.06	0.06	0.07	0.08	0.10
tana（生态 VS 经济）	-0.30	-0.25	-0.20	-0.15	-0.10	-0.05	0.05	0.10	0.15	0.20	
tanb（生态 VS 社会）	-0.37	-0.33	-0.27	-0.20	-0.12	-0.05	0.00	0.05	0.08	0.10	0.12

续表

年份	2015	2016	2017	2018	2019	2020	2021	2022	2023	2024	2025
tanc（经济 VS 社会）	1.24	1.32	1.36	1.34	1.26	1.15	1.03	0.90	0.78	0.67	0.58
a（生态 VS 经济）	-16.62°	-13.94°	-11.20°	-8.41°	-5.58°	-2.73°	0.15°	3.02°	5.87°	8.70°	11.49°
b（生态 VS 社会）	-20.29°	-18.19°	-15.08°	-11.20°	-7.05°	-3.14°	0.15°	2.71°	4.58°	5.87°	6.72°
c（经济 VS 社会）	51.09°	52.94°	53.67°	53.23°	51.66°	49.09°	45.75°	41.92°	37.89°	33.90°	30.13°
协调阶段（生态 VS 经济）	拮抗	拮抗	拮抗	拮抗	拮抗	拮抗	同步协调	同步协调	同步协调	同步协调	同步协调
协调阶段（生态 VS 社会）	拮抗	拮抗	拮抗	拮抗	拮抗	拮抗	同步协调	同步协调	同步协调	同步协调	同步协调
协调阶段（经济 VS 社会）	同步协调	同步协调	同步协调	同步协调	同步协调	同步协调	同步协调	同步协调	同步协调	同步协调	同步协调
协调类型	生态脆弱型	生态脆弱型	生态脆弱型	生态脆弱型	生态脆弱型	生态脆弱型	综合协调型	综合协调型	综合协调型	综合协调型	综合协调型

总而言之，从海洋经济发展的角度来看，海洋经济主导型协调发展模式在资源开发过程中，能够帮助沿海省（市、区）充分利用海洋生物资源、海洋空间资源、海洋矿产资源、海洋化学资源、海洋能源和区位条件禀赋，通过相对完善的制度设计，有规划地对周围的海洋资源进行合理、适度开发，使其海洋资源潜力在制度的保护下得以有效释放，从而实现海洋资源的经济价值。从海洋生态保护的角度来看，该模式杜绝沿海省（市、区）在海洋经济社会发展时盲目求大求全，而是敦促其注重海洋经济社会与海洋生态环境的和谐共存，在推动海洋产业生态化、海洋生态产业化的基础上，依据海洋环境容量和资源承载力的限制，促进海洋经济与社会发展水平的提高，同时，该模式要求沿海省（市、区）加大海洋生态保护与修复投入力度，并制定出有利于海洋事业可持续发展的战略措施，力求沿海省（市、区）海洋生态经济共存共赢，互相支持，以实现海洋经

济社会发展与海洋生态环境建设和谐统一的目标。

二 生态主导型协调发展模式

1. 模式指导思想及运行条件

海洋生态主导型协调发展模式指在沿海省（市、区）海洋资源开发的过程中侧重于海洋生态保护，把确保海洋生态系统正常运转作为一切开发建设活动的出发点和归宿，由良好的海洋生态为海洋经济发展、海洋社会进步提供支撑，大力推进海洋生态经济系统可持续发展进程。其协调发展指导思想为，在重要海洋生态功能区以及海洋生态退化的沿海省（市、区），因地制宜地实施退耕还海、生态修复和海洋生态保护区建设工程，通过多渠道生态置换完善海洋生态防护与恢复体系，并创建出生态型海洋社会系统，更新海洋经济发展与生态保护观念，在健全海洋生态资源产权制度的基础上，建立生态补偿机制，通过政府财政转移支付的补偿和相关项目支持，实现海洋生态技术、生态产品、绿色制度、生态管理体制的创新。同时，依托海洋生态建设的良好保障，培育与发展海洋经济后续产业和替代产业，设立海洋经济绿色化生产示范基地，推动海洋社会居民转产择业，通过技术创新和政策支持实现海洋产业多元化生态型改造，构建起海洋生态经济体系，达到海洋生态增效、海洋经济增收、海洋社会转变的多赢目标。

选择该模式的沿海省（市、区）应具有以下几个特点：首先，适宜海洋生态主导型协调发展模式的沿海省（市、区）海洋生态系统较为脆弱，一旦被破坏后将很难恢复；其次，这些沿海省（市、区）的海洋生态环境大多已遭到严重损坏，近海海洋生态系统几近或已经失衡；最后，这些沿海省（市、区）人为因素引起的海洋灾害较为频繁，对其海洋资源开发的成本较大，且受多种不确定性因素影响，海洋经济利益可能受到多种潜在风险的威胁。简言之，该模式适宜于海洋生态环境容量较小、海洋资源承载力较弱，且海洋经济发展相对落后的沿海省（市、区），如河北、江苏、广西等。

2. 模式具体运作机理

海洋生态经济系统生态主导型协调发展模式具体运作机理见图 8－2。采取该模式的沿海省（市、区），首先，应通过社会化投融资和区域联合合作建立起海洋生态保护与修复体系，采取退耕还海、海洋生态修复、禁渔休渔以及海洋生态保护区建设等手段全面改善海洋生态资源与环境条件，进而经由海洋生态购买、生态私有、生态补偿途径实现海洋生态建设市场化、产业化。其次，在强化海洋社会群众生态保护意识的基础上，加强海洋特色资源、新兴资源、绿色能源开发技术的研发，鼓励海洋后续产业、替代产业的发展，鼓励海洋社会居民另行转产择业，并从海洋经济绿色化生产示范基地建设和信息技术传递入手，在相关科技与政策的支撑下实现海洋产业生态化整体改造，在海洋社会进一步的协调下，完成海洋生态建设与海洋经济发展的全面结合。由海洋生态投入增大到相关制度健全再到海洋产业转化，促成海洋生态、经济与社会各子系统之间的良性运转，最终实现海洋生态、经济与社会相互促进的良性互动目标。

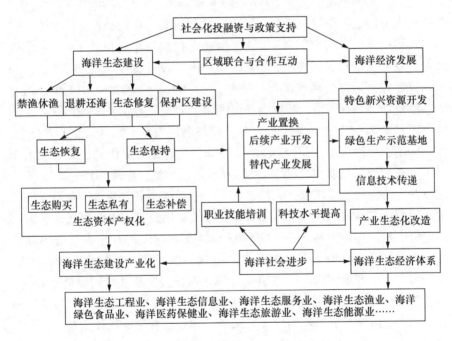

图 8 - 2　海洋生态经济系统生态主导型协调发展模式

3. 模式运行效果验证

依据生态主导型协调发展模式基本指导思想和具体运作机理，这里以河北为例，应用灰色 GM (1, 1) 预测模型，结合前文得出的河北海洋生态经济系统交互胁迫关系方程式、三个子系统发展态势拟合曲线方程式、非协调形成机理结构方程、SD 状态预警模型，在着力控制海洋科技水平、海洋社会管理能力、海洋经济规模、海洋生态条件、海洋生态压力、海洋生态响应六项状态层指标参数的基础上，对生态主导型协调发展模式指导下的河北海洋生态经济系统协调度进行预测，测算该模式运行可能达到的效果，从而为该模式能否促进以及在多大程度上促进海洋生态经济协调发展提供证明。

2000—2014 年，河北海洋科技水平提升缓慢，海洋社会管理能力始终较差，海洋科技研究人员比重年均减少 0.001%，海洋科技创新能力年均提高 0.21%，海洋科研机构密度年均增加 12.5%，海洋科研课题承担能力年均提升 7.10%，单位岸线海滨观测台站密度年均增大 4.85%，年均出台政策文件年均增多 3.1%，当年确权海域面积占已确权面积比重年均上升 7.8%。在海洋生态主导型协调发展理念的指导下，这里设定 2015—2025 年河北海洋科技水平与海洋社会管理能力应当大幅度提升，海洋科技研究人员比重年均增长 7%，海洋科技创新能力年均提高 6%，海洋科研机构密度年均增加 8%，海洋科研课题承担能力年均提升 7%，单位岸线海滨观测台站密度年均增大 5%，年均出台政策文件年均增多 6%，当年确权海域面积占已确权面积比重年均上升 10%。2000—2014 年，河北海洋经济规模一直较小，2014 年人均海洋生产总值仅为 0.28 万元/人，海洋生产总值占 GDP 的比重仅 6.97%，海域利用效率 1.81 亿元/平方公里，人均固定资产投资为 3.61 万元/人。在海洋生态主导型协调发展理念的指导下，考虑到河北海洋资源与环境条件较差，这里设定 2015—2025 年河北海洋经济保持低速增长，人均海洋生产总值年增长率在 8% 左右，海洋生产总值占 GDP 的比重年均上升 2%，海域利用效率年均增加 10%，人均固定资产投资年均上涨 10%。2000—2014 年，河北海洋生态状况不断恶化，生物多样性年均下降 1.31%，严重污染海域比重年均增长 19.27%，人均海水产品产量年均增长 2.61%，海水浴场健康指数年均降低 0.04%，赤潮发生次数年均增加 38.07%，可养殖面积利用率年均提高 4.51%，单位面积工业废水排放量年均增加 1.66%，单位面积工业固体废物产生量年均提高 16.18%，单位海域疏浚物倾倒量年均增加 10.13%，海平面年均上升 4.56%，单位岸线灾害损失年均增加 7.51%，海洋自然保护区面积比重年均增加 7.40%，环保投入占 GDP 比重年均提高 3.37%，近岸海洋生态系统健康状况年均下降 2.63%。按照海洋生态主导型协调发展模式运行机理，在科技水平提高、社会调控增强、社会投融资增多和区域联合合作的前提下，河北不断增加海洋生态保护与修复投入，改善海洋生态资源与环境条件，促进海洋生态建设产业化、海洋产业生态化，这里设定 2015—2025 年河北海洋生态系统运行将实现明显好转，生物多样性年均增加 3%，严重污染海域面积比重年均下降 1%，人均海水产品产量年均增加 1.5%，海水浴场健康指数年均提升 1%，赤潮发生次数年均增加 10%，可养殖面积利用率年均下降2%，单位面积工业废水排放量年均增长2%，单位面积工业固体废物产生量年均增长5%，单位海域疏浚物倾倒量年均提高5%，海平面上升与单位岸线灾害损失年变化率不变，海洋自然保护区面积面均增加10%，环保投入占GDP比重年均增加10%，近岸海洋生态系统健康状况年均提升2%。海洋生态经济系统发展状态评价指标体系中其余指标数据根据河北2000—2014年数据利用Excel建立灰色GM（1，1）预测模型进行预测。

在海洋生态主导型模式下，河北海洋生态经济系统协调发展趋势如表8-3所示。预测结果表明，如果河北不断推进海洋科学技术进步、加大海洋社会宏观调控力度、实行区域联合、加大社会投融资，进而增加海洋生态投入、强化海洋自然保护区建设、全面修复受损海洋生态系统，并始终保持海洋经济低速增长态势，减轻海洋生态压力，2015年—2025年河北海洋经济与生态子系统、海洋社会与生态子系统之间的协调度将逐步实现同步协调，系统整体达到综合协调状态。说明若河北确实按照生态主导模式发展，并将足够的精力、资金和技术投入到海洋生态维护中，持续降低人为因素对海洋生态系统的影响，最终能够实现海洋生态经济系统的协调发展。

表8-3　　　　2015—2025年生态主导模式下河北海洋生态经济
系统协调发展趋势预测

年份	2015	2016	2017	2018	2019	2020	2021	2022	2023	2024	2025
$V_{生态}$	0.02	0.02	0.02	0.02	0.02	0.02	0.02	0.02	0.02	0.02	0.02
$V_{经济}$	0.04	0.05	0.05	0.06	0.06	0.07	0.07	0.08	0.08	0.08	0.09
$V_{社会}$	0.03	0.03	0.03	0.03	0.03	0.03	0.03	0.03	0.03	0.03	0.03
tana（生态VS经济）	0.48	0.43	0.38	0.34	0.31	0.28	0.26	0.24	0.22	0.20	0.19
tanb（生态VS社会）	0.67	0.65	0.64	0.62	0.61	0.60	0.58	0.57	0.55	0.54	0.52
tanc（经济VS社会）	1.39	1.53	1.68	1.82	1.96	2.10	2.24	2.39	2.53	2.67	2.81
a（生态VS经济）	25.61°	23.06°	20.86°	18.96°	17.29°	15.83°	14.53°	13.38°	12.34°	11.41°	10.56°
b（生态VS社会）	33.73°	33.16°	32.58°	31.99°	31.39°	30.79°	30.18°	29.56°	28.93°	28.30°	27.66°

续表

年份	2015	2016	2017	2018	2019	2020	2021	2022	2023	2024	2025
c（经济VS社会）	54.33°	56.91°	59.19°	61.19°	62.97°	64.56°	65.98°	67.25°	68.41°	69.46°	70.41°
协调阶段（生态VS经济）	同步协调	同步协调	同步协调	同步协调	同步协调	同步协调	同步协调	同步协调	同步协调	同步协调	同步协调
协调阶段（生态VS社会）	同步协调	同步协调	同步协调	同步协调	同步协调	同步协调	同步协调	同步协调	同步协调	同步协调	同步协调
协调阶段（经济VS社会）	同步协调	同步协调	同步协调	同步协调	同步协调	同步协调	同步协调	同步协调	同步协调	同步协调	同步协调
协调类型	综合协调型	综合协调型	综合协调型	综合协调型	综合协调型	综合协调型	综合协调型	综合协调型	综合协调型	综合协调型	综合协调型

总之，从海洋生态保护的角度来看，通过采取退出、保护、治理、保障、转变等各种措施，重新安排海洋社会系统群众的生产生活，逐步减轻海洋生态压力负荷，能够促使海洋生态运行与经济生产相对平衡的实现。而这些沿海省（市、区）的海洋生态保护工作主要集中在海岸线、海岛、滩涂、水域、生物多样性的保护以及海洋生态功能的修护等，由于人为保护的加强，各类海洋生态环境要素能够逐渐实现彼此之间的能量循环、物质流通和信息传递，从而有利于不断强化海洋生态系统的自我调节功能和自我恢复功能，为海洋产业生态化的发展奠定基础。从海洋经济开发的角度来看，选择海洋生态主导型协调发展模式的沿海省（市、区）进行海洋资源开发主要依附海洋生态建设的需要，而由于其特殊的地理位置，面临着诸多的海洋生态风险，如污染、溢油、风暴潮等，对其进行大规模海洋经济开发，必然要对这些风险要素进行评估和权衡，在极端情况下，甚至要放弃海洋经济开发活动，以保障其海洋生态系统不被额外的人为因素所破坏。待海洋生态条件有所好转时，沿海省（市、区）可以抓住机遇，统筹规划，积极培育后续产业和替代产业，发展生态化特色海洋经济，以改善海洋经济收益。

三　社会节约型协调发展模式

1. 模式指导思想及运行条件

海洋经济发展的过程实际上是海洋资源利用规模扩大的过程，海洋社会人均生活水平提高即是人均消耗海洋资源数量上升的过程。海洋社会人均福利提高必然要求增加对海洋资源的加速开发与利用，但海洋资源的开发利用定会对海洋生态系统产生负面影响。越来越多的事实证明在其他经济系统中熵定律是客观存在的，能量总是不可避免地从有效形式演化为无效形式。海洋经济有增长极限限制，海洋社会中的人们应当重新审视关于经济增长最基本的道理——经济活动仅是满足人类基本需求的活动，不应该被看作是具有最有意义的高级行为，只有当越来越多的人将追求海洋经济无限的精力放在生态需求、精神需求等非物质的一端，海洋生态经济系统才能从生态危机中彻底走出来。社会节约型协调发展模式正是在熵理思维逻辑的基础上产生的。该模式适用于中国全部沿海省（市、区），尤其以高消费为追求的沿海人群最为合适，如上海、广东等。

海洋生态经济系统社会节约型协调发展模式以实现人与海洋和谐共处为目标，为确保该目标实现必须使整个海洋生态经济系统各关键环节的安排都体现这一宗旨。海洋社会节约型协调发展模式具体指在沿海省（市、区）海洋资源开发过程中，从改变人的思想理念入手，倡导绿色消费、适度消费，将规范人的行为作为确保海洋生态经济系统协调运转的根本，由理性、节约型海洋社会为海洋经济增长、海洋生态保持提供保证，增强海洋社会系统的控制能力与适应能力，促进海洋生态经济系统沿着 S 形轨迹演变，实现海洋生态经济向更高层次共生运行状态提升。其协调发展的指导思想为重视海洋社会系统机能，以海洋社会系统为根基，重新审视并设定人在海洋生态经济系统中的驱动、中介、管理以及调控作用，利用海洋生态、经济、社会三个子系统之间的交互胁迫关系及能量、物质、信息、价值等交流途径，遵从海洋生态经济系统客观演变规律，改变原有粗放式发展理念与过度消费模式，综合利用多种社会调控手段，从源头上彻底消除海洋生态经济系统非协调发展症结，为实现海洋生态经济社会持续协调发展目标铺平道路。

2. 模式具体运作机理

海洋生态经济系统社会节约型协调发展模式具体运作机理见图 8 - 3。采取该模式的沿海省（市、区）首先应重新明确海洋经济生产的根本目的，改变明显失控的消费主义至上的局面，扭转物质需求无限膨胀的趋势，倡导符合可持续发展规律的适度消费理念，推进绿色消费运动，使海洋产品与服务消费与海洋资源环境承载力相适应，并促进人们由注重物质生活向注重精神生活转变，在创造性劳动与审美中体现人生价值。同时，推动海洋经济由高速增长向适度增长转换，在强有力的宏观调控措施引导下，走出依赖海洋自然资源建立起的海洋经济文明，探索更深层次的物质生产方式，以绿色海洋经济产值为测算依据，通过对海洋产业生产行为的约束、激励和引导，将海洋经济资本扩张逻辑限制在一定范围内，使海洋经济达到低投入、低消耗、低排放、高协调、易循环、高效率的良性发展模式。此外，还应健全海洋生态补偿制度，加强海洋区域补偿与海洋产业补偿协调机制，着力解决跨区域、跨产业的海洋资源开发与海洋生态保护矛盾，在完善海洋利益分配机制的前提下，推进海洋社会公平，以海洋社会公平推动海洋生态公平。

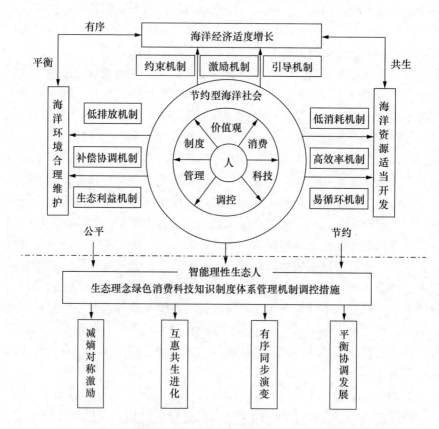

图 8 - 3　海洋生态经济系统生态主导型协调发展模式

3. 模式运行效果验证

依据社会节约型协调发展模式基本指导思想和具体运作机理，这里以广东为例，应用灰色 GM（1，1）预测模型，结合前文得出的广东海洋生态经济系统交互胁迫关系方程式、三个子系统发展态势拟合曲线方程式、非协调形成机理结构方程以及 SD 状态预警模型，在着重控制海洋社会人口、海洋社会生活质量、海洋社会管理能力三项状态层指标参数的基础上，对社会节约型协调发展模式指导下的广东海洋生态经济系统协调度进行预测，测算该模式运行可能达到的效果，从而为该模式能否促进以及在多大程度上促进海洋生态经济协调发展提供证明。

2000—2014 年，广东海洋社会人口规模及结构保持着稳定演变，人口密度年均增长率为 1.65%，城镇化水平年均上涨 4.35%，受教育程度年均上升 7.12%，涉海就业人员比重年均增加 1.44%。在海洋社会节约型协调发展理念的指导下，这里设定 2015—2025 年广东海洋社会人口规模及结构维持低速增长与调整，人口密度增长率在 0.5% 左右，城镇化水平年均上升 2%，受教育程度年均提高 5%，涉海就业人员比重年均上涨 3%。2000—2014 年广东海洋社会生活质量持续改善，居民消费水平不断提高，城镇居民人均可支配收入年均增加 8.93%，城镇居民人均消费总额年均上涨 8.12%，人均用电量年均提高 8.74%，恩格尔系数年均下降 1.01%。按照海洋社会节约型协调发展模式运行机理，广东将倡导适度理性消费理念，从源头消除海洋生态经济系统非协调发展症结，这里设定 2015—2025 年广东城镇居民人均可支配收入年均增长 5%，城镇居民人均消费总额年均提高 3%，人均用电量年均上升 4%，恩格尔系数年均下降 5%。2000—2014 年，广东海洋社会管理能力保持稳速提高态势，单位岸线海滨观测台站密度年均提升 8.16%，出台政策文件年均增加 39.64%，当年确权海域面积占已确权面积比重年均上涨 1.73%，在海洋社会节约型协调发展理念的指导下，这里设定 2015—2025 年广东海洋社会管理能力仍保持现有稳态增长势头，单位岸线海滨观测台站密度年均提升 7% 左右，出台政策文件年均增加 15%，当年确权海域面积占已确权面积比重年均上涨 7%。海洋生态经济系统发展状态评价指标体系中的海洋社会子系统其余指标数据根据广东 2000—2014 年数据利用 Excel 建立灰色 GM（1，1）预测模型进行预测。海洋生态子系统以及海洋经济子系统评价值则根据海洋生态、经济、社会发展的因果关系，依托广东海洋社会与经济、海洋经济与生态交互胁迫关系方程式、非协调形成机理结构方程以及 SD 状态预警模型，推导确定。

在海洋社会节约型模式下，广东海洋生态经济系统协调发展趋势如表 8-4 所示。预测结果表明，如果广东坚持推行海洋社会绿色消费理念，降低消费水平提升速度，放缓海洋社会进步步伐，同时，不断提高海洋社会宏观调控与管理能力，逐步使海洋经济回归理性发展轨道，并增加海洋生态投入、继续推进海洋自然保护区建设、进行海洋生态系统修复，由于海洋经济与社会发展的惯性作用，在一开始广东海洋经济与生态子系统、海洋社会与生态子系统之间的协调度可能仍将处于拮抗阶段，海洋生态经济系统协调模式属于生态脆弱型，但随后，三个子系统将逐渐实现同步协调发展，系统整体运行达到综合协调状态。说明若广东确实按照海洋社会节约模式发展，从改变人的价值观、思想理念及行为入手，增强海洋社会系统的控制能力与适应能力，并降低海洋经济增长速度，重视海洋生态的维护，最终能够实现海洋生态经济系统的协调发展。

表 8-4　　　　　2015—2025 年社会节约模式下广东海洋生态经济系统协调发展趋势预测

年份	2015	2016	2017	2018	2019	2020	2021	2022	2023	2024	2025
$V_{生态}$	0.01	0.02	0.02	0.03	0.03	0.03	0.03	0.02	0.01	0.01	0.03
$V_{经济}$	0.04	0.05	0.06	0.06	0.07	0.08	0.08	0.09	0.10	0.10	0.11
$V_{社会}$	0.06	0.06	0.06	0.07	0.07	0.08	0.08	0.09	0.09	0.09	0.09
tana（生态 VS 经济）	0.29	0.40	0.44	0.45	0.42	0.37	0.31	0.24	0.15	0.06	0.23
tanb（生态 VS 社会）	0.22	0.33	0.39	0.42	0.41	0.38	0.33	0.26	0.17	0.07	0.28
tanc（经济 VS 社会）	0.75	0.82	0.88	0.93	0.98	1.02	1.06	1.10	1.13	1.16	1.19
a（生态 VS 经济）	16.19°	21.69°	23.89°	24.06°	22.82°	20.49°	17.25°	13.23°	8.52°	3.26°	13.13°
b（生态 VS 社会）	12.29°	18.04°	21.29°	22.62°	22.44°	20.95°	18.28°	14.49°	9.63°	3.78°	15.50°
c（经济 VS 社会）	36.88°	39.32°	41.33°	43.03°	44.46°	45.70°	46.77°	47.71°	48.54°	49.28°	49.93°
协调阶段（生态 VS 经济）	同步协调	同步协调	同步协调	同步协调	同步协调	同步协调	同步协调	同步协调	同步协调	同步协调	同步协调

续表

年份	2015	2016	2017	2018	2019	2020	2021	2022	2023	2024	2025
协调阶段（生态 VS 社会）	同步协调	同步协调	同步协调	同步协调	同步协调	同步协调	同步协调	同步协调	同步协调	同步协调	同步协调
协调阶段（经济 VS 社会）	同步协调	同步协调	同步协调	同步协调	同步协调	同步协调	同步协调	同步协调	同步协调	同步协调	同步协调
协调类型	综合协调型	综合协调型	综合协调型	综合协调型	综合协调型	综合协调型	综合协调型	综合协调型	综合协调型	综合协调型	综合协调型

总之，从海洋经济增长的角度来看，社会节约型协调发展模式鼓励沿海省（市、区）进行海洋资源理性开发，帮助其明确海洋产业生产活动的最终目的是满足人类基本的物质需求，并非需要不断刺激人类无谓、虚假需求提高消费水平来带动经济发展，海洋经济将被限制在合理的扩张范围内，海洋经济增长速度由高速转变为适度，以此减轻海洋资源与环境压力，保障海洋生态系统服务提供不超出承载力范围。从海洋生态保护的角度来看，该模式通过海洋经济适度发展，采取低投入、低消耗、低排放、循环利用、生态补偿等各种措施，能够维持与强化海洋生态系统的再生产能力、自我调节能力和自我恢复能力，逐步缓和海洋经济增长与海洋生态恶化的矛盾，促进海洋产业高效生产与海洋生态健康维持相协调的实现。从海洋社会发展的角度来看，该模式能够在提升海洋社会中人们生态意识的基础上，不断改进人们的价值观体系与生活方式，实现绿色适度消费以及生态利益公平分配，从根本上解决区域之间、产业之间以及人与海洋之间的矛盾，达到海洋生态、经济与社会对称激励、共生进化、同步演变、协调发展的状态。

第九章　中国海洋生态经济系统协调发展优化机制

　　实现中国沿海 11 个省（市、区）海洋生态经济系统协调发展，涉及市场经济体制、海洋经济运行机制、海洋经济增长模式、海洋产业结构调整策略、海洋产业布局政策、海洋科技发展战略、海洋社会人口政策、海洋社会消费模式、海洋社会制度、海洋生态环境法律法规、海洋生态资源价格策略、海洋管理体系等诸多方面，是一项十分复杂的系统工程。这里将从中国海洋生态经济系统协调发展优化机制的构建以及优化方案的实施，进一步论述沿海 11 个省（市、区）海洋生态经济系统协调发展的具体实现途径。

第一节　中国海洋生态经济系统协调发展优化机制构成

　　机制指复杂系统各子系统及其构成要素之间在系统内外条件共同作用下产生与演变的内在机能、自我规定性和控制方式①。高效综合协调发展状态是中国沿海 11 个省（市、区）海洋生态经济系统演进的趋势与目标，该目标的实现取决于海洋生态经济系统各子系统及其构成要素之间能量、物质、信息与价值的有序流通，以及系统结构的合理性和系统功能的完善性。在演进过程中，需要一种内在的基本准则、运行逻辑和强化机能进行引导与支持。因此，有必要构建出一套完备、灵活、有效的海洋生态经济系统协调发展优化保障机制，以全面确保海洋生态经济系统协调发展的顺利实现。

---

① 王玉芳：《国有林区经济生态社会系统协同发展机理研究》，博士学位论文，东北林业大学，2006 年。

　　优化机制是一种适应性的人工反应体系，是海洋生态经济系统创新、更新以及保持活力的源泉。优化机制能够在很大程度上决定海洋生态经济系统的运行方式、演进方向、逻辑准则、内在机能和演变效果，只有在优化机制的驱动下，海洋生态经济系统协调发展的目标体系才能得以较好地实现，协调发展的主要内容才能得以充分发挥。协调发展并非沿海 11 个省（市、区）单个子系统的孤立式发展，而是海洋生态、经济、社会复合系统整体上、综合性的同步聚合演变。在社会科学领域，系统发展演变的优化机制可以由人为设计、构造与实施，构建并运行良好的优化机制是促进海洋生态经济系统实现高效协调发展最直接、最有效也是最关键的方法。根据协同论的研究成果，海洋生态经济系统的协调发展之所以有规律可循并能实现，根本在于生态、经济与社会三个子系统协调发展的运行机制能够阐明。优化机制一方面能够改变系统现存的状态及演进方向；另一方面沿海 11 个省（市、区）海洋生态经济系统当前的特征也决定着优化机制的内容、方式和水平。根据中国沿海 11 个省（市、区）海洋生态经济系统的复杂性、差异性与非协调性，这里构建的中国海洋生态经济系统协调发展优化机制主要由动力机制、创新机制和保障机制组成，如图 9 - 1 所示。

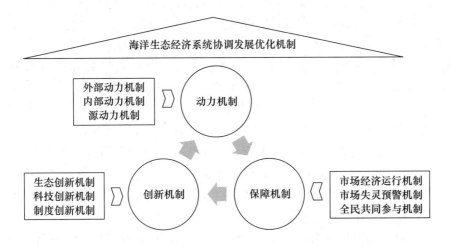

图 9 - 1　中国海洋生态经济系统协调发展优化机制构成

　　促进中国海洋生态经济系统协调发展的动力机制、创新机制和保障机制之间既相互独立、有所区别，又彼此联系、交织渗透，在动态运行中将逐渐形成巨大的合力，共同推进中国海洋生态经济系统向高级协调化形态演变。其中，动力机制是中国海洋生态经济系统协调发展的发动机，创新机制是助推器，保障机制是护航舰，三者贯穿于中国海洋生态经济系统协调发展的整个航程，并在不同阶段、不同地区、不同形态下，发挥不同的协调作用。

一　海洋生态经济系统协调发展的动力机制

动力机制是指中国海洋生态经济系统协调发展过程中所能受到内外条件的催化及激励作用的总和。如国际公约的制定、国内战略的实施以及海洋社会系统人口的物质需求、精神需要和价值观都能对开放的中国海洋生态经济系统演变起到一定推进或抑制作用。具体而言，中国海洋生态经济系统协调发展的动力机制是一种由外部动力、内部动力以及源动力共同构成的综合性复杂机制。

1. 系统协调发展的外部动力机制

国内外海洋可持续开发战略的具体要求是推动中国沿海 11 个省（市、区）海洋生态经济系统协调发展的主要外部动力之一。中国海洋生态经济系统的开放性要求其协调发展必须在接受外界各种影响的前提下才能实现，而其协调发展的目标与内容也必须顺应系统外界的发展趋势与潮流。可持续发展已然成为当今世界经济与社会发展的首要战略目标，可持续能力的高低已上升为衡量国家或地区综合实力及发展潜力的主要标准，在全球范围内追求生态、经济、社会同步良性运行呼声越来越高的同时，海洋作为人类未来重要的生存空间，同样被推上可持续发展战略层面的主体地位。随着《联合国海洋法公约》的生效，为顺应国际发展趋势，中国制定了《21 世纪议程》以及针对海洋事业的《中国海洋 21 世纪议程》，在新时期，海洋发展战略被首次写入"十二五"规划草案，海洋资源的开发与保护在中国开始得到前所未有的重视，2011 年，国家投巨资相继在山东、浙江等地实施了蓝色经济区、海洋经济发展示范区等工程建设，这些良好的外部环境对中国沿海省（市、区）海洋生态经济系统的协调发展起到了积极的推动作用。

同时，党中央及地方政府的引导与支持也是中国海洋生态经济系统协调发展必备的外部动力。中国海洋生态、经济与社会发展区域不均衡、内部不协调，群众对海洋生态、经济与社会效益的需求日益增大，海洋资源愈加匮乏，加之群众海洋文化观念淡薄、协调发展意识薄弱、自生性可持续发展能力低下，在当前相关法律法规体系不健全的情况下，若离开政府管理决策部门的科学引导与合理调控，中国海洋生态经济系统协调发展的目标很可能变成一纸空谈。海洋生态经济系统协调发展涉及诸多方面，不仅与沿海 11 个省（市、区）经济社会有序发展密切相关，而且在整个国家可持续发展战略中占有举足轻重的地位，需要跨地区、多领域、众产业的通力配合与协作才能实现。因此，只有依托中央和地方政府，在可持续发展战略实行的背景下，统筹规划、严密组织、科学管理，对中国海洋生态经济系统运行进行强有力的宏观调配与监控，才能促使海洋生态经济系统在积极有效的引导与推动下，走向协调发展的道路。

2. 系统协调发展的内部动力机制

中国沿海 11 个省（市、区）海洋生态经济系统协调发展的内部动力实际上是各省（市、区）海洋社会系统中人们日益增长的物质利益需求和强大的精神能动力量。海洋生态经济系统是中国整个系统的重要组成部分，有其自身生存与发展的内在要求，海洋生态系统有实现生物多样、环境清洁、资源充盈的需求，海洋经济系统内的企业有追求海洋经济效益最大化的需求，海洋社会系统内的人们有追求高品质生活的需求，海洋生态经济系统整体有达到生态健康、经济繁荣、社会和谐的需求，这些物质与精神支撑的生态利益、经济利益与社会利益需求，将促使沿海 11 个省（市、区）海洋社会系统内人们不断更新思想意识、价值观念、思维逻辑、文化传统和行为方式，逐步增强对海洋资源开发、利用、管理与保护的意识，放弃靠、等、要的保守态度，主动到海洋中寻求生存与发展空间，再加上教育水平提高引致的人口素质平稳上升以及管理理念、技术和体制的逐步增强，都会成为中国海洋生态经济系统协同发展的内在动力。

3. 系统协调发展的源动力机制

协同论指出，一个远离平衡态的开放型非线性系统将通过持续与外界交换能量、物质和信息，使系统内部产生随机小涨落机制，引发系统某变量或行为参数更加偏离平衡值，导致系统脱离原来运行状态或轨道。而小涨落机制经由相关关联效应的不断扩大，能够形成巨涨落机制，对原有系统结构产生破坏作用，并促使系统由原先的无序、混沌、非平衡状态演变为时间、空间、结构和功能上的有序、清晰、平衡状态①。应当说，中国海洋生态经济系统自身具备的这种非线性动态演变涨落机制是推动该复合系统内各子系统及其构成要素产生协调作用关系并生成有序结构最基本的源动力。

作为开放型非线性系统，中国海洋生态经济系统的协调状态始终处于

---

① 吴大进、曹力、陈立华：《协同学原理和应用》，华中理工大学出版社 1990 年版。

动态演变过程中，海洋生态、经济与社会三个子系统之间的交互胁迫关系及其与外部环境之间的相互作用关系，能够促使系统内部产生众多小涨落机制，小涨落机制相互关联逐渐增强形成巨涨落机制。具有协调效应的巨涨落机制一旦形成，势必促发海洋生态经济系统原有结构更改，引致系统内生态组织、产业体系、要素配置、技术路线、制度安排等发生巨大变化，并在各子系统及其构成要素重新作用、彼此影响的前提下，完成海洋生态经济系统良性、有序、平衡结构的构造，推动系统向着高效、协调方向前进。中国海洋生态经济系统协调发展的根本动力来自系统自身的非线性动态演变，在该过程中，应当注意并善于把握能够推进海洋生态经济系统协调发展的优良涨落机制，如科学技术的创新、重要预警信息的获得、调控政策的制定等。必要时应当通过改革、重构中国海洋事务管理体系的陈旧体制与结构，激活中国海洋生态经济系统非平衡态，为涨落机制的形成创造良好的环境和机遇，同时，为涨落机制作用的发挥铺平道路。

二　海洋生态经济系统协调发展的创新机制

创新并非纯经济或纯技术概念，而是包括科学技术研发、生产模式变革、社会制度更新、意识形态转变等内容在内的经济社会综合性改进活动。随着创新内涵的不断延展，在生态问题日益成为影响可持续进程的主要障碍时，生态学家提出了"生态创新"这一新概念。刘思华（1997）认为所谓生态创新，是对生态系统内部结构及各组成成分的变革和重新组合，通常包括促进经济与社会系统生态化进程、打造新型人工生态系统等内容①。创新机制是指在中国海洋生态经济系统向协调发展目标迈进的过程中，对其内部结构、交互胁迫关系、因果反馈机制、综合功能及其与外部环境之间的交流互动等进行变革与改造的机制。创新机制主要具有引导、指挥、推动、转化、调动、整合、拓展、更新等作用，由于中国海洋生态经济系统是海洋生态、经济与社会三个子系统通过人所创造的技术、制度等的中介作用耦合而成的复合系统，在此构建的中国海洋生态经济系统协调发展创新机制主要涵盖海洋生态创新机制、海洋科技创新机制和海洋制度创新机制三部分。

1. 海洋生态创新机制

生态学理论提出，在一个相对平衡、稳定的生态系统中，新增加的净生产能力十分有限，只有打破原有平衡稳定的状态，才有可能大幅度提高

---

① 刘思华：《对可持续发展经济的理论思考》，《经济研究》1997 年第 3 期。

净生产能力①。因此，应当不断进行海洋生态创新，改善沿海 11 个省（市、区）海洋生态系统的运行状态与效果，增强其再生产能力。海洋生态创新是 11 个省（市、区）海洋社会通过生态意识、观念的转变以及科技、管理水平的提高，不断解决海洋生态经济系统演变过程中出现的各种生态问题，调整构成要素结构，改变海洋生态环境状况，完善系统整体功能，使其更符合可持续发展的需要。海洋生态创新的最终目的是增加各省（市、区）海洋生态系统的生态资本，改善原有海洋生态系统运行条件，提高物质转化效率，增强海洋生态系统的转化功能，提升各类海洋生态产品与服务供给能力，扩大海洋资源承载力，强化海洋环境自净、自平衡机能，为沿海 11 个省（市、区）的海洋生态经济系统协调发展提供更强大的支撑。海洋生态创新的本质是在遵循海洋生态、经济、社会三个子系统之间能量转化、物质循环、信息传递规律的基础上，通过人为干扰、引导与调整，促进三者运行功能与效率的良性提升，实现三者的有机耦合及协调发展。

进行海洋生态创新是 11 个省（市、区）海洋社会中的人们在转变海洋生态观念的前提下，有目的地改善人与海洋生态系统之间的关系，人为地建立起高效率、高水平、高质量、良性循环的海洋生态系统，同时促进海洋生态系统运行经济化、社会化，愈加突出其经济与社会价值，具体内容主要包括：①创新 11 个省（市、区）海洋社会中人们的生态观念与开发保护意识；②创新增加 11 个省（市、区）海洋生态资本存量的途径与方法；③创新 11 个省（市、区）海洋生态系统有效维护、合理修复、科学管理的手段与模式。在中国海洋生态经济系统发展过程中，海洋生态子系统始终处于基础地位，是海洋经济与社会子系统健康有序发展的保证，海洋生态系统状态的优劣及生态资本存量的多寡，将直接影响系统整体协调发展的形态与程度。目前，中国大多数沿海省（市、区）近海的生态系统生态资本日益匮乏，环境状况急剧恶化，功能发挥已有不同程度的障碍，必须采取新理念、新技术、新方法不断提高海洋生态资本存量，进行有效的海洋生态修复、环境净化、资源储备和系统管理，为海洋生态经济系统协调发展做好铺垫。

2. 海洋科技创新机制

海洋科技创新的实质并不仅是海洋科学技术体系自身的创新，更重要的是要将海洋科技研发成果引入沿海 11 个省（市、区）的海洋生态经济

---

① 杨柳青：《生态需要的经济学研究》，中国财政经济出版社 2004 年版。

系统中，引发系统构成要素的重新组合，尤其是海洋经济子系统生产要素的合理配置，以推动海洋生态经济系统向前发展。Pavel Pelikan（1992）认为，经济运行体制的创新性最终取决于其有效配置生产要素经济能力的本领①。傅家骥等提出，科技创新是产业紧抓市场潜在获利机会，以赢取经济利益为目标，采用新原料，重新组织经济生产要素，不断推出新工艺、新产品，拓展新市场，创建新组织，建立起效率更高、成本更低、效能更强的经济系统，涵盖组织、科研、金融、营销等一系列活动的综合性过程②。

中国海洋生态经济系统协调发展的科技创新机制，必须从海洋生态、经济与社会三个维度同时出发，审视所有海洋科学技术创新活动的环节与效果，主要涵盖：①创新11个省（市、区）能够有效增强海洋生态资本存量的科技，如鱼苗增养殖技术、捕捞技术、油气钻采技术、生态修复技术等；②创新11个省（市、区）能够推进生态化进程的循环型海洋产业可持续生产、加工、营销技术，如海洋资源高效利用技术、原材料循环使用技术、清洁生产技术等；③创新11个省（市、区）顺应协调发展要求的海洋社会管理技术，如海洋生态经济系统监控技术、危机预警防治技术等。通过科技创新，推动沿海11个省（市、区）海洋生态运行状态改善、海洋生态产业体系建立以及循环型清洁生产模式形成，使海洋资源开发、海洋经济增长、海洋社会进步实现持续性，生态、经济、社会效益实现递增性，引导海洋生态经济系统向资源节约型、绿色导向型、协调运转型转变。

3. 海洋制度创新机制

制度是社会系统中的人们活动与联系的行为准则，它提供了人们相互作用与影响的框架，构建了人在生态、经济、社会系统之内的行为规范、竞争关系与合作秩序③。制度创新，在宏观上是指变革社会现有整体制度安排，引入一套全新的制度体系，提供经济社会发展的主要动力、目标和边界；在微观上是指变革某领域现有制度安排，通过修正与完善相关法律规章制度，对某领域资源产权进行重新安排，调整该领域组织结构，实现各类构成要素优化合理配置，提高原有体制机制运行效率，从而提升该领

---

① 转引自晔枫《技术创新与经济、社会和生态的系统效应》，《学术月刊》2004年第2期。

② 傅家骥、程源：《企业技术创新：推动知识经济的基础和关键》，《现代管理科学》1999年第5期。

③ 刘传江、杨文华、杨艳琳等：《经济可持续发展的制度创新》，中国环境科学出版社2002年版。

域发展活力和边界，使其创造出最大效益与效能。制度本身具有降低人类经济社会活动成本的功能，若一项制度能使供给主体获取超出预期成本的收益，该项制度便可称为完备①。

当前，中国海洋制度创新的主要任务是改变传统的人与海洋之间以及海洋社会中人与人之间关系的认识，为海洋生态经济系统实现协调发展创造基本的前提条件。沿海 11 个省（市、区）海洋生态平衡、海洋经济增长、海洋社会进步的根本依托是相关制度的创造性、科学性和合理性。由于中国海洋资源开发与利用过程存在明显的制度缺陷，目前关于海洋制度创新的研究大都集中在海洋资源产权制度创新、海洋资源使用及生态补偿制度创新等方面，但从中国海洋生态经济系统协调发展的内涵、关键因素及因果反馈机制来看，创新中国海洋生态经济系统中的社会管理制度已变得更为重要。因此，应当率先通过建立中国海洋事务独立管理部门，实现海洋事务的统一协调、预警、管理与监控，创新中国海洋社会管理体系与模式，建立起高效、科学的管理制度系统，再配合其他相关海洋法律制度，共同确保中国海洋生态经济系统的协调运行。

总体而言，中国海洋生态经济系统协调发展的创新机制是由海洋生态创新机制、科技创新机制和制度创新机制所构成的有机统一综合性创新体系，其中，海洋生态创新机制是基础，海洋科技创新机制是主导，海洋制度创新机制是支撑，且海洋生态创新内容包括了部分海洋科技创新和海洋制度创新的内容，海洋科技创新是推进海洋生态创新与海洋制度创新的主要动力，三者相互支持、相互影响，最终耦合成为中国海洋生态经济系统协调发展的内生力量和主体支柱。

三　海洋生态经济系统协调发展的保障机制

中国海洋生态经济系统协调发展的实现需要资金、政策、制度、法律、文化等方面予以支撑，需要各方利益相关者社会性支持力量的鼎力配合。但其根本性保障应当来自健全的市场经济体制，统筹各方利益相关者可提供的支持。中国海洋生态经济系统协调发展的保障机制可构建为由市场经济运行机制、市场失灵预警机制和全民共同参与机制耦合而成的综合性复杂机制。

---

① Eggertsson, Thrainn, *Economic Behavior and Institution*, Cambridge University Press, 1990, pp. 15 – 18.

1. 市场经济运行机制

海洋生态系统中几乎所有的可开发资源都具有稀缺性，而市场经济机制对稀缺资源的配置效率最高，在完善健全的市场经济运行机制背景下进行海洋资源的优化配置，能够为中国海洋生态经济系统高效协调发展提供客观保障。目前中国海洋资源开发与保护在不同程度上仍留有计划经济体制的痕迹，海洋资源产权模糊，产业开发活动混乱，企业发展活力不强，造成经济效率低下，生态破坏严重，而市场经济机制可以通过相应的政策系统和市场调控机制，对各方利益相关者间的关系进行协调，对海洋资源开发、海洋生态产业培育、海洋经济生产模式调整、海洋生态补偿、海洋社会分配公平等目标进行有效控制，促进中国海洋生态经济系统融入市场经济大环境，依托市场竞争机制，帮助其实现协调发展。

中国海洋生态经济系统市场机制高效运行的前提是有一个相对完善的市场经济体系及与其配套的、健全的市场制度安排。当前，在构建中国海洋市场机制时，应当积极进行观念转变和行政方式变革，在充分考虑海洋生态经济系统运行规律和沿海 11 个省（市、区）实际的基础上，推动中国海洋资源产权制度改革，建立起以海洋生物、矿产、化学、空间、能源等资源为开发对象，以各类海洋产品和服务为核心，以海洋产业及其他相关产业为市场主体，以生态化循环型产业结构为特征，以海洋社会宏观调控为辅助的海洋市场经济体系，同时，进行分类指导，建立起与之相配套的、高效激励与约束机制，充分发挥海洋社会各项管理制度的作用，从而推动中国海洋生态经济系统全部再生产过程市场化运作的实现。

2. 市场失灵预警机制

为克服市场经济运行机制解决海洋资源开发外部性问题的缺陷，避免沿海 11 个省（市、区）海洋生态系统进一步遭受破坏，应当在构建中国海洋生态经济系统市场经济运行机制的同时，构建市场失灵预警机制。当前中国诸多海洋生态问题产生的经济原因大多根源于市场失灵。海洋生态经济系统所提供的海洋产品与服务与其他系统有着明显的区别，除了能够提供直接触得着、看得见的海洋产品外，还提供触不着、看不见的海洋生态服务，这类生态环境服务大多具有公共物品性质，现已在 11 个省（市、区）不同程度地被掠夺式开发利用。若按市场价值计算，沿海 11 个省（市、区）海洋提供的实物产品远不及海洋生态服务所具有的价值大，但由于"公地悲剧"的存在，海洋生态服务价值往往被忽视、贬低或损坏。

目前，中国海洋生态系统存在与发展的目的不仅是提供海洋资源，更重要的是通过海洋资源储备、海洋环境修复，保持和提升海洋生态服务功能。海洋生态系统的价值不仅体现在经济效益层面，而且已广泛地拓展到生态与社会效益层面。为有效克服外部性问题显现出的市场失灵现象，更好地保护海洋生态环境，确保海洋资源合理开发与高效利用，应当由党中央和沿海 11 个省（市、区）地方政府主导，建立起用于防范市场失灵的预警机制，预防和控制海洋生态经济系统财富分配不公现象，防止外部负效应的产生与蔓延，杜绝海洋公共资源的过度利用，使海洋资源得以实现休养生息与合理利用，为中国海洋生态经济系统的协调发展提供保障。

3. 全民共同参与机制

中国海洋生态经济系统的协调发展在很大程度上取决于各方利益相关者之间的利益有效协调。当前，沿海 11 个省（市、区）海洋生态经济系统各种行为活动的主体主要包括公众、企业和政府，三者之间减少摩擦、提高各类行为效率和效益，是促进海洋生态经济系统协调发展的根本途径之一。早在 1992 年联合国环境与发展会议上通过的《21 世纪议程》《里约宣言》中就提出公众与企业参与可持续发展是确保其实现的重要环节。当前中国海洋生态经济系统各方利益相关者的主导效益目标远没有达到和谐共处，公众追求的是自身经济效益、社会效益和生态效益，而企业追求的是经济效益最大化和部分社会效益，地方政府追求的则是生态效益、社会效益最大化。由于各方主导效益目标取向不一致，行为活动时常发生冲突，影响了沿海 11 个省（市、区）海洋社会的安定与和谐。因此，必须构架一个能够协调各方利益相关者效益目标的运行机制，努力调整并整合各方行为活动，促成合力最大化，才能更好地为中国海洋生态经济系统实现高效协调发展提供保障。

公众、企业与政府三个利益相关主体的效益目标、行为方式总是处于一种非协调的矛盾状态中，必须力求达到"三赢"局面，使中国海洋生态保护增强、海洋经济效益提高、海洋社会稳定都得以实现。首先，需要明晰三者的利益关系、职能领域与活动范围，应当由政府管理的事务，交由相关政府部门全权负责；应当由企业经营的，交由市场规律自主发展；应当由社会公众完成的，放手由公众或社会组织自行负责，使利益相关者各自职能实现充分发挥、彼此监督和相互促进。其次，应根据中国海洋生态经济系统协调发展目标及演进趋势，加紧调整各方作用重心和连接关系，使其达到完全对称和全面协调，促进各方利益不断融合，建立起均衡而高效的利益协调统一体。最后，应当由政府出台一系列必要的优惠、保障措施，在确保各方利益协调的前提下，宣传并鼓励沿海 11 个省（市、区）海洋经济系统中的企业和海洋社会系统中的大多数群众参与到海洋生态经济系统协调建设中来，对公众和企业行为进行引导、调控与激励，并拓宽渠道吸收各方合理化建议，在社会全员的支持下，促进协调发展目标的有效实现。如图 9 - 2 所示。

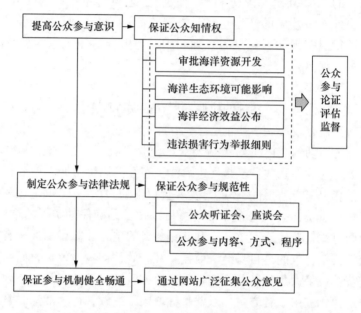

图 9 - 2　中国海洋生态经济系统协调发展全民共同参与机制

第二节　中国海洋生态经济系统协调发展优化措施

一　重视海洋生态经济动态和预警播报

中国海洋生态经济系统协调发展预警机制的构建主要用于沿海 11 个省（市、区）范围内海洋生态经济系统运行状态和协调度的监测，预报非协调、非健康状态的时空范围及其危害程度，对所出现的问题发出警报，呼吁解决措施的制定与实施，对即将出现的问题提前防范。海洋生态经济系统是一个由海洋生态、经济和社会系统相互作用、耦合而成的复杂系统，由于其结构的复杂性、内部交互胁迫作用的非线性以及功能实现的多目标性，其发展演变容易出现偏差，尤其是在人类认识论片面性、经济行为盲目性的影响下，通常会加快、加剧偏差的产生，当该偏差超过预警界限临界值时，系统将向着非协调方向发展，运行状态恶化，综合功能减弱，严重时甚至导致系统解体。而对海洋生态经济发展状态及其协调度进行预警播报的目的，是要通过对系统的监测、测算、分析与评价，来探究中国海洋生态经济系统运行状态及质量的逆向非协调演化轨迹和规律，确定海洋生态、经济及社会各子系统运行状态及质量的发展趋势、速度和达到某一等级预警界限值的时间等，适时地发出警报，传播海洋生态经济系统恶化的警戒信息，敦促相关部门、产业、组织采取相应有效措施积极响应，以防止系统非协调、无序化的扩张蔓延，尽早结束系统恶性运转，推动中国海洋生态经济系统向协调、健康、可持续方向演进。

　　海洋生态经济系统动态监控是中国海洋事业的重要基础性工作，是关系海洋生态经济系统健康运行、协调发展的前提与基础。长期以来，中国各方用海者形成了重经济效益、轻生态效益；重眼前利益、轻长远利益的思维惯性，导致海洋生态系统状况不断恶化，给海洋生态经济系统协调发展带来了严重的威胁。因此，为适应当前中国海洋生态经济系统协调发展的要求，应尽快建立海洋生态经济系统非协调发展预警播报机制，开展海洋生态、经济、社会全方位监测，一方面为各级地方政府部门制定海洋生态保护、海洋经济发展、海洋社会调整等战略规划、政策方针提供科学依据；另一方面为直接利益相关者作出开发海洋资源、降低外部性、预防海洋危机等决策提供及时有效的信息服务，从而有效减轻因海洋生态恶化、海洋生态经济系统非协调发展带来的负面影响和损失，切实维护系统运行的综合效益。

　　具体而言，为加强中国海洋生态经济系统协调发展预警机制建设，应采取的措施主要包括：①增加资金、人员投入。依托中国现有的1321个海滨观测台与14个海洋环境及灾害预报中心，通过多渠道筹集资金，用于海洋生态经济系统监测平台的改造、建设和相关仪器设备的采购、安装，同时，加强沿海11个省（市、区）海洋生态经济系统监测人员的引进、选拔和培训，强化服务意识，积极开展各类海洋生态、经济、社会发展动态的观测、测算、预警等服务活动，不断拓展预警服务领域，使海洋生态经济系统预警播报更加贴近预防海洋生态经济系统非协调发展危机的需要。②提高实际监测能力。在增强海洋生态经济系统监测规范化程度的基础上，各省（市、区）海洋生态经济系统监测平台应当严格执行海洋生态经济系统发展状态及其协调度监测任务，同时，把握好对重大用海项目的跟踪监测，及时掌握海洋经济开发建设对海洋生态的负面影响，着重加强针对海洋生态系统的实时监测。③加强评价、分析工作。一方面，应当加快成立由沿海 11 个省（市、区）海洋生态经济相关领域专家组成的海洋生态经济系统监测评价小组，负责各监测平台的业务指导和监测结果评价、分析等工作，深入研究中国海洋生态容量、海洋生态经济系统发展演变规律和恶化动态，逐步建立起海洋生态经济系统多参数综合评价系统，并将基于监测数据的评价、分析结果作为制定预警决策、响应方案和相关政策的依据。④重视信息发布工作。根据所得的海洋生态经济系统监测数据，定期发布信息公报，同时通过信息服务平台，将监测信息与专家评判意见及时发送给相关政府部门、企业与社会公众，提高播报信息使用程度，增强信息使用效果。⑤健全应急响应体系。在加强预警信息管理、制定并完善海洋生态经济系统监测数据传输规程、预警业务管理规定及危机上报程序的基础上，加快建设中国海洋生态经济系统危机应急响应机制，健全应急响应预案，组建一支具有快速反应能力的专业化处理队伍，逐步提升突发性和累积性海洋生态经济系统危机的处理能力，使海洋生态经济系统运行危机监测、播报、处理工作有章可循，责任到位，规范化、程序化、科学化水平不断提升。

二　倡导低碳型消费理念以及行为方式

沿海 11 个省（市、区）海洋社会系统内的人们具有生产与消费的双重功能，海洋资源严重衰退、环境不断恶化、海洋生态子系统再生产能力持续减弱，其根本原因是由于海洋社会居民对海洋资源环境的索求量和破坏力超出海洋生态系统承载力范围。自 20 世纪 90 年代起，中国沿海地区海洋社会消费模式由温饱型向小康型转变，消费数量与消费层次不断提高，海洋社会人口对海洋产品的消费不断提出更高的要求，同时，海洋科技也改变了沿海 11 个省（市、区）海洋社会人口的生存、生活与生产环境，促使其海洋产品消费选择日益多样化、灵活化和高端化。而这种社会消费模式的变化，却以不断消耗海洋生态子系统的自然资源、破坏人与自然和谐共处为代价。

尽管消费是海洋经济与社会子系统存在的前提条件，但由于人类行为受制于思想观念的掌控，社会公众的集体行为受制于社会意识的掌控，若人类的思想认识存在偏差，必然会导致行为非理性化。在现实生活中，沿海 11 个省（市、区）海洋社会系统中的人们采取何种消费方式从根本上主要受其自身所持有的消费观念、生活理念的引导。因此，只有从根本上重新认识与调整海洋社会子系统与海洋生态子系统的关系，从改变人的消费观念和行为方式入手，将节约、低碳理念深刻融入到沿海 11 个省（市、区）海洋社会人们的日常生活中，不断增强海洋社会子系统的控制能力和适应能力，逐步降低对海洋资源环境的掠夺与破坏程度，从源头消除海洋生态经济系统非协调发展状态的症结，推动海洋生态经济系统向新型协调共生状态演进，才能谋求中国海洋生态经济系统更深远的发展，才能为海洋生态、经济、社会可持续协调发展的实现奠定基础。

　　具体而言，为在沿海 11 个省（市、区）海洋社会广泛推行低碳式生活理念及行为方式，应采取的措施主要包括：①推行科学消费观念。消费既是海洋经济系统海洋产品再生产过程的目的和终点，也是再生产过程的动力与起点。消费主义兴起于西方经济崛起与社会财富增加的背景下，是一种刺激人们进行高消费的价值观念，是一种无视资源环境有限的不可持续行为。消费主义将人类发展的目的定位于满足物质利益，导致享乐主义的盛行。树立科学消费观念，倡导绿色消费模式，必须彻底摒弃日益蔓延的消费主义，改变沿海 11 个省（市、区）海洋社会居民对物质利益的盲从，提倡适度消费，增强精神消费，杜绝铺张浪费，努力让节约、绿色消费成为一种时尚，力争大幅度减少高能耗海洋产品的消耗，从源头激励海洋生态产业的成长，推动 11 个省（市、区）海洋社会由高消费向高素质转变，实现居民向绿色低碳生活靠近。②提高群众收入水平。绿色低碳生活是一种合乎海洋生态经济系统协调演变规律的生活方式，因此，应当在重新确立社会道德体系的前提下，鼓励沿海 11 个省（市、区）海洋社会逐步设定合理、适度的生活标准，引导人们选择能够促进身心健康和生态、经济、社会全面发展的低碳生活理念。研究表明，随着收入水平的提高，人们对生态环境的关注也逐渐提高，收入水平是直接影响人们选择绿色生活方式的重要因素。因此，应当鼓励沿海 11 个省（市、区）海洋社会居民通过诚实劳动不断增加收入，逐步缩小社会收入差距，使越来越多的人有能力进行绿色低碳生活，从而促进海洋生态经济系统可协调发展。③完善信息服务体系。倡导低碳生活方式，推行绿色消费理念，还应当加快建设和完善中国海洋低碳信息服务体系，一方面，畅通低碳海洋产品信息传播渠道，应用多种现代化信息传播手段，加快信息传播速度，改变以往沿海 11 个省（市、区）海洋社会居民信息获取困难的被动局面；另一方面，建立起低碳海洋产品信息网站，及时公布低碳海洋产品种类，为居民理性选择提供帮助。④加强低碳环保教育。目前中国海洋社会大多数居民的海洋环保意识不强，绿色消费意识薄弱，这与中国长期对海洋环保教育及绿色消费教育重视不够有关，现阶段为缓解海洋生态子系统恶化态势，应当进一步加强海洋环保宣传与教育，综合利用宣传、教育等手段，充分发挥社区作用，引起更广大范围海洋社会群众对低碳生活的重视，极力提升绿色消费的实现程度。

三　培育海洋生态产业体系和产业集群

海洋经济社会效益主要通过海洋产业活动来实现，在中国海洋生态危机重重的背景下，海洋产业活动与海洋资源环境之间的矛盾日益尖锐，推动海洋产业生态化进程是保证中国海洋生态经济系统可持续协调发展的重要内容，是促进中国海洋经济增长方式转变的必由之路。海洋产业生态化发展一方面能够缓解中国海洋资源约束的矛盾，从根本上减轻海洋生态压力；另一方面可以提高海洋事业综合效益，推动海洋产业结构升级，增强海洋产业竞争力。海洋产业生态化发展可从两个路径考虑：一是在海洋经济子系统内部实现海洋产业活动与海洋生态子系统运行规律的高度统一，将海洋资源充分有效利用、污染源控制和海洋生态修复思想贯穿于海洋产业活动的始终，并使海洋宏观经济活动与微观经济活动限定在海洋生态子系统的承载力范围内，着力发展海洋生态渔业、海洋生态工业和海洋生态服务业，建立起新型海洋生态产业体系；二是利用产业生态学理论，从转变传统消费理念与生产方式入手，利用系统创新方法和相关政策引导，努力实现海洋产业生态化、聚集式发展，大力推进海洋生态产业集群建设，通过对海洋资源的多层次分级利用、废弃物再循环综合使用等手段，推进沿海 11 个省（市、区）分散的海洋产业组织向集中型、循环型、低碳型海洋产业集群过渡，推行外部性海洋生态成本内部化，提升海洋资源利用效率并减少海洋环境污染，从而促进海洋产业体系高效率运行和可持续发展。

海洋生态产业是一种利用产业生态理论与生态经济原理建立起来的基于海洋生态子系统承载力、具有高效经济效益和综合性协调功能的绿色型、网络型、先进型海洋产业。海洋生态产业实质是将生态工程应用于海洋各类产业中，通过将两个或两个以上生产体系或环节之间的耦合，使海洋资源能够实现多级利用和高效产出，从而构建出由海洋生态渔业、海洋生态工业和海洋生态服务业等组成的海洋生态产业体系。根据中国现有的海洋产业业态，应用产业生态理论与生态经济原理，目前中国可发展的海洋生态产业大致有五类：①以生物资源和矿产资源生产为依托的海洋自然资源产业，包括海洋生态养殖业、海洋矿产开采业、海洋生物医药业等；

②以制造海洋物质与能源产品为目的的加工工业，包括海洋生态工程建筑业、海洋绿色化工业、海洋清洁电力业、海洋替代能源产业等；③以提供公众服务产品为目的的海洋生态服务业，包括海洋生态旅游业等；④以研发、管理和教育为目的的海洋生态服务业，包括海洋生态科技开发、海洋生态风险评估、海洋生态规划设计、海洋生态教育、海洋生态管理等业态；⑤以海洋环境维护、生态修复和生态建设为目的的海洋生态服务业，包括海洋生态恢复、海洋污染治理、海洋资源回收与再生、海洋自然保护区建设、海洋生物控制等业态。

为了实现中国传统海洋产业组织形态向海洋生态产业集群的转变，必须按照提升海洋产业生态效率的要求，对现有海洋产业业态进行重新设计、安排与布局，具体可采取的措施包括：①优化海洋产品结构，调整海洋生产原材料布局，实现沿海11个省（市、区）海洋产业原料、产品以及产业空间布局的战略性调整；②建立海洋产业生态园区，运用现代化技术，改造11个省（市、区）传统海洋产业原有聚集形态，提高海洋产业生态化生产的规模化、数字化、自动化水平；③在各海洋产业间建立联系网络的基础上，加强11个省（市、区）原有海洋产业生态化技术改造和装备更新力度，推动各相关产业间绿色供应链的构建，综合运用清洁生产方式，提升集群海洋资源使用效率，降低污染物排放率。培育与发展海洋生态产业集群，尤其要重视两方面内容，一是应根据循环经济原理，构建相关海洋产业间的绿色供应链，从根本上改变海洋产业对海洋生态资源环境的过分依赖；二是要按照海洋生态经济系统内物质、能量、价值、信息的流通规律，建立起能够促进海洋各类物质、能量等有效循环流动、功能完善的海洋产业集群，着重依托海洋生态服务业，实现海洋生态产业集群与海洋生态子系统的协调共处。

四　加强海洋污染治理及生态系统修复

中国海洋生态经济系统协调发展的最基本目标是实现海洋生态、经济、社会三个子系统相互联系、可持续发展，其中，海洋生态子系统的可持续发展是基础。只有具备了最适宜的海洋生态环境和良好充足的海洋资源，才能保障系统整体协调发展。目前中国近海环境污染严重，海洋资源日益匮乏，远不能满足协调发展的根本要求，因此，必须探讨有效的海洋污染治理以及生态系统修复的方法与途径，以恢复海洋生态活力，保证海洋生态经济系统的物质、能量、信息、价值流通顺畅。所谓海洋生态治理修复，就是通过相关技术手段，治理被污染海域环境，恢复海洋生物数量与质量，完善海洋生态结构，增强海洋生态功能，使海洋资源与环境能够满足当代人与后世子孙对海洋生态效益的需求。根据中国海洋生态经济系统非协调状态形成机理，针对当前沿海 11 个省（市、区）海洋生态子系统普遍恶化的问题，及时进行人为调控，是缓解海洋生态经济系统非协调状态进一步恶化并逐步转向协调状态的重要途径，一方面，必须利用相关科学技术，对因污染造成的海洋环境恶化进行生态整治；另一方面，必须在遵循海洋生态演变规律的前提下，对人为作业引起的海洋生态破坏进行生态恢复。不仅要综合利用现有科技控制与治理海洋生态衰退问题，积极修复受损的海洋生态系统，而且要全面推广海洋生态生产方式，从根本上遏制各省（市、区）海洋生态恶化趋势。

　　目前研究与实践相对成熟的海洋污染治理及控制技术主要包括物理技术、化学技术和生物技术三类。①物理技术是指利用各种机械或材料对海洋生态环境施加物理作用，从而达到改善环境的目的。常用的物理修复技术有曝气、换水、筛网、泼洒麦饭石粉和沸石粉等，以吸附有毒有害物质①。此外，还有压沙、翻耕、筑坝蓄水等修复海水养殖水环境的方法。随着科技进步，一些新兴技术如纳米技术也开始在海洋生态环境修复中加以应用。②化学技术是指利用化学制剂与污染物发生氧化聚合、还原、沉淀等反应，使污染物从海洋生态环境中分离或降解，转化成无毒无害的化学形态②。目前，常用过氧化氢、二氧化氯、杀藻剂作为水质改良剂、水质消毒剂，但化学修复剂容易产生有害次生产物，引起水产品质量下降，可能会使海洋生态环境更加恶化。③生物技术是指利用各种生物，包括动物、植物、微生物的特性，降解、吸收、转化环境中的污染物，使受污染的环境得到改善的治理技术。生物技术是目前发展最快、最具发展前景的海洋生态环境修复技术③。与物理技术和化学技术相比，生物技术具有耗时较短、费用较低、不破坏生态平衡、净化彻底、不易产生二次污染等优点。当然，仅对污染海域进行治理还不够，应同时加强对各省（市、区）陆地污染源和海水养殖污染源的治理，以更为彻底地解决海洋环境污染问题。

　　海洋生态系统修复重建应以海洋生物多样性为基础，利用营养链，在适当海域恢复不同层次的生态链，重新构造或完善海洋生态系统，以使海

① 李卓佳、文国樑、陈永青等：《正确使用养殖环境调控剂营造良好对虾生态环境》，《科学养鱼》2004 年第 3 期。
② 籍国东、倪晋仁、孙铁珩：《持久性有毒物污染底泥修复技术进展》，《生态学杂志》2004 年第 4 期。
③ 刘军、刘斌：《生物修复技术在水产养殖中的应用》，《水利渔业》2005 年第 1 期。

洋生态系统生产力得以恢复与提高。具体可以采用的修复重建技术包括：①增殖海洋渔业资源。由于中国海洋渔业资源捕捞过度，渔获物趋于低龄化、小型化，海洋渔业国内生产总值有下滑趋势，因此应采取有效措施，通过放流、底播等海洋渔业资源增殖方式，改善沿海 11 个省（市、区）海洋渔业资源结构和质量，提高海洋渔业生产能力。②建立海洋保护区。应在海洋生态脆弱区和资源分布密集区，继续选建更多生态自然保护区，对具有较高生态价值、经济价值、社会价值的海域进行更为严格、全面的保护，同时注意保护各海域濒危海洋生物物种及生物多样性。③建设人工藻场。海藻群落是海洋生态系统中极为重要的族群，其生产的有机物为整个海洋营养链提供了初级生产能力，而海藻能够吸收水体中的氮、磷等污染物，抑制海域富营养化程度，同时为其他海洋动物和微生物提供必要的食物。为此，应重视海藻群落在各海域不同海洋生态系统中的功能和作用，将恢复藻场作为海洋生态系统修复的重要技术措施。④投放人工鱼礁。在海洋生态失衡和资源衰退严重的海域，以人工鱼礁投放为起点，重建海洋生态系统，提高海域生态生产力，并以此带动海洋生态功能恢复。

　　此外，为保障海洋生态修复技术供给与交易健康有序进行，中国还需对生态修复技术市场予以规范和扶持，确立海洋生态修复技术研究和开发专业机构或公司的市场主体地位，明确其在提供技术服务中的权利和义务，规定海洋生态修复技术交易规则，在建立公平有序竞争环境的基础上，将修复技术推向市场。同时，通过对海洋生态修复技术市场进行法律规范约束，加强对技术市场经纪、信托、咨询及市场调查、资产评估等中介服务的管制，注意普及和提高海洋生态修复的科技意识和法律意识，以促进中国海洋生态修复技术市场的蓬勃发展。

五　实施资源产权划分和生态补偿制度

　　面对沿海 11 个省（市、区）海洋生态子系统全面恶化的局面，中国海洋生态保护工作必须由过去单纯的污染防控向海洋生态建设并重转变，逐步融合相关技术、措施、制度等，使海洋资源开发、利用、修复、养护行为彼此关联、相互配合，确保海洋生态、经济与社会同步发展的实现。为顺应海洋资源开发规模化推进的历史潮流，解决当前中国海洋产业发展与资源紧缺、海洋经济扩张与生态恶化的矛盾，还应在建立起体现公平的海洋资源产权分配制度的基础上，选择稳定、科学、有效的海洋生态补偿方式，为海洋资源的高效利用和海洋生态修复的顺利进行提供有力支持。实施步骤如图 9 - 3 所示。

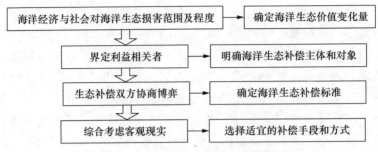

图9-3　海洋生态补偿具体实施步骤

中国海洋资源开发利用态势迅猛增长，开发规模与程度不断拓展，但大多数沿海省（市、区）海洋资源开发秩序混乱，利用效率低下，破坏性、掠夺性开发现象层出不穷。产生这些问题的根源在于产权划分不清背景下的市场失灵，对海洋资源开发者缺乏有效的约束，无法通过产权交易实现海洋资源合理配置与高效利用。为提升海洋资源利用效率，优化海洋资源配置格局，降低海洋资源开发外部性，必须在海洋资源产权划分问题上打破僵局。一般而言，产权划分包括两方面的内容，一是资源归属关系的明确划分，即资源所有权隶属于哪个主体；二是在资源所有权主体明晰的前提下，资源使用权实现过程中不同利益主体之间权、责、利范围的明确划分。对于海洋资源，中国宪法明确规定所有权归国家所有，但在实际经济社会活动中海洋资源所有权一直缺乏人格化代理人，政府部门行使权力时往往造成所有权、行政权与使用权混淆，导致资源产权虚置、弱化。因此，进行中国海洋资源产权划分，应当着重实现以下目标：①进一步实现海洋资源所有权与行政权分离，彻底摒除政府部门行政干预，明晰海洋资源所有权主体权利及其责任范围；②在明晰海洋资源所有权主体的基础上，将使用权与所有权剥离，明确界定各相关利益主体的权利与责任，做到权责匹配。经过海洋资源产权明确划分，一方面，能够保证海洋资源开发经济利益与生态责任平等分担，使各相关利益主体在经济社会活动中形成长期稳定的预期，防止开发短视行为；另一方面，能够防止海洋资源"公地悲剧"重复上演，促进海洋资源开发利用外部不经济性内在化，减少代理与监督成本，降低资源无谓损耗，使资源配置与使用更趋合理化、高效化。

在明确海洋资源产权划分的基础上，为使海洋资源产权有效发挥激励与约束功能，进一步降低海洋资源开发利用破坏性与外部性，还应制定与落实海洋生态补偿制度。2010年，山东出台了中国首个海洋生态补偿办法《山东省海洋生态损害赔偿费与损失补偿费管理暂行办法》规定，在山东省所辖海域内，发生违法开发利用海洋资源、海洋污染事故等致使海洋生态损害的，以及实施海洋建设工程、海洋倾废等致使海洋环境恶化的，应当缴纳相应海洋生态损害赔偿费。该办法的出台，对中国海洋生态补偿机制的建设做了有益尝试。为此，本着"谁污染、谁治理；谁破坏、谁恢复"的原则，中国应当采取以下措施加强海洋生态补偿机制建设：①针对海洋资源开发利用破坏海洋生境的现象，中国应从国家、区域及产业三个层次建立海洋生态补偿机制；②中国海洋生态补偿范围应当涵盖：过度捕捞、乱挖滥采、海洋倾废、化学污染、围海填海、海上溢油，以及其他未按海洋生态规律进行海洋资源开发利用造成海洋污染、生态损害的行为；③通过完善海洋生态环境影响评价技术与制度，包括直接市场评价法、影子工程法、替代市场评价法、权变评价法等，计算海洋生态补偿标准，并将补偿范围设定为对受影响社会群体及所在区域海洋经济、社会发展所造成的损失和恢复与治理海洋生态系统服务功能的费用两部分，通过博弈、协商，对污染、破坏海洋生态的行为征收海洋生态相应补偿费；④海洋生态补偿的途径可具体包括：财政转移支付、海洋生态税费、海洋生态建设保护项目投资等政府手段，以及市场交易、配额交易、生态标志等市场手段如图 9 - 4 所示①；⑤应在设立仲裁机构和海洋生态修复专项基金的基础上，进一步明确征收海洋生态补偿费的目的、原则、对象、费率、方法、类型及生态补偿费的使用去向，将海洋经济利益与生态责任完全挂钩，从而切实确保遭受破坏的海域生态得到应有的补偿及修复。

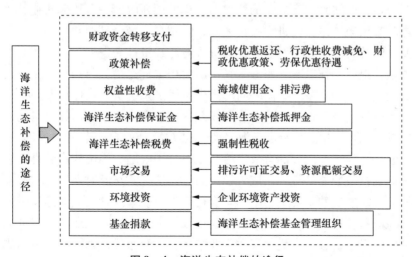

图 9 - 4　海洋生态补偿的途径

---

① 贾欣、王淼：《海洋生态补偿机制的构建》，《中国渔业经济》2010 年第 1 期。

六 健全海洋生态经济管理及法规体系

目前中国实行的是多部门共同承担海洋事务管理的体制，在国务院机构设置中，涉及海洋事务的部门包括海洋局、农业部、国土资源部、交通运输部、能源部、环境部、旅游局、海关、国防等十多个部门，海洋事务多头管理、效率低下、行政不作为与越权越位现象并存，已不能适应现代海洋产业生产力增长、海洋生态维护与海洋社会进步的需要。因此，在推进中国海洋生态经济系统高效协调发展的进程中，必须率先彻底改革海洋事务原有错综复杂、职能混乱的政府管理体制与职能，建立起能够统一解决海洋生态、经济、社会发展中出现的综合性、复杂性、区域性问题的专职性行政管理部门，围绕海洋生态经济系统协调发展的目标要求，组建跨越各相关政府部门、海洋产业部门的高层决策机构，统一调控与指导跨行业、跨部门、跨区域的海洋生态、经济与社会问题。

与此同时，建设海洋生态经济系统协调发展预警机制、积极倡导海洋社会低碳型消费理念和行为、大力推动海洋产业生态化发展、鼓励和支持海洋生态治理与修复行动、制定并实施海洋资源产权划分以及海洋生态补偿制度，均离不开各级相关政府部门及各相关利益主体的通力合作和大力支持，更离不开相关政策法规的有力引导与切实保障。因此，为解决中国海洋生态经济系统协调发展面临的各种矛盾与问题，必须在尊重复合系统交互胁迫、非线性演变规律的前提下，积极创新政府管理体制机制，完善海洋政策法规体系，促进中央与区域、区域与区域、部门与部门、产业与产业之间的网络状合力对接，积极统筹海洋经济社会发展与海洋生态保护的关系，提高工作效率与服务水平，出台相关优惠措施与扶持政策，更好地激励各相关利益主体共同参与海洋生态经济系统协调优化建设。

在市场经济条件下，政府管理职能存在的根本原因是市场自身的缺陷与失灵①。面对市场不能化解海洋资源公共物品的自然垄断和外部效应，不能解决海洋事业发展的有效供给与生态公平问题，中国政府管理角色的发挥以及行政职能的担当已成为社会的必然选择。在新时期，针对海洋生态经济系统发展的新要求，中国政府行政管理改革的核心应该是增进海洋生态经济系统自组织与自协调功能，在维护市场机制有效运行、保证竞争公平的前提下，进一步优化海洋产业结构和空间布局，承担起调节与规范海洋资源开发秩序、引导海洋产业生态化发展的重要职能，同时，通过制

---

① 吴强：《政府行为与区域经济协调发展》，经济科学出版社 2006 年版。

定与实施维持海洋生态健康、推动海洋社会进步的宏观调控政策措施，充分利用经济、法律、行政等手段，营造出能够促进海洋生态修复与保护、海洋社会创新与升级的良好环境，扩大宣传力度和教育规模，吸引和鼓励各方相关利益主体广泛参与，使广大群众成为推进海洋生态经济系统协调发展的主动力，逐步实现沿海 11 个省（市、区）海洋经济社会发展理念与发展方式的转变。

中国加强海洋生态经济系统管理，应着重化解多方面用海矛盾，遵循海洋生态经济系统协调的原则，其核心是应着眼于海洋生态经济系统，在海洋产业之间、沿海区域之间合理分配海洋资源，取得开发利用海洋资源的最大生态、经济与社会效益。为此，中国在海洋生态经济系统管理实践中，必须遵循以下两个原则：一是择优配置原则，评定海洋产业尤其是海洋生态产业的标准，应为海洋生态、经济与社会效益最大，而非片面追求经济效益最高；二是不可替代原则，从海洋资源开发的整体利益来看，某一具体海域开发利用某种海洋资源，在其他海域应为不可替代的，即一般开发某海域独有的海洋资源。在海洋生态经济系统协调发展的原则指导下，在中国海洋生态经济系统实际管理工作中，也应以海洋生态系统为根基采取综合的管理措施。针对当前中国海洋生态经济系统非协调问题，必须编制整体以及各沿海地区各类海洋产业的海洋生态经济发展规划，协调各相关部门的生产布局和生产组织。同时，还要制定海洋渔业捕捞养殖规划；进行海洋油气等矿产资源开发布局规划；做好港口布局规划，形成层次合理、分明的港口体系；因地制宜地制定沿海海洋旅游业、海洋化工业、海洋能源业等生态经济发展规划。

进一步来讲，解决中国海洋生态经济系统协调发展的关键问题与矛盾，还需要依托政策、法律、法规等强制手段的激励约束作用，促使海洋生态经济系统协调工作能够有法可依、违法必究。具体法律法规应包括：关于海洋资源开发的规定、海洋资源使用费的征收、海洋生态补偿的落实、海洋科技转化的促进、人口低碳消费的控制、海洋产业生态化的引导等内容。通过相关法律法规的完善与实施，必须做到严厉打击非法破坏生态系统、污染海洋环境、浪费海洋资源的行径，遏制不符合可持续发展原则的海洋经济社会发展方式和生产消费模式，从而强化海洋生态、经济、社会协调发展程度。具体而言：①应加紧研究与起草中国《海洋基本法》，使其作为实施海洋资源开发、发展海洋经济、保护海洋生态环境、推动海洋社会进步、科学管理海洋事务、提升可持续协调能力的根本大法；②在《海洋基本法》中，应着重体现以海洋生态经济系统为基础管理的基本原则，推进海洋生态保护工作与海洋经济社会发展的匹配；③必须抓紧制定《海岸带管理法》、修订《海域使用管理法》、补充《海洋环境保护法》，组建高效、有力、及时的海上联合执法队伍，逐步实现依法治海；④应以《海洋基本法》《海岸带管理法》为主体，全面完善沿海 11个省（市、区）海洋法规体系以及与其相配套的海洋产业生产标准，切实引导各地各类海洋产业逐步向生态友好型转变，推动海洋生态经济系统步入协调发展的道路。

第十章　结语

第一节　研究结论

以海洋生态经济系统为研究对象，以系统论、耗散结构论、控制论、协同学、海洋学、海洋经济学、海洋生态学、生态经济学等理论与方法为指导，对中国海洋生态经济系统非协调发展及其优化进行了系统研究。首先，建立海洋生态经济系统研究基础理论框架，界定相关基本概念，论述海洋生态经济系统运行方式及其构成，梳理研究可依据的理论成果；其次，剖析中国海洋生态经济系统的特征、结构与运行功能，运用时序数据和空间数据，定量测算中国沿海 11 个省（市、区）2000—2014 年 15 年间海洋生态经济系统的发展状态与协调度，证实海洋生态、经济与社会三个子系统之间的交互胁迫关系，揭示三个子系统之间协调度的时空演变规律，判断协调发展所处阶段与所属类型；再次，模拟并验证中国海洋生态经济系统典型非协调状态的形成机理，探究非协调状态形成的路径以及关键因素，并构建出非协调状态预警模型、趋势预警模型及预警管理机制；复次，理清中国海洋生态经济系统协调发展的整体思路，提出协调发展应实现的目标和主要内容，架构起协调发展可选择的基本模式；最后，建立中国海洋生态经济系统协调发展的优化机制，给出协调发展优化措施实施的具体方案。经过理论架构与实证检验，得出主要研究结论如下：

（1）界定了海洋生态经济系统及其协调发展的内涵。经过理论梳理确定了海洋生态经济系统各子系统的构成、性质及各子系统之间的基本因果关系，明确了各子系统在复合系统中的地位、功能及其之间的信息反馈机制，提出海洋生态经济系统是由海洋生态系统、海洋经济系统与海洋社会系统相互作用、相互交织、相互渗透而构成的具有一定结构和功能的特殊复合系统，其协调发展即是各子系统通过相互作用、相互反馈、相互配合后呈现的海洋生态结构功能、海洋经济结构功能与海洋社会结构功能统一、稳定的结构有序与功能有效的动态平衡状态。

（2）明确了中国海洋生态经济系统运行的具体现状。运用归纳演绎法对中国海洋生态经济系统经济目的性、人工干扰性等基本特征进行了总结，应用各类统计数据对三个子系统的结构进行分析，并通过能值模型核算和定性分析衡量了中国海洋生态经济系统的能量流、物质流、信息流与价值流，在此基础上，综合生态足迹法、承载力模型和可持续发展度量法，构建出海洋生态经济系统发展状态评价指标体系，对 2000—2014 年中国沿海 11 个省（市、区）海洋生态经济系统各子系统及复合系统发展状态进行量化辨识，发现由于受海洋生态子系统的制约，中国海洋生态经济系统发展速度较为缓慢，并呈现出明显的区域不均衡特征。

（3）验证了海洋各子系统之间存在的交互胁迫关系。应用海洋生态经济系统发展状态评价值，综合交互胁迫论及非线性回归模型，采用 Matlab7.0 对中国沿海 11 个省（市、区）2000—2014 年海洋生态经济系统三个子系统的时空动态关系曲线进行拟合，验证出伴随沿海人口增加、海洋科技进步、海洋资源开发、海洋经济增长以及海洋生态破坏，系统内部各要素之间形成了密不可分的交互胁迫关系，在时间与空间两个维度，海洋经济与社会子系统之间存在明显的对数曲线交互关系，海洋生态与经济子系统之间存在显著的倒 U 形曲线交互关系，海洋生态与社会子系统之间交互关系的演进过程符合学术界公认的双指数曲线变化规律。

（4）定量判别出沿海各省（市、区）协调发展的阶段与类型。应用耦合模型对各子系统的协调度进行测算，设定海洋生态经济系统协调发展四个阶段、八种类型的判别标准，进而拟合海洋生态经济系统发展态势曲线，所得协调度发展演变轨迹反映了沿海各省（市、区）海洋生态经济系统协调发展的实际演变规律。该规律表明，沿海 11 个省（市、区）海洋经济发展、社会进步与海洋生态恶化交互作用的协调度均符合 S 形发展演变机制，且目前部分沿海省（市、区）由于海洋经济子系统与社会子系统快速发展对海洋资源环境的高度依赖性与破坏性，海洋生态子系统正在面临全面恶化的危机，海洋生态经济系统协调发展大多处于 S 形发展机制的拮抗或磨合阶段，所属类型多为生态脆弱型，可持续发展态势十分严峻。

（5）建立起系统非协调状态形成结构机理模拟模型。选取 8 个处于非协调状态的省（市、区）作为实证对象，应用基于主成分分析的结构方程（SEM）模型，对现有海洋生态经济系统主要非协调状态的形成机理进行深入的定量模拟，得出非协调状态形成的基本传导路径为：海洋社会进步→海洋科技水平提升→海洋产业生产力提高→海洋经济增长→海洋资源利用增多→海洋生态压力加大→海洋生物多样性下降→海洋生境破坏加剧→海洋生态水平退化，海洋社会进步伴随的社会人口消费能力上涨、海洋科技水平提升是引致海洋经济增长进而引发海洋生态资源衰竭、生态环境恶化的根本因素，而社会重视程度不够、海洋事务管理和生态治理能力低下，是非协调状态得不到预防、遏制与改善的主要原因。

（6）设置了系统协调发展预警指标警戒界限和预警模型。通过梳理国外海洋预警机制建设的先进经验，指出中国现有海洋环境监测系统和海洋灾害预警报系统在组织架构、信息监测、决策责任、响应行动等方面存在的局限，指明全面建立海洋生态经济系统协调发展预警机制的必要性及可行性，一方面，请专家就已有系统发展状态指标中选择需重点监测的预警指标，基于行业标准、国际经验、横向对比、专家经验、3δ 原则等确立出预警指标 5 级警戒界限，运用 SD 状态预警模型进行系统状态模拟，进一步印证了，海洋经济子系统的粗放发展模式和海洋社会子系统的滞后管理，导致海洋生态子系统运行状态急剧下降，已使得系统协调度由 2000 年 Ⅰ 级绿色安全状态下降至 2014 年 Ⅱ 级蓝色良好状态，随后运用 RBF 趋势预警模型，得出协调度将继续从 2015 年的 0.63 下降至 2025 年的 0.45，演变为 Ⅲ 级黄色敏感状态，警情加重，必须发出警报；另一方面，在预警模型的基础上，全面构建了中国海洋生态经济系统协调发展预警机制，设定出预警机制的组织体系、信息机制、决策机制和响应机制等重要构成，以增强非协调危机防治能力。

（7）提出了协调发展应达到的目标与可选择的模式。设定中国海洋生态经济系统协调发展的目标体系由总体性目标、资源配置的效率性目标和各子系统的阶段性目标构成，协调发展的总体思路为：以海洋生态子系统修复与优化为基础，以海洋经济子系统生态型产业体系建设为载体，以海洋社会子系统强大与完善为支撑，在不断促进海洋生态经济系统现代化、市场化、生态化发展程度的基础上，提升系统总体耦合协调度。借鉴相关研究成果，构建出海洋经济主导型、海洋生态主导型、海洋社会节约型三种海洋生态经济协调发展模式，结合山东、河北、广东实例和灰色预测模型，详细剖析出三种模式的发展指导思想、适宜条件、运行机制及可达到的预期效果。

（8）构建了海洋生态经济系统协调发展的优化机制。提出为确保协调发展的实现，中国海洋生态经济系统协调优化机制应由动力机制（包括外动力、内动力和源动力）、创新机制（包括生态创新、科技创新和制度创新）及保障机制（包括市场经济运行机制、市场失灵预警机制和全民共同参与机制）构成；同时，应辅以重视海洋生态经济动态和预警播报、倡导低碳型消费理念及行为方式、培育海洋生态产业体系及产业集群、加强海洋污染治理及生态系统修复、实施资源产权划分和生态补偿制度、健全海洋生态经济管理及法规体系等优化措施的实施。

第二节　创新之处

一　充实海洋生态经济协调研究理论体系

由于中国海洋生态经济协调发展研究起步较晚，研究基础条件差，研究力量薄弱，与陆域生态经济协调发展研究相比，尚未形成系统的理论概括和成型的研究体系，研究内容仅限于海洋生态评估、海洋经济可持续评价、综合管理等方面，研究成果大多是基于生态经济学或可持续发展的理论与方法，未能综合运用系统论、耗散结构论、控制论、协同论等科学理论进行更高层次的理论探索与论证，对基础性理论问题，如海洋生态经济演进的特征、结构、功能、阶段等尚未进行深入考证和总结，对海洋生态经济相互作用及协调发展的基本规律未能达成共识，导致理论研究成果严重滞后于实际工作需要。为此，本书以系统论、耗散结构论、控制论、协同论、海洋学、生态学、经济学、生态经济学等多种理论与方法为指导，在明确概括海洋生态经济系统内涵的基础上，系统剖析中国海洋生态经济系统发展的特征和结构，科学测算中国海洋生态经济系统的具体功能和演变状态，全面总结海洋生态、经济、社会交互胁迫作用和协调发展的一般性规律，可以对海洋生态经济协调研究中一些尚未达成共识或未涉猎的基础性问题进行概括和回答，在一定程度上弥补当前研究的不足与空白，为构建起更为完整的海洋生态经济协调发展理论体系奠定基础。

二　以社会为根基构建起非协调状态成因模型

虽然国内外已有研究对海洋生态经济关系及其协调发展进行了探索，但缺乏对社会人文系统的考虑，未能全面地反映海洋生态经济系统内部交互关系和协调演变规律，对系统非协调状态产生的根本原因和机理也未能深入研究。沿海社会是以"人"为主体构成的复杂系统，海洋社会子系统中人的价值观、人与人之间的关系以及由此形成的社会组织、社会文化，是造成当前海洋经济飞速发展而海洋生态急剧恶化的根本原因。在海洋生态经济系统中，人是海洋经济系统发展的驱动者与调控者，是海洋生态系统能否实现平衡运行的决定性因素，因此，必须通过人的驱动、中介及调控作用，将海洋经济、生态和社会三个系统联结为有机整体，才能更加全面、深刻地探讨海洋生态经济系统协调发展与优化问题。为此，本书从时间和空间两个维度，首次探究海洋经济、生态和社会三个子系统之间 S 形协调演变规律，并以社会系统为根基，对非协调状态的形成机理和因果作用关系进行深入探讨，能够拓宽同类研究的视野，丰富研究内容，并给海洋生态经济协调发展预警机制、优化机制和调控方案的设置带来更多启示。

三　综合多种计量方法确保研究结论科学性

本书在理论研究的基础上，结合多年时序数据与空间数据，创造性地综合运用能值模型、交互胁迫论、非线性回归模型以及耦合模型等计量方法，系统测算并深入分析中国海洋生态经济系统的整体状态、内部交互胁迫关系及其协调度的发展演变和空间差异，确定中国海洋生态经济系统协调发展所处的阶段和沿海各地区的协调发展类型，同时，尝试运用结构方程（SEM）确定中国海洋生态经济系统主要非协调类型产生的关键因素和作用路径，进而依据所得结论，构建出海洋生态经济系统非协调状态的系统动力学（SD）状态预警模型和神经网络（RBF）趋势预警模型，设定中国海洋生态经济系统协调发展的预警机制、目标体系、主要内容和基本模式，有针对性地制定海洋生态经济系统协调运行的优化机制和实现方案，不仅在研究方法上实现了一定突破，弥补了原有研究方法单一、浅显的缺陷，使研究结论更具客观性与科学性；而且改变了前人固有研究逻辑，使得研究结论更加全面系统，所得的协调发展模式、预警机制、优化机制及措施也更具实际意义。

第三节　研究展望

本书在对海洋生态经济系统概念、构成及其功能进行界定的基础上，重点评价了中国沿海 11 个省（市、区）海洋生态经济系统发展状态，并分析了非协调状态形成机理，构建出促进其协调发展的预警机制、基本模式与优化机制，所得结论对完善海洋生态经济系统研究体系具有一定的积极意义。但由于作者能力、精力和时间有限，研究尚有诸多不足和有待完善的地方，许多研究工作需要进一步深入，现总结如下，作为未来努力的方向：

（1）海洋社会系统是海洋生态经济系统中的重要组成系统，现有研究成果大多忽视了对海洋社会系统的关注，通过本书研究所得结论，海洋社会系统调整是海洋生态经济系统实现协调发展的根本途径，因此，在今后研究过程中，必须继续重视和跟踪海洋社会系统的发展状态，尤其要倡导海洋生态文明的建立和延续。

（2）由于海洋数据统计体系不健全，许多指标数据无法获得或无法连续获得，限制了海洋生态经济系统发展状态评价指标体系的构建以及评价、预警工作的进行，随着统计数据的进一步完善，海洋生态经济系统的评价和预警工作需要得到进一步更新和延展。

（3）本书构建的海洋生态经济系统非协调状态形成机理结构方程模型、SD 状态预警模型、RBF 趋势预警模型仅仅是一个初步尝试，在设定假设体系和概念模型时，还有诸多关系没有考虑进去，只是根据需要对部分重要作用关系进行验证，模型的反映能力还较有限，有待汲取其他方法的优势，继续扩充和完善，延伸研究结论。

（4）海洋生态经济系统是一个动态的耦合性交互胁迫系统，为实现其协调发展，在设计战略目标、基本模式、具体路径时应不断紧密结合沿海各省（市、区）具体实际情况进行实时制定与调整，同时，海洋生态经济系统协调发展引导、优化、维护和延伸等策略进一步推行的方案以及利益相关者协调等细节工作，还需进一步深入探索。

参考文献

[1]《中国海洋年鉴》(2004),海洋出版社 2005 年版。

[2]《中国海洋 21 世纪议程》,http://wenku.baidu.com/view/dc2d4b62c
   aaedd3383c4d3a9.html,2011 年 10 月 1 日。

[3] 白华等:《区域经济—资源—环境复合系统结构及其协调分析》,《系
   统工程》,1999 年第 2 期。

[4] 曹斌、林剑艺、崔胜辉:《可持续发展评价指标体系研究综述》,《环
   境科学与技术》2010 年第 3 期。

[5] 曹新:《人口增长与经济发展》,《重庆社会科学》2001 年第 3 期。

[6] 陈本亮:《资源—经济—环境复合系统协调分析》,硕士学位论文,
   西南交通大学,2000 年。

[7] 陈斌林、郭亚伟、贺心然等:《连云港近岸海域环境演变与生态修复
   对策研究》,《海洋科学》2009 年第 6 期。

[8] 陈德军、胡华成、周祖德:《基于径向基函数的混合神经网络模型研
   究》,《武汉理工大学学报》2007 年第 2 期。

[9] 陈德敏:《区域经济增长与可持续发展——人口资源环境经济学探
   索》,重庆大学出版社 2000 年版。

[10] 陈东景、李培英、杜军等:《基于生态足迹和人文发展指数的可持
   续发展评价——以中国海洋渔业资源利用为例》,《中国软科学》
   2006 年第 5 期。

[11] 陈端吕、董明辉、彭保发:《生态承载力研究综述》,《湖南文理学
   院学报》2005 年第 5 期。

[12] 陈国阶:《生态环境预警理论和方法探讨》,《重庆环境科学》1999
   年第 4 期。

[13] 陈国权:《可持续发展与经济—资源—环境系统分析和协调》,《科
   学管理研究》,1999 年第 2 期。

[14] 陈可文:《中国海洋经济学》,海洋出版社 2003 年版。

［15］陈明：《协同论与人类社会》，《系统辩证学学报》2005 年第 4 期。

［16］陈婉婷：《福建海洋生态经济社会复合系统协调发展研究》，硕士学位论文，福建师范大学，2015 年。

［17］陈新军：《中国海洋渔业资源与渔场学》，海洋出版社 2004 年版。

［18］陈豫、黄冬梅、杨东方：《海洋生态模型管理系统的设计与实现》，《海洋科学》2009 年第 4 期。

［19］初建松：《大海洋生态系管理与评估指标体系研究》，《中国软科学》2012 年第 7 期。

［20］褚晓琳、陈勇、田思泉：《基于可获得的最佳科学信息和预警方法的海洋自然资源管理研究》，《太平洋学报》2016 年第 8 期。

［21］戴娟娟、吴日升：《国际海洋综合管理模式及其对我国的启示》，《海洋开发与管理》2014 年第 11 期。

［22］狄乾斌、韩雨汐、高群：《基于改进的 AD – AS 模型的中国海洋生态综合承载力评估》，《资源与产业》，2015 年第 1 期。

［23］狄乾斌、韩增林：《辽宁省海洋经济可持续发展的演进特征及其系统耦合模式》，《经济地理》2009 年第 5 期。

［24］杜鹏、徐中民：《甘肃生态经济系统的能值分析及其可持续性评估》，《地球科学进展》2006 年第 9 期。

［25］范文涛、黎育红：《农业生态经济系统定量优化模型》，《系统工程》1997 年第 5 期。

［26］方创琳：《河西走廊：绿洲支撑着城市化——与仲伟志先生商榷》，《中国沙漠》2003 年第 3 期。

［27］方创琳：《黑河流域生态经济带分异协调规律与耦合发展模式》，《生态学报》2002 年第 5 期。

［28］方创琳、鲍超、乔标等：《城市化过程与生态环境效应》，科学出版社 2008 年版。

［29］冯玉广、王华东：《区域人口—资源—环境—经济系统可持续发展定量研究》，《中国环境科学》1997 年第 5 期。

［30］冯兆东、董晓峰：《中国西北生态—经济耦合资源环境信息系统的研制》，《地球信息科学》2000 年第 3 期。

［31］付光辉、郭宗逵：《全局主成分分析模型在城市综合经济实力评价中的应用》，《企业科技与发展》2008 年第 10 期。

［32］傅家骥、程源：《企业技术创新：推动知识经济的基础和关键》，《现代管理科学》1999 年第 5 期。

［33］傅秀梅、王长云：《海洋生物资源保护与管理》，科学出版社 2008 年版。

［34］高铭仁、张桂芝、孙卓廷：《自然生态力与社会生产力的矛盾是人与自然关系的基本矛盾》，《石油大学学报》（社会科学版）2002 年第 2 期。

［35］高群：《生态—经济系统恢复与重建的基础理论研究》，《地理与地理信息科学》2004 年第 5 期。

［36］高晓路、翟国方：《天津市海岸带环境的空间价值及其政策启示》，《地理科学进展》2008 年第 5 期。

［37］耿海清、陈帆、詹存卫等：《基于全局主成分分析的中国省级行政区城市化水平综合评价》，《人文地理》2009 年第 5 期。

［38］苟露峰、高强、高乐华：《基于 BP 神经网络方法的山东省海洋生态安全评价》，《海洋环境科学》2015 年第 3 期。

［39］管华诗、王曙光：《海洋管理概论》，中国海洋大学出版社 2003 年版。

［40］郭嘉良、王洪礼、李怀宇等：《海洋生态经济健康评价系统研究》，《海洋技术》2007 年第 2 期。

［41］郭腾云、徐勇、马国霞：《区域经济空间结构理论与方法的回顾》，《地理科学进展》2009 年第 1 期。

［42］郭治安、沈小峰：《协同论》，山西经济出版社 1991 年版。

［43］国家海洋局：《全国海洋经济发展规划纲要》，http：//wenku. baidu. com/view/04b76202eff9aef8941e0681. html，2010 年 12 月 27 日。

［44］海洋发展战略研究所课题组：《中国海洋发展报告 2011》，海洋出版社 2011 年版。

［45］海洋发展战略研究所课题组：《中国海洋发展报告 2015》，海洋出版社 2015 年版。

［46］韩华、刘凤鸣、丁永生：《基于海洋综合观测平台的海洋智能预警的研究》，《计算机工程与应用》2008 年第 30 期。

［47］韩凌、李书舒、王佳等：《经济系统与生态系统的类比分析》，《中国人口·资源与环境》2006 年第 4 期。

［48］韩秋影、黄小平、施平：《生态补偿在海洋生态资源管理中的应用》，《生态学杂志》2007 年第 1 期。

［49］韩增林、狄乾斌、刘锴：《辽宁省海洋产业结构分析》，《辽宁师范大学学报》（自然科学版）2007 年第 1 期。

［50］韩增林、胡伟、钟敬秋等：《基于能值分析的中国海洋生态经济可持续发展评价》，《生态学报》2017 年第 8 期。

［51］何有世：《环境经济系统 SD 模型的建立》，《江苏理工大学学报》2001 年第 4 期。

［52］贺培育：《中国生态安全报告预警与风险化解》，红旗出版社 2009 年第 5 期。

［53］贺义雄：《中国海洋资源资产产权及其管理研究》，博士学位论文，中国海洋大学，2008 年。

［54］赫胥黎：《进化论与伦理学》，科学出版社 1973 年版。

［55］侯杰泰、温忠麟、成子娟：《结构方程模型及其应用》，教育科学出版社 2004 年版。

［56］侯彦林：《社会—经济—自然复合生态系统有效物质（能量、货币）平衡模型的建立及其应用》，《生态学报》2001 年第 12 期。

［57］侯元兆：《中国的绿色 GDP 核算研究：未来的方向和策略》，《世界林业研究》2006 年第 6 期。

［58］胡宝清、严志强、廖赤眉：《区域生态经济学理论、方法与实践》，中国环境科学出版社 2005 年版。

［59］胡建华、卢美、王晶：《创新海洋灾害预警报服务方式探索与实践》，《海洋预报》2011 年第 2 期。

［60］胡荣桂：《环境生态学》，华中科技大学出版社 2010 年版。

［61］胡晓辉：《沿海港湾城市生态经济系统能值分析及可持续性评估——以厦门市为例》，硕士学位论文，福建师范大学，2009 年。

［62］胡笑波：《概述生态平衡与生态经济平衡》，《渔业经济研究》2005 年第 6 期。

［63］黄东、黄文东：《基于 K 均值聚类及模糊支持向量机的海洋灾害风险预警方法》，《数字技术与应用》2015 年第 2 期。

［64］黄何：《中华人民共和国船舶及其有关作业活动污染海洋环境防治管理规定平》，http：//www. moc. gov. cn/zhuzhan/zhengcejiedu/zhengcewer，2011 年 1 月 5 日。

［65］黄金川、方创琳：《城市化与生态环境交互耦合机制与规律性分析》，《地理研究》2003 年第 2 期。

［66］黄金富：《县域资源优化配置的机制与模式研究——以重庆市石柱县为例》，硕士学位论文，西南师范大学，2001 年版。

［67］籍国东、倪晋仁、孙铁珩：《持久性有毒物污染底泥修复技术进

展》,《生态学杂志》2004 年第 4 期。

[68] 贾欣、王淼:《海洋生态补偿机制的构建》,《中国渔业经济》2010
年第 1 期。

[69] 贾亚君:《包容性增长视角下实现浙江海洋生态经济可持续发展研
究》,《经济研究导刊》2012 年第 7 期。

[70] 江红莉、何建敏:《区域经济与生态环境系统动态耦合协调发展研
究——基于江苏省的数据》,《软科学》2010 年第 3 期。

[71] 江涛:《流域生态经济系统可持续发展机理研究》,博士学位论文,
武汉理工大学,2004 年。

[72] 姜涛、袁建华、何林等:《人口—资源—环境—经济系统分析模型
体系》,《系统工程理论与实践》2002 年第 12 期。

[73] 姜旭朝:《中华人民共和国海洋经济史》,经济科学出版社 2008
年版。

[74] 姜学民、徐志辉:《生态经济学通论》,中国林业出版社 1993 年版。

[75] 蒋敏元等:《以生态环境建设为主体的新林业发展战略研究》,东北
林业大学出版社 2002 年版。

[76] 解雪峰、吴涛、蒋国俊等:《乐清湾海洋生态系统服务价值评估》,
《应用海洋学学报》2015 年第 4 期。

[77] 来风兵:《艾比湖流域社会经济与自然生态协调发展系统动力学仿
真研究》,硕士学位论文,新疆师范大学,2007 年版。

[78] 莱切尔·卡逊:《寂静的春天》,吕瑞兰译,科学出版社 1979 年版。

[79] 赖俊翔、姜发军、许铭本等:《广西近海海洋生态系统服务功能价
值评估》,《广西科学院学报》2013 年第 4 期。

[80] 蓝盛芳、钦佩、陆宏芳:《生态经济系统能值分析》,化学工业出版
社 2002 年版。

[81] 雷明:《中国环境经济综合核算体系框架设计》,《系统工程理论与
实践》2000 年第 10 期。

[82] 黎树式、林俊良:《海洋生态经济系统可持续发展研究——以钦州
湾为例》,《安徽农业科学》2010 年第 25 期。

[83] 李崇明、丁烈云:《生态环境与社会协调发展评价模型及其应用研
究》,《系统工程理论与实践》2004 年第 11 期。

[84] 李纯厚、王学锋、王晓伟等:《中国海水养殖环境质量及其生态修
复技术研究进展》,《农业环境科学学报》2006 年第 25 期。

[85] 李怀宇:《海洋生态经济复合系统非线性动力学研究及可持续发展

评价》，硕士学位论文，天津大学，2007年。

[86] 李怀政：《生态经济学变迁及其理论演进述评》，《江汉论坛》2007年第2期。

[87] 李佳璐：《基于景气分析的上海市海洋经济可持续发展监测预警研究》，硕士学位论文，上海交通大学，2015年。

[88] 李坤：《论地理教学中可持续发展观的培养》，硕士学位论文，湖南师范大学，2004年。

[89] 李万莲：《我国生态安全预警研究进展》，《安全与环境工程》2008年第3期。

[90] 李湘梅、周敬宣、张娴等：《城市生态系统协调发展仿真研究——以武汉市为例》，《环境科学学报》2008年第12期。

[91] 李颖虹、王凡、任小波：《海洋观测能力建设的现状、趋势与对策思考》，《地球科学进展》2010年第7期。

[92] 李卓佳、文国梁、陈永青等：《正确使用养殖环境调控剂营造良好对虾生态环境》，《科学养鱼》2004年第3期。

[93] 连飞：《中国经济与生态环境协调发展预警系统研究——基于因子分析和BP神经网络模型》，《经济与管理》2008年第12期。

[94] 梁红梅、刘卫东等：《土地利用效益的耦合模型及其应用》，《浙江大学学报》（农业与生命科学版）2008年第2期。

[95] 廖晓昕：《稳定性的理论、方法和应用》，华中理工大学出版社1999年版。

[96] 廖重斌：《环境与经济协调发展的定量评判及其分类体系——以珠江三角洲城市群为例》，《热带地理》1999年第2期。

[97] 吝涛、薛雄志、林剑艺：《海岸带安全响应力评估与案例分析》，《海洋环境科学》2009年第5期。

[98] 刘传江、杨文华、杨艳琳等：《经济可持续发展的制度创新》，中国环境科学出版社2002年版。

[99] 刘大维：《结构方程模型在跨文化心理研究中的应用》，《心理动态》1999年第2期。

[100] 刘军、刘斌：《生物修复技术在水产养殖中的应用》，《水利渔业》2005年第1期。

[101] 刘康、李团胜：《生态规划——理论、方法与应用》，化学工业出版社2004年版。

[102] 刘培哲：《环境管理》，中国文化书院1987年版。

[103] 刘培哲：《可持续发展理论与中国 21 世纪议程》，气象出版社 2001 年版。

[104] 刘思华：《对可持续发展经济的理论思考》，《经济研究》1997 年第 3 期。

[105] 刘伟玲、朱京海、胡远满：《辽宁省及其沿海区域生态足迹的动态变化》，《生态学杂志》2008 年第 6 期。

[106] 刘友金、易秋平：《区域技术创新生态经济系统失调及其实现平衡的途径》，《系统工程》2005 年第 10 期。

[107] 娄峥嵘：《浅析结构方程模型建模的基本步骤》，《生产力研究》2006 年第 6 期。

[108] 楼东、谷树忠、钟赛香：《中国海洋资源现状及海洋产业发展趋势分析》，《资源科学》2005 年第 5 期。

[109] 卢霞、谢宏全：《基于 RS 的连云港海岸带生态系统服务价值估算》，《淮海工学院学报》（自然科学版）2010 年第 2 期。

[110] 鲁明中、王沅、张彭年等：《生态经济学概论》，新疆科技卫生出版社 1992 年版。

[111] 陆添超、康凯：《熵值法和层次分析法在权重确定中的应用》，《电脑编程技巧与维护》2009 年第 22 期。

[112] 鹿守本：《海洋管理通论》，海洋出版社 1997 年版。

[113] 罗马俱乐部：《增长的极限》，李宝恒译，四川人民出版社 1984 年版。

[114] 罗桥顺、党红、张智光：《哈密地区生态经济系统耦合度变化及原因分析》，《水土保持研究》2010 年第 3 期。

[115] 罗勇：《区域经济可持续发展》，化学工业出版社 2005 年版。

[116] 马传栋：《论资源生态经济系统的功能》，《济宁师专学报》1995 年第 4 期。

[117] 马传栋：《论资源生态经济系统阈值与资源的可持续利用》，《中国人口·资源与环境》，1995 年第 4 期。

[118] 马传栋：《生态经济学》，山东人民出版社，1986 年版。

[119] 马丽娜：《基于复杂系统脆性理论的企业集团脆性建模及应用研究》，硕士学位论文，中国海洋大学，2010 年。

[120] 马世骏、王如松：《社会—经济—自然复合系统》，《生态学报》1994 年第 4 期。

[121] 马向东、孙金华、胡震云：《生态环境与社会经济复合系统的协同

进化》,《水科学进展》2009 年第 4 期。

[122] 马英杰、胡增祥、解新颖:《澳大利亚海洋综合规划与管理——情况介绍》,《海洋开发与管理》2002 年第 1 期。

[123] 马子清:《山西省可持续发展战略研究报告》,科学出版社 2004 年版。

[124] 闵庆文、李文华:《区域可持续发展能力评价及其在山东五莲的应用》,《生态学报》2002 年第 1 期。

[125] 倪一卓、程和琴、傅雯等:《东海海岸带综合管理的多用户协议支持工具的设计与实现》,《资源科学》2010 年第 4 期。

[126] 牛文元:《持续发展导论》,科学出版社 1994 年版。

[127] 牛文元:《社会物理学与中国社会稳定预警系统》,《中国科学院院刊》2001 年第 1 期。

[128] 彭福扬、曾广波:《论生态危机的四种根源及其特征》,《湖南大学学报》(社会科学版) 2002 年第 4 期。

[129] 齐平:《我国海洋灾害应急管理研究》,《海洋环境科学》2006 年第 4 期。

[130] 乔标、方创琳:《城市化与生态环境协调发展的动态耦合模型及其在干旱区的应用》,《生态学报》2005 年第 11 期。

[131] 钦佩、左平、何祯祥:《海滨系统生态学》,化学工业出版社 2004 年版。

[132] 邱春:《基于 SD 的经济综合型小城镇可持续发展预警系统研究》,硕士学位论文,华中科技大学,2007 年。

[133] 全国海洋开发规划领导小组:《海洋开发现状分析与发展预测研究》,《全国海洋开发规划研究成果选编》,1993 年。

[134] 任继周:《系统耦合在大农业中的战略意义》,《科学》1999 年第 6 期。

[135] 尚洁澄:《未雨绸缪:农业环境污染突发事件应急处理演练》,《农业环境与发展》2006 年版。

[136] 沈国明:《21 世纪的选择:中国生态经济的可持续发展》,四川人民出版社 2001 年版。

[137] 沈国英、施并章:《海洋生态学》,科学出版社 2003 年版。

[138] 沈文周:《中国近海空间地理》,海洋出版社 2006 年版。

[139] 石洪华、郑伟、丁德文等:《典型海洋生态系统服务功能及价值评估——以桑沟湾为例》,《海洋环境科学》2008 年第 2 期。

［140］舒帮荣、刘友兆、徐进亮等：《基于 BP - ANN 的生态安全预警研究：以苏州市为例》，《长江流域资源与环境》2010 年第 2 期。

［141］司金鉴：《生态价值的理论研究》，《经济管理》1996 年第 8 期。

［142］宋国明：《英国海洋资源与产业管理》，《国土资源情报》2010 年第 4 期。

［143］苏伟：《广西近海环境与经济可持续发展水平及协调性分析》，《海洋环境科学》2007 年第 6 期。

［144］孙斌、徐质斌：《海洋经济学》，山东教育出版社 2004 年版。

［145］孙东琪、朱传耿、周婷：《苏、鲁产业结构比较分析》，《经济地理》2010 年第 11 期。

［146］孙继辉、卜令军、方芳：《辽宁沿海经济带海洋环境与经济协调发展问题及对策研究》，《辽宁经济》2013 年第 6 期。

［147］孙陶生、王晋斌：《论可持续发展的经济学与生态学整合路径——从弱可持续发展到强可持续发展的必然选择》，《经济经纬》2001 年第 5 期。

［148］孙悦民、宁凌：《海洋资源分类体系研究》，《海洋开发与管理》2009 年第 5 期。

［149］汤江龙：《土地利用规划人工神经网络模型构建及应用研究》，博士学位论文，南京农业大学，2006 年。

［150］唐建荣：《生态经济学》，化学工业出版社 2005 年版。

［151］唐启义、冯明光：《DPS 数据处理系统：实验设计、统计分析及模型优化》，科学出版社 2006 年版。

［152］陶建华：《海岸带经济与生态协调发展管理模式及其应用》，《第十二届中国海岸工程学术讨论会论文集》，2005 年。

［153］腾有正：《环境经济问题的哲学思考——生态经济系统的基本矛盾及其解决途径》，《内蒙古环境保护》2001 年第 2 期。

［154］涂永强：《中国海洋经济安全的预警实证研究》，《海洋经济》2013 年第 1 期。

［155］王长征、刘毅：《经济与环境协调研究进展》，《地理科学进展》2002 年第 1 期。

［156］王栋：《基于能值分析的区域海洋环境经济系统可持续发展评价研究——以环渤海区域为例》，硕士学位论文，中国海洋大学，2009 年。

［157］王继军、姜志德、连坡等：《70 年来陕西省纸坊沟流域农业生态经

济系统耦合态势》，《生态学报》2009 年第 9 期。

[158] 王建华、汪东、顾定法等：《基于 SD 模型的干旱区城市水资源承载力预测研究》，《地理学与国土研究》1999 年第 2 期。

[159] 王丽、陈尚、任大川等：《基于条件价值法评估罗源湾海洋生物多样性维持服务价值》，《地球科学进展》2010 年第 8 期。

[160] 王其藩：《高级系统动力学》，清华大学出版社 1995 年版。

[161] 王其翔：《黄海海洋生态系统服务评估》，博士学位论文，中国海洋大学，2009 年。

[162] 王其翔、唐学玺：《海洋生态系统服务的产生与实现》，《生态学报》2009 年第 5 期。

[163] 王秋香、于德介：《设备状态的多项式神经网络迭代多步预测法》，《计算机仿真》2010 年第 3 期。

[164] 王书华：《区域生态经济：理论、方法与案例》，中国发展出版社 2008 年版。

[165] 王松霈、迟维韵：《自然资源利用与生态经济系统》，中国环境科学出版社 1992 年版。

[166] 王晓红、李适宇、彭人勇：《南海北部大陆架海洋生态系统演变的 Ecopath 模型比较分析》，《海洋环境科学》2009 年第 3 期。

[167] 王新前：《绿色发展的经济学——生态经济理论、管理与策略》，西南交通大学出版社 1996 年版。

[168] 王雪梅、张志强、熊永兰：《国际生态足迹研究态势的文献计量分析》，《地球科学进展》2007 年第 8 期。

[169] 王应明、傅国伟：《运用无限方案多目标决策方法进行有限方案多目标决策》，《控制与决策》1993 年第 1 期。

[170] 王玉芳：《国有林区经济生态社会系统协同发展机理研究》，博士学位论文，东北林业大学，2006 年。

[171] 王中根、夏军：《区域生态环境承载力的量化方法研究》，《长江职工大学学报》1999 年第 4 期。

[172] 王宗明、梁银丽：《植被净第一性生产力模型研究进展》，《干旱地区农业研究》2002 年第 2 期。

[173] 魏一鸣、曾嵘、范英等：《北京市人口、资源、环境与经济协调发展的多目标规划模型》，《系统工程理论与实践》2002 年第 2 期。

[174] 文峰：《社会系统发展论纲要》，硕士学位论文，云南师范大学，2001 年。

［175］ 闻新：《MATLAB 神经网络应用设计》，科学出版社 2001 年版。

［176］ 吴次方、鲍海君、徐保根：《中国沿海城市的生态危机与调控机制》，《中国人口·资源与环境》2005 年第 3 期。

［177］ 吴大进、曹力、陈立华：《协同学原理和应用》，华中理工大学出版社 1990 年版。

［178］ 吴卉君：《基于 4R 理论的我国海洋危机管理研究》，《农村经济与科技》2015 年第 6 期。

［179］ 吴健鹏：《广东省海洋产业发展的结构分析与策略探讨》，硕士学位论文，暨南大学，2008 年。

［180］ 吴强：《政府行为与区域经济协调发展》，经济科学出版社 2006 年版。

［181］ 吴文恒、牛叔文、郭晓冬等：《中国人口与资源环境耦合的演进分析》，《自然资源学报》2006 年第 6 期。

［182］ 吴欣欣：《海洋生态系统外在价值评估：理论解析、方法探讨及案例研究》，硕士学位论文，厦门大学，2014 年。

［183］ 吴玉鸣、张燕：《中国区域经济增长与环境的耦合协调发展研究》，《资源科学》2008 年第 1 期。

［184］ 席成孝、张康军：《生产力若干问题评述》，《汉中师范学院学报》（社会科学版）1998 年第 1 期。

［185］ 肖怡、陈尚、曹志泉等：《基于 CVM 的山东海洋保护区生态系统多样性维持服务价值评估》，《生态学报》2016 年第 11 期。

［186］ 谢洪礼：《关于可持续发展指标体系的述评（二）——国外可持续发展指标体系研究的简要介绍》，《统计研究》1999 年第 1 期。

［187］ 修瑞雪、吴刚、曾晓安等：《绿色 GDP 核算指标的研究进展》，《生态学杂志》2007 年第 7 期。

［188］ 徐玖平：《长江上游拟退化经济生态系统开发性恢复与重建的可持续发展研究》，《世界科技研究与发展》，2000 年第 5 期。

［189］ 徐美、朱翔、刘春腊：《基于 RBF 的湖南省土地生态安全动态预警》，《地理学报》2012 年第 10 期。

［190］ 徐盈之、韩颜超：《基于状态空间法的福建省各市环境承载力比较分析》2009 年第 8 期。

［191］ 许涤新：《生态经济学》，浙江人民出版社 1987 年版。

［192］ 许国栋：《我国海洋灾害应急管理实现机制研究》，《海洋环境科学》2014 年第 4 期。

[193] 许联芳、杨勋林、王克林等:《生态承载力研究进展》,《生态环境》2006 年第 5 期。

[194] 许学强、周一星、宁越敏:《城市地理学》,高等教育出版社 1997 年版。

[195] 许振宇、贺建林、刘望保:《湖南省生态—经济系统耦合发展探析》,《生态学杂志》2008 年第 2 期。

[196] 严立冬:《论生态经济系统灾变及其合理调控》,《生态经济》1996 年第 4 期。

[197] 阳立军、俞树彪:《海洋生态环境资源经济的集成战略和可持续发展模式研究》,《海洋开发与管理》2009 年第 10 期。

[198] 杨建强、崔文林、张洪亮等:《莱州湾西部海域海洋生态系统健康评价的结构功能指标法》,《海洋通报》2003 年第 5 期。

[199] 杨建强、罗先香、孙培艳:《区域生态环境预警的理论与实践》,海洋出版社 2005 年版。

[200] 杨金森:《海洋生态经济系统的危机分析》,《海洋开发与管理》1999 年第 4 期。

[201] 杨金森、秦德润、王松霈:《海岸带和海洋生态经济管理》,海洋出版社 2000 年版。

[202] 杨凌、元方、李国平:《可持续发展指标体系综述》,《决策参考》2007 年第 5 期。

[203] 杨柳青:《生态需要的经济学研究》,中国财政经济出版社 2004 年版。

[204] 杨柳青、杨文进:《略论生态经济学与可持续发展经济学的关系》,《生态经济》2002 年第 12 期。

[205] 杨世琦、杨正礼、高旺盛:《不同协调函数对生态—经济—社会复合系统协调度影响分析》,《中国生态农业学报》2007 年第 2 期。

[206] 杨振姣、孙雪敏、王娟:《生态政治化视域下全球海洋生态危机及其对策研究》,《东南学术》2015 年第 6 期。

[207] 杨政等:《新疆人口发展趋势》,新疆人民出版社 1991 年版。

[208] 叶属峰、房建孟:《长江三角洲海洋生态建设与区域海洋经济可持续发展》,《海洋环境科学》2006 年第 1 期。

[209] 晔枫:《技术创新与经济、社会和生态的系统效应》,《学术月刊》2004 年第 2 期。

[210] 殷克东、马景灏:《中国海洋经济波动监测预警技术研究》,《统计

与决策》2010 年第 21 期。

[211] 尹晓波：《社会经济与生态协同发展预警系统分析》,《工业技术经济》2004 年第 5 期。

[212] 于秀波：《8 亿亩湿地保护红线将于 2018 年前被突破》, 网易新闻,2016 年 2 月 2 日, http：//news. 163. com/16/0202/12/BEQN4QVJ0 0014AED. html。

[213] 余丹林、毛汉英、高群：《状态空间衡量区域承载状况初探——以环渤海地区为例》,《地理研究》2003 年第 2 期。

[214] 俞小军：《湖北省经济—资源—环境协调发展研究》,《运筹与管理》, 2000 年第 1 期。

[215] 岳明、李敏强：《海岸带生态经济耦合系统可持续发展研究》,《科学管理研究》2008 年第 2 期。

[216] 臧正、邹欣庆、吴雷等：《基于公平与效率视角的中国大陆生态福祉及生态—经济效率评价》,《生态学报》2017 年第 7 期。

[217] 张朝晖、吕吉斌、丁德文：《海洋生态系统服务的分类与计量》,《海岸工程》2007 年第 1 期。

[218] 张朝晖、石洪华、姜振波等：《海洋生态系统服务的来源与实现》,《生态学杂志》2006 年第 12 期。

[219] 张浩：《生态与经济互动关系分析对生态经济耦合评价模型的应用》,《生态经济》2016 年第 3 期。

[220] 张华、康旭、王利等：《辽宁近海海洋生态系统服务及其价值测评》,《资源科学》2010 年第 1 期。

[221] 张继伟、杨志峰、汤军健等：《基于环境风险的海洋生态补偿标准研究》,《海洋环境科学》2010 年第 5 期。

[222] 张明媛、袁永博、周晶等：《基于灰色系统模型的城市承载经济协调性分析》,《系统工程理论与实践》2008 年第 3 期。

[223] 张庆普、胡运权：《城市生态经济系统复合 Logistic 发展机制的探讨》,《哈尔滨工业大学学报》, 1995 年第 2 期。

[224] 张式军：《海洋生态安全立法研究》,《山东大学法律评论》2004 年辑刊。

[225] 张维平：《预警和应急——建立和完善突发事件预警和应急机制研究》, 线装书局 2011 年版。

[226] 张效莉、王成璋、王野：《经济与生态环境系统协调的超边际分析》,《科技进步与对策》2007 年第 1 期。

［227］张友民、李庆国、戴冠中等:《一种 RBF 网络结构优化方法》,《控制与决策》1996 年第 6 期。

［228］赵焕臣、许树柏:《层次分析法——一种简易的新决策方法》,科学出版社 1986 年版。

［229］赵景柱、徐亚骏、肖寒等:《基于可持续发展综合国力的生态系统服务评价研究——13 个国家生态系统服务价值的测算》,《系统工程理论与实践》2003 年第 1 期。

［230］赵伟、杨志峰、牛军峰:《城市生态经济系统模型构建与分析》,《环境科学学报》2005 年第 10 期。

［231］赵振华、匡耀求:《珠江三角洲资源环境与可持续发展》,广东科技出版社 2003 年版。

［232］郑贵斌:《海洋经济学理论与海洋经济创新发展》,《海洋开发与管理》2006 年第 5 期。

［233］中国海湾志编纂委员会:《中国海湾志》,海洋出版社 1991 年版。

［234］中国环境生态网,http：//www. eedu. org. cn/Article/Biodiversity/Species/201010/52383. html,2010 年 10 月 1 日。

［235］周孝明、陈亚宁、李卫红等:《近 50 年来塔里木河流域下游生态系统退化社会经济因素分析》,《资源科学》2008 年第 9 期。

［236］周一星:《城市地理学》,商务印书馆 1995 年版。

［237］周瑜瑛:《浙江省海洋经济监测预警系统研究》,硕士学位论文,浙江财经学院,2012 年。

［238］周玉坤、徐白山、孙克红、靳辉:《基于物联网的海洋灾害监测预警系统探讨》,《国家安全地球物理丛书（九）——防灾减灾与国家安全》,2013 年。

［239］朱坚真、孙鹏:《海洋产业演变路径特殊性问题探讨》,《农业经济问题》2010 年第 8 期。

［240］朱玉贵、初建松:《大海洋生态系管理的理论与现实反思》,《太平洋学报》2014 年第 8 期。

［241］左其亭、夏军:《陆面水量—水质—生态耦合系统模型研究》,《水利学报》2002 年第 2 期。

［242］Matlab 中文论坛:《MATLAB 神经网络 30 个案例分析》,北京航空航天大学出版社 2010 年版。

［243］H. 哈肯:《高等协同学》,科学出版社 1989 年版。

［244］ángel Borja, Mike Elliott, "Marine Monitoring During an Economic

Crisis: The Cure Is Worse than the Disease", *Marine Pollution Bulletin*, No. 68, 2013, pp. 1 – 3.

[245] Alexey Voinov, Robert Costanza R., Lisa Wainge, et al., "Paluxent Landscape Model: Integrated Ecological Economic Modeling of a Watershed", *Environment Modeling and Software*, No. 14, 1999, pp. 473 – 491.

[246] Amanda A Mcdonald, Jianguo Liu, et al., "An Socio – Economic – Ecological Simulation Model of Land Acquisition to Expand a National Wildlife Refuge", *Ecological Economics*, No. 140, 2001, pp. 99 – 110.

[247] Angel Borja, Suzanne B. Bricker, Daniel M. Dauer, et al., "Overview of Integrative Tools and Methods in Assessing Ecological Integrity in Estuarine and Coastal Systems Worldwide", *Marine Pollution Bulletin*, No. 56, 2008, pp. 1519 – 1537.

[248] Arrow K. et al., "Economic Growth, Carrying Capacity, and the Environment", *Science*, 1995, pp. 520 – 521.

[249] Avila – Foucat V. S., Perrings C., Raffaelli D., "An Ecological – economic Model for Catchment Management: The Case of Tonameca, Oaxaca, Mexico", *Ecological Economics*, No. 68, 2009, pp. 2224 – 2231.

[250] Belausteguigoitia J. C., "Causal Chain Analysis and Root Causes: The GIWA Approach", *AMBIO*, 2004, pp. 7 – 12.

[251] Bellmann, K, "Towards to a System Analytical and Modelling Approach for Integration of Ecological, Hydrological, Economical and Social Components of Disturbed Regions", *Landscape and Urban Planning*, Vol. 52, No. 2, 2000, pp. 75 – 87.

[252] Bene C., Doyen L., Gabay D., "A Viability Analysis for a Bio – Economic Model", *Ecological Economics*, No. 36, 2001, pp. 385 – 396.

[253] Bertalanffy L. V., General System Theory – foundation, Development, Application, *New York: George Beaziller*, 1987.

[254] Biliana Cicin – Sain, Robert W. Knecht., *Integrated Coastal and Ocean Management: Concepts and Practices*, *Island Press*, 1998, pp. 101 – 105.

[255] Biliana Cicin – Sain, Stefano Belfiore, "Linking Marine Protected Areas to Integrated Coastal and Ocean Management: A Review of Theory and Practice", *Ocean & Coastal Management*, No. 48, 2005, pp. 847 – 868.

[256] Breekler S., "Applications of Covariance Structure Modeling in Psychology: Cause for Concern?", *Psychological Bulletin*, Vol. 107, No. 5, 1990, pp. 260 – 273.

[257] Brent Tegler, "Mirek Sharp and Mary Ann Johnson. Ecological Monitoring and Assessment Network's Proposed Core Monitoring Variables: an Early Warning of Environmental Change", *Environmental Monitoring and Assessment*, No. 67, 2001, pp. 29 – 56.

[258] Cabral H. N., Fonseca V. F., Gamito R. et al, "Ecological Quality Assessment of Transitional Waters Based on Fish Assemblages: The Estuarine Fish Assessment Index (EFAI)", *Ecological Indicators*, No. 19, 2012, pp. 144 – 153.

[259] Cecilia Collados, Timothy P. Duane, "Natural Capital and Quality of Life: A Model for Evaluating the Sustainability of Alternative Regional Development Paths", *Ecological Economics*, No. 33, 1999, pp. 441 – 460.

[260] Chang Y. C., Hong F. W., Lee M. T, "A System Dynamic Based DSS for Sustainable Coral Reef Management in Kenting Coastal Zone, Taiwan", *Ecological Modelling*, 2008, pp. 153 – 168.

[261] Claire W. Armstrong, "A Note on the Ecological – Economic Modelling of Marine Reserves in Fisheries", *Ecological Economics*, No. 62, 2007, pp. 242 – 250.

[262] Commission on Sustainable Development, *Indicators of Sustainable Development: Guidelines and Methodologies*, New York, 2001.

[263] Costanza R., Lisa Wainge, Carl Folke, et al., "Modeling Complex Ecological Economic System", *Bioscience*, No. 43, 1993, pp. 545 – 555.

[264] Costanza R. What Is Ecological Economics?, *Ecological Economics*, 1989, (1): 1 – 7.

[265] David Finnoff, John Tschirhart, "Linking Dynamic Economic and Ecological General Equilibrium Models", *Resources and Energy Economics*,

Vol. 30, No. 2, 2008, pp. 91 – 114.

[266] Day V. , Paxinos R. , Emmett J. , et al, "The Marine Planning Framework for South Australia: A New Ecosystem – based Zoning Policy for Marine Management", *Marine Policy*, Vol. 32, No. 4, 2008, pp. 535 – 543.

[267] Denzil G. M. Miller, Natasha M. Slicer, et al. , "Monitoring, Control and Surveillance of Protected Areas and Specially Managed Areas in the Marine Domain", *Marine Policy*, No. 39, 2013, pp. 64 – 71.

[268] Di Jin, Porter Hoagland, Tracey Morin Dalton, "Linking Economic and Ecological Models for a Marine Ecosystem", *Ecological Economics*, No. 46, 2003, pp. 367 – 385.

[269] Dinda S. , "Environmental Kuznets Curve Hypothesis: A Survey", *Ecological Economics*, Vol. 49, No. 4, 2004, pp. 7 – 71.

[270] D. Verdesca, M. Federici, L. Torsello, et al. , "Exergy – economic Accounting for Sea – coastal Systems: A Novel Approach", *Ecological Modelling*, No. 193, 2006, pp. 132 – 139.

[271] Eggertsson, Thrainn, *Economic Behavior and Institution*, Cambridge University Press, 1990, pp. 15 – 18.

[272] Ehrlich P. R. , Roughgarden J. , *The Science of Ecology*, New York: Macmillan NY, 1987.

[273] Eneko Garmendia, Gonzalo Gamboa, Javier Franco, et al. , "Social Multi – Criteria Evaluation as a Decision Support Tool for Integrated Coastal Zone Management", *Ocean & Coastal Management*, No. 53, 2010, pp. 385 – 403.

[274] England R. W. , "Natural Capital and the Theory of Economic Growth", *Ecological Economics*, No. 34, 2000, pp. 425 – 431.

[275] Farnsworth K. D. , Beecham J. , Roberts D. , "A Behavioral Ecology Approach to Modeling Decision Making in Combined Economic and Ecological System", *In*: *US J. L.* , *Brebbia C. A.* , *Ecosystems and Sustainable Development* II. Southampton: UK WIT Press, 1999.

[276] Filippelli G. M. , "The Global Phosphorus Cycle: Past, Present and Future", *Elements*, No. 4, 2008, pp. 89 – 95.

[277] Garry W. McDonald, Murray G. Patterson, "Ecological Footprints and Interdependencies of New Zealand Regions", *Ecological Economics*,

No. 50, 2004, pp. 49 –67.

[278] Global Reporting Initiative (GRI), *The Global Reporting Initiative and Sustainability Reporting Guidelines*, Boston, 2006.

[279] Grimaud A. , "Pollution Permits and Sustainable Growth in a Schumpeterian Model", *Journal of Environmental Economics and Management*, No. 38, 1999, pp. 249 –266.

[280] Grossman Gene M. , Alan B. Krueger, "Environment Impacts of a North American Free Trade Agreement" in *The U. S. – Mexico Free Trade Agreement*, *MIT Press*, *Cambridge*, 1993, pp. 13 –56.

[281] Grossman G. , Kreuger A. , "Economic Growth and the Environment", *Quarterly Journal of Economics*, Vol. 110, No. 2, 1995, pp. 353 –377.

[282] Halpern B. S. , Longo C. , Hardy D. et al, "An Index to Assess the Health and Benefits of the Global Ocean", *Nature*, Vol. 488, No. 7413, 2012, pp. 615 –620.

[283] Hance D. Smith. *The Industrialization of the World Ocean*", *Ocean & Coastal Management*, No. 43, 2000, pp. 11 –28.

[284] Hoagland P, Jin D. , "Accounting for Marine Economic Activities in Large Marine Ecosystems", *Ocean and Coastal Management*, Vol. 51, No. 3, 2008, pp. 246 –258.

[285] H. Hotelling, "Analysis of a Complex of Statistical Variables into Principal Components", *Journal of Educational Psychology*, No, 24, 1983, pp. 417 –441.

[286] Jager W. , Janssen M. A. , et al. , "Behavior in Commons Dilemmas: Homo Psychologicus in an Ecological – Economic Model", *Ecological Ecnomics*, No. 35, 2000, pp. 357 –379.

[287] Jalal K. F. International Agencies and the Asia – Pacific Environment, *Environmental Science & Technology*, Vol. 27, No. 12, 1993, pp. 2276 –2279

[288] Jeroen C. J. M. van den Bergh, "Ecological Economics: Themes, Approaches, and Differences with Environmental Economics", *Regional Environmental Change*, 2001, pp. 13 –23.

[289] John C. Woodwell, "A Simulation Model to Illustrate Feedbacks among Resource Consumption, Production, and Facts of Production in Ecological – Economic System", *Ecological Modeling*, No. 112, 1998,

pp. 227 – 247.

[290] Johst K. , Drechsler M. , Watzold F. , "An Ecological – economic Modeling Procedure to Design Compensation Payments for the Efficient Spatio – temporal Allocation of Species Protection Measures", *Ecological Economics*, Vol. 25, No. 11, 2002, pp. 663 – 674.

[291] J. R. Benites, *Land and Water Development Division*, FAO, Rome, Italy, 1996.

[292] J. T. Kildow, A. Mcllgorm, "The Importance of Estimating the Contribution of the Oceans to National Economies, *Marine Policy*, No. 34, 2010, pp. 367 – 374.

[293] Kareiva P. T. H. , Ricketts T. H. , Daily G. C. , et al. , *Natural Capital: Heory and Practice of Mapping Ecosystem Services*, New York: Oxford University Press, 2011.

[294] Kaufmsan R. , "*The Environment and Economic Well Being*". In: Henk Folmer, et al. Fronties of Environmental Economics, Edward Elgar Publishing Limited, U. K, 2001.

[295] Keynot Address, "*The Health of the World Lands: A Perspective*", 7th International Soil Conservation Conference, Sydney, 1992.

[296] Kim Tae Yoon, Oh Kyong Joo, Sohn Insuk, Hwang Changha, "Usefulness of Artificial Neural Networks for Early Warning System of Economic Crisis", *Expert System with Application*, Vol. 26, No. 4, 2004, pp. 583 – 590.

[297] Kraev E. , "Stocks, Flow and Complementarity: Formalizing a Basic Insight of Ecological Economics", *Ecological Economics*, No. 43, 2002, pp. 277 – 286.

[298] Leah M. B. Ver, Fred T. M. , Abraham L. , "Carbon Cycle in the Coastal Zone: Effects of Global Perturbations and Change in the Past Three Centuries", *Chemical Geology*, No. 159, 1999, pp. 283 – 304.

[299] Lloret J. , Riera V. , "Evolution of a Mediterranean Coastal Zone: Human Impacts on the Marine Environment of Cape Creus", *Environmental Management*, Vol. 42, No. 6, 2008, pp. 977 – 988.

[300] Mackenzie W. S. , Adams A. E. , *A Color Altas of Rocks and Minerals in Thin Section*, New York: John Wiley & Sons Inc, 1998.

[301] Marco Janssen, Bert de Vries, "The Battle of Perspectives: A Multi –

agent Model with Adaptive Responses to Climate Change", *Ecological Economics*, No. 26, 1998, pp. 43 – 65.

[302] Monica Grasso, "Ecological – economic Model for Optimal Mangrove Trade off between Forestry and Fishery Production: Comparing a Dynamic Optimization and a Simulation Model", *Ecological Modeling*, No. 112, 1998, pp. 131 – 150.

[303] Musick J. A., M. Harbin, S. A. Berkeley, G. J. Burgess, et al., "Marine, Estuarine and Diadromous Fish Stocks at Risk of Extinction in North American (exclusive of Pacific Salmonids)", *Fisheries*, Vol. 25, No. 11, 2000, pp. 436 – 447.

[304] M. L. Martinez, A. Intralawan, G. Vazquez, et al., "The Coasts of Our World: Ecological, Economic and Social Importance", *Ecological Economics*, No. 63, 2007, pp. 254 – 272.

[305] Nathan Evans. LOSC. "Offshore Resources and Australian Marine Policy", *Marine Policy*, No. 3, 2006, pp. 244 – 254.

[306] N. J. Beaumont, M. C. Austen, J. P. Atkins, et al., "Identification, Definition and Quantification of Goods and Services Provided by Marine Biodiversity: Implications for the Ecosystem Approach", *Marine Pollution Bulletin*, No. 54, 2007, pp. 253 – 265.

[307] N. J. Beaumont, M. C. Austen, S. C. Mangi, et al., "Economic Valuation for the Conservation of Marine Biodiversity", *Marine Pollution Bulletin*, No. 56, 2008, pp. 386 – 396.

[308] N. V. Solovjova, "Synthesis of Ecosystemic and Ecosreeming Modeling in Solving Problems of Ecological Safety", *Ecological Modelling*, No. 124, 1999, pp. 1 – 10.

[309] Odum E. P., Fundamentals of Ecology, Philadephia: Press of W. B. Saunders, 1953.

[310] Odum H. T., "*Environmental Accounting Emergy and Environmental Decision Making*", New York: John Wiley & Sons, 1996.

[311] Panayotou T., "*Enviorment Degradation at Different Stages of Economic Development Livehoods in the Third World*", London: Macmillan Press, 1995, p. 175.

[312] Park Burgess, *An Introduction to the Science of Sociology*, Chicago, 1921.

［313］Parravicini V. , Rovere A. , Vassallo P. et al. , "Understanding Relationships between Conflicting Human Uses and Coastal Ecosystems Status: A Geospatial Modeling Approach", *Ecological Indicators*, No. 19, 2012, pp. 253 – 263.

［314］Pearce D. , Barbier E. , *"Blueprint for Sustainable Economy"*, London: Earthman Publications Ltd, 2000.

［315］Peter Eder, Michael Narodoslawsky, "What Environment Pressure are a Region's Industries Responsible for? A Method of Analysis with Descriptive Indices and Input – output Models", *Ecological Economics*, No. 29, 1999, pp. 359 – 374.

［316］Pimentel D. , L. Lach, R. Zuniga, et al. , "Environment and Economic Costs of Nonindigenous Species in the United States", *BioScience*, Vol. 50, No. 1, 2000, pp. 234 – 241.

［317］P. Vassallo, M. Fabiano, L. Vezzulli, et al. , "Assessing the Health of Coastal Marine Ecosystems: A Holistic Approach Based on Sediment Micro and Meio – benthic Measures", *Ecological Indicators*, No. 6, 2006, pp. 525 – 542.

［318］Rebecca Clausen, Richard York, "Global Biodiversity Decline of Marine and Freshwater ? sh: A Cross – national Analysis of Economic, Demographic, and Ecological Influences", *Social Science Research*, No. 37, 2008, pp. 1310 – 1320.

［319］Rees W. E. , "Ecological Footprints and Appropriated Carrying Capacity: What Urban Economics Leaves out?", *Environment and Urbanization*, Vol. 4, No. 2, 1992, pp. 121 – 130.

［320］Reniel Cabral, Annabelle Cruz – Trinidad, et al. , "Crisis Sentinel Indicators: Averting a Potential Meltdown in the Coral Triangle", *Marine Policy*, No. 39, 2013, pp. 241 – 247.

［321］Robert Costanza, Agre R. Groot R. , et al. , "The Value of the World's Ecosystem and Natural Capital,*Nature*, 1997, pp. 253 – 260.

［322］Robert Costanza, Francisco Andrade, Paula Antunes, et al. , "Ecological Economics and Sustainable Governance of the Oceans", *Ecological Economics*, No. 31, 1999, pp. 171 – 187.

［323］Robert Costanza, John Cumberland, Herman Daly, Robert Goodland, Richard Norgaard, *An Introduction to Ecological Economics*, St Lucie

Press，1997.

[324] Robert Costanza，Joshua Farley，"Ecological Economics of Coastal Dis-asters：Introduction to the Special Issue"，*Ecological Economics*，No. 63，2007，pp. 249 – 253.

[325] Robert Costanza，"The Ecological，Economic，and Social Importance of the Oceans"，*Ecological Economics*，No. 31，1999，pp. 199 – 213.

[326] Roelof M. Boumans，Villa F.，Costanza R.，et al.，"Non – spatial Calibration of a General Unit Model for Ecosystem Simulations"，*Ecological Modeling*，No. 146，2001，pp. 17 – 32.

[327] Rothman D. S. de Bruyn S. M，"Probing into the Environmental Kuznets Curve Hypothesis"，*Ecological Economics*，Vol. 25，No. 2，1998，pp. 143 – 145.

[328] R. Ian Perry，Manuel Barange，Rosemary E. Ommer，"Global Changes in Marine Systems：A Social – ecological Approach"，*Progress in Oceanography*，No. 9，2010，pp. 1 – 7.

[329] Shafik Nemat，Sushenjit Bandyopadhyay，"Economic Growth and Environmental Quality：Time – series and Cross – Country Evidence"，World Band Policy Research Working Paper No. WPS904，World Bank，Washington，D. C.，1992

[330] Slesser M.，*Enhancement of Carrying Capacity Option ECCO*，London：The Resource Use Institute，1990.

[331] Smith S. V.，Hollibaugh J. T.，"Coastal Metabolism and the Oceanic Organic Carbon Balance"，*Rev. Geophys*，No. 31，1993，pp. 75 – 89.

[332] Steven Higgins，et al.，"An Ecological Economic Simulation Model of Mountain Fynbos Ecosystem：Dynamics，Valuation and Management"，*Ecological Economics*，Vol. 22，No. 1，1997，pp. 155 – 169.

[333] S. G. Bolam，H. L. Rees，P. Somerfield，et al.，"Ecological Conse-quences of Dredged Material Disposal in the Marine Environment：A Holistic Assessment of Activities Around the England and Wales Coast-line"，*Marine Pollution Bulletin*，No. 52，2006，pp. 415 – 426.

[334] Tisdell C.，"Condition for Sustainable Development：Weak and Strong"，In：Dragun A. K.，Tisdell C. ed. *Sustainable Agriculture and Environment*，Cheltenham：Edward Elgar Publishing Ltd，1999.

[335] T. A. Stojanovica，C. J. Q. Farmerb，"The Development of World O-

ceans & Coasts and Concepts of Sustainability", *Marine Policy*, No. 42, 2013, pp. 157 – 165.

[336] Valiela I. , *Marine Ecological Processes*, New York: Springer – Verlag Inc, 1984.

[337] Wackernagel M. , Rees W. , *Our Ecological Footprint: Reducing Human Impact on the Earth*, Philadelphia: New Society Publishers, 1996.

[338] Wehner J. , "Our Money, Our Responsibility: A Citizens' Guide to Monitoring Government Expenditures", *Development Policy Review*, Vol. 27, No. 1, 2009, pp. 107 – 108.

[339] Yeqiao Wang, Xinsheng Zhang, "A Dynamic Modeling Approach to Simulation Socioeconomic Effects on Landscape Changes", *Ecological Modeling*, No. 140, 2001, pp. 141 – 162.

[340] Yuan C. , Liu S. , Xie N. , "The Impact on Chinese Economics Growth and Energy Consumption of the Global Financial Crisis: An Input – output analysis", *Energy*, Vol. 35, No. 4, 2010, pp. 1805 – 1812.

[341] Yuko Ogawa – Onishi, "Ecological Impacts of Climate Change in Japan: The Importance of Integrating Local and International Publications", *Biological Conservation*, No. 10, 2012, pp. 1345 – 1356.